1890-1949

Modern
Overseas
Chinese Houses of
Wenchang

文昌
近现代华侨住宅

刘 杰 著

生活·讀書·新知 三联书店

文昌
近现代华侨住宅

策　　划：刘艳军

首席顾问：张小建
顾　　问：陆　琦　戴志坚　张兴吉

编委会
主　　任：李燕兵
委　　员：刘艳军　刘　杰　丁　煜　曹　晨　薄　艺　吴杰一　符小琴
　　　　　　孙丰华　黄志健　唐渭飞　李江涛　张　华　程青松

首席研究员（PI）：刘　杰

研究成员（中文姓名按姓氏笔画排序）：
丁　煜　王方宁　左艳霞　叶海鹏　朱弘毅　朱艳琪　杜　博　李焕阳
李尉铭　杨　健　吴冰沁　吴杰一　吴洪德　吴媛媛　沈思瑜　陈书铭
武一杰　金礼鹏　胡　晨　胡骥骜　徐明静　翁怡馨　高艳华　陶豫媛
曹　晨　曹　婷　蒋音成　谢祺旸　蔡艳华　樊轶伦　薄　艺
［美］Abraham Moses Zamcheck　［俄］Karina Rakhmatullina

工作人员：晃琼珍　郑雪飞　王　鑫　殷延考　李淳莛　杨　鹏　张　炜

统筹协调：海南采艺文化传播有限公司

序

纵观中国悠久的历史，从核心地带向偏远地区的迁徙是一个连续不断发生的主题。有的时候，一些家庭乃至整个村庄迁徙之后便一去不返；与此同时，也有另外一种虽客居异乡，但以期重返的习俗。历史上，成功的徽商、晋商便是过着这样的日子，也给后世留下了他们在故乡修造的豪华屋宇。

同样，历史上还有一批移民也不容忽视——他们从闽粤沿海的乡村，也包括曾隶属于广东而在1988年另设为省的海南，迁徙到我们今天所说的东南亚和其他更为遥远的地区。这些中国人中包括商人、劳工和农民，他们沿着航线抵达零散的半岛、岛屿和陆地，以期获得足够的财富后衣锦还乡。在刘杰的这本书中，我们得知这些迁徙运动跨越了数个世纪，他以此背景来展开对海南华侨住居的详细论述。

如学者们所言，放眼中国，农民移民对故土有着深深的眷恋，这种情感扎根于家庭和乡村生活的理念。这种牵绊和乡愁，最终使他们中的许多人，哪怕背井离乡几代后，又能重返故里。闽粤沿海有着众多知名的侨乡，而在海南——这个位于中国最南端也是陆地面积最小的省——其移民和侨乡却鲜为人知。

中国向南洋移民的动机通常很难概括，因为随着时间推移，情况会发生变化。其中，最突出的移民群体当属"华商"和"华工"，他们希望赚足财富，荣归故乡。的确有许多人梦想成真，但是更多的人却并未如愿，从他们在当地留下众多后代这一事实便可证明。总的来说，历史学家在做归纳时，对于那些和当地社群文化迥异的暂住或定居群体，态度是非常审慎的；而且，移民经历会被浪漫化，因为人们往往只关注其中的成功者。事实上，对于许多人甚至是大多数人来说，回家的愿望都落空了。尽管我不愿泛泛而谈，但我相信从19世纪末到20世纪初，经验和文明的融合加速了那些掌握资源的人进行文化融合。在田野调查工作中，我们要如实记录所闻所得，接受信息的残缺，提出相应的困惑，默默地传之后人——待证据完善，得出更有信服力的结论。

刘杰教授的研究聚焦在 1890 年至 1949 年的文昌华侨住宅，中国历史分期将这段长达半个多世纪的时间称为"近现代时期"。具体的研究区域是文昌市，位于海南省东北沿海的一个县级市。在 2020 年至 2023 年间，刘杰与来自上海交通大学和其他高校的学者、研究生团队进行了实地调研和精心测绘，撰成了一部百科全书式的著作，为中国建筑领域的实地研究树立了新的坐标。该书将现有关于海南的中外文献与移民迁徙的南洋地区相结合，其详细程度足以给人留下深刻印象，其中甚至包含了海南和南洋之间的航海路线图。

该书中有大量关于文昌 19—20 世纪经济社会发展的翔实资料，也有关于村落选址布局和传统住宅形制多样性的案例实证。关于装饰、结构特征（如门、窗、天花、屋瓦）和建筑材料（如砖、木、瓦、玻璃）的细节插图也非常丰富。书中还配有包括大量建筑测绘图、照片以及无人机航拍的鸟瞰图，弥补了先前学术界实地研究的不足。除了翔实的细节，绪论概括性的总论和章节细节性的分析也同样令人印象深刻。

我虽未在海南岛做过实地调查，但对华侨建筑形式的兴趣源于多年前的研究，并于 2010 年出版了《东南亚的华人住宅：旅居者和移民的折中主义建筑》(*Chinese Houses of Southeast Asia: The Eclectic Architecture of Sojourners and Settlers*) 一书。这本书主要关注 19 世纪和 20 世纪初来自中国的移民及其后代建造的，杂糅了中国、欧洲和当地建筑风格特征的住宅。当我开始寻找一些在东南亚建房的闽粤华侨在中国大陆的故乡村落时，我的研究发生了意想不到的转变。我重点关注他们荣归故乡后的住宅建筑，进而比较几位成功华侨一生中两种不同住宅建筑的风格和装饰。此前，我仅仅知道中国学者梅青于 2003 年发表的论文《房屋和聚落：18 世纪 90 年代至 19 世纪 30 年代的厦门华侨建筑》中专注于福建侨乡的研究[1]。

我的比较研究只集中在个别的住宅上，没有像梅青在闽南和刘杰对海南的研究那样，将范围扩展到更广泛的村庄。事实上，他们的研究证明关注住宅和聚落同等重要，因为这样可以梳理彼此的关系，揭示出其融合在建筑环境中所扮演的多重角色。事实上，正如我们所熟知的，住宅建筑不仅仅是简单的物质载体——它们还是具有鲜活生命特征的有机体。当荣归后的华侨开始建造新宅时，一些本土元素可以从传统中继承下来，另一些外来的以及现代性的元素也被华侨从域外吸收和转化而来，它们相互融合从而满足新兴家庭的期望和需求。

正如刘杰书中所述的那样，从文昌移居的华人和其他人一样，他们梦想着通过努力以及运气，在遥远的东南亚各国旅居、积累财富，然后回到他们世代居住的村子过上舒适的生活，正所谓"衣锦还乡"。不幸的是，对于大多数并未如愿的落魄华侨来说，他们背井离乡却依然忍受着贫困的生活。大多数回到文昌的华侨，尽管没有建造如我在《东南亚的华人住宅：

---

1 21 世纪以来，对福建侨乡尤其是对福建华侨建筑的研究又逐渐受到学术界的重视，其中对后者的研究产出颇丰者有华侨大学建筑学院陈志宏教授。其著有《闽南近代建筑》（北京：中国建筑工业出版社，2012 年）、《马来西亚槟城华侨建筑》（北京：中国建筑工业出版社，2019 年）——本书作者注。

旅居者和移民的折中主义建筑》中描绘的那些奢华豪宅，但房舍同样也盖得坚实耐用。尽管如此，无论是朴素还是华丽，不同的平面、立面、建筑材料、装饰和陈设，都清楚地揭示了他们在海外经历中所汲取和融合的风格。刘杰的研究超越了住宅建筑个体的风格形式，进一步探讨了近现代住宅如何给海南的村落布局带来新的转变。

那些生活在东南亚城镇的成功商人，无论是来自中国还是西方，他们都渴望拥有华丽的多层豪华住宅。在这些建筑中，华侨增加了用于祭祀和炊煮的空间，这些都是中国式生活和他们作为中国人身份的象征。位于住宅厅堂前部的布置贴近西方客人的感受，而私人空间则是传统的中国风格。虽然他们在中国建造的住宅通常很大，但少有专为西方客人设计的前厅。

这项对于看似地处中国偏僻一隅的文昌华侨住宅的研究，却生动反映出中国传统营造与外来居住文化理念的融合。在这一中西融合的过程中，呈现出建筑风格、空间、材料、装饰等诸多方面的折中性。该书是对这些渐被遗忘但却精彩绝伦住宅的丰富记录。文昌对外的文化交流与广东乃至整个中国南方地区都颇为相似。事实上，这似乎是一种全球性的现象，在美国和其他地区都有过类似的研究。刊有广告的报纸和期刊，提供了设计和美学的最新趋势，吸引了包括海南在内的世界各地的人们。目前，刘杰等学者在中国已经取得的研究成果，势必在未来理解这一全球性现象的比较研究中发挥重要的作用。

Ronald G. Knapp（那仲良）
美国纽约州立大学纽帕兹分校 杰出教授
Distinguished Professor Emeritus,
State University of New York, New Paltz.

PREFACE

Throughout China's long history, migration has been a recurring theme involving movement from old core areas into distant frontier zones. While families and whole villages sometimes migrated without ever going back to their home villages, there was also a tradition of sojourning, temporary work away from home while expecting to return. It was the successful merchants from Huizhou and Shanxi historically who lived this type of life, bequeathing to us magnificent residences back in their home regions.

Equally significant was the movement of individuals from coastal villages in Fujian and Guangdong provinces, including Hainan that had been administratively a part of Guangdong province until 1988 when the island was elevated to provincial status, to far-flung locations in what we call today Southeast Asia and elsewhere. Sailing along well-known and charted routes to a fragmented region of peninsulas, islands, and landmasses, Chinese traders, coolies, and peasants generally hoped to gain sufficient wealth to return to their home villages. The nature of these movements over many centuries is discussed in this book as background to the detailed description of residences constructed in Hainan by returnees.

Scholars tell us that throughout China, rural migrants especially had an intense emotional attachment to their native soil, an affection that is rooted in notions of idealized family and village life. It is such identification, melancholic nostalgia that ultimately drew many of them back to their guxiang（故乡）or native place even after generations living away. Along the Fujian–Guangdong coast, there are many areas that are especially well known as qiaoxiang（侨乡）, literally "home township of persons living abroad." Much less however is known about Hainanese migrants and their noteworthy qiaoxiang on China's southern most and smallest province.

The motivations for migration from China to Southeast Asia are often difficult to generalize because circumstances changed over time. Among the most prominent migrant groups were "traders/merchants" (Huashang) and "contract workers" (Huagong) who generally expected to earn sufficient money and then return to their home village. A great many did make the roundtrip, but large numbers did not, as evidenced by the fact that there are so many descendants left throughout Southeast Asia. Historians overall are very cautious about generalizing about large groups who sojourned or settled in very different communities with strikingly different local cultures. Also, all too often the migrant experience is romanticized by only focusing on those who were successful. In fact, the dream of returning home was thwarted for many, perhaps even a majority. While I likewise am reluctant to make sweeping statements, I am confident that the mixing of experiences and cultures at the end of the nineteenth and early twentieth centuries accelerated cultural blending for those with resources. Those of us who carry out field work must document the patterns we uncover, accept that we have incomplete information, raise questions, while patiently leaving it to others later—after more evidence is gathered—to reach conclusions.

Professor Liu Jie's focus in this book is on the residences constructed by returning Hainan migrants in Wenchang, today a county-level city along the northeastern coast of the island, principally between 1890-1940. This is about half of the century-long period that Chinese historical periodizing labels as the "modern period." Carrying out fieldwork between 2020 and 2023 with teams of scholars and graduate students, principally from Shanghai Jiao Tong University and also other universities, Liu Jie orchestrated a wide-ranging survey that has produced a book on an encyclopedic scale. This book sets a new standard for intensive architectural field research within China. It successfully incorporates the existing written record in Chinese and Western languages concerning Hainan with places in Southeast Asia where migrants moved. The level of detail is impressive, including even ship schedules and navigation maps of sea routes between Hainan and the Nanyang.

There is substantial information concerning the nineteenth and twentieth century economic and social development of Wenchang as well as evidence concerning the selection and layouts of new village sites and the variety of classic housing forms. The illustrated detail concerning ornamentation, structural features (doors, windows, ceilings, and roof tiles), and building materials such as brick, wood, tile, and glass is rich. The book is copiously illustrated with juxtaposed architectural drawings and photographs, including aerial drone views from above that reveal patterns that older studies missed. Beyond specific details, the overall analysis in the introductory and following sections is impressive.

Although I have not carried out field research on Hainan island, my interest in the architectural patterns of Overseas Chinese began with a multi-year study that led to a 2010 book titled *Chinese Houses of Southeast Asia: The Eclectic Architecture of Sojourners and Settlers*. This book principally focused on the architecturally diverse homes that combined Chinese, European, and local influences built by migrants from China and their descendants during the nineteenth and early twentieth centuries. The research took an unexpected turn when I decided to search for some of the mainland home villages in Fujian and Guangdong provinces of those who built homes in Southeast Asia. This mainland effort put a spotlight on "retirement" residences, making it possible to compare and contrast the styles and ornamentation of two different dwellings over the lifetime of several successful individuals. Until this effort, I had only known of the research by Mei Qing whose dissertation "Houses and Settlements: Returned Overseas Chinese Architecture in Xiamen, 1890s–1930s" that focused on Fujian qiaoxiang. Her thesis was completed at the Chinese University of Hong Kong in 2003.

My comparative study centered only on individual dwellings without expanding the scope to include the broader village as Mei Qing did in southern Fujian, and as Liu Jie has done now for Hainan island. Treating dwellings and settlements is important since doing so makes it possible to tease out interrelationships that reveal the multiple identities that coalesce in the emergence of a built environment. In fact, as we know well, dwellings are much more than mere physical buildings—they are living structures. As returning migrants constructed their new dwellings, some local elements endured from the past, while others that were foreign and modern were incorporated and translated to satisfy the household's emerging expectations and needs.

As Liu Jie's book narrates so well, migrating Chinese from Wenchang, like others, often had a dream of amassing wealth while sojourning in distant Southeast Asia through hard work, even luck, then returning to their ancestral village to live a comfortable life: "a glorious homecoming in splendid clothes" (衣锦还乡). Unfortunately for most poor migrants this was never realized and they endured a hard life far from home. Yet, as Liu Jie's book tells us, most of those who returned to Wenchang constructed sturdy, though generally not the sometimes-extravagant retirement homes portrayed in my Chinese Houses of Southeast Asia. Still, whether modest or opulent, variant patterns of plan, facade, construction materials, as well as ornamentation and furnishings, clearly reveal styles plucked and amalgamated from their international experiences. Liu Jie's study goes beyond the styles of individual dwellings to explore how the newly built residences brought about a transformation of the layout of new villages in Hainan.

Ostentatious multi-storied mansions were expected for successful businesspeople in the towns and cities of Southeast Asia, whether the owner was Chinese or Western. Within such structures, those of Chinese descent added rooms that served as ancestral halls and functional Chinese-style kitchens that were touchstones related to their life in China and them as Chinese. Public rooms near the front were furnished in ways that would make Western visitors comfortable while private areas were more traditionally Chinese. On the other hand, their newly built homes back in China, while often large, rarely had front rooms that were designed for Western visitors.

In what might seem to be a small and isolated corner of China, this study of Overseas Chinese Houses in Wenchang brings to life the incorporation of Chinese architectural features with "imported" ideas. In doing so, the eclectic nature of style, spatial layout, materials, and ornamentation is revealed, providing rich documentation of these long-forgotten late nineteenth and early twentieth century residences. The cultural exchanges observable in Wenchang were similar to those elsewhere in Guangdong and other provinces in southern China. Indeed, this was a global phenomenon that has been studied in the United States and elsewhere. The distribution of newspapers and catalogs with advertisements offered the latest trends in design and aesthetics captivated people all over the world, including in Hainan. The research results now being gathered in China will play an important role in understanding this as part of a comparative global phenomenon in the future.

前言

一

　　鸦片战争后，琼东北文昌等地的百姓开始了近代第一轮赴东南亚国家的谋生移民，近代史上一般称之为下南洋。1876 年琼州开埠后，去往越南、泰国、英属海峡殖民地和荷属东印度群岛等地的人数不断增多，规模逐步扩大。文昌农村许多家庭都有男丁赴南洋各地经商、打工和务农，下南洋谋生挣钱，渐成文昌地方风尚，延及辛亥革命后的民国初期，持续至日军侵占海南岛和占领南洋诸岛而中止。抗日战争胜利后，下南洋又有数年小规模的短暂重启。在 1950 年海南解放后，下南洋的移民活动逐渐趋于停滞。史载：不包括未入统计的私渡出国人数，每年有三万至五万琼人往返于下南洋航线，这其中又以文昌人为主[1]。据统计，新中国成立初期文昌籍海外华侨计有 13053 户，187411 人[2]，他们的侨居地主要在东南亚地区。

　　与闽粤其他地区移民南洋相比，文昌及海南人下南洋的时间较晚，且琼人下南洋多为阶段性出洋谋生，具有较强的双向性[3]。因此，无论他们去到哪个国家，居住多长时间，他们中的很多人都会不断地回国探亲，也有很多人选择回国居住。文昌人下南洋主要以亲缘、乡缘为串联，乡亲纽带既维系着下南洋群体成员内部之间的关系，也联结着下南洋华侨与祖籍地的密切关系。下南洋的文昌人，不仅要在异国他乡谋生创业，还负有反哺接济故乡家庭和族人经济生活的责任与义务。研究者指出："这些移民从来就没有真正离开过家乡，他们保存了在经济、文化、亲情等不同方面的归属模式，以便使自己始终更为坚定地朝向自己的祖籍地，而非当下实际生活其中的社会。"[4]下南洋的文昌华侨终极目标就是期待有朝一日能够衣锦还乡，荣归故里。

　　1893 年，晚清政府正式开放了海禁，允许出洋谋生的华侨自由回国治生置业。洋务派把持下的清廷和广东督府还出台了吸引侨资的奖励章程。自此，下南洋琼籍华侨反哺家乡的正

---

1 苏云峰《东南亚琼侨移民史》，《海南历史论文集》，海口：海南出版社，2002 年，第 209 页。

2 文昌市地方志编纂委员会《文昌县志》，北京：方志出版社，2000 年，第 24 页。

3 苏云峰《东南亚琼侨移民史》，《海南历史论文集》，海口：海南出版社，2002 年，第 208 页。

4 孔飞力《他者中的华人：中国近现代移民史》，李明欢译，黄鸣奋校，南京：江苏人民出版社，2016 年，第 45 页。

式通道开始建立。汇款赡家，回籍探亲，随之返乡华侨买田建屋逐渐增多。而修缮祖屋、兴建华屋则成为先富侨户的首务，文昌侨乡的建设开始初露雏形。此时，华侨住宅的建设，基本遵循了早已存在于文昌农村，传习于闽南、广府地区的传统建筑规制。但一些侨户房屋的局部结构形制、使用功能和立面装饰开始有了变化，新建筑材料和新建筑技术也开始得到应用，异域风格元素和建筑符号混搭出现在传统建筑之中。

辛亥革命后，民国政府更加重视吸引侨资回归，出台了更多具体的护侨引资保护奖励政策。在国民政府治理期间，有识之士高举孙中山兴琼宏业的旗帜，开始了海南近代史上一波短暂的现代化建设浪潮，并在1932年后的数年间逐渐达到高峰，但这一过程因抗日战争全面爆发，1939年日军侵占海南岛而戛然中断。在此阶段，南洋侨资充当了海南建设资金的主力，文昌县也成为建设的重要地区。文昌籍华侨在海口、文昌两地积极投资，开办实业，兴商建市，建设公路，举办汽车运输业，拓展远洋帆船队，开展进出口贸易和侨批业，他们还积极投身于兴办基层教育、捐建医院等慈善事业。与此同时，他们大规模地在文昌乡村市坊购地扩田，大兴土木，建屋造房。短短二三十年，琼东北地区的文昌侨乡风貌焕然一新，新屋华宅，鳞次栉比，高楼洋房，比肩争辉。现在留存下来的华侨住宅建筑遗存，也大多建于那个时期。在遵循祖制，对原有建筑改造提升的同时，西式建筑的形制与装饰已成为当时乡村住宅建筑的新标尺，进口钢筋、水泥、玻璃、花砖等新型建筑材料以及南洋木材的应用已较为普遍，不断涌入的侨汇则保证了华侨住宅建设在文昌乡村大面积地持续展开。以带欧式立柱、栏杆的外廊和二层露台及走马廊，拱券门窗和巴洛克风格的立面装饰以及户内专用卫生设施和给排水管道系统等为代表的典型南洋风格特征渐趋定型成熟，这些变化覆盖了住宅结构、布局、功能、装饰以及材料、技术工艺等多个方面，一种新异的住宅建筑俨然成为时尚潮流。除侨户外，即使家中没有人下南洋的本地富裕人家，也竞相模仿此种风格，斗奇夸富。这一时期的文昌乡村，中式、中西合璧和西式建筑共存一处，在椰影婆娑和浓密绿植的掩映中，和谐生辉，蔚为大观。

抗战胜利后，海南与东南亚诸国都陷于工商不振，民生凋敝，百废待举。不久，解放战争爆发。这期间，除少量投资修缮旧房和建房个案外，文昌华侨建房已显衰退之态。1950年海南解放后，以华侨投资为主体的南洋风格住宅建设在文昌乡村归于沉寂。

据文史资料零星记录和现场考察，到抗战全面爆发前，文昌凡有南洋华侨的村庄，必有侨宅洋屋——形成了以清澜、铺前两个通洋港口和沿文昌江、安仁溪（今珠溪河）、平昌江（今文教河）三条内河通航段为依托的周边区域，以及借各坊市间新建公路为联结，以宝芳为中心，经潭牛、公坡、昌洒、文教、东阁的环形区域为主体，以便民（今属文城镇）、迈号、白延为轴线的东南部沿海线，与南阳、蓬莱西南部山区线这两条南北向和东西向的带状公路沿线区域分布为补充的文昌华侨住宅重点分布区域，此外，在离商业和交通中心较远的翁田、龙马、冯坡、龙楼等东北部沿海地区还有部分华侨住宅呈点状散布。空中俯瞰，文昌华侨住宅建筑如同串串珍珠、块块宝玉洒落镶嵌在海南宝岛东北部蔚蓝与碧绿的山海之间。

华侨住宅建筑的地理分布，映射出文昌下南洋华侨群体的乡村区域布局。铺前港周边、清澜港两侧与环八门湾这两个环港弧形圈和以宝芳为中心半径二十里左右圆形区域以及白延至东侧冠南沿海一带，正好是文昌下南洋人数最多和侨村最密集的区域。同时，也与20世纪二三十年代建成的文昌现代乡村公路以及蓬勃发展起来的重点墟市位置节点相吻合。这证明，现代交通基础设施建设和商业繁荣以及乡村住宅建设三者之间存在着互相依存、融合促进的发展联系。

此外，根据调研，不同区域华侨住宅建筑遗存存在着建筑风格的规律性差异，这似乎也印证着以乡缘、亲缘为联结的下南洋路径方式，往往决定着文昌华侨在侨居地区抱团集聚，会受到不同侨居地建筑文化的熏陶，这在一定程度上导致了他们汲取域外建筑文化的风格差别，由此，在文昌侨乡产生了多姿多彩的南洋风格建筑。

现已无资料准确统计在日军侵占海南前以及抗战胜利到海南解放，文昌华侨在家乡建造的房屋数量。但有资料显示，1951年至1952年土改期间，文昌县仅被没收侨户地主、富农的华侨房屋就有4000多间[1]。"文革"后落实侨房政策，截至1985年12月，全县清退农村侨房面积达215550平方米[2]。迄今，大多数文昌华侨住宅建筑，因战火[3]及台风、虫蚀等人为拆改和自然灾害，已消失于百年岁月的风雨之中，尚基本完整留存者，不及新中国成立初期之十分之一，并且大多数都呈破旧失修、构件缺损、部分坍朽和局部拆改的状态，岌岌可危[4]。但即便如此，这些数量不多的华侨住宅建筑遗存，仍以其鲜明的建筑特色，孑立于侨乡村落之中，引人注目[5]。

二

海南采艺文化传播有限公司刘艳军女士专注于挖掘海南历史文化内涵的事业，在对文昌近现代华侨住宅建筑遗存现场考察和文昌华侨历史研究的基础上，策划并选定了文昌近现代华侨住宅建筑研究课题，规划了研究定位、目标和路径，以期通过这一课题的研究及其成果的出版发行，拂去岁月尘埃，让文昌华侨住宅建筑焕发出其应有的光辉，以此证明，一百余年

1　文昌市地方志编纂委员会《文昌县志》，北京：方志出版社，2000年，第25页。

2　文昌市地方志编纂委员会《文昌县志》，北京：方志出版社，2000年，第35页。

3　日本侵占海南岛期间（1939年2月至1945年8月），全岛被日伪军焚毁房屋计5.9万栋（张兴吉：《民国时期的海南》，海口：海南出版社、南方出版社，2008年，第79页）。在其他史料中记载，抗战时期，日军仅在文昌县就烧毁民房上万间（《文昌县志》，第21页）。无疑，在这些被侵略军烧毁的房屋中有一定数量的华侨住宅，可惜，胜利后没有具体统计数据留存下来。但我们在调研中发现有两处华侨住宅的战火遗址可资佐证。一处在会文镇欧村村，有林姓人家在南洋亲属帮助下建起的带二层门楼的一正四横宅院，号"九牧堂"，被日军烧毁。今天，废墟的断残垣壁里仍然可见被火焚烧的痕迹。废墟边立有警示石碑。另一处在南阳社区美丹村，爱国侨领郭巨川、郭镜川兄弟1930年前后曾建正屋十间，横屋二十间，并有院墙，抗战时期，大部分被日军炸毁，现仅遗有正屋一间，部分横屋以及碉楼式路门残墙一栋。在现已辟做果园的废墟地里，随处可见钢筋水泥的残件。

4　文昌常年气温较高（年平均气温24.4摄氏度），湿度为全省之最，虫蚀易生，不幸的是，文昌又是海南强热带风暴和台风登陆最频繁的地区。这些自然因素加剧了建筑材料与结构的腐朽损毁，而对建筑年龄已在百年左右的华侨住宅来说，台风与虫蚀的破坏力更具毁灭性。在本项目调研的两年左右时间里，有多处住宅出现了屋顶坍塌、墙体倾裂、门窗损毁、构件灭失等不可挽回之毁坏情况，即使位列国家和省市文物保护单位的住宅亦不得幸免。

5　在本项目的调研目录中，有九处华侨住宅已在文物保护单位之列，其中，国家重点文物保护单位两处——符永质、符永潮、符永秩宅和韩钦准宅，省级文物保护单位两处——林尤蕃宅和韩儒循宅（又称"宋氏祖居"），市级文物保护单位五处——陈明星宅，陈治莲、陈治遂宅，陈文钩宅（又称"陈策故居"），郑兰馦宅（又称"郑介民故居"）和符企周宅。

前的文昌人、海南人在中西思想文化交融碰撞的历史大潮中，曾经勇立潮头，标新立异，创造了足以光耀近现代中国的乡村建筑文明，也希望借此纠正或澄清目前仍顽固存在着的对海南历史与文明发展的误读或偏见。海南采艺文化传播有限公司引入国内一流研究团队和国内顶级出版机构，协调组织各方力量，配合保障了项目研究、出版的高效有序推进。刘艳军女士还组织参与了华侨住宅人文社会历史信息的收集，为课题组提供了大量住宅遗存照片，与研究团队反复讨论书稿修改，并参与了书稿的审校。在此，编委会向刘艳军女士及海南采艺文化传播有限公司致以敬意与感谢。

刘杰教授担纲承领本项目，率领课题组师生克服新冠肺炎疫情的干扰，四下海南，在文昌涉侨村镇开展了为期50余天的华侨建筑遗存高密度田野调查，考察调研华侨住宅建筑遗存样本近百处，对筛选出来的60余处住宅建筑进行了现场测绘、摄影和访谈等深入调研，并根据文昌市侨务办公室提供的名单，对文昌市代表性侨领祖居现状进行了考察，在此基础上，课题组广泛收集了历史文献和研究资料，按照课题定位与目标，采取溯源与比较研究的方法，展开以建筑学为主体的多学科综合研究，系统挖掘整理文昌华侨住宅的建筑符号，分析其建筑美学特征，梳理与总结其规律性演变趋势，并尝试从不多的历史资料和考察信息中，证明文昌和海南近代交通、商业和建材业建设发展以及工匠队伍状况对大规模华侨住宅建设的支撑和保障作用。本项研究的突出学术成果和价值体现在：一是抢在文昌华侨住宅建筑遗存灭失前，系统采集和整理了这批历史建筑的测绘数据、建造信息和影像资料；二是课题研究从文昌建筑的历史渊源和西风东渐的时代背景视野，探讨了浓缩在华侨住宅建筑中的建筑文明交流融合印记，揭示了文昌华侨住宅建筑的区域和时代特征，论证了文昌华侨住宅在中国近现代建筑史上的独特地位。这些研究成果，填补了该领域的空白，也为深入开展区域传统建筑研究提供了一个样板，堪称海南传统建筑类型研究的精品力作。刘杰教授的学术造诣和治学态度，确保了课题的高质量完成，刘杰教授凭着对浙闽粤地区乡村建筑多年研究的积淀和中外建筑史学的深厚功底，准确把握住了这一研究课题的主题，以从文昌移民交流历史背景切入的大视野和对以建筑学为主体融合文化史和社会史等多学科综合研究的穿透力，不负众望，第一次全面深入地论证展示了文昌和海南在中国近代史上曾经的那页辉煌。在刘杰教授的带领下，课题组全体师生始终保持紧张的工作节奏，从几度历史遗存现场调研到拿出初稿后近两年时间里，潜心研究，数易其稿，终成正果。他们的辛勤付出是这个项目顺利结项出版的重要保证，编委会向刘杰教授及课题组全体师生表示热烈祝贺和衷心感谢。

"文昌近现代华侨住宅"项目，是以持续的大规模历史建筑遗存现场调查为基础，又以区域华侨历史演变为背景，课题研究涉及广泛的学科领域，其完成并出版，除策划和研究团队外，还赖于海南和文昌有关机关、部门及社会各界的大力支持与帮助，正是集体参与和共同努力，才造就了这一成果，编委会一并予以诚挚的感谢。

海南省侨务办公室、文昌市侨务办公室和旅文局协调帮助课题组开展了现场调研和信息搜集工作，文昌市旅文局干部邢益斌全程配合课题组进村入户开展调研，相关镇村干部、侨眷及其他房屋管理人，都对现场调研给予了积极热情的配合支持，尤以何跃、邢福刚、黄循文、欧贻江、张宗留和刘洋等镇村基层干部最为主动周到。

张兴吉、黄志健、阎根齐、蔡葩、陈康乐、徐元倩、郭秋萍、徐艳晴、谢文盛、侯百镇、张志扬、洪少友等专家老师，为课题组提供了咨询意见和文献资料。海南省建筑项目规划设计研究院苏金明院长、海南省建筑设计院任学斌院长和海南三寰营造公司韩盛总经理，还分别召集座谈会，与课题组分享了他们对海南乡村传统民居的研究心得。李豪、黄循表、林华、陈云鹏、王东云以及海南华隆铜鼓岭旅游控股有限公司等琼文地区许多热心人士和单位也都给予项目以大力支持。

在确定由三联书店出版后，本书责任编辑张龙先生携雅昌设计中心田之友老师亲赴海南文昌农村实地考察调研，之后又埋头于琐细的案头作业，他们的努力为本研究项目的成果增色许多，为课题画上了精彩的句号。

感谢以首席顾问张小建先生领衔的评审组全体成员。张小建先生出身于华侨世家，曾担任国家人力资源和社会保障部副部长、全国侨联副主席。他非常熟悉文昌华侨历史，对华侨住宅建筑有深刻的见地，退休后返乡，修复了他祖父在 20 世纪 30 年代初建造的住宅，这也是在我们考察中发现的文昌唯一一处侨户自力修复、风格如旧的华侨住宅建筑，此次修复传承了南洋华侨住宅建筑的气质和精神。本项目从策划到研究展开，始终得到张小建先生的悉心指导。在初稿完成后，编委会邀请了以张小建先生为首席专家，以陆琦、戴志坚、齐胜利、张兴吉、陈康乐、韩盛、黎良辉等为成员的专家组进行评审，张小建和各位专家为完善课题研究提供了来自各相关领域的专业信息和精辟论见，使课题组深受启发和鼓舞。

特别感谢海南采艺文化传播有限公司、海南省宁波商会、海南天江建设工程集团有限公司和上海交通大学设计学院，它们慷慨为本项目提供了资金资助。

三

本研究项目，最值得感谢的是那些已经作古的建设者。这是一支庞大而多元的队伍，其主体无疑是房屋主人——文昌老一代华侨以及房屋的建造者。

据考察，大多数木作、灰作师傅和其他普通工匠主要来自海南岛东北部市县，也有少数外籍和广府地区的设计、工程技术人员参与了文昌华侨住宅的建设。而主导华侨住宅建设的则是下南洋的华侨，这些改变了身份的农民，在他们繁衍生息的乡村土地上，自 19 世纪末开始，历时数十年，自发地兴起了一场向异域建筑文明的学习实践运动，这不啻是海南近现代建筑史上乡村住宅建设改良的肇端。也因此在一百余年前，文昌华侨就在经济尚不发达的琼东北乡村创造了中国农村住宅建筑的一朵现代文明奇葩，在海南乃至中国近现代建筑史上写下了鲜明而奇瑰的一页，为今天留下了宝贵的建筑文化遗产和精神财富。

住宅，在中国人的观念与生活中具有无比崇高的位置。建于家乡土地上的住宅，既是家人生活起居的场所，也是传自先人、祭祀祖宗、庇荫子孙的精神殿堂。同时，住宅还是旧时乡村财富传承的最主要物质载体。对下南洋的华侨而言，祖国家乡的住宅就是他们家国情怀的承载，华侨的根在中国，住宅就是"根"的具象与寄托所在。修祖宅起新屋，无不是每一位南洋华侨念兹在兹的理想愿景，每一栋华侨住宅无不浓缩和饱含着老一代华侨对家人族亲、对乡梓故园的伦理责任和不灭情怀。

走出国门的文昌华侨，在参与侨居国的经济建设中，接触到西方殖民者和资本主义生产方式带来的新知识和新思想，在多元文化的熏染下，欧陆和伊斯兰风格的建筑也使他们具有了新的房屋评价标准和审美意识。返乡建房，在沿袭祖制的同时，他们和工匠们一起，开始尝试舍弃传统格局，从局部模仿借鉴起步，逐渐发展到整体的拿来主义。他们不惜资财工本大量采用进口建筑材料，大胆应用新的施工工艺和技术，不拘一格，为我所用，糅合中西建筑元素，创新实践了中西合璧、中内西外和纯西式建筑形制、结构布局和装饰风格，从而极大地拓展了传统木作、灰作等建筑工艺的运用空间，丰富了传统建筑的发展形式，把传统建筑和工艺水平提升到新的高度。最终，文昌华侨住宅建筑形成了更加适应文昌气候和地理环境，更舒适卫生，更具现代多元艺术趣味的坚固性、实用性和美观性的特点。

在放眼域外，求变趋新的同时，建设者们却又执着地坚守着某些传承于中原、闽南建筑文化的传统规制。文昌农村传统建筑都无例外地会在正屋明间厅堂的屏门上建一座木质神庵（文昌当地也称"主公阁""公殿阁"），内置祖宗牌位，下设案几，置供香烛和祭品，以祭祀祖先。祖先祭祀居于住宅的中心位置。在南洋侨屋的滥觞潮流中，这一传统形制与布局被完整保留继承了下来，即使是采取了纯粹西式结构布局的住宅，也会在一层或二层正屋迎门位置的钢筋水泥墙壁上设置木质神庵。并且，这一时期华侨住宅中的神庵，尺寸更阔大，材质更精良，结构更繁复，做工更细巧。这证明，在南洋华侨的住宅愿景中，家宅的核心位置仍然留给了祖宗先人，他们并不会因为追求更舒适、更合理和更华美，而改变乃至取消神庵在住宅中的无上地位。神庵，依旧是文昌华侨住宅的灵魂所在。这一现象，与其说是建房者没有逾越神庵的建筑规制，毋宁说是南洋华侨将祖宗祭祀视为他们不可断裂不可削弱的精神纽带和心理依托，家乡住宅中的神庵是南洋华侨归本报恩、衍德崇宗的神圣殿堂，去国越远越久，越有固守和传承慎终追远礼制规范的自觉。

今天，当我们走近一栋栋文昌华侨老屋，不禁赞叹海南近现代史上第一批走出国门的华侨群体为家乡留下了这些宝贵的建筑遗存。睹物思人，那些凝固在建筑中回馈乡梓的家国情怀和守正创新、多元包容的建设理念则是更值得我们珍重的精神遗产，有赖于斯，生活在这个海岛上的人们才会在风云际会中代代传承光大悠久的中华文明。《文昌近现代华侨住宅》的出版，正是我们对那个时代海南先贤表达的敬意和对未来的期许。

李燕兵

2023 年 1 月 13 日

目录

CONTENTS

绪论

一、文昌与海南岛

南海，古称"涨海"，为太平洋西部海域。海南岛是南海西北部的一个岛屿，有"南溟奇甸"之称，是我国仅次于台湾岛的第二大岛。海南岛北部与雷州半岛隔琼州海峡相望；岛之东、南、西三面环南海分别与菲律宾、文莱、马来西亚、越南等国隔海遥望（图0-1）。海南岛地处北纬18°10′至20°10′、东经108°37′至111°03′之间，平面形态近似椭圆，面积约3.39万平方公里，海岸线总长约1944千米，有大小港湾约68个[1]。

海南岛地处北回归线以南，热带北缘，春冬干旱、夏秋多雨，四季并不分明，呈现出较为明显的旱季与雨季；岛上全年平均气温高、空气湿度大、日照时间长，属典型的热带季风气候。

海南在唐代始设琼州，故海南今日简称为"琼"。1988年4月13日，中华人民共和国国务院正式批准海南建省并将之列为经济特区。海南省行政区域包含海南岛和西沙群岛、南沙群岛、中沙群岛的岛礁及其

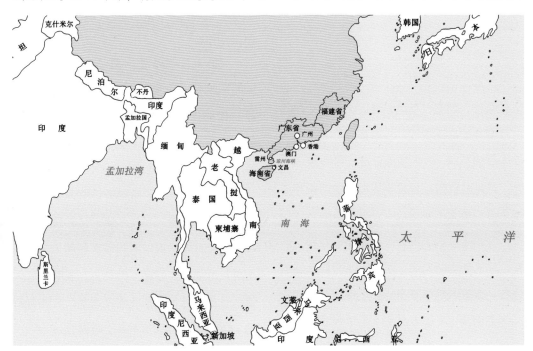

图 0-1　海南岛与周边地区图

1　据海南省人民政府网（https://www.hainan.gov.cn/hainan/hngl/list1_tt.shtml）2020 年 1 月 15 日更新信息。

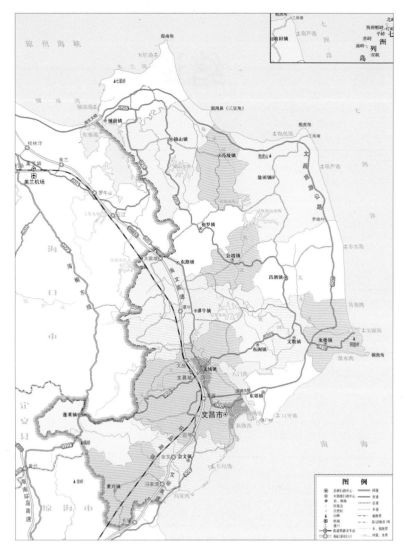

图 0-2　文昌市行政区划图（2021 年）

文昌市域陆地总面积约 2488 平方千米，海域总面积约 5245 平方千米，海岸线总长约 289.82 千米；现辖文城、重兴、蓬莱、会文、东路、潭牛、东阁、文教、东郊、龙楼、昌洒、翁田、抱罗、冯坡、锦山、铺前、公坡 17 个镇以及三角庭、华侨 2 个农场（图 0-2）。[1]

（一）地理与物产

文昌地处海南岛北部沿海平原，地势自西南向东北倾斜，平均海拔大约 30 米。陆地大部分为平原阶地，其余为台地、低丘地、滨海沙滩以及孤丘地等；坡地多以平坡为主，陡坡极少。境内有数座山岭但都不高，海拔 338 米的铜鼓岭主峰是文昌境内最高峰，其他如抱虎岭、七星岭、月岭等也都是百米以上的山岭。

文昌海岸线绵长，岸线资源丰富，沿岸主要分布有清澜港（图 0-3）、宝陵港、抱虎港、铺前港、东寨港以及冯家湾、高隆湾、椰林湾、八门湾、淇水湾、月亮湾、木兰湾等港湾，周边海域上有七洲列岛等诸多岛屿。文昌境内有文教河、珠溪河、文昌江（又名文昌河）、石壁河、北水溪（又名宝陵河）等河流，其中文教河的流域面积最大。境内土壤以砂质土、砂壤土为主，土壤肥力总体偏低且呈自西南向东北递减趋势，主要有耕地、园地、林地和草地等土地类型。

文昌自然资源丰富、物产多样，境内植

海域；现辖海口、三亚、三沙、儋州 4 个地级市，五指山、文昌、琼海、万宁、东方 5 个县级市，定安、屯昌、澄迈、临高 4 个县，白沙黎族、昌江黎族、乐东黎族、陵水黎族、保亭黎族苗族、琼中黎族苗族 6 个民族自治县，是目前我国行政管辖区域（含陆域和海域）面积最大的省份。

文昌（县级）市位于海南岛东北部，东、南、北三面均临南海，西部和西南部分别与海口、定安、琼海三市（县）接壤，陆地北端的海南角（又称木兰头）是琼州海峡的东南起点，东端的铜鼓角则是海南岛的最东角。

1　据文昌市人民政府网（http://wenchang.hainan.gov.cn/wenchang/wcsjj/list_tt.shtml）2022 年 1 月 13 日更新信息。

图 0-3　远望清澜港湾

被属热带北部边缘季雨林类型，现有木本植物 500 余种、草本植物 1000 余种，其中以浅海滩涂木本植物——红树为代表；主要出产水稻、玉米、高粱、小米、薯类、豆类等粮食作物以及荔枝、龙眼、阳桃、花生、甘蔗、椰子、槟榔、橡胶、胡椒等经济作物；陆生动物主要有哺乳类、爬行类、两栖动物类和鸟类等，水生动物主要有鱼类、虾类、蟹类、贝类等；矿产资源较为丰富，有铁、钨、钛、铬、铅、铝、钴、煤、锆砂、宝石、水晶、石英砂、高岭土等 10 余种，其中以钛、石英砂矿较为著名。

（二）人文与历史

海南岛是我国南海最大的海岛，岛上物产丰富，不乏奇珍异宝。同时，海南岛也是我国传统社会中的边陲之地，孤悬于南海。毗邻雷州半岛的地缘优势使其较早被纳于中央政权统治之下。尽管海南岛古有黎族先民泛海而来，但自汉武帝对本岛首设郡县以来，其文化长期直接或间接地受到大陆文化的影响。大陆文化的输入，多数是大陆移民入琼的结果，特别是当中原王朝受到北方游牧民族侵扰而崩溃，大量汉人南迁避难抵江南、华南地区，终至赣、闽、粤等地，更远者则渡海入琼，人口迁移带来了文化传统的南移。对此，民国《海南岛志》有记："宋明清之世，亦当从事编审，其额代有增加，溯其原因：一则屯戍落籍，二则宦裔流寓，三则避乱迁徙。史乘所载，每遭内地骚乱，则岛中户口，为之激增，以知避乱来居者为特众也。而其中黎僮就抚，愿杂居者，亦所当有。"[1]

东晋衣冠南渡，中原移民不断南迁，东南各地的人口均有不同程度的增长；于海南岛而言，尤以宋室南渡以来最盛。据明《正德琼台志》记："赵宋以来，闽越江广之人，仕商流寓于此者，子孙多能收家谱是征"（图

1　陈铭枢总纂，曾蹇主编《海南岛志》，上海：神州国光社，1933 年，第 73 页。

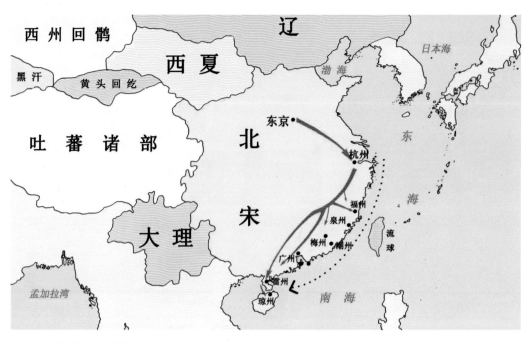

图 0-4　北宋移民迁徙趋势图

0-4)[1]。明代大学士丘濬（1421—1495）在为其好友邢宥撰写的《文昌邢氏谱系》中提及"琼属邑文昌大族，可数者五六家，邢其一也。邢之先自汴来，盖在宋南渡初至今，子孙蕃衍，散居邑中者，殆居他姓什三四焉"[2]。由此可知，邢宥所在之文昌邢氏一族，也是源自中原的汴京一带。另如文昌韩氏渡琼始祖——韩显卿（1155—1225）曾为南宋官员，原籍河南相州，历任文林郎、会稽县尉、廉州太守等职，绍熙二年（1191）迁入雷州，后于庆元三年（1197）渡海来琼，定居于文昌锦山，类似家族还有不少。

除了社会动荡时期的避难移民，在社会平稳时期，还有一些流放官员甚至皇室成员也来到了海南岛。其中，对海南文化影响最为深远的莫过于北宋大文豪苏轼（1037—1101）。绍圣四年（1097），屡遭贬谪的苏轼自惠州再贬儋州。在海南岛生活的近四年

间，他一方面向当地黎族百姓传授中原耕作技术等生产生活方式；另一方面开设学堂，讲学明道，开启了海南人文兴盛的局面，造就了一批海南英才。《正德琼台志》载："至元戍守之士多中原人，及文宗潜邸时，公卿宰辅相从来琼者，盖不少而气化□改"[3]，记述了元文宗少年时被流放至海南，随来的官员多为中原人，给当地风气带来了改变。这种"非强制性"与"强制性"、"主动性"与"被动性"相结合的移民组成，共同构成了多样化的历史移民群体，从而给海南岛内社会文化等诸多方面带来了深刻影响。正如丘濬在《南溟奇甸赋》中所记："魏晋以后，中原多故，衣冠之族或宦或商，或迁或戍，纷纷日来，聚庐托处，薰染过化，岁异而月或不同。世变风移，久假而客返为主，蔚犷悍以仁柔，易介鳞而布缕。今则礼义之俗日新矣，弦诵之声相闻矣，衣冠礼乐彬彬然盛矣，

1　唐胄《正德琼台志》，海口：海南出版社，2006 年，第 138 页。

2　丘濬《文昌邢氏谱系》，参见《琼台会稿》卷四，明嘉靖二十三年（1544）刻本。

3　《正德琼台志》，第 138 页。

北仕于中国，而与四方髦士相后先矣。"[1] 这就概括了自魏晋以来中原移民对海南社会风俗、礼仪教化和社会文化等方面产生的深刻影响。唐宋以来，大陆移民的不断输入对海南的开发建设起到了积极推动的作用，亦为海南提供了较为稳定的发展环境。唐贞元五年（789），岭南节度使李复发兵平黎，恢复了中央政府对琼州的管辖权，重新建立对海南及其周边海域的长久控制，亦为当时世界上最长的远洋运输航线——"广州通海夷道"的畅通提供了保障，其中的航线全部途经海南岛东北的七洲列岛。之后，海南及南海一直为中央政府管辖，并在此加强了海防建设。唐末，中央政权对于海南岛黎族土著的政策改剿为抚，委派戍边将领入琼抚黎。这种相对温和的民族政策对于海南社会的稳定起到了重要作用，而且多数抚黎官兵也纷纷落籍海南。其中，比较有代表性的有海南符氏渡琼始祖符元生，于唐大顺二年（891）以南雄太守、中书令高位奉旨入琼抚黎，对黎峒劝谕招抚，功绩显赫并为朝廷褒奖，之后落籍文昌，归葬铜鼓岭。另一符氏先祖符有辰，为福建路兴化军莆田县人，于北宋天圣三年（1025）奉诏由闽入琼抚黎，卜居文昌，其后代散居全岛。

明太祖朱元璋称海南岛为"南溟之浩瀚，中有奇甸数千里"[2]。他沿袭元代的军屯制度，于洪武十六年（1383）在海南岛设立屯所，之后出于加强海防之需，还在岛上陆续建成多处卫所、城池、营堡、烽燧。时文昌县治设在今文城镇孔庙南侧，洪武二十四年（1391），又在文昌县设置清澜千户所，属海南卫。虽然来自大陆的士兵入岛开展屯垦，在一定程度上存在与原住民争夺资源的情况，但军屯对于海南岛的开发以及岛内外的文化交流也起到了积极作用。此外，明代对于海南的黎族也采取招抚政策，扶持黎族上层"以黎制黎"，并酌定免除黎人徭税等。这些措施有效地缓和了民族矛盾、改善了民族关系，为社会发展提供了稳定的政治环境。同时，明代繁盛的海上贸易也为地方文化发展提供了坚实的经济基础。明代海南岛文风兴盛、人才辈出，全岛考中进士、举人甚多，其中不乏薛远、邢宥、丘濬、海瑞等治国安邦、明经通史的英才。

清代，除中央政府委派将领官员绥边外，也有政策移民的情况发生。如清乾隆十八年（1753），在广东巡抚苏昌等人的奏请下，乾隆皇帝考虑到"贫民生计维艰"，下谕号召百姓垦荒种植并免除赋税，并对当地土著贫民给予了特别关照，"查有可垦荒地二百五十余顷，请照高、雷、廉之例，召民开垦，免其升科等语。着照该抚等所请，查明实系土著贫民，召令耕种，免其升科，给与印照，永为世业。仍督率所属妥协办理，庶土无遗利，俾该处贫民得资种植"[3]。在此情形

---

1 丘濬《琼台诗文会稿》卷二十二《南溟奇甸赋》，《琼台诗文会稿校注本》，呼和浩特：内蒙古人民出版社，2002年，第1185页。

2 朱元璋《明太祖文集》卷六《劳海南卫指挥》，《明代基本史料丛刊·文卷集（第一辑）》，北京：线装书局，2013年，第177页。

3 《清实录》第14册，北京：中华书局，1986年，第798页。

下，来自广东各州府的百姓大量移入海南岛，造成清中期岛内人口的激增。至民国十七年（1928），岛内户口数除五指山中黎、苗等少数民族外，总户数为372900，总丁口数为2195645。其中，文昌县有户数67302，丁口数440189[1]，分别约占全岛的18.05%、20.05%，为全岛各县市之首。

（三）"闽南的莆田人"

无论从早期的历史来看，还是近三十多年以来，海南都是一个典型的移民社会。在古代的海南（从秦汉至明清的较长时段），全省人口来源主要包括三个部分：其一，本地的土著居民，以黎族为主要族群，属古代百越民族一支。其二，秦汉时，源自广西壮族的一支迁入临高一带，是为今临高人；宋代，少数民族移民主要来自占城国（今属越南）的穆斯林；明代，有从广西征调而来的苗兵入籍海南，是为当地苗族的主要来源；此外，还有部分疍民也从大陆移来。其三，来自大陆的福建、广东和广西的汉族（包括中原汉人、客家人、闽南人、莆田人和潮州人等）移民构成了今天海南人口的主要部分。其中，又以福建东南部的莆田人为最。是故，海南至今流传有"琼者蒲之枝叶，蒲者琼之本根"的说法。但福建移民基本都以闽江为界，闽江以南的广大区域被他们称为闽南[2]。这与今天福建人习惯上认同的闽南只为漳州、泉州和厦门三地有所不同。因此，在询问海南本地的福建移民时，大部分人都会自称是来自"闽南的莆田人"。

尽管如此，他们中绝大多数说的是海南风格的闽南话，而福建本省的莆田人和仙游人长期以来说的则是莆仙方言。因此，从语言的角度，这些自称"莆田人"的海南移民并不一定是真正的莆田人。据海南学者闫根齐教授研究，造成这一现象的原因，主要是北宋末年金兵犯宋，大量北方遗民随朝廷南迁。其中，部分士族渡过长江后，经过浙江至福建，在莆田一带暂住，继而前往东南方向的闽南、梅州、潮汕、广府，一直移民到雷州半岛。其迁徙的路线基本与东南海岸线平行。在雷州暂住的部分移民，渡过琼州海峡来到海南定居，也有部分暂住莆田的移民通过海路而渐至海南。从语言文化的角度来看，莆田与潮汕以及海南的渊源更深一些，想必与宋室南渡时引发的移民潮相关。对于这部分移民而言，在莆田的暂住经历，既证明其是源自北宋都城汴梁一带的士族，也造成了迁徙至海南的移民基本有着"闽南的莆田人"的自我身份认同。这一现象颇有些类似明代洪武初年的移民运动，各地移民（西北居多）大都认为其家族是源自移民中转站——山西洪洞大槐树。在没有更多证据被披露之前，姑存此说。

1　《海南岛志》，第74—75页。

2　孔飞力《他者中的华人：中国近现代移民史》，李明欢译、黄鸣奋校，南京：江苏人民出版社，2016年，第27页。

二、文昌华侨与海南社会现代体系的构建

有关华侨的问题，如果从明朝隆庆元年（1567）解除海禁政策算起，实际上与中国长达近五百年的移民史有关联。在中国的历史传统中，中国人习惯称海外为"番"，出洋为"去番""出番"。因此，寓居异邦的中国人在古代和近现代常常被国人称为"番客"，闽南人则称其为"番仔"，直至清末才出现"华侨"一词。20 世纪 50 年代，世界各国开始解决中国华侨的双重国籍问题，国内遂把加入当地国籍的华侨称为"华人"，其后裔称为"华裔"。根据哈佛大学著名汉学家孔飞力教授援引波斯顿等著《1990 年前后海外华人在世界各地的分布状况》中公布的统计数据："在世界范围内，1990 年前后，共有约 3700 万自称具有华裔血统或被他人归类为华人者居住在中国大陆和中国台湾以外的 136 个国家。"实际上，据孔之研究，海外华侨总数中 70%（大约 2590 万）的人口居住在东南亚（俗称"南洋"），"那儿千百年来一直是中国移民的目的地，而且，在全部约 3700 万（这是 1990 年统计数据，包括当时港澳两地 600 万华人）华侨华人当中，大约半数居住在印度尼西亚、泰国和马来西亚这三个东南亚国家"。[1] 另据林明仁研究，文昌籍华侨截至 2010 年大约在 120 万人，遍布世界 50 多个国家和地区[2]。截至 2019 年底，文昌市常住总人口 57.52 万[3]，如与十年前华侨数量相比，大约是 0.9：2，为海南华侨数量分布最多的县级市。

美国著名文化地理学者那仲良（Ronald G. Knapp）在 *Chinese Houses of Southeast Asia*《东南亚的华人住宅》一书中认为：从历史上看，"华侨"本身就是一个相当有弹性的形容词，不仅适用于暂时旅居国外的中国人，也适用于按民族划分但与中国没有实际联系的中国人。"归侨"指的是从国外归来的中国人，而"侨眷"则表示在国外的中国人家属，这是至今仍能听到的表达方式。侨乡作为"移民社区"，传统上受到社会、经济、心理等方面的束缚，移民成为乡村生活的一个基本和持续的方面。虽然贫穷和冲突可能导致了早期的向外移民，但随着时间的推移，移民链创造了一种出国的传统，推动了向外移民。从某种意义上说，海外基地是侨乡的前哨，通过人员的来回流动和汇款来

1　详见 Poston, Dudley L., Jr., et al.1994. "The global distribution of the overseas China around 1990," *Population and Development Review* 20, no.3: 631–645。Poston 统计时的华人数据实际上是 3700 万，因当时香港、澳门尚未回归，如果扣除当时港澳人口 600 万，那么真正的海外华人数量当为 3100 万。转引自《他者中的华人：中国近现代移民史》，第 2 页。

2　林明仁《文昌华侨文化》，海口：南方出版社，2010 年，第 2 页。

3　海南省统计局、国家统计局海南调查总队《海南统计年鉴（2020）》，北京：中国统计出版社，2020 年，第 31 页。

维系侨乡。正如潘林恩（Lynn Pan）提醒我们的，"移民社区并非暮气沉沉的。部分人可能已经移民了，但他们成规模地、连续不断地寄回了大量的金钱，使得这些移民原来的祖国呈现出繁荣的景象，豪华的现代房屋建设则由在国外发了财的移民汇款支付"[1]。

（一）文昌华侨下南洋的历史

文昌地处海南岛的东北部，拥有全岛最好的海上交通区位和岸线条件：一是距离大陆的雷州半岛相对较近，并地处大陆东南沿海各港口至南洋以及西洋的远洋航线——通常所说的"海上丝绸之路"上；二是海岸线绵长、港湾众多，铺前、清澜两港都是天然良港，登陆条件佳。据此推测，历史上的大陆移民输入，或经雷州半岛渡海入琼，或经东南沿海港口渡海入琼，其登陆地基本都为文昌、琼山、临高、澄迈一带。文昌、琼山等地相较临高、澄迈等地远离黎族聚居区，民族关系相对缓和，发展腹地也相对开阔。对于人生地不熟的外乡人来讲，自然优先以文昌、琼山等地作为合理的定居点。因此，大量移民集中涌入个别地区，自然会加剧当地的人地关系矛盾，加上文昌多海积平原，土壤肥力有限、物产匮乏，极易造成地瘠民贫的局面。窘迫的生存条件迫使人们向外求生，要么向西深入山高林密的黎族居住

区，要么向东漂洋过海。文昌人在恶劣的生活条件下，逐步磨炼出敢为人先、敢于冒险的开拓精神。

以丘陵、平原为主的琼东北地区地瘠人稠，生活生产资料的匮乏与紧张必然使得当地百姓向大海讨生活，其中以文昌、琼海等地渔民数量最多、出海最远，远者可达南沙、西沙群岛，更远直至越南、新加坡、泰国等国海域。数百年间，文、琼等地渔民依据在南海捕鱼、航海的经验，绘制出古代的南海航海地图——更路簿，为南海的远洋航行提供了重要依据。渔民活动尚且行迹邈远，官商航海则更甚于此，借助这些航海经验，航行至南海周边国家自然也就顺理成章了。因此，海南岛与南海诸国的交往历史悠久、连绵不绝，无论是大陆王朝南下的官方出访、南海诸国北上觐见朝贡，还是民间的远洋商贸、打鱼捕捞等，海南岛都扮演了中继站的重要角色（图0-5）。

19世纪中后期，两次鸦片战争以来签订的一系列对华不平等条约，约定开放的10处通商口岸遍及中国沿海、沿江地区，形成了中国被迫开放的格局。各地口岸相继开埠设关，标志着西方列强对中国市场的全面侵入。由于当时西方往来琼州的货船数量并不多，琼海关直至1876年4月才开关起征[2]。此后，经海口出洋者也显著增加，不少前往东南亚各国，从而开启了半个多世纪岛内百

1　Ronald G. Knapp. *Chinese Houses of Southeast Asia*, Published by Tuttle Publishing, an imprint of periplus Editions(HK)Ltd, with editorial office at 364 Innovation Drive, North Clarendon, Vermont 05759,USA and Tai Seng Avenue,#02-12,Singapore 534167.16. 中文为作者译。

2　吴松弟、杨敬敏《近代中国开埠通商的时空考察》，《史林》2013年第3期，第76—89页。

图 0-5　中国古代海上交通示意图

图例:
● 春秋战国时期的海上交通
○ 两汉至南北朝时期中外海上交通
● 唐代中外海上交通
○ 元代中外海上交通
○ 郑和下西洋航线

姓持续下南洋的热潮。

"南洋"与"西洋""东洋"一样,是以中国为中心的地理概念。当然,其内涵范围也随时代的不同而有变化。清末名士郑观应在《盛世危言》一书中记有:"昔田泰西各强敌,越国鄙远而来,今南洋各岛悉为占据,则边鄙已同接壤,郊坰无异户庭也","南洋起厦门,包汕头、台湾、潮阳、甲子门、四澳、虎门、老万山、七洲洋、直抵雷琼,为一截。"[1] 这里,"南洋"指今厦门至雷州半岛海岸线以南的广阔海域。而作为重要历史事件中的"下南洋"一词,兼具历史、地理以及人文的复杂含义,泛指当时由中国沿海地区前往南海诸国的人口迁徙活动,地域上包括今泰国、越南、马来西亚、印度尼西亚、新加坡等东南亚各国。

(二)文昌华侨下南洋的特点

1. 下南洋人数规模

近代海南下南洋者,文昌人占了大多数。

究其原因,是由于该地区长期以来的内、外部环境使然,即当时的人口迁移的推力与拉力共同作用的结果。就人口迁出的推力因素而言,与当地持续的人口和资源压力有关。在当时的生产力条件下,地瘠人稠、看天吃饭的局面并没有得到解决,迫使人们出海求生下南洋。除了物质层面的推力外,文昌地方乡缘、家族亲缘所形成的出洋传统,以及文昌人长期练就的富于挑战、敢于拼搏的精神也是重要因素。就人口迁入的拉力因素而言,自16世纪初西方大航海时代以来,资本主义在全球的扩张以及西方帝国持续的殖民,至18世纪西方国家基本完成了对东南亚各国资源的掠夺开发以及领土的侵略瓜分,使当地的规模化生产形成了巨大的劳工需求,出海劳务谋生便成为文昌人"下南洋"的主要目的。民国《海南岛志》有记:"海南人民,习于航海,故侨居国外者多。民国以来,远游之风益盛。其久客致巨富者,殊不乏人。各县在外侨民,最多者当首推文昌,约九万人。次则琼山琼东乐会定安等县,

---

1　郑观应《盛世危言》卷六《海防上》,呼和浩特:内蒙古人民出版社,2006年,第155—156页。

表 0-1　由海口出关的船客人数统计表（1918—1927）[1]

地区 ＼ 年份	民国七年（1918）	民国八年（1919）	民国九年（1920）	民国十年（1921）	民国十一年（1922）	民国十二年（1923）	民国十三年（1924）	民国十四年（1925）	民国十五年（1926）	民国十六年（1927）
中国香港	7035	4791	4698	6208	4751	4378	4807	5490	1710	12213
新加坡	——	2462	3278	2420	7069	8894	17400	28678	20422	10329
其他各地	5830	8996	8636	9153	9995	22917	28134	20.907	19190	26202
合计	12865	16249	16612	17781	21815	36189	50341	55075	41322	48744

注：表中统计不含由清澜、博鳌、三亚港口出关人数。

俱有数千人，再次则澄迈万宁陵水临高崖县，各数百人。儋县昌江感恩诸地，则寥寥数十人而已。"[2]

从民国七年至十六年（1918-1927）海口出关的船客人数统计可知（表 0-1），在此期间每年由海口出洋者基本呈增加趋势，10 年间累计达 316993 人，其中民国十四年（1925）出关 55075 人为最多。[3] 出关人数激增的民国十二年至十六年，正是军阀邓本殷统治海南岛的混乱时期；而民国十五年至香港人数锐减的原因，是由于当时正值香港爆发省港大罢工而出现了政局混乱和社会动荡。

2. 下南洋的主要航线

近代岛内华侨下南洋的航线主要有两条：一是由海口、文昌铺前港，出港往西经琼州海峡至北部湾，再南下至越南、泰国、马来西亚、新加坡等地；二是由清澜、博鳌、三亚等港口南下至南洋诸国。对于当时乘帆船出海者，"冬季北风期时，由海南出发。翌年夏季南风期时，始回原港"，旅途时间也顺应天时，"顺风时余月可至，逆风

或一二月"。[4] 早期下南洋者以乘帆船出海者居多，置身南海、旅途艰险，若遇逆风数月可达实属万幸，如遇台风、暴雨等极端天气，葬身鱼腹者也是屡见不鲜。1842 年，清政府与英国签订《南京条约》，割让香港岛。英国遂将香港设定为对华商品倾销的重要基地，并开设由香港往来南洋各国的客货航线。1876 年，海口开埠，设琼海关，亦开设由海口往来南洋的客货航线。自 19 世纪下半叶，轮船逐步取代帆船成为琼侨下南洋的主要交通工具。民国时期，已开通由海南岛至泰国、新加坡、越南等国的商业轮船航线，而香港、广州等地前往越南、泰国等国的商轮也多经停海口（图 0-6）。[5]

3. 下南洋目的地及从事行业

海南华侨下南洋的热潮是在 19 世纪中后期逐步形成的，直至民国达到高潮。民国《海南岛志》记载了文昌华侨下南洋的目的地和所从事的行业，"其所至之地，盘谷新架坡香港三埠最众，海防爪哇及马来半岛一带次之，所营以旅馆酒肆茶室制鞋缝衣诸业为特夥。而植树胶营航运获巨利者，亦有数

1　本表数据引自《海南岛志》，第 84 页。

2　《海南岛志》，第 84 页。

3　《海南岛志》，第 128 页。

4　《海南岛志》，第 218 页。

5　《海南岛志》，第 209—210 页。

人"[1]。此外，"琼人在南洋各市区的，大都从事商业，或就佣于中西人的餐馆、旅馆、咖啡店、商店、住宅、轮船、火车等。业商者大半是小资本企业，为雇佣者则为调烹、司厨即杂差之役。至在外洋务农者，则从事种植树胶。往时琼人在麻剌甲、森美兰、柔佛多置有树胶园，或为100英亩（每亩约我国6亩），或为200英亩。可是现在因胶价惨落，他们都已改图他业，或携眷返琼"[2]。显然，文昌华侨下南洋的目的地以及行业也与当时的社会经济环境有相当关系。由于人稠地瘠的人口与资源矛盾长期存在，文昌早期下南洋的华侨多数都是贫苦出身，因迫于生计而只身下海，历经艰难险阻，辛苦异常，能有所成就者仅是少数。有了前人的积累，后一代的华侨取得成就则相对容易，一是社会经济环境有所改善，二是在外华侨有了亲戚朋友、同乡同僚的提携，深入当地生产生活相对容易。这种"沾亲带故"式闯南洋的组织形式自然而然地形成同乡"聚一处、处一行"的特征，具体表现为各地华侨大分散、小聚居的生产生活方式。琼侨多集中在新加坡、马来西亚、泰国、越南等国家的部分行业。同时，由于人口基数小，虽然出洋人口比例相对较高，但琼侨在南洋各国亦不能形成较大规模，相比闽粤华侨群体力量偏弱。琼侨在南洋各国多从事农林业、采矿业、零售业、服务业以及运输业等。当然，其生活状态也因各国产业情况以及地方殖民者

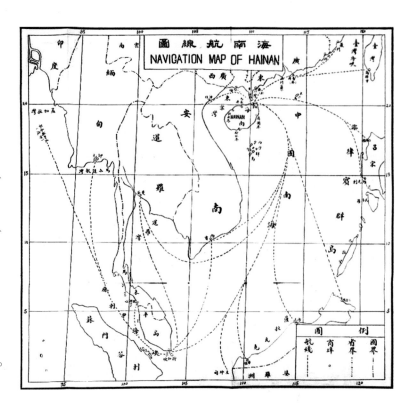

图 0-6　陈铭枢《海南岛志》所载的民国"海南航线图"

对华人态度的不同而略有差异。

（三）文昌华侨对家乡的贡献

尽管古代的海南并非文化与经济的高地，但得天独厚的地理位置，使得海南尤其是文昌，成为古代海上丝绸之路上的重要驿站，也成为中华文明与经过南洋舶来的西洋文明进行交流、融合的中继站。在这个中继站上，文昌华侨以及从文昌走向世界的华人群体是海南华侨的主力军，他们为中华文明与域外文明的交融与发展做出了重要贡献。

随着琼州（海口）正式开埠而成为中国最南端的海关，文昌人开始有规模成批次地下南洋——在南洋诸国打工、经商、从事海上交通业以及国际贸易。经过数十年的打拼与奋斗，加之上苍眷顾垂怜，其中的极少数

1　《海南岛志》，第84页。

2　陈植编著《海南岛新志》，海口：海南出版社，2004年，第273页。

图 0-7　位于文昌市昌洒镇古路园村的宋氏祖居

文昌人率先发达起来，在他们的带动与促进下，逐步发展形成蜚声中外的文昌华侨群体。其中，以民国时期在政坛上叱咤风云的宋氏三姐妹之生父宋耀如（图 0-7）、马来西亚雪兰莪州华人参事王兆松、种植家郭巨川等为代表的文昌籍政商人物的涌现，成为文昌华侨群体崛起的标志。

近代以来，华侨为文昌以及海南社会现代化体系的建立与发展立下了汗马功劳。南洋华侨所带回的西方自由民主思想与现代文明对闽粤社会的现代构建产生了深远影响。海南，当时既与闽地联系紧密又作为粤地的一端，更是如此。

民国时期，清华大学陈达教授在《南洋华侨与闽粤社会》一书中提出，自中西交流以来，我国社会变迁的主要途径有三，即"政体改革者""物质建设者""思想的解放及社会改良者"[1]。

借此观点，对于其中的第一条途径，海南人虽不属于国家"政体改革"的先行者，但文昌华侨代表宋耀如及其家人，早期即追随民主革命的先驱孙中山先生，以及受其影响的其他海南人，为中华民国乃至中华人民共和国的建立立下卓著功勋。不唯如此，据符国存先生在《文昌文化研究》一书中披露："从 19 世纪 90 年代至 20 世纪前 50 年，由于社会变革、时局动荡，帝国主义侵略导致连续的战争。具有强烈的

1　陈达《南洋华侨与闽粤社会》，北京：商务印书馆，2011 年，第 42 页。

爱国主义精神和先进的思想觉悟的文昌青年，积极投入反对封建主义、反对独裁，争取国家独立、民主、自由以及反对日本帝国主义侵略的行列。他们经过铁与血的洗礼，造就了221名将军（包括国共两党军队一作者注），其中大将1名、上将4名、中将41名、少将175名。"[1] 文昌华侨及其影响下的海南人，参加了辛亥革命、两次国内战争以及抗日战争。新中国成立后，他们又积极促进和平时期的国家建设，或直接或间接地参与我国由传统社会向现代社会变革的进程。

其次，对于海南的"物质建设者"而言，文昌华侨在海南造桥、铺路，建设海港、工厂，为海南公共交通事业以及现代制造业的发展做出了巨大贡献。

至于陈著中所说的第三条途径，毫无疑问，文昌华侨属于"思想的解放及社会改良者"，他们自幼受到"兴学重教"的地方文化的滋养和教诲，一旦在南洋或其他国家接受了西方开放与先进的思想和文明熏陶，在他们返乡后，基本都会迫不及待地充当地方社会建设的贡献者。他们在文昌大力创建学校或支持办学，开办现代医院，积极投身于社会公共事业之中。

下面我们通过梳理相关资料，挖掘各行业中文昌华侨所留下的身影，以管窥他们对家乡现代化事业所做出的相关贡献。

1. 交通运输业

20世纪20年代左右，琼籍华侨深感岛内交通的落后，又应民国政府的提倡，在当时盛行的实业救国思想影响下，在交通运输事业的投资上掀起了一阵热潮。文昌华侨在对家乡交通运输事业的投资上，也有着积极推动。

民国七年（1918），文昌华侨韩纪丰（字文修）以6万块银圆资本创办了"海口琼文汽车公司"，次年（1919）又创办了"琼文车路公司"，计划在海口、文昌修筑公路发展汽车运输业。琼文车路公司于成立当年即开建海口至文昌的公路，全长48千米（图0-8），此路日后成为海南东部公路的干线，这是文昌华侨对家乡公路运输事业的较早投资。

同年，文昌华侨周雨亭与丹麦人合资开设"捷成洋行"，并在海口设立"永发商行"代理"太古公司"船务。民国十二年（1923）起，周雨亭先后成立"琼源昌公司""昌利有限公司""昌利洋行"等代理船务及经销洋货，拥有4艘大型轮船以及数条货运航线[2]。

此外，民国初年文昌华侨林天岳、黄有渊、陈昌运等人曾组织成立"清澜商埠有限公司"开发清澜港，计划疏浚航道、修筑码头、建设货仓市场并购置轮船发展海运，"业已筑成基岸100英尺，造竣货仓2间"[3]，但

1 符国存《文昌文化研究》，海口：南海出版社，2016年，第27页。

2 林明仁《文昌华侨文化》，海口：南方出版社，2010年，第275页。

3 《海南岛新志》，第339页。

念紀影撮禮工開行舉路公文瓊辦民督官縣山璨

图 0-8　民国八年（1919）琼文公路开工典礼

因第一次世界大战的爆发，东南亚橡胶价格暴跌导致资金断裂而未能实现 [1]。

2. 房地产业

　　房地产业是海南华侨对家乡投资的重点之一，其中以海口、文昌华侨尤甚。1949 年前，文昌华侨投资房地产累计 347 家，总资本额不超过 300 万元，平均每家约 8000 元。相比其他地方华侨投资房地产资本都少，其主要原因为：一是当时文昌华侨着力投资距离较近的首府城市——海口的市场，以图获得更好的投资回报；二是文昌华侨众多，房地产市场需求不大，少量资金已经足以运作。

　　民国时期，文昌华侨对家乡房地产业的投资大抵分为三种情形：一是华侨只身下南洋、家眷多留守家乡，挣得的侨汇除补贴家用外，结余多用来修缮旧房，改善居住条件；二是与东南沿海华侨"买田起厝""衣锦还乡"的传统奋斗目标一样，文昌华侨也在其事业有成后在家乡盖新房；三是民国以来海口、文昌等地开始大规模市政建设，吸引华侨返乡购置商铺、新建高楼等，如文昌县城便民路（今文南街）以及铺前港胜利街都在此期间得以建设，形成颇具南洋风格的骑楼街（图 0-9）。

　　文昌华侨对于海口房地产的投资情有独钟，海口得胜沙、中山路、新华路等繁华街道的诸多洋楼、商铺多为文昌华侨投资兴建。民国二十一年（1932），文昌铺前的越南华侨吴坤浓在海口得胜沙投资兴建五层楼房，历时三年而成，成为当时海口规模最大、高度最高的洋楼；来自文城的马来西亚

1　《文昌华侨文化》，第 59—60 页。

图 0-9　民国时期文昌江畔风貌

华侨王兆松、会文的张运琚也都曾在海口投资兴建店铺用以出租或商业营运。

3. 教育事业

文昌华侨"对于内地慈善教育之举，亦能热心赞助"，支持家乡教育也是他们回馈桑梓的重要方式。文昌当时的办学经费和捐款，"以海外华侨、国内各地当官的文昌人和文昌籍企业家、富豪居多，县内民众次之"，"从清末教育改制到民国设立中小学的 50 年左右的时间里，文昌学校的经费来源，主要依靠民众筹资和华侨捐款"[1]。近代文昌中小学的创建或重建，多由海外华侨慷慨相助。

文昌历史最为悠久的学校——文昌中学，最早可追溯至清嘉庆九年（1804）创办的蔚文书院。民国十六年（1927）校舍被毁，后由 900 多名南洋华侨募捐 10 余万元建设新校舍，建成面积达 7000 平方米。其中郭巨川、郭镜川兄弟捐资 1.7 万元建成二层钢筋混凝土结构的教学大楼，俗称"飞机楼"，王兆松捐资建成"王兆松楼"，邢谷宝捐资建成"邢谷宝堂"，以及由其他诸多华侨合作捐资建成的东、西斋舍有 10 余座。

抱罗镇罗峰中学，民国十六年（1927）校舍被毁，后由周雨亭、云瀛侨、周文治等 498 名南洋华侨捐资 76843 元重建，建成面积达 3600 平方米，建有南门楼、南楼、西楼、北楼、东横楼等大楼 6 幢，各类楼堂斋舍多为钢筋混凝土结构的西式建筑，在当时文昌各类学校中首屈一指。

会文镇琼文中学，也是在 20 世纪 30 年

1　《文昌文化研究》，第 57—61 页。

图 0-10　民国时期修建的溪北书院经正楼

代由当地 20 多名华侨捐资重建，建成面积 1200 平方米，均为洋楼式建筑，有二层砖混结构的"拨光楼""宏昌楼"以及斋舍等。

铺前镇文北中学内的溪北书院，正堂"经正楼"是书院的藏书和备课之地，1926 年由主持教务的潘为渊主持，一众华侨捐款维修，将经正楼四周的走廊改为钢筋混凝土结构并沿用至今（图 0-10）。

王兆松等人还为会文冠南小学捐建二层教学楼，郭巨川、郭镜川为家乡捐建二层教学楼（图 0-11），林树杰也曾为龙楼小学捐建教学楼等 [1]。

此外，文昌华侨对海口等地的学校同样慷慨解囊。民国十二年（1923），今海南中学前身——琼海中学在海口创办，首任校长钟衍林（1898—1956）为文昌铺前人，其多次赴南洋筹款募捐，文昌华侨周雨亭、周成梅、郭巨川、王兆松等纷纷热心捐助。

华侨及其支持与影响下的先进分子，多积极投身文昌社会办学与教育改良事业。

总之，文昌及海南籍的华侨们对文昌和海南社会的现代化进程做出了巨大贡献。与此同时，华侨们也对其居住国的经济与文化进步做出了较大努力。著名汉学家孔飞力认为，分散在南洋诸国的华人以及由华人创造的历史，也属于中华民族历史的一个组成部分。那么，我们是否也可以认为，南洋诸国的华人和华人营造的物质遗产与非物质文化，也是中华文化疆域中的一块飞地——一块特殊而独具现代魅力的飞地？它们为古老的中华大地的现代化进程，提供了各式各样的实验样本与文化验证，是中华现代文化的先声。

1　朱运彩主编《文昌县文物志》，文昌县政协文史资料研究委员会印刷，1988 年，第 130—140 页。

图 0-11　20世纪30年代文城镇南阳居郭巨川、郭镜川兄弟捐建的郭云龙楼

三、近现代华侨住宅的建筑技术及艺术

（一）对文昌近现代华侨住宅的解释

在探讨文昌近现代华侨住宅的建筑技术和艺术之前，首先要明确何谓"文昌近现代华侨住宅"？要回答这个问题，还得从时间、空间、房屋业主、建筑形式以及建筑材料等五个维度来予以阐释。

1. 从时间维度来解释"文昌近现代华侨住宅"

历史学领域习惯上将清朝晚期，以1840年中英第一次鸦片战争为标志，作为中国历史"近代时期"的开端。英语国家文化里，似乎并没有"近代"的概念，对应"近代"最为接近的词是"现代"——modern，

并与"当代"——the contemporary era 相区分；当然，严格意义上讲，英文的 modern architecture 或 modern building 不会早到19世纪的中叶。在近现代——这一非常特殊的中国历史时段，实际上就是中国人——从君王到百姓，整体被迫接受西方人的坚船利炮挟之俱来的"西方文明"的时代；也是中国人民逐渐从非常传统的社会形态往现代社会过渡的重要时段。近年来，学术界为了对应英语世界的"现代"——modern，逐渐将近代和现代连在一起，合称为"近现代"。

尽管中国近代史始自1840年中英第一次鸦片战争，但是在文昌却罕有发现

1840—1890 年之间建造的华侨住宅遗存。文昌人下南洋从明代始已有相当的批次和人数，独何不见 1840 年以前以及 1840—1890 年这两个时间段里建造的南洋式或经南洋舶来的西洋式建筑呢？

实际上，要解释清楚这个问题，还得从欧洲殖民者对东南亚——文昌华侨口中"南洋"的开发时间与海南岛正式对外开放的时间说起。一方面，虽说东南亚的殖民史是从 1511 年葡萄牙殖民者进占马六甲王国开始的，但欧洲各国真正对东南亚的殖民统治还是在 19 世纪末期到 20 世纪 40 年代初期之间[1]，换句话说，欧洲殖民者对东南亚大规模的现代化开发也基本就在这一时期；另一方面，1858 年清政府被迫与英美法俄等国签订《天津条约》，琼州开放为对外的通商口岸，1876 年正式开埠。这才是文昌人在中国近代时期大规模、成批次下南洋之始。这批下南洋的华侨在东南亚各地站稳脚跟，从开始打工赚钱到有大量侨汇寄回家乡是有一个积累过程的，在此基础上才有可能在原本贫穷的家乡建造新式风格的住宅。表面上看，欧洲殖民者大规模开发东南亚，跟琼州设置中国最南端的琼海关是两个独立发展的事件，在时间上仅仅是一个巧合。实际上，这两个事件都是欧美殖民者在对亚洲通盘考量下的殖民计划中的篇章而已。1931 年抗日

战争爆发，1939 年海南岛被日本侵略者占领，1941 年太平洋战争爆发，东南亚各国相继被日本侵占直至 1945 年日本投降。此间，海南岛与东南亚被日本侵占，文昌及海南华侨的住宅建造基本中止。因此，本书对文昌华侨住宅研究的时间上限定在 1890 年，下限定在中华人民共和国成立的 1949 年（在此期间，还有一个暂停期：1939—1945 年）。[2] 这是从时间上对前面提出的"文昌近现代华侨住宅"内涵的解释。

2. 从空间维度来解释"文昌近现代华侨住宅"

非常清楚的是，此处言及的"文昌"是指海南省文昌县级市地域范围内的铺前、锦山、冯坡、翁田、抱罗、公坡、东路、潭牛、昌洒、东阁、文教、龙楼、文城、东郊、蓬莱、会文、重兴 17 个镇与华侨、三角庭两个农场。我们考察测绘过的 58 处住宅位于铺前、锦山、翁田、昌洒、东阁、文教、龙楼、文城、东郊、蓬莱、会文等 11 个镇区（按住宅所在门牌号）。这 58 处住宅还不包括附录在书末的文昌各国侨领们的祖宅，这两项数字加在一起总数为 80 处[3]。

此外，不少文昌华侨在海南岛其他地方包括海口等地投资的房地产、建造的住宅虽在此次考察与调研之列，但并不在本书叙述和讨论之中。

1　王红银《试论殖民主义对东南亚现代化发展的影响》，《黑龙江史志》2009 年第 7 期，第 41—42 页。

2　实际上，整个闽粤地区带有南洋或西洋风格的华侨住宅绝大多数都是在 1890 年至日本侵略中国这一时期建造的。江柏炜《"洋楼"：闽粤侨乡的社会变迁与空间营造（1840s—1960s）》，台湾大学博士学位论文，2000 年，第 1 页。

3　附录 3 所列侨领和知名华侨住宅为 24 处，其中郭巨川、郭镜川宅同列入附录 2，黄闻波宅现已倒塌无存，故加上考察的 58 处侨宅，实际总数为 80 处。

表 0-2　58 处华侨住宅建房人主要侨居国或旅居国数量统计

国家	马来西亚、新加坡	越南	泰国	柬埔寨	印度尼西亚	其他
数量	15	14	15	2	1	11
占比	25.9%	24.1%	25.9%	3.4%	1.7%	19.0%

注 1：华侨住宅的详细信息见附录列表。

注 2：58 处侨宅中，旅居国在马来西亚与新加坡的华侨通常在两地均有活动，故此处合并统计。

3. 从房屋业主维度来解释"文昌近现代华侨住宅"

如要更好地理解书名，需从房屋业主的角度考量，即从住宅的拥有者和建造主导者的角度来解释"文昌近现代华侨住宅"。其实回答这个问题也不难，我们研究的主要对象——这批住宅的拥有者，或出资者，或建造主导者，或文昌籍的华侨设计者。此外，本书的考察研究对象还包括极少量受南洋近现代建筑风格影响较大的住宅。关于华侨的定义，前文已有解释，此不再赘述。在考察测绘的 58 处住宅中，建房人的侨居国或旅居国主要包括马来西亚、新加坡、越南、泰国，少数位于柬埔寨和印度尼西亚（表 0-2）。其中，马来西亚、新加坡和泰国的数量占比最高，越南其次。越南对华侨住宅的较大影响或与越南币在海南侨汇中的广泛流传有关，从而支持了当地华侨建筑的建设[1]。此外，铺前镇美宝村的侨宅中有六户吴姓泰国华侨，说明同村华侨下南洋的目的地可能有密切关联。

4. 从建筑形式维度来解释"文昌近现代华侨住宅"

"文昌近现代华侨住宅"的建筑形式则是本书至为关键的部分。

或许，从建筑形式的维度来解释"文昌近现代华侨住宅"会稍显复杂。换个角度，我们可以这样来理解，本书研究的对象是建造于 1890—1949 年之间，坐落于海南省文昌市由华侨出资并主导建设的自用住宅。这批住宅从建筑形式上来看其实并不完全一致，甚至相差较大。而其个体上的差异既反映了华侨对南洋舶来的西方现代住居文明有不同的接受程度，也在一定情形下反映出其住宅建造年代上的细微差别，当然也反映出建造住宅的华侨在经济实力上的参差不齐。总体而言，这些侨宅在建筑形式上大体反映出以下几个特征：

第一，文昌传统住宅受到大陆式风格的深刻影响。

其中，这种影响又以来自闽南和广府沿海地区的村落布局与住宅形制为最。值得注意的是，大陆住宅建筑形制一旦移植到海南后，又不得不受海岛独特的地理气候等环境因素的限制，迅速做出适应性的改进与调整。比如，为了建造和使用的方便，也为了取得更好的通风效果，广府五邑地区（也是中国非常著名的侨乡）的住宅往往采用"三间两廊"为基本单元的低层高密度梳式布局，这种形制传播至海南文昌地区，绝大多数则被逐步改进成"三间一廊"（在组合时，廊则组合为通廊）为基本单元的梳式布局。早期的华侨住宅对南洋文化的接受主要呈现在一些装饰细节上，比如用于山墙上的砖砌装饰物和室内空间分隔的拱券形式等，实例中有铺前镇美宝村吴世泰宅与东郊镇泰山二

1　在 1927—1938 年，海南的侨汇数量达数十亿元，并且因为海南岛广泛流传越南币，收款人收到的通常是越南币，不像其他侨乡的汇款通常被兑换成人民币或港币。班国瑞、刘宏《亲爱的中国：移民书信与侨汇（1820—1980）》，贾俊英译，张慧梅审校，上海：东方出版中心，2022 年，第 126 页。

村黄闻声宅等。

第二，随着文昌下南洋之风愈演愈烈，越来越多的华侨受到南洋文化（主要是经南洋舶来的西方文明）或深或浅的影响，其中经济上较有实力的、思想上较为开放的华侨开始对其祖宅进行南洋风格的模仿改造。

这种改造虽说是从局部开始的，但也包含了普通建筑从精神到功能两个层面的内容。首先，对祖宅的路门——也就是通俗意义上的宅院大门进行南洋风格的模仿建造。由于有了钢筋混凝土结构的强力支撑，改造后的南洋风格双层路门相较传统形式而言更加高大壮丽，在村落中往往鹤立鸡群、傲视同类；显然，对路门的改造更多地属于屋主人精神层面的追求。其次，对祖宅厨房卫浴设施的改造与完善，尝试在家乡推广从南洋学来的现代文明生活习惯；对于这部分的改造，尽管是在学习西方住居文明的背景下进行的，实际上还是华侨对更加便利、卫生的现代文明的吸纳与接受。实例中有文教镇加美村林树柏、林树松兄弟宅，翁田镇秋山村韩锦元宅。

第三，相对于前面两种情形，部分在南洋发展较好的华侨尤其是在国内外时常有商贸往来的一些人，对家乡住宅的改造和翻建则倾注了更多的心力。

他们不仅在路门、厨房卫浴设施和室内外建筑装饰方面下足功夫，还在增强住宅的坚固性和耐久性上动了不少脑筋。文昌三面临海，台风几乎年年光顾，破坏力极强的风灾时常给传统建筑带来灭顶之患，这也是文昌历史建筑遗存并不丰富的根本原因。部分华侨住宅除了建造坚固高大的路门外，还在砖木混合的正屋四周以及横屋之间用钢筋混凝土结构建造坚固宽敞的回廊。回廊既能为家人和客人在多重正屋与横屋间的穿行起到遮阳避雨的作用，还能加强建筑整体结构刚度，尤其有助于抵御强台风的侵袭。实例有会文镇山宝村张运琚宅。

第四，个别华侨大胆尝试借鉴，在其住宅正面采用了南洋"五脚基"的建筑形式。

生活在南洋的闽粤移民，习惯将新加坡和马来西亚带骑楼形式的店铺称为"五脚基"（源自英文"Five Feet Base"），其真实含义是指连栋式店屋的街区，首层必须设有带"五英尺"（约为1.5米）宽顶盖的步行通道，这亦即中国早期开放的沿海城市中，在商业街采用的被称为"骑楼"的样式。这一样式本是源自英国殖民者在新加坡等地实施的一条城市规划法令。[1]这种惯常用于商业街店面形式的做法，却在文昌的乡下得到实验性运用，也算是华侨在建造住宅方面的一种大胆尝试，[2]实例有铺前镇美宝村吴乾佩宅与吴乾璋宅。

1　"五脚基"的做法对于"南洋"所处的热带气候而言，的确是方便行人和商业的建筑设计，故被英国殖民政府规定为城市店屋建筑设计的规范，于1882年在新加坡率先实行，后拓展到英属海峡殖民地槟榔屿、马六甲等城市，形成了南洋商业街区的标志性建筑景观。后引入我国沿海城市，形成骑楼的商业建筑形式。

2　在闽粤沿海地区华侨建造的洋楼中，也有"五脚基"的做法。参见江柏炜《"洋楼"：闽粤侨乡的社会变迁与空间营造（1840s—1960s）》，第181页。

第五，部分华侨住宅形式接近今天所说的"现代主义建筑"，或者说更接近于现代主义建筑运动中的包豪斯风格。

这一类建筑以钢筋混凝土结构为主体，建筑平面在垂直维度上叠加形成二层或更多层数，垂直交通采用较为宽敞舒缓的现代风格楼梯；屋盖通常也用钢筋混凝土的梁架结构做成平顶露台，四周环以坚固的水泥栏杆。露台既可以让拥有田地的人家在农作物收获的季节里作为晾晒场地（部分屋顶上还设有收纳谷物的洞口），平时更可以供家人和客人纳凉休憩。这类住宅厨房与卫生设施也比较齐备，在楼梯间或别的较为隐秘空间处设有卫生间，附楼（类似传统住宅的横屋）的一层靠近后院部分是厨房。厨房一般在圈梁下方辟有通气排风孔洞，或圆或方。孔洞尺寸并不大，往往一排五六个甚至更多。屋顶上往往设有雨水收集系统。在没有自来水的年代，屋顶上收集的雨水非常珍贵，可方便使用者冲洗卫生间和清洗露台。有的人家还在屋顶上的蓄水池或水缸里种植荷花或睡莲等观赏性水生植物，将功能与景观完美结合在一起，体现出屋主人非同寻常的生活雅趣。这类住宅形式大致出现在 20 世纪 20 年代中后期到 30 年代末期。比较典型的案例有铺前镇蛟塘村邓焕芳宅和邓焕江、邓焕湖宅，会文镇宝藏村陶对庭、陶屈庭宅。

5. 从建筑材料维度来解释"文昌近现代华侨住宅"

文昌传统住宅主要是利用海南当地的建筑材料来建造的，比如利用琼东北的火山岩、海里的珊瑚石以及当地的土石和木材等；考究一些的住宅会运用闽粤地区的松木、杉木和石材等。早期的华侨住宅或者祖屋基本都是运用传统的建筑材料营造完成的。由于在南洋已经接触到西方的现代建筑文明，华侨们对现代的建筑材料并不陌生，他们也知道造洋房需要新兴的土木工程技术支撑。渐渐地，水泥（早期被称为"红毛灰""士敏土"）、钢材以及瓷砖、马赛克、彩色玻璃等现代建材悉数被引进文昌；其时，东南亚一带盛产的黑盐木（坤甸木）、石盐木早已经由海上商贸进入文昌。可以说，具有明显近代特征的华侨住宅，都或多或少地运用了从南洋或更远的西方各国进口而来的现代建筑材料，这当然也是文昌近现代华侨住宅显著的时代特征。

（二）近现代华侨住宅建筑技术生成环境

住宅是最具功能性的建筑组合空间，它本来是最容易与时俱进、与文明同行的一种建筑类型，但在儒家礼制思想浸润下的中国传统农村，住宅的演进和发展却变得非常艰涩与困难。总的来说，中国传统住宅功能的现代化，是率先从西化开始的。具体而言，住宅在中国的西化大多经过在南洋诸地以及中国澳门、香港等处的过渡和转化，是一种舶来的现代建筑类型。因此，在中国住宅现代化进程中，与闽粤沿海地区的华侨住宅一样，文昌由于其独特的地理位置，其华侨住宅成为中国农村传播现代建筑文明的先声。

实际上，在清朝末年和民国初期，要让中国传统的住宅走向现代化，是一件非常复杂艰辛的事情。这一过程的发生、发展与演进，说起来并非像悠扬婉转的牧歌那样悦耳动人；相反，它的发展与演变，更像一首命运多舛而又未得到完整演绎的"交响曲"。在历经磨难、经过漫长的序曲之后，刚刚完成了"乐曲"的展开部，还未发展到高潮的时候，便因 1939 年日本侵略人的野蛮侵略戛然而止——自鸦片战争以来，酝酿了百年的海南社会和建筑文明的现代化进程被按下暂停键。自二战结束至中华人民共和国成立的几年短暂时光里，文昌虽也有一些现代住宅甚至村落规划建设方面的探索，但总体而言，那只是 1890 年以来持续了近半个世纪的近现代住宅发展进程的尾声。

暂不说日军侵占海南对文昌住宅建筑文明的破坏性影响，单就清末以来华侨住宅的发展与演变来说也并非一帆风顺。细究原因，决定这一进程的因素颇多。首先，当时的社会是否存在住宅进化的客观环境？换言之，当时的文昌社会是否存在着与西方现代文明交流的孔道，西方先进的居住文化对文昌社会是否有足够的吸引力？是否有便利的交通体系连接文昌与西方世界，以及建房人是否拥有足够开放的思想，他们与社会各界对现代性的接纳程度如何？其次，无论是社会还是建房的个人，得有相当的经济与物质实力以及改变传统的能力。最后，也是至为关键的因素，在这一地区是否能够较为

方便地寻找到建造现代化建筑的技术和材料，以及将这些材料和技术结合在一起的建筑工程师和建造工人？

关于第一点，前文虽已涉及，行文至此还是有必要着重叙述的。自公元 7 世纪以来，海南岛所在的南海海域便是中国大陆与东南亚、阿拉伯国家进行海上贸易的必经之地，岛屿周边海域宋代以来的沉船及其运载的瓷器和其他货物遗存就是明证。明代中期（16 世纪初期）以来，随着西方列强对南洋诸岛的殖民与开发，殖民者除了加强对殖民地的压榨和盘剥外，也将西方文明带到了东南亚。工业革命之后的欧洲，随着蒸汽机发明而带来的劳动生产效率的提升，率先进入工业化的国家对劳动力和原材料的需求也大幅增长，这些需求也自然被引向了它们在东南亚的殖民地。东南亚在殖民者的经营下已经成为世界种植园的中心，盛产具有战略物资性质的橡胶，此外，当地的石油、锡、铁等矿藏需要开采，这些因素促进了殖民当局对当地或大批来自中国和印度的廉价劳动力的极度需求[1]。在此背景下，西方殖民主义国家发动了两次鸦片战争，强迫清政府签订了不平等的《南京条约》和《天津条约》，中国被迫开放多处通商口岸。

海口作为中国最南端的港口城市被迫开放以后，紧邻海口的文昌首当其冲。尤其是文昌三面环海，自身也拥有铺前、清澜等良港，早在帆船时代就成为海南人下南洋的重要口岸。19 世纪末以来，海口开设了定期

1 罗兹·墨菲《亚洲史》，黄磷译，海口：海南出版社、三环出版社，2004 年，第 512—513 页。

往来南洋的蒸汽动力轮船，文昌及其他各地的海南人往返南洋有了较为安全的保障。除了南下与南洋开辟的海上贸易与人员往来通道外，北上与祖国东南沿海的各个港口也保持着一定的贸易与人员往来[1]。因此，文昌的地理区位优势使得其无论是对传承了西0方文化的南洋诸国而言，还是对本国优先发展起来的沿海、沿江城市来讲，外部交通都是较为通畅的（表0-3）。

文昌与海口及岛内其他地区的水陆交通情况又是如何呢？

于海路而言，文昌境内，南部的清澜港和北部的铺前港均属良港。

清澜港是海南岛东部第一大港，距文昌

表0-3　往来海口的客船统计表（1927—1928）[2]

年份 地名 来去 国别	民国十六年（1927）				民国十七年（1928）			
	来客		去客		来客		去客	
	中国人	外国人	中国人	外国人	中国人	外国人	中国人	外国人
香港（今中国香港）	6347	57	12134	79	7435	55	18462	67
海防（今越南海防）	346	6	2750	12	161	9	115	4
新架坡（今新加坡）	21085	无	10329	无	18821	无	537	无
盘谷（今泰国曼谷）	9259	无	24658	无	13915	无	18405	无
广州湾（今广东湛江）	164	8	49	无	596	7	261	7
北海（今广西北海）	424	9	524	10	881	11	6124	9
汕头（今广东汕头）	10	无	234	无	无	无	4	无
广州（今广东广州）	47	无	30	1	12	无	102	无
会安（今越南会安）	19	无	61	无	无	无	30	无
新洲（今越南归仁）	172	无	299	无	292	无	167	无
内地	35	无	80	无	25	无	33	无
古蒙（今印度尼西亚古邦）	无	无	5	无				
鸿基（今属越南下市）					无	无	12	无
合计	37908	80	51153	102	42138	82	44252	87

注：地名中括号内释名文字为笔者添加。

1　《海南岛志》，第271—277页。

2　表中数据参见《海南岛志》，第215—217页。

23

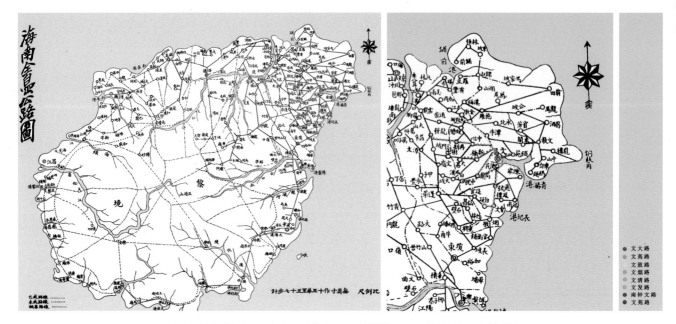

图 0-12　民国《海南岛志》中的"海南全岛公路图"中以文昌县城为起点的公路

县城不过数千米，既是传统的重要渔港，也是近代往来南洋的重要海港。民国时期，清澜港已有客货商船往来本岛各港的环岛航线，还有北至香港、澳门、江门、北海的大陆航线以及至越南、新加坡、泰国等地的远洋航线。

铺前港位于文昌北部的铺前湾，与琼山交界，港湾条件稍次于清澜港。它为文昌境内珠溪河的入海口，由于距离海口港非常近，成为其最重要的辅助港，民国时期开设有至江门、澳门的航线以及至泰国、越南的国际航线。

据民国《海南岛志》记载，当时即有海口与文昌铺前、清澜二港之间的帆船航线，这些往来运输的帆船载重量从百担至千担不等，所运货物包含了木材等建筑材料[1]；此外，还有六七艘汽油船（大多数船的载重量约为 15.5 吨，小船 5—6 吨）往来于海口与

铺前港之间[2]。

陆路则主要是公路交通。海南岛的公路建设始于近代的开发。至民国十八年（1929），全岛通车公路里程 2800 余里，占全国已建成公路的 1/20（图 0-12）。其中，文昌境内通车公路里程为 874 里，约占全岛的 31%，居全岛各县之首[3]。境内已建成道路多达 43 条，其中以文昌县城为起点的 8 条公路，为文大路、文高路、文致路、文烟路、文清路、文发路、南钟文路、文苑路。

海南全岛则有长达 1700 余里的环岛公路，是路幅为 60 尺的省道。省道当是穿越文昌境内的。另还有两条路幅为 30 尺的县道分别连接文昌：一条是由海口东南方向，经琼山云龙，连接文昌；另一条是由文昌西南往蓬莱、龙门、枫木、岭门，连接东安、崖县。此外，还有不少沟通乡村与市、圩之间的道路[4]。

1　《海南岛志》，第 218 页。

2　《海南岛志》，第 229—230 页。

3　《海南岛志》，第 231 页。

4　《海南岛志》，第 232 页。

综上可知，这一时期的文昌拥有了比较发达的水陆交通网络系统，又有与大陆沿海城市和南洋诸国便利和频繁的海上往来，使得文昌具备了较好的物流运输基础。

再则，自明代以来，已有成规模的文昌人去海外、下南洋，他们充分具备了闯荡四方的胆识和魄力。尤其到了近代，大批文昌人在南洋诸国找到生计。他们励精图治，将华人勤俭节约、善于理财的精神在南洋发挥得淋漓尽致，很快实现了富裕。之后，他们中的部分人在南洋盖起了住宅或店铺，或是衣锦还乡整修或新建了故乡的住居。

有了开放的思想和宽容的社会环境，也有了充实的建房资金准备，接下来则是至为关键的一点：要有建造现代化建筑的技术和材料，更要找到具备相应设计与施工能力的建筑工程师和建造工人。

在文昌，建造现代化住宅需要哪些技术和建筑材料呢？

文昌华侨住宅中运用到的最主要、最具时代特征的建筑技术是钢筋混凝土结构技术。在整个海南岛，普通房屋建筑技术是从大陆传播来的传统柱梁木框架结构体系，经历了横墙承檩的砖（石）木混合结构体系，一直发展到西方现代钢筋混凝土框架结构体系。钢筋混凝土结构最重要的两项建材，一是钢材，二是水泥。两者都是西方人在 19 世纪中叶以后发明并推广运用的，结构用钢技术一直到 19 世纪 80 年代才开始真正推行[1]；钢筋与水泥、砂石结合形成钢筋混凝土的技术是法国园艺师尤瑟夫·莫尼埃在 1865 年才发明的[2]，真正在建筑行业里推广则相对更晚。在文昌，整体利用钢筋混凝土结构建造住宅大约出现在 20 世纪 20 年代，或许更早一些。目前所知，建于 1928 年的铺前镇蛟塘村邓焕江、邓焕湖宅是现存较早的一例。

建造这一类新式住宅的原材料比如水泥、钢材等，基本上都是来自南洋诸国或我国香港等地，建筑门窗以及家具用木材前期主要来自海南本岛的黎区，后来所用硬木一类木材则以从南洋输入为主[3]。

那么，文昌华侨们建造新式的住宅，建筑设计图纸和建筑工程师又是从何而来呢？

对于亲身参与到海南岛近代建设的工匠群体，史料罕有涉及。工匠作为传统社会中手工业者的代表，在"士农工商"的社会

1　查尔斯·辛格、E.J.霍姆亚德、A.R.霍尔、特雷弗·I.威廉斯主编，《技术史》第 V 卷《19 世纪下半叶（约 1850 年至 1900 年）》，远德玉、丁云龙主译，上海：上海科技教育出版社，2004 年，第 334—342 页。

2　1865 年，法国园艺师尤瑟夫·莫尼埃（Monnier）发明了钢筋混凝土结构（据 The Picture History of Inventions 一书第 256 页称其发明时间是 1868 年，原文：At the same time as iron architecture developed, a system of construction based on combining iron and cement came to adopted. Though it had been known since Roman times that a mixture of quicklime and clay or pozzuolana became extremely hard in the presence of water, it was not until 1868 that a gardener called Monnier used an iron grille to construct some reservoirs in cement）。

3　《海南岛志》，第 314 页。第十四章《林业》第二节"主要材木"中，收录的"琼海关最近四年（1925—1928）木材输入数列表"表明：杉木主要由大陆江门、梅景、北海等地供给，而重木材（如柚木、石盐木等硬木）、轻木材则由暹罗（泰国的旧称）、安南（今越南中部）等地输入。

等级观念中，其地位相对较低，未能得到应有的重视。相较于其成就的洋楼遗存，工匠们多是默默无闻。在民国《海南岛志》中存有几条简略的记录，现摘录如下，从中可以管窥海南建筑工匠当时的生活与工作情形：

（十一）木匠　木匠多兼营制造各种家俬器具业，海口嘉积文昌则有专营此业者，就中以文昌所造活椅较为著名。

（十二）坭水匠　坭匠之在城市营业者，多能建筑西式房屋。普通工价，每日六七角至一元。

（十三）石匠　能琢制各种坊柱者，海口及琼山城有三四家，然工不精巧，花草粗陋。至求其能刻碑版而可观者，则更不可遇矣。[1]

上述记载表明，在民国时期，海口、嘉积、文昌等地的木匠除了日常的房屋营造外，还多兼营制作家具等；海口等城市的泥匠已经具备建造西式房屋的能力；石匠在岛内不多，仅海口与琼山有数家，但工艺粗陋，能工巧匠更难寻觅。

通过调研，据现在的屋主——大多是当初建造房屋的华侨后代介绍，这些住宅建筑中有相当部分是依照从南洋带回的西方建筑师设计的图纸进行施工的。例如，会文镇欧村林尤蕃宅，其主人林尤蕃聘请受过正统西方建筑学教育的英国工程师为其绘制建筑设计图；铺前镇地太村韩泽丰宅是延聘法

国工程师设计的；铺前镇轩头村吴乾刚宅，其二层钢筋混凝土结构横屋的设计图纸来自越南。又如东阁镇富宅村韩钦准宅是在泰国完成设计，墙上壁画则聘请泰国画师到海南绘制。

此外，也有一部分住宅由从海外留学归来的建筑工程师设计督造。如铺前镇蛟塘村邓焕江、邓焕湖宅，其设计和督造便来自邻县三江镇一位南洋归来的建筑工程师。这位不知姓名的工程师执行的是设计施工总承包，所有建筑材料由其一手操办。从邓宅比较杂糅的装饰风格判断，工程师希望将邓宅打造成一座具有各式建筑风格的住宅，作为他未来招揽住宅建造业务的样板房。据邓氏后人陈述，邓宅落成后相当长一段时期，周边甚至海口等地的人，建造房屋时都会来此观摩（图0-13）。

遗憾的是，我们在田野调查期间，没能找到更多的设计和建造这些华侨住宅的建筑师或工程师和建造工人的详细资料。据《开平碉楼：中西合璧的侨乡文化景观》一书援引的材料，岭南一带的近现代华侨住宅，除延请外国建筑工程师设计外，还有一部分受到邻近的广州、香港和澳门的建筑设计影响，另一部分建筑师则是清末洋务运动中清政府派遣出洋留学归国的人员[2]。

上述情况也与我们在海南调查的基本一致。但从与华侨后裔访谈的结果来看，只有极少数建筑是请外国建筑师设计和督造

1　《海南岛志》，第389页。

2　程建军《开平碉楼——中西合璧的侨乡文化景观》，北京：中国建筑工业出版社，2007年，第106—108页。

图 0-13　留洋工程师设计的铺前镇蛟塘村邓焕江、邓焕湖宅

的，也有一部分住宅是华侨请南洋或国外设计师画完图纸后，带回家乡施工的。由于海南与香港联系紧密，不排除有从香港邀请外国或当地设计师的可能。目前，还没有明确证据显示文昌华侨曾从毗邻的广东或其他内陆地区延请设计师来参与设计和建造自家住宅，但从广东请建筑工匠的传统早已有之。铺前一带居民至今还记得，祖上流传有

"南海仔"建造祖宅的旧事 1。

　　不过，在这里还不得不说或许存在的第四种可能。清末民初，国内已有部分大学陆续开设了土木学科 2，国内也出版了讨论新式建筑设计方法的专著。比如，天津人张锳绪根据英国建筑师格威尔特（Joseph Gwilt，1784—1863）和帕普沃思（Wyatt Papworth，1822—1894）合著的《建筑百科全书》（An

---

1　在 2021 年 1 月第三次赴海南大规模调查时，对铺前一带具有大陆木构架特色的传统住宅进行调研，从当地居民口中了解到，当地住宅多有称为"南海仔"（来自今广州、佛山一带）的大陆工匠参与建造。

2　我国土木工程教育的设立，最早为 1903 年，天津北洋大学堂（天津大学前身）设立的土木工程门；上海交通大学前身南洋公学，在 1907 年设土木科；此外，山西大学堂于 1908 年开设工程科；京师大学堂于 1909 年设立土木、矿冶两工科。

Encyclopedia of Architecture），编撰了《建筑新法》于清宣统二年（1910）在上海商务印书馆出版发行[1]，是存世同类书籍中最早在国内出版的一部，书中已将西方世界流行的新式建筑设计样式乃至营造方法做了较为详细的叙述。在国内或国外学习过土木建筑或相关学科的人，有此书或其源头《建筑百科全书》之类的设计参考书在手，模仿进行现代住宅设计，亦是相当有可能的。

（三）文昌近现代华侨住宅的建筑艺术

总体而论，文昌华侨住宅既非全是舶来的建筑技术与艺术，也不是无本之木，哪怕是最具现代主义风格的几幢建筑，它们的根都深深扎在海南岛的土壤里，汲取来自大陆的中原文明和闽粤传统建筑的营养；它们当然也受南洋和西方建筑技术与艺术的熏陶和影响，但无论是在"中学为体、西学为用"的社会思潮下，还是在文昌人根深蒂固的传统营造文化中，绝大多数华侨住宅就似文昌人穿着的摩登时尚外衣，包裹着的依然是一颗颗赤诚的中华心。因此，从某种程度上说，这些华侨住宅的血脉同华侨一样，都与海南岛故土上的传统血脉相通相连。无论这些华侨走到哪里，最后叶落归根，他们的身心还是会回到文昌故土，这就是文昌华侨的拳拳乡梓情。

文昌近现代华侨住宅体现出来的建筑艺术精神首先在于它的本土性，也就是儒家崇尚与追求的秩序感在建筑空间上的体现；其次，反映出住居对环境的适应性，在文昌热带气候以及多台风、多雨水的条件下，建筑设计表现出在通风、除湿、纳凉及排水设施方面的着意考量；再次，在欧风劲吹与下南洋潮流的影响下，华侨们追求生活起居的方便、卫生、健康和自由的现代性精神也在近代住宅中有充分的反映；最后，华侨住宅中体现出的中西合璧、混合杂糅的建筑装饰艺术风格，在遗存下来的实例中体现得淋漓尽致。

文昌华侨住宅脱胎于经大陆闽粤地区间接传播过来的中原合院式住宅类型，其反映出来的是建筑空间与布局上的秩序感。由于文昌乡村中宗祠合族祭祀的特点并不显著，对祖先的"慎终追远"往往保存于传统住宅正房的明间厅堂空间。明间在当地被称作"褂厅"。褂厅被置于厅堂后部的一道木质屏门隔为前堂与后堂，这道屏门一般设为六扇，个别为四扇，均可开启与闭合。屏门左右两侧也各设一道木门，连通前后堂；屏风之上，设有一座精致华丽的木质神庵（又称"主公阁"，铺前镇一带称"公殿阁"），它的功能是供奉祖宗牌位，其设计与制作往往精美异常，是文昌一带住宅中小木作的典范。前堂的功能是供奉、祭祀祖先以及接待亲近客人的半公共半私密性空间。前堂靠近屏门的正中间通常设有香几，香几前是一张八仙桌，桌上供放有香烛和祭品。前堂左右

1　详见张锳绪《建筑新法》，上海商务印书馆，清宣统二年（1910）出版发行。关于此书大量参考了英国人编撰的《建筑百科全书》观点，参见潘一婷《解构与重构：〈建筑新法〉与〈建筑百科全书〉的比较研究》，《建筑学报》2018年第1期，第92—96页。

两侧也有固定的家具陈列，比较传统的厅堂通常布置一排太师椅，六只或八只；现代一点的就各放一只可供三人或四人并排坐的长椅，形式与西式木质沙发类似，用料考究，做工精美。后堂不仅是连接正房前堂与后院的交通空间，也是连接两个次间卧室的通道，是比较私密的空间。

每一间正房明间的厅堂，在父母离世后往往就成为子孙祭祀先人的家祠。文昌绝大多数家族的住宅群落沿着一条纵轴线往前发展（有时也可以祖居为基点，先往前、再往后发展）。祖居则处于建设用地最高的位置，越往前地势越低——这既是对祖居（祖宗）的尊重，也有利于组织室外排水；尽管后建的院落地势较先前建的房屋要低，但整组住宅的屋脊线却基本平齐，这意味着后代的正房厅堂总比前一辈的厅堂空间要高大一些——逐渐变高的厅堂空间，反映出文昌住宅文化中前辈对后辈生活越过越宽和、越过越红火的精神寄托。在文昌，除极少数住宅是由三开间的正房和四开间的横屋组合而成的"L"形宅院（带前后院和路门）外，普通住宅都在三进院落或以上，多的达十多进。站在最前面一进正房明间厅堂的中门往后看，当每进院落正房中堂的六扇屏门同时打开时，就能透过一重重的门框放眼望到最后一进祖宅闭合的屏门与安放着祖宗牌位的神庵，以及香几上烛光摇曳的画面（图0-14）。似乎象征着祖先们在海南的开拓精神如同不灭的香火一样，将代代相承下去。

从大陆辗转迁徙来到文昌，文昌人尽管与莆田有着深厚的文化渊源，但两地地理与气候条件差别太大，文昌人懂得在尊崇传统的条件下寻求变通。村落格局与建筑形制也可以根据居住地的具体情形有所变化，这就是适应。

文昌乡村中的住宅大多会选择沿着一个小土丘或一个小台地，后高前低，依山势顺坡布置住宅院落（图0-15）。这种布局除体现对祖宅的尊重外，还有利于多重院落穿

图 0-14　连续五进的公坡镇锦山头村潘氏家族宅

图 0-15　顺坡而建的文教镇水吼村邢定安宅

图 0-16　文城镇义门二村陈明星宅

堂风的组织和院落内外有组织的排水。与大陆住宅对朝向的关注不同，由于文昌地处偏南，争取光照不再是建筑的主要任务，住宅院落和路门的朝向，东南西北各个方位都有。如果朝南，那么路门上的题额会是"薰风南来"；如果朝东，则会是"紫气东来"，这

图 0-17　会文镇吴氏祖祠屋面上的瓦脚压带

两个朝向相对来说更多一些。此外，还有朝西的宅院，路门题额就会是"爽风西来"。

　　文昌所在地域主要为热带季风气候，湿热、多雨，夏秋季节常有台风。因此，从适应气候的角度，文昌住宅在建筑物理环境方面的主要任务是组织室内通风与散热。第一，为了促进室内通风，文昌住宅一般会选择面宽大、进深小的正房平面格局；第二，文昌三面临海，常年风速较大，进深浅的建筑有利于组织通风，由于建筑室内要散热、纳凉，公共部分的出入口开得很大，明间厅堂的正门往往开四六门，有些甚至整个开间全敞开（图 0-16）；第三，为了确保室内通透，通风散热快，传统住宅中常用木榈门、趟栊门、中堂屏门、镂空气窗，其前廊檐墙顶则用镂空花板装饰；第四，为了隔热，住宅在屋面

的处理上也极费心思，常用双坡排水，双层板筒瓦石灰砂浆裹垄屋面。这种处理手法，既能达到隔热效果，又能有效阻止台风袭击时引起的雨水倒灌；第五，除湿防潮措施也是文昌华侨住宅着意考量的，比如外廊柱一般以石料和硬木居多，外门用石门槛，室内各柱普遍采用石础，铺地少数采用了多孔的青（红）砖，有利于保持室内干燥。此外，为了防止台风对屋面的破坏，文昌与海南大多数地方一样，对屋面做了特别处理，如筒瓦裹垄，屋檐瓦上加设"瓦脚压带"等设施，颇具海岛特色（图 0-17）。

　　中国民间传统装饰艺术大多遵循"有图必有意，有意必吉祥"的原则。据此原则，我们再来看文昌华侨住宅的装饰艺术及其风格，其艺术性反映的内涵就更易引起观赏者

的共鸣。文昌华侨住宅在装饰艺术方面，基本是继承闽粤地区传统建筑的特色。其壁画、灰塑和木雕尤显广府地区的传承脉络；近现代建筑特征浓郁的住宅上，又增加了南洋和西洋的艺术装饰风格，与中国传统装饰艺术相融合，体现出"中西合璧、和而不同"的艺术形态。这也是文昌乃至整个海南岛近现代建筑装饰艺术的典型特征。

海南传统住宅的建筑装饰，较岭南、闽南地区的建筑装饰性稍弱。如海南住宅简化了正脊的形式，山墙面的装饰也大为简化。岭南地区常见的"三雕三塑"在海南建筑上也有体现，但做法上更为简化。具体而言，在装饰物的造型上，极具海南地方特色，如脊饰中普遍使用海浪纹、鸱吻兽。一些海南本地物产（海产与水果）的造型，如阳桃、荔枝、龙眼等也时常出现在木雕及灰塑上。

在对文昌华侨住宅建筑装饰艺术的调研中，通过与工匠访谈，我们还关注到一个流行在文昌乃至整个海南岛极具特色的装饰艺术母题，那就是"鱼变鳌，鳌变蛟，蛟变龙"的灰塑与雕刻（以木雕为主）主题。这个主题几乎遍布了我们考察到的近百座华侨住宅，它不仅反复出现在正屋厅堂与横屋花厅的梁架（蛟龙）和家具（鳌头）上，也出现在正房与横屋檐廊的挑梁（鳌头）上。

在传统社会中，"鲤鱼跃龙门——鱼化龙"的故事本来隐喻的就是农耕文明中，农民子弟通过读书入仕，实现"朝为田舍郎，暮登天子堂"的理想。这一思想常作为装饰

艺术的经典题材，出现在受儒家思想影响的住宅中，但是，像文昌一带住宅建筑细致到有"三变"过程展现的还是非常罕见。这也从侧面反映出，文昌华侨对海洋文明的吸纳，与传统农耕文明结合，赋予了建筑装饰艺术新的内涵。

此外，用站在树枝上的鹰与树下抬头张望的熊（造型类似狮子）为造型组合的木雕主题，也时常出现在横屋檐廊屋顶之下与挑梁之上的三角形空间，这些木雕常以深浮雕或透雕形式呈现。当地工匠告诉我们，这是"英（鹰）雄（熊）会"。中国传统建筑的装饰艺术，常运用汉字谐音来达到祈福吉祥的含义。又比如，西方装饰艺术主题未被大举采用之前，作为路门两侧的山墙上部往往用灰塑做一只巨大的蝙蝠浮雕，口里还会衔一枚或一串铜钱，其含义不言而喻。

随着西方文明经由赴琼教士们的传教以及琼州开埠，加之下南洋华侨们的传播，文昌华侨住宅逐渐出现西方建筑艺术的装饰主题。

总体而言，文昌华侨住宅的装饰艺术主要位于室内和室外相关部位，其形式主要有壁画、灰塑和雕刻，雕刻中以木雕为主。在室内空间中，装饰的重要部位集中在正房明间厅堂两榀梁架或两堵横墙、中堂的屏门及其上的木制神庵、厅堂内陈列的家具等；横屋则分布在会客厅两榀梁架及正对厅门的墙面、客厅正面通开间的槅扇门、满堂的家具与陈设。具有现代建筑特征的华侨住宅，天花造型、地面铺装、门头以及空间划分的隔断或拱券等都是装饰的重

点。墙上一般使用壁画或灰塑装饰,梁架则基本用木雕来营造氛围。在室外部分,正房和横屋的檐廊之下集中装饰有壁画、灰塑和木雕;正房、横屋及门楼的屋脊之上、山墙面则是灰塑装饰的重点;具有现代建筑特征的华侨住宅中,装饰主要位于门斗、窗户(包含窗台和窗套)、挑台、檐下、柱廊、山花、女儿墙和栏杆。

在近现代风格浓郁的华侨住宅中,也常常可见传统题材,不过,西洋装饰风格也是非常突出的。在钢筋混凝土建造的现代风格华侨住宅中,能够见到大量西方装饰题材的运用,诸如卷草、璎珞、涡卷、火焰纹、雄狮、飞兽和繁复的几何图案等。

此外,彩色玻璃、带有拼花图案的花阶砖、带有西方透视技法的近现代建筑题材壁画以及现代的屏风隔断,也都开始出现在文昌华侨住宅中,成为时代的一抹亮色。

(四)文昌华侨住宅对周边地区的影响

近现代的文昌县城和市镇并不广阔,人口总数也并不多,文昌的地方经济承载力有限。因此,文昌华侨并不仅仅局限在文昌建设自己的家园,还在周边地区做了大量的房地产和其他商业方面的投资。关于文昌华侨在包括海口的其他地方积极经营、加强建设的活动,在法国传教士萨维纳的书中留有一些可供佐证的文字:

海南岛仅次于海口的重要城市叫嘉积(Cachet),属于乐会县,因经流的河而得名,距离该河流入海口15公里。嘉积城有定点班车通往北部与西北部的海口、定安和文昌,以及南部的万宁,把它们连接起来。此外,大型帆船可以逆流而上到达嘉积,使它可以为成梯级分布在东部和南部沿海一带的居民,提供从海口用汽车运来的各种货物。

在船运方面,位于北部80多公里外文昌河入海口处的清澜港(le port de Chin-lan)与嘉积展开竞争。

文城是岛东北地区最重要的商埠,是文昌县城所在地。文昌人以贪财、爱闹事闻名全岛,也极善经商。海口的那些最大的货仓都归文昌人所有。在本地经商不能满足,他们就自愿移居国外。每年有2.5万到3万海南人离岛,其中就有2万人是文昌人。他们喜欢去的地方是曼谷和新加坡,最近他们在那儿试图挑起纷争。

在越南西贡也有许多文昌人,靠做厨师出名。[1]

从萨维纳的语气可以看出,他似乎不太喜欢文昌人,但又不得不佩服文昌人经商的头脑以及下南洋闯荡的胆识与勇气。他在书中明确地提到,海口最大的货仓基本都是文昌人所有。也许,传教士带有回忆录性质以及个人偏见的叙述并不可靠,我们还可以从20世纪50年代出版的厦门大学南洋研究

1 萨维纳《海南岛志》,辛世彪译注,桂林:漓江出版社,2012年,第12—13页。

所林金枝、庄为玑编撰的《近代华侨投资国内企业史料选辑（广东卷）》得到印证。林、庄二位在《史料选辑》中引用了 1954 年 4 月《文昌县华侨企业调查报告》中的相关资料：

> ……（文昌）华侨除了在文昌县境投资以外，更大的一部分是往海口市投资。据调查，海口市的侨办企业少数是海口市华侨、归侨、侨眷投资的，其他极大部分是琼海、文昌华侨投资的。据调查，海口市的房地产业、交通业、金融业乃至商业等，其中极大部分是文昌华侨创办的。[1]

从我们实地调查的情况来看，与林、庄二位的调查报告完全吻合。会文镇山宝村的马来西亚华侨张运琚先生，曾在海口最繁华的街头建有自己的商行和商铺。另外，在建成后相当长的一段时期内，令海南人自豪骄傲的海口五层楼也是由文昌华侨建设的。"上世纪三十年代建成，位于海口市得胜沙路的'五层楼'，是当时海口骑楼群中最恢弘最华丽的一座标志性建筑。它的规模以及闪烁着中西建筑艺术的典雅程度，在海口旧城区中犹如鹤立鸡群，首屈一指。它曾经长久占据海口第一楼的地位，成为海口的象征。"[2] 五层楼的主人就是铺前镇中台村的华侨吴坤浓先生。

文昌华侨从南洋或其他地区带回的现代思想、建筑材料和生活器物，不但对其家乡产生了直接影响，也间接影响着海南的其他地方。比如说，原籍文昌的居民后来因故迁徙到其他县市居住者，他们也带去了华侨移植至文昌的现代文化思想和南洋建筑风格。当他们在新的居住地安顿下来后，又将在文昌见到的新建筑风格以及卫生文明习惯带给当地。如在东方市八所镇北黎村的一所住宅，其主人颜成利祖籍文昌，并不曾去南洋谋生。然而颜成利早年生活在文昌老家时，曾深受归侨带回的南洋文化影响，出于对南洋建筑风格的欣赏与喜爱，他率家人移居东方市以后，为自己修建了这种通过文昌间接而来的新建筑风格住宅[3]。颜成利宅所体现的，不单单是对代表南洋建筑风格符号的简单运用，更为重要的是，其宅如琼东北受南洋文化影响的住宅一样，在功能分区上较之传统住宅更趋合理和明确，屋内设计有独立的盥洗室和厕所。当然，出身盐商的颜成利因其良好的经济基础，也为这种带有西洋卫生设施的新式建筑最终落成创造了物质条件。

相信深入调查下去，类似颜成利宅的故事还存有不少。南洋华侨倡导下的现代住居文明，影响了文昌人乃至海南人在各地建造现代住宅，进而推动了海南全岛住宅的现代化进程。

1　林金枝、庄为玑《近代华侨投资国内企业史料选辑（广东卷）》，福州：福建人民出版社，1989 年，第 117—118 页。

2　引自张光浓、张文《海口五层楼——铺前人的自豪》一文，参见林明江《古镇春秋：中国历史文化名镇铺前》，北京：中国华侨出版社，2015 年，第 507 页。

3　周自清《近代受南洋文化影响的琼北民居空间形态特征研究》，华中科技大学硕士学位论文，2011 年，第 42 页。

四、为什么要研究文昌近现代华侨住宅

海口作为在康熙二十四年（1685）清政府宣布开放海禁并设置粤海关（在广州）以来逐渐发展起来的城市，在1858年之后成为中国第二批五个对外通商口岸之一，作为消费型城市得以形成。因此，有学者认为："通商口岸之于海口，经济意义要远远超过外交意义。或者说，殖民主义中的经济意义超过了消极意义。其标志就是海口的兴起。"[1]但是，海口的兴起并不只是海口一地民众努力的结果。实际上，海口的建设除了本地人和外国商团的投资外，还主要得益于文昌和琼海等县的华侨资本。在林金枝和庄为玑的经济调查中，20世纪初期海口市的房地产业、交通业、金融业乃至商业等，其中绝大部分都是文昌华侨创办的[2]。由此可见，海口作为后来海南岛最重要的政治、文化、经济中心，在发展之初，以文昌华侨为代表的海南岛其他地区的经济与文化力量起到了举足轻重的作用，其中尤其是文昌华侨对房地产的投资不可小觑。在某种程度上，是文昌人对住宅、商业建筑投资与建设的热情，唤醒了沉睡多年的海口。换个说法，文昌、海口、琼海等地的华侨住宅，基本是海南岛近现代建筑发展的代表。我们以文昌——这个最早对海南进行房地产投资和建设的华侨之乡作为研究

基地，对近现代华侨回乡建设住宅的情形进行深入的个案调查研究，以此来探索全海南岛的住宅近代化历程。这就是从海南岛或今日之海南省的视角来研究文昌近现代华侨住宅的意义。

从全中国的视角来看，海口（近代的"琼州"）是两次鸦片战争后被迫向西方殖民者开放的十个沿海城市中最南端的一座，是中国自唐宋以来海上丝绸之路上重要的补给站；它是距离北部湾最近的中国军政和地方力量，在清末协助越南抗击法国殖民者的斗争中，具有重要的战略地位；它是距离国家政治中心最远的一座拥有上百万人口的岛屿，也是中国距离中南半岛以及南洋最近的重要行政区划；它是帆船时代中国渔民利用东北季风和西南季风在广袤的南海中跨年作业最重要的母港，更是当今中国分散在海外百余个国家中无数侨胞们的乡梓之地。海南岛的地理位置和历史上特殊的战略地位，非其他岛屿可比拟。对文昌以及海南的本土建筑研究，其深远意义并不仅限于海南一岛、南海一隅。

尽管海南孤悬海外，但并不是化外之地。相反，由于海南距离祖国政治文化经济中心很远，反而促使海南人民更加注重对中华文化的认同和传承，即所谓"礼失而求

1　闫广林《海南岛文化根性研究》，北京：社会科学文献出版社，2013年，第272页。

2　《近代华侨投资国内企业史料选辑（广东卷）》，第117—118页。

诸野"。因此，在海南岛出现"文昌"这样的地名，以及坚持以"文"治民的地区治理思想并不是偶然的。在这样一个异常珍重传统文化的遥远边地，要从传统社会走向现代社会，要将千年传承下来的传统住宅革新演变为具有现代西方文明的住宅体系，这得需要多么强大的思想体系和社会力量！实际上，这种思想和力量源自内外两个方面：来自外部环境的压力实际上早已存在，就是前文已多次提到的西方殖民国家要开通琼州成为通商口岸，加强对中国贸易和劳工的输入与需求；来自海南社会内部的压力，则源自下南洋的华侨先驱们对现代文明孜孜不倦的追求和对先进文化开放引进的自觉。在双重社会压力下，形成了海南以及文昌现代文明的变革和需求，在住宅上亦是如此。

我们能否以海南岛之文昌一县为研究样本，来探索中国近代以来在西方文明的裹挟下，它的建筑文明受到怎样的影响？这片在明清两代都曾被海禁限制的边地，其建筑文明的现代化进程又是如何艰难进行的？如能解决这些问题，本书的探索将在整个中国近代史研究的维度中，存在着相当的价值和意义。

中国东南沿海以及诸岛屿建筑的近代化过程，是受到多重因素影响而发展起来的。其中，除受西方现代文明以及宗教文化的渗透之外，华侨通过对南洋、香港以及澳门等欧洲殖民地建筑文化的自发吸收、移植和转译而使之至中国，也是一股重要力量。在这些因素中，学术界先前的研究不太关注或者

说还未关注到这一姑且称之为"华侨建筑创作模式"带来的动力。

何谓"华侨建筑创作模式"呢？

我想这一模式至少有两种创作的背景，即"原乡"和"他乡"。也就是说，生活与工作在南洋诸国的中国早期移民，当其财富累积到一定数量时，他们必然会依据所在国的建筑设计时尚（不一定非是当地的建筑文化）以及来自祖国故乡的传统建筑形式来设计创作自己的居所或商业建筑或公共建筑，这种建筑创作往往带有多元文化的属性。从严格逻辑意义上讲，在南洋诸国创建的这些多元风格的建筑还不能算是"华侨建筑"，它们应该被称为"东南亚华人建筑"。只有当这些海外华人带着多元风格的建筑创作经验回归故乡，开始再一次创作设计和营造这一特殊风格的建筑时，"华侨建筑创作模式"才算真正开启。因此，从某种意义上讲，华侨建筑创作的"原乡"必然在海外，但又与故乡高度相关。换句话说，华侨的故乡在多数时候，又成为这类"华侨建筑"设计与营造的"他乡"。

受1950年代西方学者在东南亚以及中国港台等地华人社会研究的影响，在1960年代，中国台湾李亦园等人类学学者"把海外华人社会当成中国文化的一个实验室"，认为相比中国国内不易找到操不同方言群的人聚居的情况，这种典型例子只会出现在海外。这正是华侨社会的研究能够对中国文化的了解有所裨益之处，因而将华侨社会称为中国文化的"试管"，正是社会学家陈绍馨所说的中国社会文化研究的另一

个实验室。[1]

同理，借鉴李亦园将华侨社会当作研究中国文化实验室的"试管"的做法，我们也可把海南岛的华侨建筑当成研究中国建筑近现代化进程中的一个实验室。将文昌乡村中自19世纪末以来建成的华侨近现代居住建筑当成实验室的一支"试管"，来探究我们所谓的"华侨建筑创作模式"是如何构建、形成与发展的，这对中国近代建筑史尤其是乡村近现代建筑发生史的研究是非常必要的补充，其在近现代建筑发生学理论的探索上也颇具意义。

这里面的道理其实并不复杂，自1876—1930年间，散居于南洋诸国包括新加坡、马来西亚、印尼、泰国、菲律宾、越南、柬埔寨等国家的文昌籍移民约55万人，年均出洋的单向移民约1万人，20世纪初时或在十余万人以下。[2] 这些华人中的一部分，在南洋以及港澳等地区即已开始了新建筑的创作与营造行为。当其中部分人士带着他们或者乡亲们在海外尝试新建筑营造的精神与经验返乡参加故乡营造时，实际上带回来的不仅仅是他们自己对新建筑和现代居住文化的认识与经验，还包括了其所在国——"华侨建筑的原乡"在西方殖民国家的建筑技术与观念支撑下，对现代居住文化的理解和倡导。换句话说，在海南文昌这

一个县里，我们就可以透过移居南洋诸国的华侨"舶来"的新式建筑技术与文化，去探寻作为其背后支撑的工业革命以来，现代经济与文化最为发达的西方国家当时的住宅建筑与营造文化。

然而令人遗憾的是，学术界对文昌以及海南建筑的认识存在着严重不足，或者说是重视程度远远不够，尤其是对住宅的发展与演变研究仍然存在许多疑问和空白。文昌遗存下来最早的住宅到底是何年代，文昌人的住宅建筑风格到底是源自他们口中的"闽南莆田"，还是客家、潮汕抑或广府？文昌现存的华侨住宅都是什么年代建造的，建造它们的主人都是来自哪些国家的华侨或归侨、华裔？设计、建造文昌近现代华侨住宅的工程师和建筑工人又是来自哪里？构筑这些近现代华侨住宅的建筑材料是来自海南本岛还是源自其他国家和地区？这批文昌近现代华侨住宅的艺术风格又是如何，它们是经过怎样的建筑与室内装饰元素来予以实现的？文昌至今是否还有掌握传统住宅营造技艺的工匠，是否还保留着传统住宅中营构壁画、灰塑与木雕的手艺匠人？

因此，本书着重于海南省文昌市（县级）的近现代华侨住宅的调查与研究，尤其是关注华侨住宅的空间构成及形态变迁、建筑技术及装饰艺术的发展与演变，其最终目

1 李亦园《学苑英华：人类的视野》，上海：上海文艺出版社，1996年，第362—363页。陈绍馨，中国社会学家，台湾台北县人，早年留学日本东北帝国大学，研习社会学。学成后返台，在台湾大学（日据时期称"台北帝国大学"）从事研究工作。

2 苏云峰《东南亚琼侨移民史》，引自《海南历史论文集》，海口：海南出版社，2002年，第208、211页。苏云峰认为，琼人下南洋与其他地方有所差异，"他属出洋，多为单向移民；而穷人则有较强的双向性，以致在他乡落地生根者较少估计海南人以帆船、轮船方式出洋之真移民，年约一万……"。

图 0-18　民国时期的文昌县政府

的是希冀凭借对华侨住居变革的探究，窥斑见豹，从建筑的演变视角来尝试揭示文昌社会现代化的历程。关于近现代华侨住宅，文昌市侨联工作人员和当地百姓都习惯称之为华侨老宅，它们凝聚着侨乡人民对这些住宅太多的情感记忆和家族往事，它们及其承载的文化与历史，甚至就是家族和地方历史的重要组成部分。

我在一次与文昌地方领导交流的过程中曾经说过："认识文昌就是了解海南岛的一把钥匙。"以文昌、琼海为主体的海南华侨在南洋侨居期间，由于工作角色和行业特征等原因，他们不仅把西方人在南洋的生活习惯带回了海南岛，更将西方住宅现代化发展趋势也引入海岛[1]。如果我们能充分调查文昌的相关情况，将文昌的历史了解得更清楚、更细致，我们对海南岛的认知将更准确，继而对闽粤沿海农村的现代化问题研究将有所裨益。研究文昌近现代华侨建筑不仅可以填补中国近代建筑史研究留下的空白点，与此同时，掌握文昌近现代华侨住宅遗存的准确信息以及建设的相关情况，也会有助于我们搞清楚文昌乃至海南岛从古代向近现代社会转变的历程，继而对闽粤沿海地区乃至整个中国农村建筑现代化转变问题的研究有很好的补充。

1　唐若玲《宋耀如与海南华侨》，海口：海南出版社，2012 年，第 53—58 页，作者认为，相对于福建、广东移民而言，海南人移居东南亚要晚些，且其在商业上的起步要困难些，步子也要小些。据 1929 年的调查材料，在新加坡的约 2 万琼侨中，商人及知识分子只占 10%，工人占 90% 以上，工人行业和商业（服务业）中占比尤高。这样的职业格局也使后来海南人在新加坡执咖啡业牛耳，因为大量海南人在洋人家中当用人、厨师，当海员，当餐厅酒店服务员，这样的工作角色，使得他们较早地接触到西方人的社会文化与生活习惯，懂得与西方人沟通，为其日后发展奠定了基础，同时也从洋人家庭生活中学习到西方文化与技艺……

图 0-19 文昌市白延圩中山公园内中山纪念亭

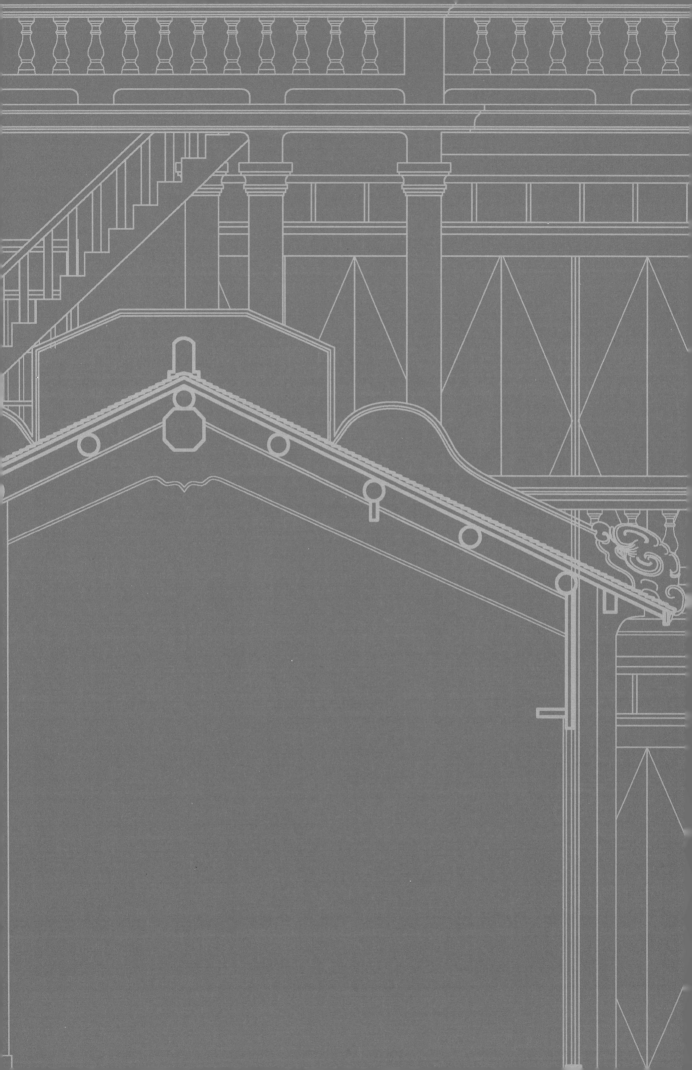

第一章

村落选址、规划布局与住宅空间形态特征

　　文昌住宅大多以建筑的基本单元及其组合来组织空间，形成院落式布局。基本单元由正屋、横屋、榉头和路门等元素构成。1890—1949 年的文昌社会正处于传统向现代转型的时期，华侨归国建设家乡，带回了从南洋及港澳等地辗转而来的西方建筑文化和现代生活方式。文昌华侨住宅中率先出现了新的建筑形式，如西洋式门楼、外廊式建筑以及班格路（Bungalow）洋楼等。

　　在南洋等地舶来的西方建筑文化影响下，文昌华侨住宅逐渐从传统形式向近现代建筑风格转变。粗略地分，住宅有传统式、中西合璧式和班格路洋楼式三大类。"传统式"住宅均为砖（石）木混合结构，双坡的瓦屋顶，院落式布局特点突出。出于对气候的适应，其正屋、横屋、榉头和路门等建筑单元在空间上的连接与整合较弱，基本上是在平面上顺应地势由高往低依次铺陈展开。"中西合璧式"住宅是传统式住宅近现代转型过程中的一种过渡形式，经历的转变、演化过程较为复杂，主要表现在建筑类型组合和风格变化。"班格路洋楼式"住宅是转型阶段较为成熟的类型，建筑单元基本都采用钢筋混凝土框架结构，建筑较为集中、紧凑，建筑单元的连接性得到加强，因建筑空间从平面铺陈转向垂直空中发展从而实现了土地资源的集约化利用，与前两者比较大，大提高了土地使用效率。

第一节
村落选址与规划布局形态特征

　　文昌传统村落一般都是血缘村落，村民以血缘为纽带聚族而居，有着较强的凝聚力，具有相同的伦理道德、宗法观念与家族制度。无论是受战乱影响举族南迁的士族，还是因闽南人地关系紧张而被迫迁徙的家族，他们在交通方便的文昌滨水低地上找到了早期的移民定居点，并以血缘关系为纽带形成较大规模的同姓聚落。其中，势力较为弱小的姓氏族群为谋求生存，往往会数个家族聚集而居形成村落，以求相互帮扶。

　　随着人口的不断繁衍，有限的土地不足以支撑过剩人口的生计。为了解决新增人口的生存问题，村落中一部分人口迁出，在文昌乃至海南岛内形成二次甚至多次迁移，建立起新的村落。以韩氏宗族为例，海南公认的韩姓始祖——韩显卿携家眷辗转来到文昌市锦山镇定居，随着子孙繁衍而向周边地区迁徙扩展，其中的一支二次迁移到铺前镇林梧村，而后林梧韩氏的一支又迁徙到铺前镇地太村。

一、村落选址与规划布局形态

通过对文昌的田野调查，我们发现传统村落的选址、朝向、建筑布置与规划布局往往会受多重因素影响，它们涉及地形地貌、气候条件、风水观念、宗法制度、道路交通等。下文基于村落相对海岸的距离位置、规模大小、地形地貌等自然环境特征，选取12个村落，对文昌村落布局形态特征进行综合考察与分析，归纳出散居型、组团型、带型和阶梯型四种类型（表1-1）。其中，"散居型"村落大致对应聚落地理学中的"散村"，"组团型""带型"和"阶梯型"村落则对应聚落地理学中的"集村"。

（一）散居型

总体来看，文昌传统村落中散居型村落的占比不高，其规划形态呈现出三五成群、分散布局的特征，住宅之间通过道路相连，相互保持一定的距离。这种布局形态的成因可能有以下两点：

其一，由于区域地势起伏不平，不宜整体布局规划，故采用因地制宜、分散布局的方式。

其二，可能与构成村落的多宗族、姓氏有关，规模较小的家族为了谋求生存、防范外部势力威胁，往往会选择多个姓氏族群共同组成村落，以求抱团取暖、团结力量，但为了生活便利，在村落规划中又形成各自的组团——以保留各族群生存发展的相对独立性。

以文教镇美竹村为例。此村坐落于文教镇西北部，南侧临近文教河，距海岸线约13千米，在文昌属受海风影响相对较小的地区。村落地势整体平坦，平均海拔约30米。由

表 1-1　村落形态类型

布局类型	乡镇	自然村	考察的华侨住宅
散居型	文教镇	美竹村	郑兰芳宅
	东阁镇	富宅村	韩钦准宅
组团型	会文镇	十八行村	—
	昌洒镇	凤鸣村	韩纪丰宅
	铺前镇	地太村	韩泽丰宅、韩日衍宅等
		蛟塘村	邓焕芳宅、邓焕玠宅等
		美宝村	吴乾佩宅、吴乾璋宅、吴乾芬宅、吴世泰宅等
	东郊镇	下东村	符企周宅
	龙楼镇	春桃一队	林树杰宅
带型	翁田镇	北坑东村	张学标宅
	文城镇	义门村	陈治莲、陈治遂宅，王兆松宅等
阶梯型	东郊镇	邦塘村	黄世兰宅

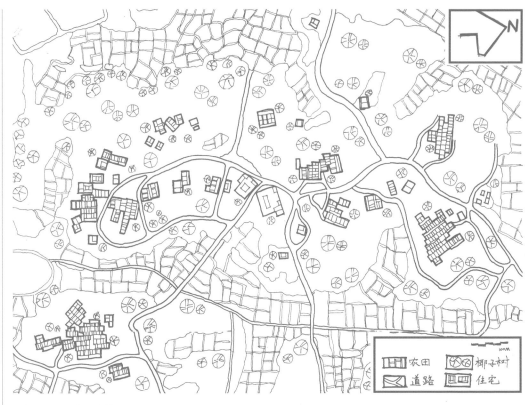

图 1-1　文教镇美竹村总平面图

于临近河流，土壤肥沃且耕地较为充足，村落内住宅组团布局松散，组团间通过道路相连，形成北部、中部和南部三个主要居住区。从村落总平面图可以清楚地看到，美竹村住宅优先选择东南向、东向和南向（图1-1）。

再以东阁镇富宅村为例。此村位于东阁镇西北部的缓坡台地之上，距海岸线约23.5千米，受海风影响相对较小。村落中心地势较高，越到边缘地势越低。村落周围有大量肥沃的耕地，住宅组团布局松散，彼此之间以道路相连，形成了东北部、西北部、中南部三个主要居住区。东北部建筑主要为坐西南朝东北，西北部建筑主要为坐东南朝西北，中南部区域主要为坐东北朝西南，从中可以发现，富宅村住宅在选择建筑朝向时，基地坡向是首要考虑因素，以利于雨水快速顺势排出（图1-2）。

（二）组团型

组团型村落，其平面形态呈现出密集分布、发展有序的"住宅组"或"住宅团"的整体面貌特征，是文昌传统村落的主要规划布局形式。村民大多由单一姓氏组成，多是有相当经济实力的大姓，因而在村落选址时比较注重村落的坡向、坡势、水源、交通等多种因素。由于选址之初对村落的坡向和坡势做了充分的考量，因此规划后的建筑组团布局紧凑。住宅围绕水井、祠堂等公共设施集中布置，村民生活便利，村落有着较强的独立性和封闭性。

文昌的组团型村落较多，如会文镇十八行村，昌洒镇凤鸣村，铺前镇地太村、蛟塘村与美宝村等都是典型代表。

十八行村坐落于会文镇西部的丘陵地带，距离东南部海岸线约5.5千米。村落地势整体平坦，平均海拔约30米，中心地势相

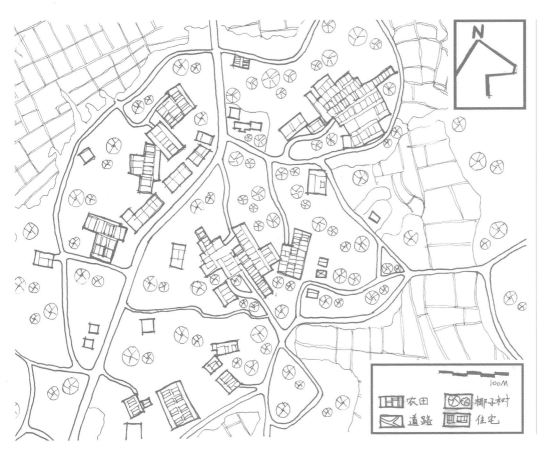

图1-2　东阁镇富宅村总平面图

对较高，并向边缘逐渐降低，相较而言有着比山区更加富裕、肥沃的土地。村落建筑构成形态为广府地区流行的梳式布局[1]，住宅院落单元纵向组合成行，行与行之间留出道路，便于村民日常出入。村落呈现出的建筑组团特征与宗族有着密切关联。村落内建筑朝向各有不同，最核心的北侧组团住宅根据地势坐南朝北，建筑与北部村子前的大片耕地之间还有两个风水塘；西侧组团住宅朝向西北；南侧组团住宅则朝向东南。总之，如果不考虑风水的影响，决定建筑朝向的因素是地势高低和坡向（图1-3）。

凤鸣村坐落于昌洒镇西部水库南侧的丘陵之上，距离东部海岸线约13.8千米，受海风影响相对较小。村落规划在一个较为缓和的山坡上，西北角是地势的最高处，周围分布着肥沃的耕地。村落中的住宅都背靠山坡面向耕地，呈扇形分布，形成较为紧密的住宅组团。村中住宅以东向和东南向为主，少量朝向西南。从总平面图中可以发现，村落在选址时对南向坡地有明显的倾向性，建筑借助自然的坡地能够实现快速排水。同时，也符合风水理论中"背靠山峦"的原则（图1-4）。

地太村位于铺前镇西部的平原地带，距西部海岸线仅约2千米。村落整体地势北高南低，南侧有相当面积的耕地。地太村是典型的血缘村落，住宅组团之间较为紧密，建筑密度较大。由于韩姓家族不断发展壮大，

1　"梳式布局"由陆元鼎等人总结提出，用以概括粤中村镇的布局特征（陆元鼎、马秀之、邓其生《广东民居》，《建筑学报》1981年第9期，第29—36页）。陆琦进一步总结，认为"梳式布局系统，在广东大部分地区都有，是本省广府地区农村中最典型的村落布局形式"，"梳式布局系统主要在粤中广府地区，珠江三角洲地区也称耙齿式布局。粤东、粤西及海南地区都有梳式布局的村落"（陆琦《广东民居》，北京：中国建筑工业出版社，2008年，第37—38页）。

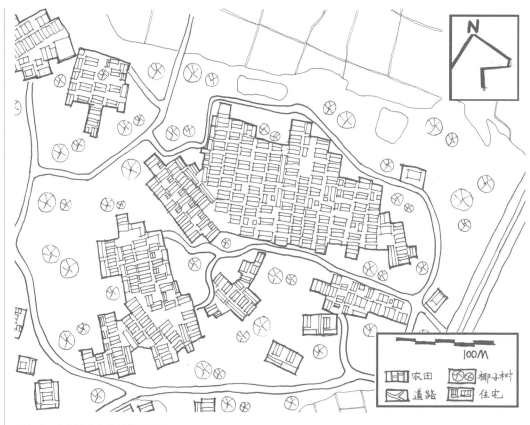

图1-3 会文镇十八行村总平面图

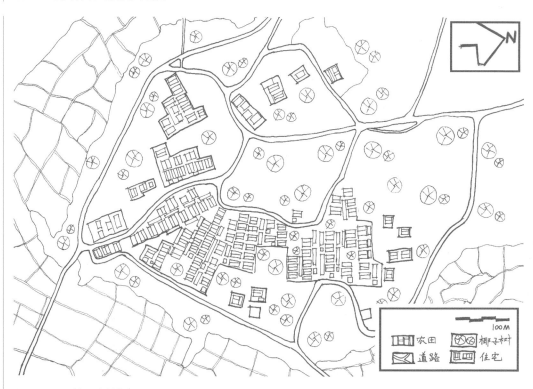

图1-4 昌洒镇凤鸣村总平面图

村落规模也远大于其他传统村落。村中住宅主要朝南，也有部分呈东南、西南向，少量甚至朝西。由此可以看出，顺坡朝南是其村落规划的重要原则（图1-5）。

蛟塘村也位于铺前镇西部的平原地带，与地太村相隔不足2千米，距西部海岸线仅约3千米。蛟塘村因村前的蛟龙塘得名，村落住宅主体坐落在蛟龙塘西北侧，沿湖岸

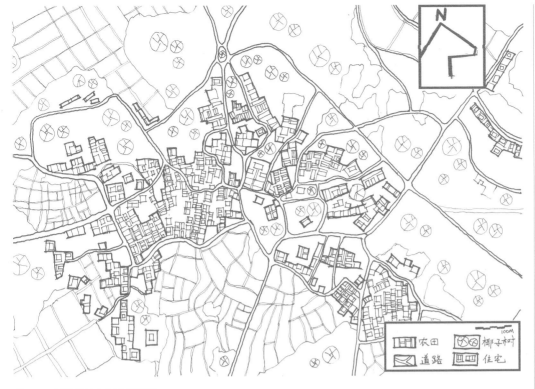

图 1-5　铺前镇地太村总平面图

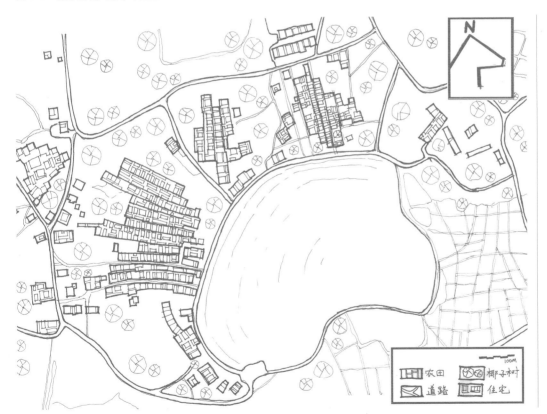

图 1-6　铺前镇蛟塘村总平面图

呈扇形分布。村落整体地势北高南低，住宅就选址于西北侧的坡地上，雨水可自北向南汇入蛟龙塘，成为村民日常生活的取水来源，环绕村落还有大片的耕地。住宅呈多进院落式布局，其轴线多垂直于湖岸，从远处一直延伸至岸边道路内侧。宅院与沿湖道路之间也保持了一定的间距。因而可以看到，在村落最初选址阶段，就已将住宅用地和道路交

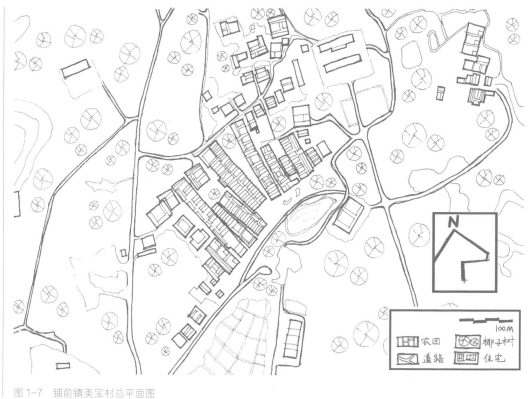

图 1-7　铺前镇美宝村总平面图

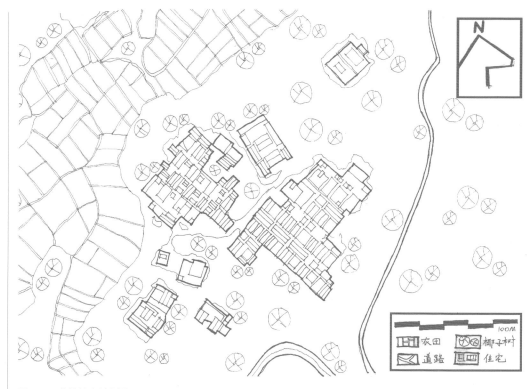

图 1-8　龙楼镇春桃村总平面图

通纳入规划考量中（图1-6）。

　　美宝村位于铺前镇东部平原地带，距东部海岸线约4千米。相较于地太村和蛟塘村，美宝村更加靠近东侧的潮滩鼻海岸。村落位于西北高、东南低的坡地上，整体布局规整，呈现梳式布局的特征。住宅多顺应地势，主要朝向东南，主干道位于住宅组团与东南部水塘之间，村落风貌保存良好（图1-7）。

　　沿海地区村落则以龙楼镇春桃村为代表，村落位于龙楼镇东部沿海的半丘陵地区，

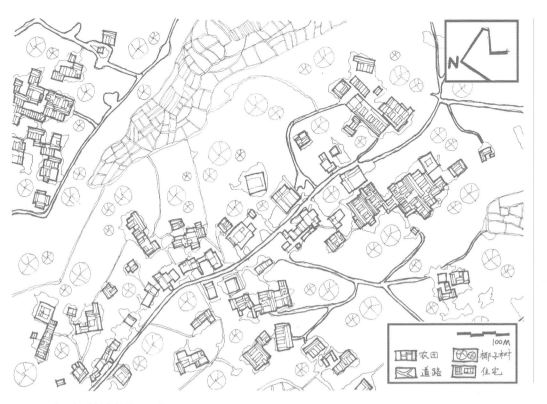

图1-9　翁田镇北坑东村总平面图

距离海岸线仅 500 米，全年海风强烈，降水量大。村落西北侧有一小片土地可用于耕种，村民主要以出海捕捞为业。相较于其他村落，春桃村规模较小，住宅组团相对集中，多分布在村中主路两侧。与会文镇十八行村类似，春桃村地势也呈中间高、周围低的特征。道路东南侧住宅朝向东南，另一侧住宅则朝向西北，建筑朝向受到坡向与地势的影响显而易见（图1-8）。

（三）带型

带型村落的平面形态呈现出带状分布与双向延展的特征。这类村落往往分布于山脊、山麓、谷地或河畔，而在文昌则多出现于坡地中的脊部或谷底两侧。具体而言，此类村落多分布于中部较高的双侧坡地，即"坡脊"及其两侧；也有少数村落选址在中部较低的双侧坡地，即"坡谷"及其两侧[1]。因此，地势使得村内住宅沿着脊部或谷底的主干道呈带状发展。建筑顺应地势，朝向或背向道路，利用自然坡度排水，方便村民日常生活。此类村落的典型代表有翁田镇北坑东村、文城镇义门村、东郊镇下东村。

北坑东村位于翁田镇东部近海的平原上，距东部海岸线约 4.7 千米。村落地势平坦，村中东南至西北走向的道路地势较高，并向道路两侧有明显坡降。北坑东村以种植业为主，村落周围有大片的耕地。村内住宅都在主干道两侧建造，整体形态呈带状分布。村落中住宅的朝向与道路直接相关，正屋轴线与道路垂直，道路东北侧的住宅基本都是朝向东北，西南侧的住宅则朝向西南。可以看出，北坑东村的建筑布局与朝向尤为重视排水，住宅的布置必须考虑在雨量大时尽快将雨水快速排出，以免发生水涝（图1-9）。

1　由于文昌整体地势相对平缓，所谓"坡脊"和"坡谷"是借用"山脊"和"山谷"的概念，主要是指地势落差非常小，坡降较缓的山丘或山谷。

图 1-10 文城镇义门村总平面图

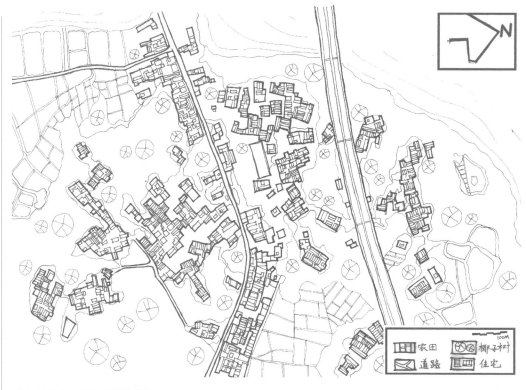

图 1-11 东郊镇下东村总平面图

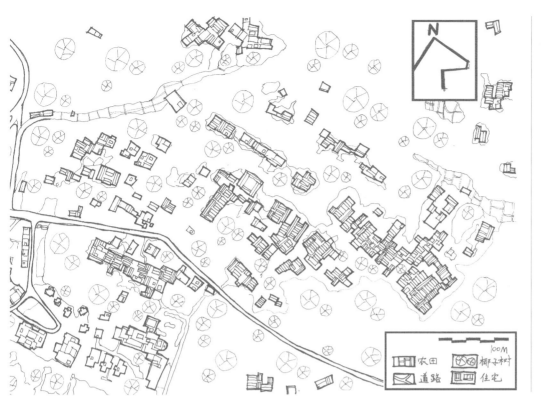

图1-12 东郊镇邦塘村总平面图

义门村位于文城镇西南部的沿海地区，距南部海岸线仅1千米，全年海风强烈。由于沿海地区土壤含盐量高，不适宜农作物生长，义门村以出海捕捞和远洋运输作为主要的经济产业。村落中的主干道沿着海岸线平行伸展，住宅则沿主干道两侧建造，整体形态呈带状分布。村中住宅朝向与道路直接相关，主要分布在道路东南侧，正屋轴线垂直于道路，朝向东北，与少量位于道路西北侧的近现代建筑朝向相反（图1-10）。

东郊镇下东村位于清澜湾北部，地处清澜大桥东岸南侧码头地区，全年受海风影响较大。虽然村中也有一定耕地，但沿河近海的区位优势，更利于村民发展出海捕捞业和水产养殖业。村中主路通往码头，从主路分出数条支路，住宅分布在道路两侧，组团结构呈带状。住宅周围植有以椰子树为主的高大乔木，既可遮阳又可降低海风的直接影响（图1-11）。

（四）阶梯型

阶梯型村落往往分布在一个完整的坡地上，随地势变化形成多层台地，此类型的村落一般沿等高线平行分布。

以东郊镇邦塘村为例，村落位于东郊镇南部闻名遐迩的东郊椰林之中，距离南部海岸线不足1千米，受东南方向海风影响较大。村落地势东北高、西南低。由于土壤含盐量高，种植业并不发达，邦塘村以出海捕捞和远洋运输作为主要经济产业。邦塘村的住宅基本沿着道路横向分布，呈现出多层阶梯状分布的特征。村中绝大部分住宅朝向西南，少数则朝向东北。由此可以发现，位于沿海地区的邦塘村在建设住宅时，优先考虑坡向对建筑排水的影响，少部分住宅则优先考虑海风的影响（图1-12）。

二、影响村落选址与规划布局的主要因素

文昌传统村落的选址与地形地貌、水文特征、气候特点有着密不可分的联系，它们极大地影响着人们的生产生活。文昌地势整体呈自西南腹地向东北沿海倾斜的特征，平均海拔 42.55 米，其中以西南部的蓬莱镇的平均海拔最高。

大陆移民在文昌定居形成村落之初，首要考虑的便是选址。他们往往把生存条件放在首位，包括水源、耕作等生活需求和排水、通风等居住需求。《管子·乘马》说："凡立国都，非于大山之下，必于广川之上，高勿近阜而水用足，低勿近水而沟防省。"这里虽说的是古人营城选址思想，但也深刻影响了后世的村镇选址。具体而言，村落选址时优先考虑临近水源的土地，这是人力取水时代的必然选择；顺应地形地势，寻找小丘陵阜地建房，充分利用坡地便于排水的优势，则是文昌多雨气候下的适应性策略；靠近适宜耕作区域分散而居，可以提供充足的生产生活空间，并为住宅与村落的未来发展提供空间。除此之外，也有一些风水上的考量。由于文昌当地以闽粤移民为主，基本上传承了福建"理气派"的堪舆理论，对聚落的选址不仅要求环境优美、气候宜人，还要吻合堪舆理论的趋吉意象。

大陆地区普遍比较重视的日照因素，在文昌则显得次要很多。住宅朝向不一，各个方向均有大量实例，这与文昌地处低纬度地区，日照过足有很大关系。对此，文昌人建房时采取的策略恰恰与大陆相反，他们在建筑布局和建设时会主动考虑减少直晒、增加

遮阳设施等。因此，文昌传统住宅多设檐下空间，开窗面积也较小。另外，住宅也多设高窗以避免过多阳光直射，同时也利于室内空气循环，保持干燥凉爽。这些做法与大陆整体对日照的重视有着很大的差异。

以下对文昌村落选址的影响要素做具体分析：

（一）地形地势

文昌所在的琼东北地区全年雨量充沛，年平均降雨量远高于全国水平，且在夏季易受台风暴雨侵袭而产生洪涝灾害。因此，文昌传统村落大多选址在自然缓坡地带上，村中住宅也因地制宜、顺势而建，充分利用自然地形地势以利于雨水快速疏导，从而减少洪涝灾害给村落带来的安全威胁。当然，各处坡势与坡向各有不同，所以就呈现出如今文昌传统村落不拘一格的选址布局特色。

（二）风向

文昌地处海南岛东北部，常年主导风向为东南向。因此，当地的村落住宅多朝向东南，以利于通风排湿。而破坏力巨大的强热带风暴或台风也常从海南岛东南海域而来，所以文昌南部和东南部沿海地区的村落周边大多密植椰林，以有效降低强风对村落的破坏。椰子树高大挺拔、枝干坚韧且枝叶硕大，是理想的防风林树种，而且文昌当地的

气候、土壤又极适宜于椰树生长，以致"今天，椰树最多的地方是在海南东北部的文昌，或许从古至今都是如此"[1]。

此外，文昌南部沿海的村落也用调整住宅朝向的方法来减少迎风，即住宅主要朝北向和西北向，以避免强风正面吹袭。而且，由于通常情况下住宅的正屋前檐高于后檐，选择低矮的后檐面向来风方向，能够显著减少强风对屋顶的破坏，实例有龙楼镇春桃村和文城镇义门村。

（三）交通

在确保排水、通风与防风的基础上，交通道路条件也显著地影响着村落选址。文昌地势总体较为平坦，拥有公路建设的有利条件。因而民国时期的文昌，在华侨的支持下就率先发展起便捷的公路交通网络。此外，文昌海岸线绵长、港湾众多，南北两端各有一处天然良港——清澜港与铺前港，两处港湾一方面通过海洋航运与大陆及南洋诸国紧密相连，另一方面也经文昌河、文教河、珠溪河等内河联系着文昌腹地。

近代以来，文昌各处圩市和沿海村落的华侨便从这两个港口出发与南洋互通往来。对于各村落而言，陆路水路是否便利，对当地百姓的生产生活有着直接影响，如农业收获与渔业捕捞都需要快速的交通运输到市场交易售卖，所以，文昌多数村落会选址于水陆交通便捷之处，方便人员与货物的流通；而自琼州开埠以后，海内外贸易日益繁盛，文昌各地沿海沿河的村落也得到率先发展。

（四）风水

文昌人大多自称祖上是莆田的闽南人，而福建作为深受风水术"理气派"影响的地区，文昌当地的风水传统想必与之有着深厚的渊源。在文昌进行田野调查时，无论屋主人还是匠人，或是周边村民，对于风水在传统村落和住宅选址布局中的重要作用都深信不疑；但由于大多数村落开基已久，他们对村中的风水格局及其内涵都知之甚少。尽管文昌地处海岛边缘，土地平旷，缺少传统的"山环水抱""藏风聚气"的理想山水格局，但是传统村落也运用风水术来趋利避害，顺应自然以选择优良土地进行建设。村中住宅更是要聘请风水先生来堪舆定向，通过考察周边环境，结合屋主人的生辰八字及命理运势来推演住宅适宜的布局和朝向。

总的来看，文昌传统村落的选址建设既充分考虑了当地的地形地势、气候条件等因素，又充分考虑了人居生活所必需的耕地、水源、道路交通等生产条件，同时也运用传统风水术，在"因地制宜"的基础上实现了"因势利导"，最终呈现出文昌各地传统村落的多样面貌。具体而言，传统村落往往背靠坡地，面临耕地、水塘或河流，道路环绕或穿过村落，传统风水"左青龙，右白虎，前朱雀，后玄武"的理论在文昌当地也有适应性运用；其中，代表左傍水流的"左青龙"，因为当地降水原本充沛，故而在风水上有意缺少青龙位布局，有控制降水的意图。

1　薛爱华《珠崖：12世纪之前的海南岛》，程章灿、陈灿彬译，北京：九州出版社，2020年，第70页。

第二节
住宅基本空间构成

文昌近现代华侨住宅一般由正屋、横屋、榉头[1]、路门等基本建筑单元组合形成，空间布局以单轴多进纵列式院落为主，单进院落和多轴并列式院落为辅。随着社会发展演进和南洋等地传来的西方建筑文化影响，建立在现代结构基础之上的新建筑形式和新生活方式开始逐步进入华侨住宅和日常生活中，其住宅主要构成空间逐步发生变化，如钢筋混凝土结构的运用改变了正屋的形态和比例，丰富了路门的类型和功能，建筑空间在垂直方向上的拓展得到进一步突破，屋顶形式也呈现出"坡转平"或"坡平结合"的特点。

本节主要介绍文昌近现代华侨住宅基本构成空间的特征与演进。华侨住宅按照功能和空间位置，可分为正屋、横屋、榉头、路门和楼梯间等；按照结构类型，可分为土木混合结构、砖（石）木混合结构、砖木与钢筋混凝土混合结构、砖与钢筋混凝土混合结构以及钢筋混凝土结构[2]；按照建筑风格类型，可分为传统式、中西合璧式和班格路洋楼式。实际情况下，建筑结构和建筑风格往往是高度关联的。换句话说，新建筑结构的出现往往意味着新建筑风格的诞生。传统式住宅多为木结构（纯粹的木结构建筑在考察范围内的案例中未见）和砖（石）木混合结构；中西合璧式住宅多为砖（石）木混合结构和钢筋混凝土结构，甚至出现多种结构类型混合的情况；班格路洋楼式住宅则多为钢筋混凝土框架结构。

1　"榉头"是闽南地区对传统民居中正屋次间前部两厢的称呼，又称"崎头""角头"，其中"东榉头一般用作厨房，西榉头一般用作闲杂间"，如泉州的"三间张榉头止"民居中，榉头一般只有一间，多作为走廊使用。当榉头进深较大时，可在后半部隔出房间；前半部留有檐下空间，称"榉头口"。清末民国时期，有的大厝将榉头做成二层楼房，称为"角脚楼"，但其屋顶以不高于顶落正脊为原则（曹春平《闽南传统建筑》，厦门：厦门大学出版社，2016 年，第 4—8 页）。琼北地区也有称呼为"窄廊型横屋"。本书为表述方便，采用"榉头"和"横屋"以分别对应正屋山墙内侧和外侧两类配套用房。

2　从文昌近现代华侨住宅的遗存实例来看，建筑主体结构多运用了传统的土、木、石、砖以及近代的钢筋、水泥等建筑材料。因此，根据主要承重结构（包含墙、柱、梁、檩、椽、板等构件）的材料将建筑分为五种类型。其中，土木与砖（石）木混合结构是传统住宅的主要结构类型，其在近代早中期华侨住宅中仍有延续；而砖木与钢筋混凝土、砖与钢筋混凝土混合结构以及钢筋混凝土结构作为新式住宅结构类型，在近代后期的华侨住宅中得以运用，并逐步发展成为近现代住宅的主流。

一、正屋

正屋是文昌近现代华侨住宅的核心元素，基本为三开间，个别为五开间，如文城镇义门二村王兆松宅的第一进正屋，按大陆传统住宅的"一堂二内（室）"格局，即明间为厅堂，左右两次间为卧室，分别承担祭祀和日常起居功能。传统厅堂空间中，后侧居中设置中榻，中榻由神庵和屏风门组成，两侧靠近次间的位置留有通道，由中榻分为前后两个空间，神庵设置在屏门上方，前面设有供案、八仙桌和太师椅，祭祀时可逐级攀登而上，在神庵上放置贡物和蜡烛。两侧次间为卧室，视家庭具体需要，间隔成两房或四房（即"一堂四内"），近现代华侨住宅多在次间前后开窗，朝向厅堂开门，遵循"以左为尊"的传统观念安排家庭成员居住。

按照近现代化发展程度的不同，可以将正屋分为传统式、外廊式和平顶式。

（一）传统式正屋

传统式正屋多为一层，砖（石）木混合结构、双坡屋顶，其面阔尺寸取决于屋架的瓦坑数与椽间距，进深尺寸取决于屋架的檩条数和步架平长（相邻檩条的水平距离）。正屋的面阔常取 35 至 47 路瓦坑；其中，明间常取 13 至 17 路瓦坑，次间常取 11 至 15 路瓦坑，均取奇数。一个瓦坑对应的尺寸，亦即"椽间距"在 25 至 27 厘米之间。正屋进

深多为 11 或 13 檩，少数为 15 檩，步架平长多取 60 至 80 厘米之间。

根据有无前后廊的情况，传统式正屋可分为三种类型，即无廊、有前廊和有前后廊。正屋主体部分进深尺寸多为 4.8 至 8.0 米（8 至 10 架），前廊宽度多为 0.6 米或

图 1-13a 带前廊的正屋（文城镇义门二村陈明星宅一进正屋）

图 1-13b 带前廊的正屋（铺前镇白石村韩岳准、韩嶍准等宅一进正屋）

表 1-2 文昌近现代华侨住宅中的外廊式正屋

乡镇	自然村	名称	正屋层数	外廊属性	建成时间
铺前镇	地太村	韩泽丰宅 第一进	一层	前廊，可上人	1933 年
	蛟塘村	邓焕芳宅	一层	前廊，可上人	1928 年
文城镇	义门二村	王兆松宅 第一、二进	一层	前后廊，不可上人	1931 年
		王兆松宅 第三进	一层	前廊，不可上人	
会文镇	山宝村	张运琚宅 第一进	二层	前后廊，可上人	1931 年
	山宝村	张运琚宅 第二进	一层	前廊，可上人	
	山宝村	张运玖宅	二层	前后廊，不可上人	1930 年
	欧村	林尤蕃宅 第一进	一层	前后廊，可上人	1932 年
	欧村	林尤蕃宅 第二进	一层	前廊，可上人	
昌洒镇	凤鸣一村	韩纪丰宅	二层	前后廊，可上人	1930 年
文教镇	水吼一村	邢定安楼	二层	前廊，不可上人	1920 年

1.6 米（多出单步或双步梁），后廊宽度多为 0.6 至 0.8 米（多出单步梁）。双步架檐廊下一般设有檐柱，单步架多采用挑檐做法（图 1-13）。无廊的正屋明间外墙通常会内凹 0.1 至 0.4 米，即将明间前部或后部的外墙向室内凹进。

（二）外廊式正屋

与传统式正屋不同，外廊式正屋指受南洋一带近现代外廊式建筑风格影响下的正屋，其特征是正屋主体部分仍为传统砖木结构，而外檐通常为钢筋混凝土结构。外廊式正屋是文昌华侨住宅现代化过程中的过渡形式（表 1-2）。

在台风多发的文昌，传统木结构和砖（石）木混合结构房屋往往易遭强风破坏，而钢筋混凝土结构的运用可显著增强正屋的整体刚度，提升正屋抵御台风的能力。在正屋前后建造的钢筋混凝土结构外廊，就像给正屋佩戴上了一副坚固的"盔甲"，相较传统砖木结构式的正屋主体有了更好的防护。此外，在文昌这样的热带地区，外廊除了加强结构的刚度抵御强风之外，还可以给正屋的建筑空间遮阴避阳，遮挡正午炽热的阳光，下雨天也有更多的公共空间可供家人活动，一举多得。此类住宅案例中以会文镇山宝村张运琚宅最为典型。据屋主张小建介绍，自张宅建成以来，每逢强台风来袭，村里乡亲们都会躲进张宅的这间正屋避难。

外廊式正屋有一层或两层的，也有只设前廊或前后廊皆设的情形，其屋顶通常是由主体的坡顶和外廊的平顶组成。外廊通常由钢筋混凝土建造，如铺前镇地太村韩泽丰宅、蛟塘村邓焕芳宅和昌洒镇凤鸣一村韩纪丰宅等；也有少数外廊位于正屋坡屋顶之下的，典型的如会文镇山宝村张运玖宅、文教镇水吼一村邢定安楼、加美村林鸿干宅等。多数外廊均可上人，楼梯则一般设置在外廊次间的位置。

外廊式正屋的主体部分仍是传统坡屋顶，其面阔与进深尺寸仍然以瓦坑与步架来计，正常情形下建筑规模与传统式正屋大致相当。实际情况下，此类住宅的屋主经济情况较好，房屋规模较大，故而正屋主体部分的规模通常偏大一些，通常面阔一般取 12 米左右，进深也保持在 7.4 米左右。钢筋混凝土的廊道由于是平顶（还有非钢筋混凝土结构的），相较于主体坡屋顶，对光线遮挡较弱。出于遮阳、纳凉的需求，外廊宽度通常增大至 1.8 米左右。出前后廊的正屋廊宽

表 1-3　文昌近现代华侨住宅中的平顶式正屋

乡镇	自然村	名称	正屋层数	建成时间	面阔(米)×进深(米)
铺前镇	蛟塘村	邓焕玠宅	一层	1931 年	10.7×11.8
		邓焕江、邓焕湖宅	两层	1928 年	11.2×9.3

则均为 1.8 米左右，如会文镇欧村林尤蕃宅、山宝村张运琚宅；也有前廊宽 1.8 米、后廊宽 0.9 米的，如会文镇山宝村张运玖宅。

（三）平顶式正屋

平顶式正屋完全采用砖与钢筋混凝土混合结构，一般均为平屋顶，其不再根据传统住宅的檩架数来控制正屋的进深，是正屋现代化演进过程中趋于成熟的类型。平顶式正屋从一层到二层均有实例，有前廊或前后廊形式（表1-3）。

平顶式正屋的面阔和进深尺寸不再严格受传统营造模数（瓦坑与步架）的制约，但该类型的正屋面阔仍与传统式正屋保持一致，为 11 米左右。基本尺度的沿用可能是由于工匠营造思维的惯性，也可能是屋主对过往住居空间的依恋，因而在住宅现代化演进中仍然保留着传统的营造尺度。此类正屋的外廊宽度大多在 1.8 至 1.9 米之间，正屋主体部分进深则有明显的增加，如铺前镇蛟塘村邓焕玠宅主体进深 9.9 米，加上前廊，总进深可达近 12 米，几乎接近传统无廊型正屋的 2 倍。同村的邓焕江、邓焕湖宅的一进正屋主体进深 7.4 米、前廊宽 1.8 米；二进正屋主体进深 7 米、前廊宽 1.3 米。这两组数据反映出文昌华侨住宅在现代化演进中，面阔多数沿袭了传统式正屋的基本尺度，但由于采用的是钢筋混凝土结构的屋顶，在营造的细节上又逐渐摆脱了传统的模数制，而在进深方面因为增加了外廊又有所加大。

在正屋现代化演进中，伴随着层数的增加，亦即楼居现象的出现和发展，正屋厅堂的功能也相应发生了变化。原本位于一层厅堂上的神庵转移到二层的明间，而一层厅堂则更多用于接待宾客以及日常起居。

伴随平屋顶建筑的出现，露台也随之产生。露台最早是产生在横屋、榉头、路门上，最后才出现在正屋，本质上也反映了文昌华侨对西方生活方式的引入。从技术上看，露台实际上就是可上人的平屋顶，它可以是砖木混合结构，也可以是钢筋混凝土结构。从

图 1-14　铺前镇蛟塘村邓焕玠宅正屋露台

图 1-15a 文教镇水吼一村邢定安宅榉头露台

图 1-15b 文教镇水吼一村邢定安宅榉头露台栏杆装饰

图 1-16a 翁田镇秋山村韩锦元宅后横屋楼梯

图 1-16b 翁田镇秋山村韩锦元宅后横屋栏杆装饰

露台在文昌华侨住宅中出现的先后时序来看，早期的露台基本上以砖木混合结构为主，比如翁田镇秋山村韩锦元宅；后期则以钢筋混凝土结构为主，比如铺前镇蛟塘村邓焕玠宅（图1-14）；从遗存案例的数量来看，后者多于前者。实际上，正屋、横屋、榉头和路门的平屋顶均可设置为露台，如铺前镇地太村韩日衍宅的路门与横屋、文教镇水吼一村邢定安宅的榉头露台与路门二楼相通（图1-15）。

露台一方面扩展了室外活动空间，将庭院空间通过楼梯向空中延展；另一方面，露台的产生使得华侨们对西方生活方式的学习在空间上得以保障，比如与亲朋好友闲聊聚会等都可以在露台上开展；当夕阳西下之时，屋主人就是静静地坐在露台上品茗看书，眺望远方的景色也是非常舒适惬意的事情。

由此观之，露台的产生，使得华侨们的精神生活得到一定程度的提升，这也是住宅现代化演进的一个特征。

田野调查中发现最早使用露台的案例是翁田镇秋山村韩锦元宅。韩宅建于1903年，正处于对西方住宅的模仿阶段。其后横屋为传统砖木结构，采用木梁木板形成的平屋顶，并设有宽敞舒适的楼梯间（图1-16）。露台的地坪用水泥和石灰砂浆制作而成，四周用宝瓶状直棍栏杆围合，栏杆扶手顶端和侧面对应位置都开有圆洞，顶面圆孔推测是晴天在洞中插入竹竿，临时搭棚乘凉之用；与此同时，为了防止顶面孔洞积水，便在扶手侧面再开一孔，作排水用。从此细节可以看出，现代建筑设计比较注重功能，且常在细微之处动足脑筋。

表 1-4　有露台空间的华侨住宅列表

乡镇	自然村	名称	位置
翁田镇	秋山村	韩锦元宅	后横屋
文教镇	水吼一村	邢定安宅	榉头
铺前镇	地太村	韩日衍宅	局部横屋
		韩泽丰宅	榉头
	蛟塘村	邓焕玠宅	正屋、横屋
		邓焕芳宅	横屋、路门
		邓焕江、邓焕湖宅	正屋、榉头（或路门）
	美宝村	吴乾佩宅	门屋、榉头
		吴乾璋宅	门屋、榉头
		吴乾诚宅	榉头
	轩头村	吴乾刚宅	横屋
会文镇	宝藏村	陶对庭、陶屈庭宅	正屋
龙楼镇	春桃一队	林树杰宅	横屋

随着钢筋混凝土结构技术的成熟，新结构形成的露台逐步成为华侨住宅的主流。露台最初主要出现在横屋、榉头以及路门等相对次要的建筑中。随着正屋现代化的演进，钢筋混凝土结构的露台才在正屋中崭露头角。这些露台四周大都用各式栏杆围合，栏杆下部开设排水孔，其间距、位置与数量视露台面积而定（表1-4）。

二、路门

路门，即宅院的入户门，是住宅礼仪性的出入口，在形式与位置上都非常重要。在文昌华侨住宅中，小型住宅一般有一至两个出入口，大型住宅可有三个以上的出入口，比如规模较大的下山陈村陈氏家族宅就多达十个。这些入户门有大小、主次之别。位于正屋前部的主入户门通常称为路门[1]，其他位于横屋或榉头的次入户门，则统称为侧门、小门或后门，这些门在高度、规模和装饰上均远不及路门。大型住宅中的路门主要在重大节日或迎接贵客时使用，侧门和小门则在日常生活中使用。这些情况与文昌华侨住宅的功能分区关系密切。住宅前院与后院在功能和装饰氛围上差别明显，前院装饰华丽、空间宽敞，是住宅中相对公共性的空间；后院装饰相对简朴、空间略具封闭性，是住宅中相对私密性的空间。横屋会客厅与路门便位于前院中。

除路门外，文昌近现代华侨住宅中还设有各类厅堂门、房间门、屏风门等。

厅堂门是住宅厅堂的出入口。在文昌近现代华侨住宅中，通常情形下会设置有正屋明间厅堂和横屋上的"男人厅"和"女人厅"。正屋厅堂的前后门以两扇对开的板门居多，也有少数的为六扇或八扇的槅扇门（图1-17、图1-18）；横屋厅堂或是出于接待

1　对路门的定义详见第五章第三节。此外，个别宅院由于兄弟分爨的关系，每进院落都设路门，如铺前镇蛟塘村邓焕江、邓焕湖宅、铺前镇美宝村吴乾芬宅等。

图 1-17　会文镇福坑村符辉安、符辉定宅正屋的八扇槅扇门

图 1-18　会文镇山宝村张运琚宅正屋的八扇槅扇门

图 1-19　翁田镇北坑东村张学标宅正屋厅堂的四扇屏风门

图 1-20　铺前镇美兰村林鸿运宅门屋中的两扇屏风门

图 1-21　东郊镇下东村符企周宅路门中的两扇屏风门

客人的缘故，以六扇的槅扇门居多，也有用四扇的。房间门主要有正屋次间的卧室门以及横屋、榉头的卧室、厨房、储藏室的门，通常为对开的板门，门洞宽度在 0.75 至 0.90 米。

屏风门是正屋厅堂"中槅"的重要组成部分，用来分隔厅堂的前后空间，常被称为四六门，通常用四扇或六扇的槅扇门组成（图 1-19），与《营造法式》中记载的"四扇屏风"颇为相似。一些传统宅院中，路门后部也会设置屏风门，多为两扇对开，平时关闭，人从两侧通行，在一些特殊的礼节活动时会

图1-22 会文镇福坑村符辉安、符辉定宅双路门

打开（图1-20、图1-21）。这种类似"仪门"形制的屏风门可以起到保护庭院隐私，阻挡视线的"屏障"作用。实例如铺前镇美宝村吴乾佩宅、吴乾璋宅和东郊镇下东村符企周宅等[1]。

（一）路门的位置、朝向与规模

路门大多位于第一进院落中，其位置和朝向有多种布置方式，既有单独设置的情况，也有与横屋或榉头相结合的情况。当路门单独设置时，可设在与正屋相对的前院院墙上，或与正屋明间对齐，或与次间对齐，此类路门均为正向开门[2]；也可设置在正屋前方的侧面院墙上，与横屋或榉头并列而置，此类路门为侧向开门。当路门与横屋或榉头结合时，绝大多数为侧向开门，占据横屋或榉头的一间，实例如铺前镇地太村韩泽丰宅；也有极少数为正向开门的，如地太村韩日衍宅。

路门位置与朝向的确定，是综合考虑了住宅平面形制、场地道路关系、屋主身份以及风水习俗等因素。在一明两暗式[3]和一正一横式的住宅类型中，路门位置、朝向多由场地道路决定；而在少数住宅中，路门位于正

1　"中榀"是在文昌传统正屋厅堂中用以分隔空间的装修，由神庵枋划分为神庵和榀扇门两部分，详见第三章第一节。"仪门"是古代衙署、宅邸中大门之内的第二重门，平日关闭，在重要的节庆时才会打开。

2　此处"正向"意为路门朝向与正屋朝向一致，后文"侧向"则意指路门朝向与正屋朝向垂直。

3　详见本章第三节第二小节"近现代住宅形制类型与特征"。

图 1-23　铺前镇美宝村吴乾诚宅路门外立面　　图 1-24　铺前镇美宝村吴乾诚宅路门内立面

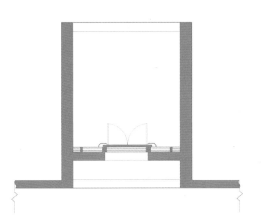 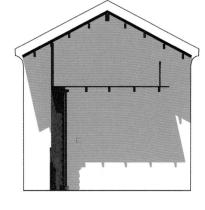

图 1-25　路门的平面与剖面示意图

屋中轴线上，如东阁镇富宅村韩钦准宅、东郊镇下东村符企周宅等。在文昌，一栋住宅的同一院落中，一般情况下只设一个路门，但也有极其少数的宅院采取双门楼形制，如会文镇福坑村符辉安、符辉定宅（图1-22），在正屋两次间纵轴线的位置各有一门楼。

在此，试对路门位于中轴线上正向开门的情况作一讨论。

如前所述，路门位于院落中轴线上的实例，在文昌华侨住宅中是极其罕见的。通过对东郊镇下东村符企周宅进行精细测量，发现路门还是稍稍偏移中轴线。为什么会出现这种情况呢？

比较笼统的一种解释是传统风水术使然。根据《阳宅三要》及《阳宅六事》所记，前者以"户、门、灶"为阳宅的三要素，后者以"门、灶、井、路、厕、碓磨"为阳宅的六要素。在上述二书中，都将"门"列为住宅至为重要的元素之一。

因此，门的设置一定有特别的讲究。传统风水流派中，无论江西"形势宗"还是福建"理气派"，它们都比较讲究住宅环境中的山川形气之说。在南方汉族居住区流行的风水观念中，当住宅朝向与屋主本命卦相或意

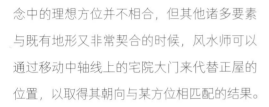

图 1-26　翁田镇北坑东村张学标宅路门

图 1-27　铺前镇青龙村韩而准宅路门

念中的理想方位并不相合，但其他诸多要素与既有地形又非常契合的时候，风水师可以通过移动中轴线上的宅院大门来代替正屋的位置，以取得其朝向与某方位相匹配的结果。

文昌华侨住宅中路门规模的大小，又是按照什么样的原则来规划设计的呢？按《黄帝宅经》中住宅"五虚五实"的理论，并不主张"宅小门大"，否则为"虚"；反之"宅大门小"为"实"；宅虚将会"令人贪耗"，宅实则可以"令人富贵"[1]。

书里还说，"宅以形势为身体，以泉水为血脉，以土地为皮肉，以草木为毛皮，以舍屋为衣服，以门户为冠带。若得如斯，是为俨雅，乃为上吉"。由此可见，住宅的路门规模既要与其主体空间的规模相适应，不能过大；但又不能过小，《黄帝宅经》"总论"中虽说"宅大门小"为"实"，但又可能影响到住宅"冠带"的"俨雅"。因此，这个主宅门的规模及形制还是需要屋主人和建筑师认真思量和权衡的。

（二）传统式路门

传统式路门为砖木结构、双坡顶建筑，其尺度受到规制影响。一般而言，路门的面阔少则有 9 路瓦坑、多则有 15 路瓦坑，进深多为 6 至 8 个步架。在高度上，路门的屋脊会比正屋的屋脊略低，比横屋和榉头的屋脊略高。传统式路门有单层和双层之分，单层的路门数量不多，如文城镇义门二村陈明星宅；双层的路门更为普遍，如铺前镇美宝村吴乾诚宅（图 1-23、图 1-24）、东郊镇下东村符企周宅、东阁镇富宅村韩钦准宅等。

双层路门在两面山墙之间设格栅、铺楼板，以分隔上下空间。一层为入户通道，二层为储物阁楼，需借助爬梯抵达。阁楼旧时用来置放"磨礱"或"石臼"等器具，如今一般放置些不常用的生活杂物。通常二层的高度要远低于一层，通过视觉上的主次对比，达到突出入户门的目的。二层的外立面，也即是门框上的板壁墙位置，常作六扇或八扇

1　《黄帝宅经》"总论"中说："宅有五虚，令人贪耗；五实，令人富贵。宅大人小，一虚；宅门大内小，二虚；墙院不完，三虚；井灶不处，四虚；宅地多，屋小、庭院广，五虚。宅小人多，一实；宅大门小，二实；墙院安全，三实；宅小六畜多，四实；宅水沟东南流，五实。"郭璞等撰，郑同校《四库存目青囊汇刊（一）：青囊秘要》，北京：华龄出版社，2017 年，第 5 页。

图1-28　铺前镇地太村韩泽丰宅路门题额"紫气东来"

图1-29　铺前镇白石村韩岳准、韩嵋准宅的脚门

的槅扇门窗以通风采光，而朝向院子一侧仅设低矮的围护栏杆。在田野调查时，也有不少村民亲述幼时登上路门二楼纳凉、睡觉的经历（图1-25）。

传统式路门的正立面大体上采用两种构图形式：上一下三式（图1-26）和上三下三式（图1-27）。两者主要区别在于上层，前者往往将门枋之上的立面用六扇门、八扇门、栏杆、格栅等构件来装饰；而后者以下层的门枋划分上下两段，每段又以门框为界划分为三部分。其中，上段每个部分的装饰多采用方形窗洞或格栅、八边形大窗洞、灰塑题字、绘画等，按工匠或主人意愿进行设计考量。

门额上的题字大致有以下两种情况：一种是表明主人身份或家族堂号，如"大夫第""双桂第""六桂第"等，"第"是中国传统社会中高级官员宅邸的称谓；另一种是以路门朝向为线索来书写题额，如"爽气西来""薰风南来""紫气东来"（图1-28）。由于处于低纬度地区，文昌传统住宅并无朝南的硬性要求。从田野调查的情况来看，住宅路门大多朝向东、南、西三个方位，极少见到北向的路门。

广府地区传统建筑中，有一类西关大屋的入口大门极富特色。大门常分作三道，有着"三件头"之说，从外到内分别为：脚门、趙栊门、板门[1]。"三件头"构成了完整的大门系统。海南岛自明清以来就隶属于广东[2]，其传统住宅也受到广府文化的影响，许多方

1　陆琦《广府民居》，广州：华南理工大学出版社，2013年，第95页。

2　明洪武二年之前曾短暂隶属广西道。

图 1-30 趙栊门结构示意图

面继承了广府传统做法。在我们调查过的文昌华侨住宅中，虽未见到类似"三件头"一样的完整大门系统，但三种门在文昌华侨住宅中有一定程度的运用，反映出两地紧密的文化渊源。

1. 脚门

脚门，是大门最外一层的半截门。在不同地区名称各异，岭南地区称"脚门""花门""矮脚吊扇门"，江南一带则称"六离门""鞑子门"。其通常做法为双扇门对开，也有做成四扇门两两组合对开的折叠门形式。不过，脚门虽做工精巧细致，以细木雕花为装饰，但暴露在外的木质门扉极易腐朽，在文昌近现代华侨住宅中只有极少数的遗存（图1-29）。

2. 趙栊门

趙栊门，往往用铁力木、坤甸木、柚木等质地偏硬的木材制作。趙，在粤语中有滑动的意思；栊，《说文》中解释为"槛"。所以从字面上看，趙栊门的意思即为"可滑动的木槛（栏杆）"；也有认为"趙栊"是一个活动的栅栏，横向开合，开即"趙"，合为"栊"。

趙栊门的栏体由若干圆木平行竖向排列，穿插固定在两边纵木的门框上；门槛处安装金属或木制的轨道，称为"趙轨"。栏体下方装铁制滑轮置于趙轨上，而栏体上方穿插一固定圆木，称为"上轨"。栏体被平行的"上轨"和"趙轨"固定，便可以定向滑动。栏体既可双开，也可单开（图1-30）。

值得一提的是，由于"双"和"丧"谐音，趙栊门圆木横条的数量必须是单数。类似的民俗文化在住宅营造中颇为常见，如在铺设椽子时，有不取单数的做法。因"单椽"谐音"单传"，而民间讲究多子多福，对此自然是忌讳的。

趙栊门不但有引导穿堂风、组织通风除湿的功能，而且能够防止孩童及家畜随意出入宅院。据当地村民介绍，用硬质木材制成的趙栊门能够有效抵御刀砍斧劈，古时强盗来袭之际，可以为屋主人争取到一定的防卫时间。

在文昌华侨住宅中少有趙栊门，其原因在于金属构件易锈蚀，从而和趙轨粘连，造

图 1-31　锦山镇南坑村潘先伟宅的趟栊门　　图 1-32　文教镇加美村林树柏、林树松宅路门　　图 1-33　会文镇山宝村张运玖宅路门外立面
内立面

成不少趟栊门无法顺滑推拉。由于使用不便，这一极富岭南特色的大门系统逐渐退出了历史舞台（图 1-31）。

3. 板门

板门，俗称"大门""大扇门"，源自秦汉以来的实榻门，是用一整块或两三块厚实的木板拼合而成。它是真正封闭的大门，也是大门系统的最后一道屏障。文昌华侨住宅中的板门形制和闽粤一带基本相似，门闩处作机关销子，这个构造设施在广府地区称为"顶栓"。文昌华侨住宅中许多都在大门上安装了精巧的机关销子，我们曾经对铺前镇美兰村林鸿运宅的宅院大门机关做过测试，如果没有屋主人的细心指导和当面示范，初次进入宅院的人是很难从宅院内打开大门的，即使有飞檐走壁本事的盗贼潜入宅院，基本上也只能顺走些小型物件。

（三）南洋风格影响下的路门

19 世纪后半叶以来，在东南亚生活工作的华侨带回了受西方现代社会思想和建筑风潮影响下的南洋建筑文化，文昌华侨住宅逐渐向着近现代建筑的功能主义和审美趣味演变。路门是一栋住宅的"冠冕"，一定程度上代表着屋主人的政治地位、经济实力和文化品格。在文昌传统住宅中，路门是中规中矩的大陆式风格、双层双坡屋顶的形制。在文昌近现代华侨住宅中，路门发生变化的案例非常多。同时，通过田野调查，我们发现这种演变并不是突变，而是一种较为和缓的渐变。

总体上看，文昌华侨住宅的路门经历了双层双坡式、双层平顶式、巴洛克式、外廊式以及碉楼式等演变形式，逐渐呈现出今日所见南洋风格的高大双层门楼。当然，这种演变也并不一定是严格按照现存案例在时间线上的简单排列。路门的演变或存在多种形制并行发展的可能，因为南洋一带的建筑思想和文化本身就是多元化的。

1. 双层双坡式路门

双层双坡式路门一般为单开间，也有双开间带楼梯间的做法，建于 1918 年的文教镇加美村林树柏、林树松宅即为如此实例。林氏兄弟宅的正屋和横屋都是传统的大陆样式建筑，除正屋檐柱采用混凝土制作外，其现代性主要体现在路门的形制上。从院落外部看，这个路门与传统的高门楼差别不大，也有凹斗空间；但从院落内部看，近现代建筑风格则非常明显：路门采用钢筋混凝土框

图 1-34　东郊镇邦塘村黄世兰宅路门内立面　　　图 1-35 铺前镇蛟塘村邓焕芳宅路门内立面　　　图 1-36　锦山镇南坑村潘先伟宅路门内立面

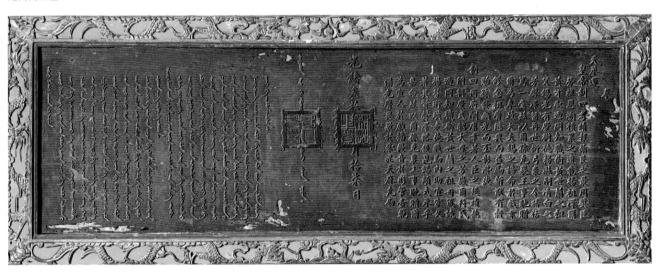

图 1-37　东郊镇邦塘村黄世兰宅内收藏的清光绪年间圣旨

架结构，一层门厅的柱梁交接处用西洋风格的雀替装饰，二层用了舶来的琉璃栏杆等。在空间组合上，路门与榉头合二为一，形成一座壮观的颇具现代风格的门楼。二楼具有居住功能——卧室和起居室，部分装饰融入了源自越南的法式建筑元素。如此别致的门楼在文昌大概仅此一例（图1-32）。

建于1930年的会文镇山宝村张运玖宅则呈现出路门演变的另一路径（图1-33）。张宅正屋的路门依然沿用传统的双层凹斗式门楼形制，与其他住宅有着较大差别：其一，路门虽为两层结构，但其二层比普通门楼的二层略高；其二，出于安全考虑，路门二层

通常不会对外敞开，但其二层空间则相当通透，并不设保障安全的板壁或门窗（早期或存槅扇门，后被拆除）；其三，路门的进深尺度较大，外侧凹斗空间也较为宽敞；其四，路门屋顶脊饰上的陶瓷装饰构件及其造型在一定程度上反映出时代特征。

2. 单开间双层路门

随着西方建筑技术和材料的逐步传入，有组织排水的可上人平顶门楼开始出现。门楼高度进一步增加，二层空间的高度逐渐接近一层，人们能在二层直起身子，楼顶围以栏杆也可登高望远，但仍保持着前文所说的

图 1-38　会文镇欧村林尤蕃宅航拍图

与主屋的高度关系。此类路门的典型案例如东郊镇邦塘村黄世兰宅（图 1-34）、铺前镇蛟塘村邓焕芳宅（图 1-35）、锦山镇南坑村潘先伟宅（图 1-36）等。

　　黄世兰宅（大夫第）建于清光绪三十二年（1906），其正屋与横屋都是传统式建筑风格。黄宅主人的先祖被清廷赠官，至今家里还保存着皇帝的诏书（图 1-37）。宅第平面采用单轴多进双横屋式布局，以通廊连接左右两侧高大的横屋，视线通透，蔚为壮观。大夫第路门具有典型的南洋建筑风格特征，与正屋和横屋的建筑形式差异极大，当是黄世兰父子下南洋返乡后才建造的。

　　东阁镇富宅村韩钦准宅四进正屋之间的东侧位置，设有三座钢筋混凝土结构的平屋顶路门。其中，三、四进正屋之间的路门没有

平顶屋盖，推测其未能建完。路门门洞处于封闭状态。因此，在路门无通行功能后，被当地人误以为纳凉亭。但仍可见，这三处路门采用传统坡屋顶门楼的遗制：在空间布局上，门楼位于宅院中的榉头位置，相当于传统住宅中的侧门；在建筑形制上，为单开间双层门楼，二层空间低矮，与传统门楼接近；路门建筑高度低于正屋屋脊，延续了传统营造观念。

　　韩宅中除了这三处路门采用现代结构形式外，其他建筑均为传统双坡屋顶形式。尤其是与高大雄伟的双层坡屋顶主路门对比，更能凸显出华侨在传统观念约束下，面对住宅现代化演进时采取的审慎态度。

3. 三开间双层路门

　　会文镇欧村林尤蕃宅（双桂第）为闽

图1-40a 文教镇美竹村郑兰芳宅路门外立面

图1-39 会文镇欧村林尤蕃宅路门外立面

图1-40b 文教镇美竹村郑兰芳宅路门内立面

粤一带传统的三堂两横式布局，路门位于中轴线上，空间独立于宅院内其他建筑（图1-38）。与单开间双层路门不同的是，林尤蕃宅路门上下两层均为三开间，主体为钢筋混凝土结构，屋顶则用传统歇山式结合平顶的组合，四周环以回廊。路门的回廊与正屋横屋的外廊连接成一个整体，形成贯通全宅上下两层的复道交通系统。南洋风格的门楼成为住宅整体格局的重要组成部分，也是彰显双桂第豪华壮观的最佳"冠冕"（图1-39）。

4. 牌坊式路门

文昌传统住宅的路门中，还有一类受西方建筑文化影响的三开间牌坊式路门。此类

路门在形制上，大多以带有巴洛克风格的山花立面从两侧的围墙高耸而起，并常用灰塑装饰墙身。这类与院墙相结合的牌坊式路门是水泥技术兴起之后的产物，可塑性与耐久性优良的水泥为更加丰富的路门装饰提供了可能。路门门洞只占据一间侧门的宽度，进深很小，其主要优点是节省材料和土地，是一种相当经济实用的做法。典型实例如文教镇美竹村郑兰芳宅（图1-40），翁田镇秋山村韩锦元宅（图1-41），会文镇宝藏村陶对庭、陶屈庭宅（图1-42）等。

5. 外廊式门屋

文昌近现代华侨住宅中，外廊式门屋并不多见。从严格意义上讲，只有亦商亦住双

图 1-41a　翁田镇秋山村韩锦元宅后院门外立面　　　　　　　图 1-41b　翁田镇秋山村韩锦元宅后院门内立面

图 1-42　会文镇宝藏村陶对庭、陶屈庭宅院门

图 1-43　铺前镇美宝村吴乾璋宅门屋外立面

图 1-44a 文城镇美丹村郭巨川、郭镜川宅碉　图 1-44b　文城镇美丹村郭巨川、郭镜川宅碉楼式门楼二楼残垣
楼式门楼现状外观

重功能的被称为"五脚基"形式的店屋[1]才会出现此类门屋。在整个文昌，我们只在铺前镇美宝村发现了两栋这样的住宅，即吴乾佩宅和吴乾璋宅。两栋住宅分别为吴乾佩、吴乾璋兄弟建造，在村前广场上比邻而居。住宅路门直接面向村前广场，采用三开间的屋宇形式，规模宏大，雄伟气派。门屋外廊的立面采用类似帕拉第奥母题[2]的券柱组合形式，展现出丰富的空间层次和优雅的装饰效果（图1-43）。

6. 碉楼式门楼

在文昌近现代华侨住宅遗存中，碉楼式门楼仅存一例，即文城镇美丹村郭巨川、郭镜川宅的三层门楼。门楼的平面约 8 米见方，高度约 10 米，矗立在郭宅的东南角，颇为壮观，如同一个魁伟的武士守卫着偌大的宅院。

门楼底层一侧留出较宽的入户通道，其余部分则作为住宅的防御空间。门楼采用钢

筋混凝土框架结构，二、三层楼盖均为井字梁结构。通往各层的楼梯也用钢筋混凝土现浇，室内空间都无立柱，高大宽敞。在外墙的柱梁框架之间，用厚达 40 厘米左右的条石叠砌围护，条石尺寸约 20 厘米 × 20 厘米 × 40 厘米，墙外用水泥砂浆抹面，因此格外牢固，能起到良好的防御功能。可惜的是，此碉楼目前已残破不堪，多处外墙早已坍塌，热带植物将其上下包裹得严严实实。我们在调查时，不得不请村长和村民们将部分藤蔓和树木枝丫清除，将堆积在门楼外主台阶上的近半个多世纪积土移去，尽管如此，郭氏碉楼也仅仅露出了部分真容（图1-44）。

之所以称为"碉楼式门楼"，是因为其功能除了作为住宅主出入口外，还在非常时期起着临时避难和积极防御的作用。碉楼每层四面都设有密集的火器射击孔，这与蓬莱镇德保村彭正德宅横屋的射击孔形制相似，断面为漏斗形，内大外小，便于观察与射击。

1　"店屋"是一类在南洋地区广为流行的商住混合型建筑，参见第五章第二节。

2　"帕拉第奥母题"（Palladian Motive）是 16 世纪中叶文艺复兴时期的建筑师帕拉第奥对西方古典建筑券柱式立面构图的创新诠释，构图由中央发券和大小立柱构成，后被广泛沿用，因此有"母题"之称。参见陈志华《外国建筑史（19世纪末叶以前）》，北京：中国建筑工业出版社，2004年，第151页。

图 1-45　铺前镇泉口村潘于月宅横屋梁架　　图 1-46　东郊镇邦塘村黄世兰宅横屋梁架

三、横屋与榉头

　　在文昌传统住宅中，横屋和榉头是安置辅助功能空间的建筑,两者朝向均与正屋朝向垂直，但在功能、空间位置和建筑规模上存有差异。在功能上，横屋主要作为起居用房和辅助用房，包括会客厅、卧室、厨房、储物间等，多进院落的住宅也会把侧门和后门设在横屋的中后部。一般情形下，榉头则不具有会客和居住的功能，只作厨房和杂物间之用。在空间位置上，横屋位于正屋山墙外侧；榉头大多位于正屋次间的正前方，极少数位于正后方，占据了庭院的部分空间。在建筑规模上，一列横屋少则三间，多则十余间，且多与宅院总进深等长；榉头大多为一间或两间，少有三间或以上者。由此可见，横屋较之榉头的形制更为高级，功能更为多样，地位也就更为重要。文昌华侨住宅中多用横屋少用榉头，应与横屋更能适应海南的气候特征相关。

（一）横屋

　　横屋多位于正屋山墙外的一侧或两侧，

与正屋之间形成狭长的庭院，以利于通风和排水。当正屋为南北朝向时，西晒会导致正屋山墙温度快速升高，室内炎热不堪。通过测量，我们发现正屋山墙的壁面温度从上到下呈现出由高往低的分布特征，特别是与横屋檐口对应高度以下的位置，壁面温度是相对较低的，说明横屋有效地为正屋阻挡了太阳辐射。此外，正屋与横屋之间狭长的庭院可以形成"冷巷"，较高的风速可以快速带走墙壁吸收太阳辐射的热量。现场考察表明，通道风可有效降低正屋山墙的壁面温度和横屋的壁面温度。横屋比榉头更多数量地存在，显然是文昌华侨住宅对海南岛湿热气候适应性演进的结果。考察中也发现设有后横屋的住宅实例，即在住宅的末进正屋之后再设横屋，其位置与正屋平行，如东郊镇泰山二村黄闻声宅，会文镇福坑村符辉安、符辉定宅，翁田镇秋山村韩锦元宅等。

　　与正屋的现代化进程相似，新建筑材料新结构形式和新生活方式的逐步引入，也使文昌华侨住宅中的横屋发生了演变，产生了

图 1-47　铺前镇地太村韩日衍宅横屋

平顶横屋的新形式。以下分别介绍"坡顶横屋"和"平顶横屋"。

　　坡顶横屋为双坡屋面，均设前廊且朝向正屋和院子一侧，后墙即为宅院外墙。横屋的通面阔一般与宅院总进深等长或略小，进深取决于横屋的檩数与步架，多为9檩（8步架）或11檩（10步架），少数为13檩（12步架），如铺前镇泉口村潘于月宅（图1-45）和东郊镇邦塘村黄世兰宅（图1-46）等。前廊多为双步架，少数为单步或三步架，步架一般在60至80厘米之间。传统横屋的会客厅一般位于第一进院落，为一厅两房或一厅一房的套间式布局。厅和房共占据二至三开间，采用木构架或砖墙分隔，讲究的人家会用雕刻装饰梁架或在横墙上开券洞门。

　　平顶横屋通常为一层或两层，以两层居多。如同正屋的现代化演进历程，横屋从传统双坡屋顶发展成现代风格的平屋顶也不是一蹴而就的，考察中的许多住宅实例就处在过渡阶段。通常情形下，横屋通面阔较大，作为初期的尝试，屋主人只将横屋的前半段改造成钢筋混凝土结构的平屋顶形式，后半段仍然采用传统双坡屋顶，这类过渡形态的横屋以一层为主，如铺前镇地太村韩日衍宅（图1-47）和龙楼镇春桃一队林树杰宅，平顶部分的进深一般与后半段的传统式横屋保持一致。

　　随着现代结构技术的逐步引入与日趋成熟，横屋逐渐由平房向楼房发展，往往伴随着"外廊式"正屋或平顶式正屋一同出现，院落进数开始减少，以一进居多，如铺前镇蛟塘村邓焕玠宅、邓焕芳宅。与此同时，横屋高度也开始超过正屋，突破传统规制的束缚，进深则多在5至7米间，与传统坡顶横屋尺度相仿。

图1-48 铺前镇美宝村吴乾诚宅西榉头

（二）榉头

榉头是闽南传统住宅中对厢房位置小屋的称呼，它位于正屋次间的前方并占据庭院空间，面阔多为一间或两间，朝向庭院。传统风格的榉头为双坡顶，进深与正屋次间面阔相同或略小，多用5檁（4架）；面阔多与庭院进深相同或略小，一般在3至4米之间。住宅现代化演进过程中，钢筋混凝土结构的平屋顶榉头偶有出现，如铺前镇美宝村吴乾诚宅（图1-48），通过局部脱落的粉刷层还可以清晰地看到木模板的痕迹。

铺前镇美宝村吴乾佩宅、吴乾璋宅在平顶榉头上加设栏杆，使之成为更具功能性的露台空间（图1-49）。此外，铺前镇蛟塘村邓焕江、邓焕湖宅，榉头呈现为联系两进正屋的二层连廊，其平顶屋面与正屋的屋顶一起构成了邓宅宏大的露台空间，在末进院落

还设有通向屋顶的楼梯。铺前镇地太村韩泽丰宅的一进院落，两边也各有一座二层平顶榉头，分别题名为"望月楼"和"读书厅"（图1-50）。

在现代化演进过程中，榉头除继续用作厨房、杂物间外，逐渐加入了读书学习、纳凉休闲等新功能。相应地，榉头高度、空间形态也随之发生改变。其间，从南洋而来的西方建筑装饰风格也一并随之而来，榉头的立面因而呈现出新的面貌（图1-51）。

榉头发生变化的原因是：在文昌社会现代化转型中，华侨所从事的生产活动发生了较大变化，即从传统农业转向工商业，华侨身份也从农民转为商人，由此产生的生活差异反映在具体的住宅空间上，必然是从功能到形式上的重大变革。因而，榉头的演变也就折射出19至20世纪文昌社会从传统农耕社会向现代商业社会的转型。

图1-49　铺前镇美宝村吴乾佩宅的平顶样头

图1-50　铺前镇地太村韩泽丰宅的望月楼和读书厅

图1-51　铺前镇白石村韩岳准、韩嶍准宅样头

图1-52　翁田镇北坑东村张学标宅门屋的木制楼梯

四、楼梯间

　　伴随现代结构技术的日趋成熟，文昌近现代华侨住宅逐渐从平房向楼房发展，楼梯间也随之得到广泛运用。楼梯间的出现是传统住宅受到西方建筑文化影响的直观反映，使传统住宅空间产生了重大变革。调研实例中，根据空间位置，楼梯间可以分为室内、半室内和室外三种类型；按照楼梯样式，又可以分为双跑"L"形楼梯、双跑对折楼梯和三跑楼梯。对于有二层上人屋面或者三层的住宅来说，梯段在空间位置上可以上下相同，也可错开，前者如会文镇宝藏村陶对庭、

陶屈庭宅，后者如铺前镇地太村韩泽丰宅与蛟塘村邓焕江、邓焕湖宅。

　　楼梯间作为现代建筑构成元素，是随着住宅从平面转向立体，往垂直方向拓展空间才产生的。换句话说，宽敞而舒适的楼梯间从西方的引入，极大地影响了文昌住宅空间的构成法则，此后使其从平面型的传统宅院逐步转为垂直型的现代住宅。当然，从楼梯到楼梯间的发展与演变也经历了一个过程。文昌华侨住宅楼梯的发展主要经历了早期木制楼梯、砖砌或混凝土基座与木梯组合

图1-53 文城镇松树下村符永质、符永潮、符永秩宅的楼梯残存梯段

图1-54 蓬莱镇德保村彭正德宅横屋的组合楼梯

楼梯、钢筋混凝土楼梯和功能复合型楼梯间四个阶段。

早期木制楼梯主要安置于室内，大多陡峻简易，以今日目光审视只能算作爬梯。此类楼梯主要出现在传统的砖木结构双层门楼中，坡度较陡，在60°左右，上端架设在二层格栅上，实例如东郊镇下东村符企周宅。此外，翁田镇北坑东村张学标宅双层路门中的木制楼梯亦是当地罕见的实例（图1-52）。路门两边各有路门通道，中间会客厅为一厅两室，在会客厅一侧贴隔墙设置有宽大舒适、坡度较缓的木楼梯，已较为接近现代楼梯的设计尺度。

砖砌或混凝土基座与木梯组合楼梯，此类楼梯一般出现在外廊式建筑中，具体而言，它位于双层结构正屋的外廊。由于木制楼梯很难经受强风暴雨的长期侵蚀，出于对防水与耐久性的要求，工匠在地面上先用砖砌或混凝土浇筑起数级台阶高度的基座，再将木梯置于其上，形成组合式楼梯。实例如文城镇松树下村符永质、符永潮、符永秩宅（图1-53）和昌洒镇凤鸣一村韩纪丰宅等。此类组合式楼梯相较纯木梯更加耐用，但是木材

在湿热环境中也很难得到长久的保存，以致韩纪丰宅后来换成了钢制楼梯，符永质、符永潮、符永秩宅的木梯则早已无存，只留下八级台阶的砖砌楼梯基座。这种室内楼梯在近现代风格的横屋中也有出现，如蓬莱镇德保村彭正德宅的横屋中，贴墙设"L"形木梯，在二层楼梯口的位置加设过梁以架设木梯，实现传统简易木梯与现代钢筋混凝土结构的结合（图1-54）。

钢筋混凝土楼梯是华侨住宅中最具现代性的设计，其性能较木制楼梯更好，样式和位置也更为多样化，通常会按照住宅的平面格局来选择与之相适应的楼梯式样。有的住宅正屋为传统的单层双坡屋面，而榉头为平屋顶，其楼梯平面一般采用双跑的"L"形样式，第一个梯段和平台位于正屋一侧次间的檐下，第二个梯段则与平屋顶的榉头相结合，如文教镇水吼一村邢定安宅和铺前镇美宝村吴乾璋宅；有的住宅正屋为"外廊式"，则采用折跑楼梯，梯段直接到达正屋二层外廊或者外廊平顶，如铺前镇地太村韩泽丰宅和蛟塘村邓焕江、邓焕湖宅（图1-55）；有的住宅横屋为钢筋混凝土结构，将楼梯空间

a 一层梯段　　　　　　　　　　　　　　b 二层梯段

图 1-55　铺前镇蛟塘村邓焕江、邓焕湖宅正屋间的楼梯

图 1-56　铺前镇蛟塘村邓焕玠宅正屋与横屋间的楼梯

图 1-57　铺前镇轩头村吴乾刚宅横屋楼梯

设在正屋与横屋之间，为折跑楼梯或三跑楼梯，第一个梯段位于横屋檐下，最末一个梯段则占据正屋与横屋之间的间隙，如铺前镇蛟塘村邓焕玠宅（图 1-56）、邓焕芳宅和轩头村吴乾刚宅（图 1-57）；在身份显赫的人家，还会在平面对称的位置上同时设置两部相同的楼梯，如会文镇山宝村张运琚宅和欧村

林尤蕃宅。

功能复合型楼梯间是文昌近现代华侨住宅中楼梯从单纯的竖向交通功能向多元功能转变的产物。此时的楼梯间大有摆脱附属空间之意味，逐渐显现出独立空间的特征，实例有会文镇宝藏村陶对庭、陶屈庭宅（图 1-58、图 1-59）和龙楼镇春桃一队林树杰

图1-58　会文镇宝藏村陶对庭、陶屈庭宅楼梯间一层梯段　　　　　图1-59　会文镇宝藏村陶对庭、陶屈庭宅楼梯间二层梯段

宅。陶氏兄弟宅的楼梯间位于正屋和榉头之间，一层平面占据了榉头的一间，二层平面则占据的是榉头的半间和正屋后廊位置，二层的屋面——三层的露台上则是伸展出来的一个完整楼梯间小屋。陶氏兄弟宅在现代建筑设计思想指导下，充分利用梯段下部的空间，将厕所和冲凉房在垂直方向上整合起来。龙楼镇春桃一队林树杰宅的双跑对折楼梯，占据了横屋的一间，在楼梯上方有突出屋面的楼梯间小屋，中间休息平台下方设有储藏室，现代住宅特征十分明显。

在文昌近现代华侨住宅楼梯的演变过程中，可以看到以下特点：其一，安置楼梯的位置逐渐由室内转向檐廊；其二，楼梯逐步由木制转向混凝土材质；其三，逐步向较为独立、宽敞和舒适的现代风格楼梯间转变，其功能也由单一转向复合。当然，这些发展转变离不开现代建筑材料和结构形式的引进、应用与推广。实际上，这些新材料和新技术是在实现了其基本目的之后对现代设计与建造思想的回应，其中，华侨们对现代生活方式孜孜不倦的追求是推动这一变革的核心力量。

第三节
住宅空间的发展与演变

从华侨住宅的遗存来看，其大规模建设似从 19 世纪 90 年代逐步兴起，较之琼州开埠晚了 20 年左右。从 1890 年至 1949 年，文昌华侨住宅逐步从传统向现代发展，呈现出较为清晰的演进脉络。这种演进体现在住宅的各个方面，本节主要选取住宅的基本建筑单元及其组合进行探讨。

文昌传统住宅形制可以归纳为四类基本型及其衍生型。文昌近现代华侨住宅中，新的空间单元给住宅形制带来了冲击与变化，但总体而言，体现的是传统空间形制基础上的适应性传承。

一、传统住宅形制类型与特征

文昌传统住宅空间组合是以正屋为中心，辅以横屋与榉头，再结合路门的不同配置，形成宅院平面的基本型。从基本型的角度审视，其多种宅院平面类型并不复杂。基本型可以看作建筑单元排列组合的最简形态。调研实例中，空间布局要么满足基本型的特点，要么是在基本型基础上经过扩展或重新组合形成新的类型——"衍生型"。住宅空间的排列法则是将宅院的基本型或其衍生型纵向或横向排列，以纵向排列为主。传统住宅以二至四进院落居多，根据土地情况可多至十余进。住宅从后往前或从前往后依次建造，绝大多数宅院均符合这一规律，具有生长性的特点；也有一些村落大宅，因人口众多便一次建造多列、多进住宅，初步显现出整体规划的特征。

文昌近现代华侨住宅呈现合院式布局，是继承了闽粤一带传统住宅的基本特征。如果按正屋数量和排列方式来分，有单进合院式、单轴（纵列）多进式、双轴（纵列）多进式、多轴（纵列）多进式、横列式；按横屋数量可以分为无横屋式、单横屋式、双横屋式和多横屋式。此外，路门可独立设置，也可与横屋或榉头相结合。显赫人家的宅第可以将路门置于三间正屋的中轴线上，而普通人家则选择次间或者横屋的位置。总的来

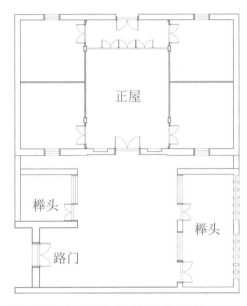

图1-60 "一明两暗式"基本型平面布局

说，文昌近现代华侨住宅平面布局类型丰富多样，但都在基本型及其衍生型的范畴中。

其基本型主要归纳为以下四类：一明两暗式、一正一横式（"L"型与"T"型）、三正两横式（即"三堂两横式"）和多纵列式（即"村头厚式"[1]）。

（一）一明两暗式

"一明两暗式"是源于闽南地区住宅的称呼，此类住宅由正屋、榉头和路门三种元素组成。宅院由一座三开间正屋与一侧或两侧的榉头形成合院（表1-5）。榉头面阔一般

1 为当地民间称呼。参见周自清《近代受南洋文化影响的琼北民居空间形态特征研究》，华中科技大学硕士学位论文，2011年，第37页。

表 1-5 "一明两暗式"衍生型传统住宅列表

乡镇	自然村	住宅	年代	宅院规模
蓬莱镇	大杨一村	张梯岳宅	约18世纪中期	两进纵向
铺前镇	美宝村	吴安宇宅	约19世纪中期	四进纵向
	田良村	叶芪华宅	约19世纪后期	横向

不超过两间，其中一侧单独或并列设置路门。榉头与正屋之间留出 50 厘米左右的距离，避免正屋次间通风受到影响，两者通过院墙连接（图 1-60）。

调查中发现满足基本型特征的早期住宅实例，是建于清代中叶的蓬莱镇大杨一村张梯岳宅。此外，还有许多住宅是由基本型纵向排列组合而成，为单纵列单侧榉头或双侧榉头的布局，如会文镇十八行村的大部分住宅。一明两暗式的衍生型住宅，平面布局为窄面阔、长进深的纵长方形，多出现在梳式布局的村落中，以会文镇十八行村最为典型（图 1-61）。

此外，还有一种由基本型横向组合而成的衍生型，实例有铺前镇田良村叶芪华宅，这是我们调查过的上百处文昌住宅中的唯一实例。田良村叶氏始祖叶芪华，早年在越南经商，后因越北战乱而返回文昌择地建宅，育有六子，分别为仁基、义基、礼基、智基、信基、顺基。叶氏祖宅由三开间正屋和门楼构成，为闽南传统住宅的惯用做法；祖宅两侧为智基宅和顺基宅，前侧为仁、义、

图 1-61 会文镇十八行村局部鸟瞰图

礼、信四宅。其中，仁基和义基共用东首的宅院，名为"仁义室"；礼基和信基共用西首的宅院，名为"礼信斋"，形成两个横向并列的住宅单元。每个住宅单元的主体建筑由两座三开间正屋和一间会客厅组成，共面阔七间。位于正屋之间的会客厅正对着一间双坡顶路门，形成住宅单元的中轴线，两侧对称并设有一座榉头，整体围合成左右并列的两个庭院（图1-62）。

（二）一正一横式

"一正一横式"是在一明两暗式的基础上，将一侧的榉头用横屋替换而成。此类型主要由一座正屋和一座横屋组成，两者在平面上相互垂直。因横屋的长度或位置不同，可分为"L"型与"T"型两种空间类型（表1-6）。"L"型仅有前院，"T"型则有前后两个院落。此时榉头只能位于横屋的对侧，大多数一正一横式住宅保留了榉头，仅少部分不设榉头。另外，相较于一明两暗式住宅，一正一横式住宅的路门位置有了更多变化。在调查实例中，出现了路门单独设置

图1-62a　铺前镇田良村叶芪华宅航拍鸟瞰图

顺基宅

祖屋

智基宅

"礼信斋"
礼基+信基

"仁义室"
仁基+义基

图1-62b　铺前镇田良村叶芪华宅测绘平面图

在榉头位置、单独位于前院中轴线上、路门与横屋结合、路门与榉头结合等多种情况。

"L"型在正屋与横屋基本关系格局之上，根据是否设置榉头以及路门位置的不同，又分出几种亚型（图1-63）：

L1型不设榉头，只在榉头位置设路门，典型案例如潘于日宅[1]，正屋、横屋功能分明，路门正对横屋会客厅。在此亚型的基础上，通过增加正屋进数与横屋长度，产生该亚型的衍生型，如东郊镇泰山二村黄闻声宅，将L1型扩展到二进正屋院落，并增设后横

表1-6　"一正一横式"传统住宅列表

乡镇	自然村	住宅	所包含亚型	宅院规模
铺前镇	地太村	韩鹊冀宅	L4	一进
	地太村	韩炯丰宅、韩绵丰宅	L3	二进
	佳港村	史贻声宅	L3+T	三进
	美宝村	吴乾芬宅	L2	三进
	泉口村	潘于月宅	T	一进
东郊镇	泰山二村	黄善贵宅	L4	一进
	泰山二村	黄闻声宅	L2	二进

1　潘于日宅位于铺前镇泉口村潘于月宅的西南侧，是由路门、正屋、横屋围合成三合院的一正一横式L1型住宅。

83

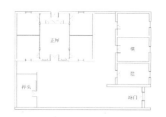

图 1-63 一正一横式"L"型的四种亚型（自左向右为 L1 型至 L4 型）

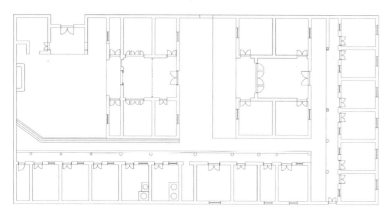

图 1-64 L1 衍生型——东郊镇泰山二村黄闻声宅平面图

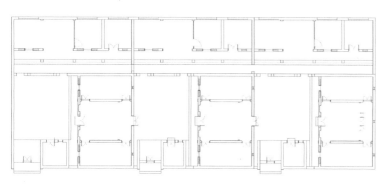

图 1-65 L2 型——铺前镇美宝村吴乾芬宅平面图

屋（图1-64）。

L2 型设榉头，路门与榉头并置，具体实例如铺前镇美宝村吴乾芬宅即由三个亚型单元纵向组合而成（图1-65）。

L3 型设榉头，路门位于榉头相对的横屋一侧，占据横屋第一间，路门多高于横屋，实例如铺前镇地太村韩炯丰宅和韩绵丰宅（图1-66）。两座韩宅分期建设形成一个大宅院，可看作是两个L3亚型的纵向排列，此亚型中横屋多为"一厅一室"或"一厅两室"的套间组合单元，榉头用作厨房；调查中也发现几处该亚型的衍生型，如铺前镇美宝村吴世泰宅和吴乾诚宅均为两进院落，铺前镇佳港村史贻声宅为三进正屋四进院落（图1-67）。

L4 型设榉头，路门设置在正屋另一侧次

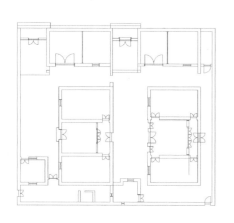

图 1-66 L3 型——铺前镇韩炯丰宅、韩绵丰宅平面图

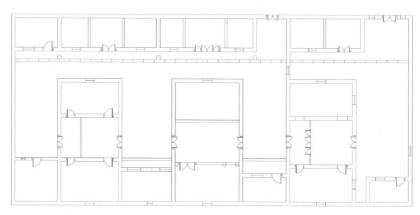

图 1-67 L3 衍生型——铺前镇佳港村史贻声宅平面图

间所对应的前院院墙处，宅院内四栋建筑相互独立，实例如铺前镇地太村韩鹬冀宅。

"T"型住宅数量相对较少，实例如铺前镇泉口村潘于月宅（图1-68）和锦山镇南坑村潘先伟宅、潘先仕宅。这三处住宅都在后院设有两间樨头，前院樨头位置则为路门，并与横屋的会客厅相对。

（三）三正两横式与三正一横式

"三正两横式"亦即客家住宅中的"三堂两横式"，是闽粤一带传统社会中士大夫住宅的典型平面形式，由三进正屋和双侧的横屋组成，不设樨头，路门与正屋位于宅院的中轴线上，两者前后相对，总体呈中轴对称。在三正两横式基础上，减损一侧横屋，则形成三正一横式，实例如文城镇义门二村陈明星宅（表1-7）。

三正两横式是文昌传统住宅中平面形制等级相对较高的住宅，此类型平面在文昌本地被称为"双翼一吊球"[1]，典型案例如东郊镇下东村符企周宅（图1-69）。此外，还有两例为两进正屋、双横屋对称布局的住宅，即东郊镇邦塘村黄世兰宅和会文镇欧村林尤蕃宅。此类住宅多为官商人家建造，选

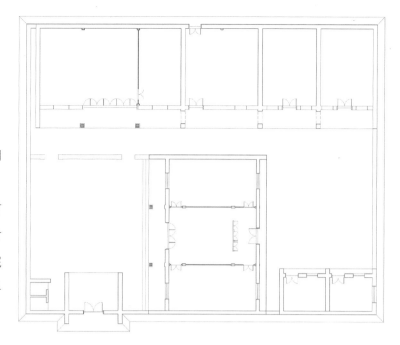

图1-68 "T"型——铺前镇泉口村潘于月宅平面图

址时不与他人为邻，一般选择环境幽雅之地，具有明显的边界感和独立性。这些住宅一般在一进院落内的两侧横屋中，设置面阔三间的会客厅，亦即前文所述的"男人厅"和"女人厅"。此类住宅均为统一规划、一次建成，与一明两暗式和一正一横式的住宅类型完全不同。

三正两横式住宅的路门位置又会有所不同，如铺前镇地太村韩日衍宅和龙楼镇春桃一队林树杰宅均将路门移至一侧横屋，而会文镇福坑村符辉安、符辉定宅则在两列正屋前分别设置两座路门。究其原因，大抵是源于文昌有普通人家大门不居中设置的习俗。

表 1-7 "三正两横式"与"三正一横式"传统住宅列表

乡镇	自然村	住宅	平面形制	宅院规模
会文镇	福坑村	符辉安、符辉定宅	三正两横式	两进，双门楼
东郊镇	下东村	符企周宅	三正两横式	三进
文城镇	义门二村	陈明星宅	三正一横式	三进

1 该说法为文昌市博物馆黄志健馆长总结提出。

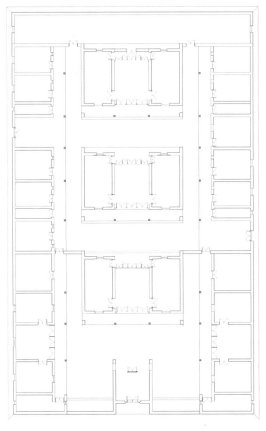

图1-69 三正两横式——东郊镇下东村符企周宅平面图

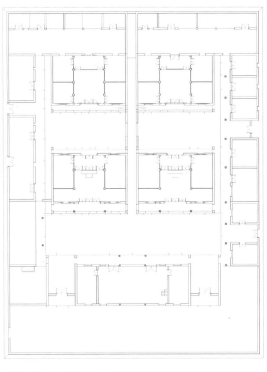

图1-70 多纵列式——翁田镇北坑东村张学标宅平面图

（四）多纵列式

"多纵列式"住宅是文昌华侨住宅中规模较大的一种平面布局类型，它是由数条纵列的正屋群和相应的横屋群、路门组成，每一纵列的正屋群对应一条纵向轴线，因此这一类型也被称为"多轴线式"。最典型的是双纵列、双横屋类型，其平面呈中轴对称，在相邻两列正屋之间留出巷道，可看作是两组三正一横式的横向组合，或是在三正两横式基础上增加一列正屋的结果。在调查实例中，仅有两处这样类型的华侨住宅：一处为文教镇美竹村郑兰芳宅，其牌坊式路门位于前院墙上；另一处为翁田镇北坑东村张学标宅，路门为两层的门屋形式，其横跨左右两院，面阔长达五间，左右梢间为出入口，明间与次间设为会客厅，路门的建筑空间与装饰具有明显的南洋风格（图1-70）。

规模最大的多纵列式住宅要数文城镇下山陈村陈氏家族宅，独宅成村，是由四列正屋和三座横屋组成。多纵列式可以有单个路门，也可设多个路门，路门一般不居中大多面向正屋次间设置。

通常情况下，多纵列式住宅的住户有较近的亲缘关系，宅主多是直系血缘的亲兄弟而文城镇下山陈村陈氏家族宅则是罕见的将同村同族的陈姓人家聚居于一组宅院中的实例。

二、近现代住宅形制类型与特征

在以南洋华侨为主体的先进人士的引领下，文昌住宅的空间形制呈现出由水平铺陈向垂直拓展的趋势。这一住宅形制的变化，改变了自古以来大陆式住宅在平面上铺陈的传统，从平房为主体的宅院转向空中发展的楼居。反映在形制上，是院落进数的减少。在现代化程度较高的住宅中，一进院落居多，少数为两进院落。在现代化进程中更多地继承了前三类，即一明两暗式、一正一横式（"L"型与"T"型）、三正两横式，最后一类多纵列式由于用地范围较大，同时伴随着传统社会中的大家族结构的渐渐解体，此类规模宏大的住宅群落建设从20世纪50年代起就基本退出了历史舞台。

一言以蔽之，文昌近现代华侨住宅在空间形制上沿袭了传统的基本格局，但在现代建筑文明和生活方式的影响下，住宅中出现了新的空间构成法则，促使众多华侨住宅在空间形制上呈现出不同的现代建筑形态。

（一）对传统住宅形制的传承

在西方现代建筑文明影响下，传统住宅的基本布局虽得到了传承，但其在传承过程中又有所发展，如外廊、露台、卫生间和楼梯间等现代住宅元素的加入，空间构成元素局部或整体现代化等，因而导致它们在外观上与传统住宅有了根本的差别，比如会文镇宝藏村陶对庭、陶屈庭宅的主体建筑已经完全借鉴了殖民地发展起来的班格路洋楼形式，但并未忘记在其次间背面建造一栋两层楼的榉头。在某种程度上说，它形成的即是一明两暗式的衍生型，这或许是因为华侨们的生活方式和审美品格尽管受到了西方文化的影响，但其心中的传统文化和思想观念还是根深蒂固的。

1. 一明两暗式

在住宅现代化进程中，一明两暗式的平面格局没有发生大的改变。正屋依然沿袭传统的砖木结构双坡屋顶，只是将榉头改为钢筋混凝土的平屋顶，并在榉头与正屋之间或在正屋前檐檐下增加楼梯（表1-8）。典型案例有文教镇水吼一村邢定安宅的一进院落，铺前镇美宝村吴乾佩宅、吴乾璋宅。吴乾佩宅和吴乾璋宅在基本型的基础上，将门屋建

表 1-8　南洋文化影响下的一明两暗式华侨住宅

乡镇	自然村	住宅	正屋	榉头	独立路门
铺前镇	地太村	韩泽丰宅	一进外廊式 二进传统式	一进二层平顶 二进传统式	/
	美宝村	吴乾佩宅	传统式	一层平顶	一层平顶五脚基式
	美宝村	吴乾璋宅	传统式	一层平顶	一层平顶五脚基式
文教镇	水吼一村	邢定安宅	传统式	一层平顶	传统式

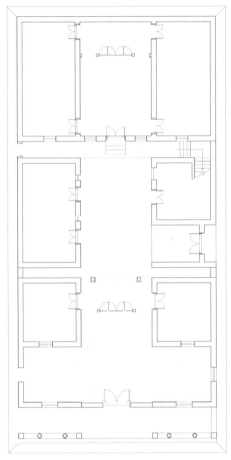

图1-71 一明两暗式
——铺前镇美宝村吴乾璋宅平面图

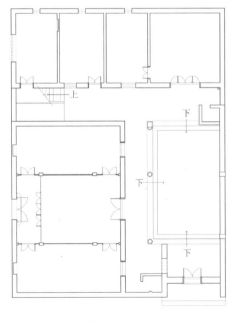

图1-72 一正一横式
——铺前镇蛟塘村邓焕芳宅平面图

造成"五脚基"外廊建筑形式，从而形成一明两暗式的现代衍生型（图1-71）。

2. 一正一横式

一正一横式住宅在现代化演进过程中，也基本沿用传统布局形式，只是将空间构成的部分或全部元素予以现代化变革。综合分析文昌近现代华侨住宅的遗存案例，可以发现正屋、横屋、路门和榉头四个基本构成元素都在不同程度上发生了相应的变化，少数甚至将住宅的全部元素予以革新（表1-9）。如铺前镇蛟塘村邓焕芳宅和邓焕玠宅，分别属于一正一横式的 L1 和 L3 亚型，在继承传统平面布局的基础上，两者的正屋分别为外廊式和平顶式。横屋和路门均为两层的平顶建筑，并在正屋与横屋之间设置钢筋混凝土楼梯，这可视为现代楼居中"楼梯间"的雏形（图1-72）。

此外，也有局部建筑单元现代化的案例如铺前镇蛟塘村邓焕江、邓焕湖宅可视为由两个 L1 亚型前后组合而成，其两进正屋和路门均为两层平屋顶形式，整体相连形成宽大的露台，而一侧的横屋仍采用传统砖木结构坡屋顶。会文镇山宝村张运玖宅为"T"型布局，其正屋为外廊式建筑，而横屋和路门仍为传统的建筑样式。

3. 三正两横式与三正一横式

三正两横式和三正一横式平面布局同样继承了传统住宅的形制特点，它们的现代化变革主要体现在横屋、榉头和路门，正屋则变化较少（表1-10）。实例如铺前镇地太村

表 1-9　南洋文化影响下的一正一横式华侨住宅

乡镇	自然村	住宅	正屋	横屋	榉头	独立路门
铺前镇	蛟塘村	邓焕玠宅	一层，平顶式	二层，平顶式	一层，钢混平顶	/
		邓焕芳宅	一层，外廊式	二层，平顶式	/	二层，平顶式
	美宝村	吴乾诚宅	一层，传统式	一层，传统式	一进为一层，平顶式；二进为一层，传统式	一层，传统式
	轩头村	吴乾刚宅	一层，传统式	二层，平顶式	一层，传统式	一层，传统式
会文镇	山宝村	张运琚宅	二层，外廊式	一层，传统式	/	牌坊式
		张运玖宅	一层，外廊式	一层，传统式	/	一层，传统式混合南洋装饰
	宝藏村	陶对庭、陶屈庭宅	三层，班格路	/	/	牌坊式
翁田镇	秋山村	韩锦元宅	一层，传统式	一层，传统式	传统式	牌坊式
蓬莱镇	德保村	彭正德宅	一层，传统式	二层，局部传统式与平顶式	/	一层，牌坊式
锦山镇	南坑村	潘先仕宅	一层，传统式	一层，传统式	一层，传统式	二层，平顶式
		潘先伟宅	一层，传统式	一层，传统式	一层，传统式	二层，平顶式

表 1-10　三正两横式华侨住宅

乡镇	自然村	住宅	正屋	横屋	独立路门
铺前镇	地太村	韩日衍宅	传统式	一进一层平顶、二进传统式	/
会文镇	欧村	林尤蕃宅	外廊式	外廊式	二层，外廊式
东郊镇	邦塘村	黄世兰宅	传统式	传统式	二层，外廊式
龙楼镇	春桃一队	林树杰宅	传统式	一进一层平顶、二进传统式	一进，平顶式
文城镇	松树下村	符永质、符永潮、符永秩宅	二层，传统式	一层，传统式	一层，传统式
	义门三村	陈治莲、陈治遂宅	一层，传统式	一层，传统式	一层，平顶式
东阁镇	富宅村	韩钦准宅	一层，传统式	一层，传统式	一层，传统式

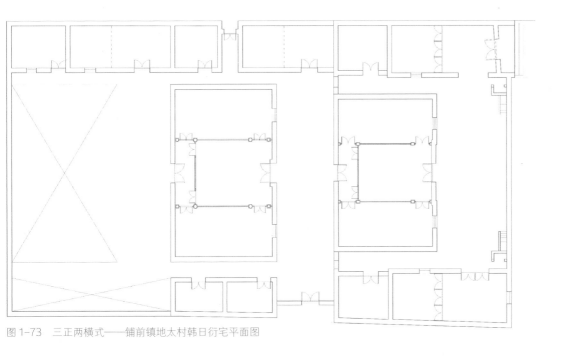

图 1-73　三正两横式——铺前镇地太村韩日衍宅平面图

韩日衍宅（图1-73）和龙楼镇春桃一队林树杰宅，将横屋的前段（主要是一进院落部分）与门楼做成钢筋混凝土结构平屋顶，而正屋仍保持传统双坡屋顶。东阁镇富宅村韩钦准宅二进、三进宅院的路门是钢筋混凝土结构的两层门楼形式，正屋、横屋与主路门仍保持传统样式。除此之外，部分住宅对传统平面形制做出突破，主要体现在正屋的现代化，

表 1-11　外廊式与廊道空间的华侨住宅

乡镇	自然村	住宅	廊的形式	建筑层高 / 院落进数
昌洒镇	凤鸣一村	韩纪丰宅	外廊式	二层 / 独栋
铺前镇	美宝村	吴乾佩宅	"五脚基" 外廊式	一层 / 一进
		吴乾璋宅	"五脚基" 外廊式	一层 / 一进
会文镇	山宝村	张运玖宅	外廊式	二层 / 一进
		张运琚宅	二层过亭	一进为二层，二进为一层 / 二进
文城镇	义门三村	陈治莲、陈治遂宅	单层过亭	一层 / 四进
	义门二村	王兆松宅	工字廊	一层 / 三进
会文镇	欧村	林尤蕃宅	走马廊	一层 / 二进

图 1-74　外廊式正屋——会文镇山宝村张运琚宅

在建筑间加入了廊道空间，如过亭[1]、丁字廊、走马廊等。

（二）外廊式与廊道空间

文昌近现代华侨住宅中的外廊式，是在南洋殖民地建筑风格的影响下，与中国传统住宅相结合的一种新住宅形式。外廊式住宅的特点是在主体空间前附设外廊，形成较为宽敞的檐廊空间。屋顶多为组合形式，其主体与檐廊存在两种组合关系：一种是附属的关系，即檐廊完全覆盖于主体空间的坡屋顶之下；另一种是并列的关系，即檐廊拥有独立的钢筋混凝土平屋顶，与主体空间的坡屋顶并列（图 1-74）。两层的外廊式住宅，在一层次间外廊处设置楼梯。此外，铺前镇美宝村吴乾佩宅、吴乾璋宅则采用了流行于海峡殖民地[2]的"五脚基"（Five Feet Base）建筑形式，这也是一种典型的外廊式（表 1-11）。

除了对南洋传来的外廊式建筑直接模仿外，在文昌近现代华侨住宅中也逐渐出现了廊道空间，尤其在规模较大的三正两横式或三进以上的一正一横式住宅中。这里所说的廊道空间，是指宅院中将重要建筑单元悉数相连，所形成的完整且有屋盖系统的交通空间。

廊道空间的主要形式有过亭、工字廊和走马廊。

设置过亭的实例有文城镇义门三村陈治莲、陈治遂宅，其四进正屋之间有三个过亭，原为木结构，重修后改为钢筋混凝土结构。过亭将单纵列的正屋串联起来，强化各进正屋的交通联系，使室内空间与半室外空间相联系贯通（图 1-75）。

会文镇山宝村张运琚宅出现了文昌华

1　"过亭"可能源自于闽粤一带寺庙中常见的"拜亭"。在文昌，"拜亭"常见于传统寺庙，多为单层的木结构。

2　海峡殖民地（the Straits Settlements）：1826 年，英帝国将槟榔屿、马六甲和新加坡合并为海峡殖民地，首府起初设在槟榔屿（即槟城），1832 年迁至新加坡。在海峡殖民地的贸易中，新加坡的发展最快，槟榔屿次之，马六甲发展最慢。

图 1-75　正屋以单层过亭相连的文城镇义门三村陈治莲、陈治遂宅

图 1-76　正屋以双层过亭相连的会文镇山宝村张运琚宅

侨住宅中唯一的双层过亭,其一进是有前后廊的外廊式正屋,二进正屋只有前廊,两者间用一座歇山顶的二层过亭相连,在加强交通联系的同时,也显著提升了抵御台风的能力(图1-76)。

采用工字廊的实例有文城镇义门二村

图 1-77　正屋以工字廊相连的文城镇义门二村王兆松宅

王兆松宅，在三进传统砖木结构的正屋之间建有钢筋混凝土结构的工字廊。此廊为单层平屋顶形式，将正屋前后相连，在常年湿热的气候下为屋主人提供了阴凉的室内空间。与此同时，钢筋混凝土框架结构的廊道也加强了住宅的整体刚度（图 1-77）。

在调查过的华侨住宅中，走马廊的运用仅会文镇欧村林尤蕃宅（双桂第）一例。通过在院落内的路门、横屋、正屋加设檐廊，连同两进正屋之间的工字廊，形成闭合复道式的廊道空间。除覆盖正屋以外，钢筋混凝土连廊也将横屋和门楼联系起来，形成贯通各个庭院空间的走马廊。在保留传统布局的基础上，实现了全宅空间的互通，使整座宅院连为一体，加强了空间的连贯性和结构的稳固性。此外，林宅路门两次间还设有舒适的楼梯间可直上二楼，与各个檐廊的二层相连。上下完全对应的闭合交通系统，可以方便地到达各栋建筑的屋面，便于晾晒和维修（图 1-78）。与传统的三正两横式住宅相比，双桂第更能体现出文昌华侨住宅现代化进程中，新材料和新空间的引入为住宅空间带来的新变化。

外廊式与廊道空间是文昌华侨住宅汲取外来建筑文明的产物，在文昌炎热多雨多台风的气候条件下，二者都起到了遮阳避雨的重要作用，其稳固的结构也有效地抵御了台风，这是适应气候条件发展的必然结果。此外，外廊式与廊道空间是华侨通过引入外来建筑元素，结合传统建筑式样所创造的建筑外部空间新形式，它反映出文昌华侨住宅现代化进程中外来元素与传统文化的融合，体现了华侨在建筑文化传承与发展过程中灵活务实的态度和敢于创新的精神。

图1-78　以走马廊过亭相连的会文镇欧村林尤蕃宅

三、华侨住宅演变类型、历程及特征

（一）演变类型

华侨在返乡建设住宅的过程中，将其侨居南洋所接触到的先进建筑文化也一并带回文昌，对当地传统住宅做出了各种变革，这才有了今日所见的诸多带有外来建筑特色的华侨住宅。

正屋、横屋、榉头和路门最初都是传统砖木结构的坡屋顶建筑。随着南洋建筑文化和现代建筑材料与技术的引入，文昌传统住宅在诸多方面都受到了影响，由此形成的多种建筑形式在华侨住宅中广泛出现——有砖（石）木结构平屋顶建筑（如翁田镇秋山村韩锦元宅后横屋）、钢筋混凝土外廊与砖（石）木结构主体结合的外廊式建筑（如铺前镇地太村韩泽丰宅正屋）、钢筋混凝土结构的平屋顶建筑（如铺前镇蛟塘村邓焕玠宅正屋）、钢筋混凝土结构的双坡屋顶建筑（如会文镇宝藏村陶对庭、陶屈庭宅的榉头）等。这些新的建筑形式出现在华侨住宅中的不同功能位置上，新、旧组合使建筑形式更加丰富多彩。

按照演变的基本建筑单元予以分类，主要有以下六种类型：

1. 路门与榉头变化

在文昌传统住宅中，作为彰显家庭社会地位与经济实力的"冠冕"——路门，从古

图1-79　仅门楼变化的文教镇加美村林树柏、林树松宅

图1-80　仅门楼变化的锦山镇南坑村潘先伟宅

图1-81　路门及榉头变化的铺前镇地太村韩泽丰宅

图1-82　仅横屋变化的铺前镇轩头村吴乾刚宅

到今都受到极大的重视，稍有经济条件与地位的屋主便会建造高大气派的双层路门，南洋归来的华侨更是如此。

采用南洋等地传入的新建筑材料——钢筋和水泥，能够实现钢筋混凝土结构二层甚至三层门楼的建造，一改传统门楼由于结构强度不足而导致二层空间低矮的局限，并在合适的位置建造固定式楼梯，实现了各层空间自由与舒适的交通。

路门的现代化程度在不同华侨住宅中有所差别。建于1918年的文教镇加美村林树柏、林树松宅的路门造型很特别，它在住宅内外表现出迥然不同的文化属性和建筑形象（图1-79）。这表明在20世纪初期，文昌或者准确地说是文教镇，对西方建筑文化的接受还未普及。因此，林氏兄弟将住宅门楼的外立面设计为传统高门楼的形象，却将朝向院内的立面塑造成典型的南洋风格，当然在建造时运用了当时流行的钢筋混凝土和新的建造方法。随着时间的推移，文昌华侨对南洋建筑文化的接受度明显提升。时隔13年后建造的锦山镇南坑村潘先伟宅，其路门设计则完全呈现出纯粹的现代建筑风格，整体为钢筋混凝土框架结构，相较于前者，在栏杆造型、门窗样式、屋顶结构等方面，都进一步融合了南洋时兴的装饰元素（图1-80）。

铺前镇地太村韩泽丰宅的路门置入东

侧的双层榫头内，并与对面的榫头通过二层连廊相连，与正屋和院墙形成了一个不大不小的天井院落（图1-81）。为了充分利用空间，二层房间不用传统的双扇门，转而选用现代建筑中常用的单扇门。从这些细节中可以看出屋主人对现代主义建筑中简单实用功能的接纳。

2. 横屋变化

建于1937年的铺前镇轩头村吴乾刚宅，其横屋为二层钢筋混凝土结构的洋楼，而路门、正屋、榫头等元素均保留了文昌传统住宅的形制（图1-82）。由于场地限制，横屋总长小于宅院的通进深，且横屋东南角也被邻宅占据。从中可以发现，在住宅建设之初，屋主人和建筑师充分利用了原有的基地范围。吴乾刚宅是少数仅横屋发生变化的近现代华侨住宅。随着华侨们对住宅舒适性的不断重视，会客、卧室、起居等功能逐步转移到了横屋中。由此，可以看出横屋逐渐摆脱其在传统宅院中的附属地位，而向功能齐备的独立居住空间转化。以今日之视角，吴乾刚宅仅用一栋横屋便可很好地满足现代的日常起居生活。

3. 路门与横屋变化

随着建筑师和工匠对钢筋水泥等新材料的运用日渐纯熟，路门和横屋往往可以作为一个整体进行建造，调查中即发现诸多这样的华侨住宅实例：在正屋形制保持不变的情况下，单层路门与横屋在平面布局、功能空间、构造做法上有了新的整合，在建筑造

型上也呈现出更加强烈的现代性。

同样是路门结合横屋发生变化，不同华侨住宅之间也存在着诸多差异，这些差异不仅仅是因为屋主人经济实力的强弱，也反映出屋主人对现代住宅理解的不同和欣赏品位的差异。

对比建于1932年的龙楼镇春桃一队林树杰宅与建于1918年的铺前镇地太村韩日衍宅，二宅的路门和横屋均采用现代钢筋混凝土结构的平屋顶形式，但处理手法上有着较大差异。林宅路门与横屋的结构已浑然一体，两者平面呈"L"形，打破了传统住宅讲究对称布局的形式，颇有现代主义自由平面的意趣。此外，林宅室内的双跑楼梯设于一侧横屋中段，作为横屋前部平顶与后部坡顶的分界。这些做法与现代主义建筑所追求的功能明确、形式简约的精神是一致的（图1-83）。相比之下，韩宅布局更显拘谨，讲究严格的对称式布局，为不打破对称，路门被嵌入东侧的横屋内，通过南向开口进入住宅庭院，两部"L"型的室外双跑楼梯也被对称置于院落一角（图1-84）。

4. 路门与正屋变化

此类变化的实例较少，这是源于文昌传统住宅的匠作陈规：在屋脊的高度上，路门不得高于正屋。正屋与路门一旦在结构或布局上相融合，两者高度基本保持一致，与传统住宅观念相悖，但是对于接纳了南洋建筑文明的华侨而言，这种观念的约束在住宅现代化进程的中后期已然不严苛了。

建于1928年的铺前镇蛟塘村邓焕江、

图 1-83　路门及部分横屋变化的龙楼镇春桃一队林树杰宅

图 1-84　路门及部分横屋变化的铺前镇地太村韩日衍宅

图1-85　正屋与门路变化的铺前镇蛟塘村邓焕江、邓焕湖宅

邓焕湖宅就是典型案例。邓氏兄弟宅的两进正屋均为双层钢筋混凝土结构，住宅的两个出入口分别位于一进与二进院落靠近道路一侧。传统的木制神庵在正屋的二层得到保留，用以祭祀祖先。前后两进正屋通过二层连廊相连，连廊上布置了各种盆栽花草，使二层空间显得生机勃勃（图1-85）。

5.住宅布局不变、建筑形式全部变化

铺前镇蛟塘村邓焕玠宅保持了各建筑单元的相对位置关系，采用一正一横式布局，宅院由正屋、横屋、路门和榉头构成，正屋与榉头结合成整体。随着新建筑结构的运用，正屋和横屋原本的坡屋顶改为钢筋混凝土结构的平屋顶。通往二层横屋的楼梯，可以同时到达正屋屋面，使得建筑功能组团间的联系得到增强，对室外空间尤

其是二层或三层屋面露台的利用率大为提高（图1-86）。

会文镇宝藏村陶对庭、陶屈庭宅则仅由正屋与榉头组成，整体布局仍然沿袭了传统住宅的布局形式。独立的路门已无踪影，取而代之的是一座颇具南洋风格的三间牌坊式院门。现代砖混结构的正屋也极富特色，依稀可见传统住宅正屋的三间形制，特别是二层室内空间通过华美的柱式和栏杆进行精巧地分隔，形成一主二次的三个厅堂（图1-87）。

（二）演变历程

通过上述分析，考察文昌华侨住宅近现代时期的演变历程，可以将其大体分为四个发展阶段：初期模仿、中期探索、后期成熟

图 1-86　完全现代化的铺前镇蛟塘村邓焕玠宅

图 1-87　班格路洋楼风格的会文镇宝藏村陶对庭、陶屈庭宅

表 1-12　文昌华侨住宅现代化演变历程

平面形制	住宅	建成年代	现代化的建筑元素	现代化程度	演变特点
一明两暗式	吴乾佩宅	1917 年	榉头、路门	除正屋外全部现代化	次要元素现代化
	吴乾璋宅	1917 年	榉头、路门	全部现代化	次要元素现代化
	邢定安宅	1920 年	榉头、路门	除正屋外全部现代化	现代化初级尝试
	韩泽丰宅	1933 年	正屋、榉头	全部元素现代化，但正屋为中间阶段	一进现代化，后院保持传统
一正一横式	吴乾诚宅	1920 年	榉头	单一元素现代化	现代化初级尝试
	韩锦元宅	1903 年	后横屋、路门	尝试模仿阶段	南洋风格介入传统材料模仿
	符永质、符永潮、符永秩宅	1915 年	正屋、路门	单一元素现代化	南洋风格介入
	陈治莲、陈治遂宅	1919 年	/	单一元素现代化	（外）廊式手段
	邓焕江、邓焕湖宅	1928 年	正屋、榉头、路门	除横屋外全部现代化	正屋系统现代化
	邓焕芳宅	1928 年	正屋、横屋、路门	全部元素现代化，但正屋为中间阶段	一进现代化
	彭正德宅	1930 年	横屋	除横屋外全部现代化，但现代化不完全	次要元素现代化
	张运玖宅	1930 年	正屋、路门	除横屋外全部现代化，但路门现代化程度不高	（外）廊式手段南洋风格介入
	邓焕玠宅	1931 年	正屋、横屋、榉头	全部元素现代化	一进现代化，后院有传统格局遗迹
	张运琚宅	1931 年	正屋、路门	除横屋外全部现代化	正屋系统现代化
	陶对庭、陶屈庭宅	1932 年	正屋、榉头、路门	全部元素现代化	洋楼式
	潘先伟宅	1931 年	路门	单一元素现代化	现代化初级尝试
	吴乾刚宅	1937 年	横屋	单一元素现代化，但双层平顶现代化程度较高	现代化初级尝试
	韩钦准宅	1938 年	榉头	单一元素现代化	现代化初级尝试
三堂两横式	韩日衍宅	1918 年	一进横屋	单一元素现代化	现代化初级尝试
	林尤蕃宅	1932 年	正屋、横屋、路门	全部元素现代化但为中间阶段	全盘现代化中间水平阶段
	黄世兰宅	1906 年	路门	单一元素现代化	现代化初级尝试
	林树杰宅	1932 年	一进横屋、路门	除正屋外全部现代化，但现代化不完全	次要元素现代化
外廊式	邢定安楼	1920 年	正屋	单体现代化	外廊式
	韩纪丰宅	1930 年	正屋	单体现代化	外廊式
特殊类型	叶苋华宅	19 世纪后期	/	/	"品"字形布局
	王兆松宅	1931 年	正屋	全部现代化	正屋系统现代化
	张学标宅	1910 年	路门	单一元素现代化	两纵两横的布局
	郑兰芳宅	1937 年	/	/	两纵两横的布局
	陈氏家族宅	1949 年	/	/	四纵三横的布局

和末期停滞（表 1-12）。

初期探索阶段大致在 1890 年至 1910 年，主要特征是少数住宅中出现用传统建筑材料模仿南洋风格的建筑空间，代表性实例是建于 1903 年的翁田镇秋山村韩锦元宅，其后横屋是砖木结构的平顶建筑。

中期探索阶段大致在 1911 年至 1929 年，主要特征是住宅中出现钢筋混凝土结构的平屋顶建筑，但大多为横屋、榉头和路门等辅助空间，正屋鲜有改动。这一时期住宅的现代化程度较低，代表性实例是建于 1915 年的文城镇松树下村符永质、符永潮、符永秩宅。

后期成熟阶段大致在 1930 年至 1939 年，主要特征是混凝土结构的使用更加成熟，广泛运用于各空间单体。正屋多为外廊式和单层平顶式，横屋、榉头和路门多为双层平屋顶钢筋混凝土结构，住宅现代化程度较上一时期有所提高。这一时期的代表性实例是会文镇宝藏村陶对庭、陶屈庭宅。

末期停滞阶段大致在 1940 年至 1949 年，这一时期混凝土技术虽已能够成熟应用，但通常只对体量较小的建筑（如路门）进行现代化风格的建造，正屋、横屋依然以传统式建筑为主，现代化进程步伐渐缓。

（三）演进特点

在调查过程中，我们发现华侨返乡后新建或改建的住宅在空间布局上基本和文昌传统住宅保持一致，亦即保持正屋、横屋、路门的相对空间关系基本不变，只是将从南洋等地舶来的西方建筑元素尽可能融入文昌本土的建筑文化中。经过研究发现，相较于具有重要礼仪性空间的正屋，华侨们更倾向对路门与横屋进行现代化改造或重建。

总体而言，文昌华侨住宅在向现代发展的过程中，具有以下三个鲜明特征：

1. 现代化演进并非一蹴而就，而是从局部逐渐拓展到整体

在初期模仿阶段，现代化大多只涉及一个建筑单元，且程度不高；中期探索阶段，建筑单体的现代化程度有所提升，涉及的建筑单元基本都位于一进院落中；后期成熟阶段，建筑单元的现代化程度更高，并涉及更多复合型的功能空间，少数住宅在各个层面都实现了较高程度的现代化特征，实例有会文镇宝藏村陶对庭、陶屈庭宅。

2. 正屋的现代化发展滞后于其他住宅空间

从表1-12中可以看到，住宅中发生演进最为常见的是路门、横屋和榉头，它们或单一或组合式发生演变，是现代化过程中的主力军。中期探索阶段，钢筋混凝土结构大量运用于路门、横屋和榉头，形成了许多拥有露台空间的现代建筑。直至后期成熟阶段，钢筋混凝土结构才逐渐出现在正屋中，且相当一部分只应用于正屋的外廊空间，实例有铺前镇蛟塘村邓焕芳宅、邓焕江、邓焕湖宅和地太村韩泽丰宅等。完全采用钢筋混凝土结构的平顶式正屋，数量远不及外廊式正屋。

上述现象可能是由于华侨在建造住宅初期抱着尝试的心态所致。从单个建筑入手，对传统式住宅做较小改动。如此，局部创新不会影响正屋礼仪空间的尊崇地位，更不会影响自家的风水和后辈们的发展，这种创新才得以顺利实施。

3. 建筑单元由分散独立转向一体化，宅院空间的整体性增强

在向现代演进过程中，文昌华侨住宅空间由多纵列（或横列）水平发展转向以一进或两进院落的垂直发展为主，建筑单元也由各自独立向着相互联系的一体化方向发展。其中，廊道和楼梯间等新空间构成元素扮演着重要角色。过亭将前后两进正屋连接起来，走马廊则进一步将整座宅院连为整体，由此可使各建筑单元彼此相连，整合在同一宅院空间之下。

建于1932年的会文镇宝藏村陶对庭、陶屈庭宅是文昌仅见的班格路洋楼式住宅，也是调查案例中现代化演进最为成熟的例子。陶宅由三层正屋和两层榉头构成，主体均为钢筋混凝土结构。正屋与榉头之间设置了现代舒适的楼梯，三者的结构与空间紧

密联系成整体。相比同期其他华侨住宅如会
文镇欧村林尤蕃宅采用廊道组织各建筑单
元，而陶宅通过垂直交通体系将正屋与榉头
做了立体化联系，强化了空间构成元素之间
的关联，加快了传统住宅各构成元素的一体
化进程，反映出外来建筑文化对文昌近现代
华侨住宅的深刻影响。

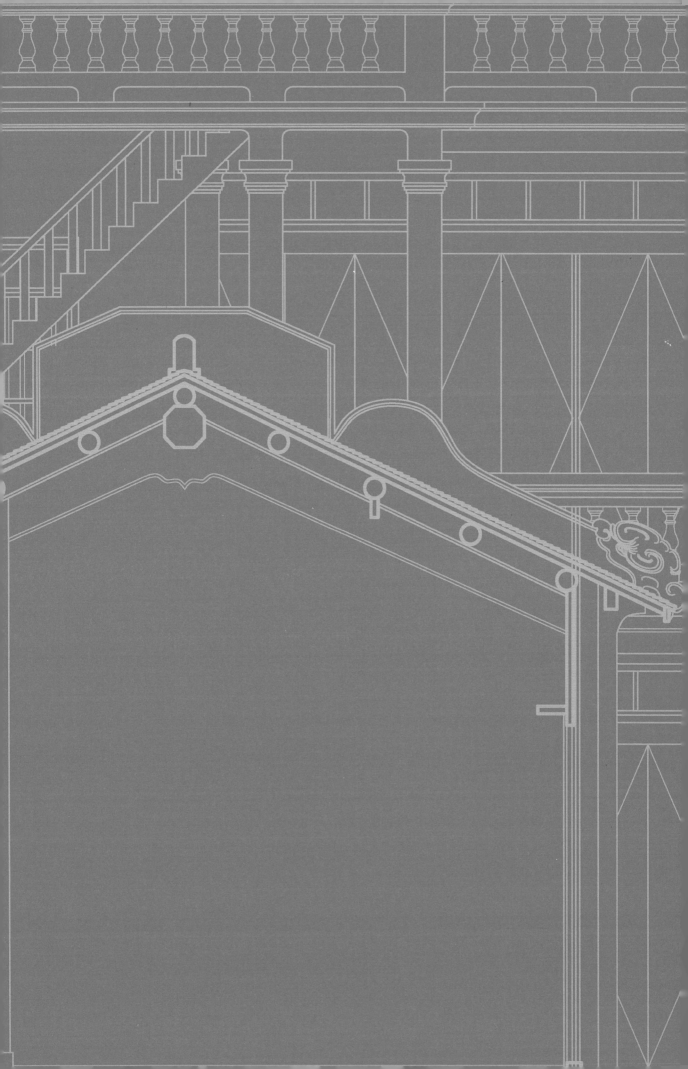

传统住宅构架、结构要素
与营造技艺

从历时性角度考察海南的住宅建筑，可以看到建筑结构体系在这座边陲海岛上与环境之间存在着不断调适的演进关系，这一关系清晰地反映在我们考察的文昌近现代华侨住宅中。1890 年之后的半个多世纪里，伴随时代风云激荡营造起来的文昌近现代华侨住宅，其演进特点具有海南岛的地方代表性。

在这一特殊的历史断面上，传统住宅作为文昌近现代华侨住宅演进的发端，此后的住宅类型在不同层面上受到传统住宅的深远影响。以演进的视角认识文昌华侨住宅的结构体系，需要将立足点聚焦到传统住宅这一"端点"上，可从以下几个角度观察：

一、从结构特征角度，文昌传统住宅结构主要表现为大木构架与"横墙承檩"的砖（石）木混合结构体系。其中，"横墙承檩"技术在本地区结构体系中具有重要价值；而大木构架作为传统住宅中的核心要素，在本地区具有丰富多样的形式。由于本地区深受移民文化影响，这些构架类型具有某种原生性，携带着文昌华侨住宅"大陆文化基因"的密码。通过分类研究并把握不同构架类型的特征，有助于探索文昌华侨住宅的传统文化渊源。

二、从空间建构角度，对构成本地区建筑结构体系的墙、柱、梁、檩等结构要素和对某些特定位置如出檐结构进行解析，能够深入发掘这些结构要素的共性特点和地域特色。从演进的视角观察，能够清晰地看到文昌华侨住宅自传统向近现代的发展过程中，受到新材料、新技术的影响而产生的变化。

三、从营造技艺角度，对木构营造技艺的深入把握，是认识文昌华侨住宅设计匠意的重点。通过工匠采访和工地观摩，对营造工序、鲁班尺和关键营造做法进行分析，将建筑遗存与其背后的"人"和营造活动联系到一起，揭示文昌近现代华侨住宅的营造技术和设计理念，从发端上展开回溯性讨论，有助于将华侨住宅研究推向深入。

第一节
大木构架类型与特征

在文昌近现代华侨住宅中，作为传统住宅核心要素的大木构架具有丰富的类型和特征，多样性产生了相应的分类需要。本节提出把"承檩方式"作为构架分类的主要依据，将构架类型分为四类：柱瓜承檩型、博古承檩型、抬梁型和混合型。在概述构架整体特征的基础上，结合实例对四种构架类型逐一分析，把握各自的形制特征和构造做法，探索构架的文化渊源。

一、分类依据与整体特征

（一）以承檩方式作为分类依据

在我国传统的木结构建筑中，"穿斗式"和"抬梁式"是学界公认的两大构架体系类型，这一认识整体上体现了南北构架的鲜明差异。从营造技术角度来看，两者的主要区别在于穿插榫结和搁置榫结。此外，既有学者在对大木构架类型的探索中，以"柱"与"梁"的穿插关系作为线索提出"插梁式"构架，在前述两大类型的基础上有所突破[1]。

通过对大量案例的实地调研，我们发现文昌近现代华侨住宅大木构架的表现形式繁多，既有研究无法满足分类需要。一方面，本地区木构架既包含了"穿斗式"和"抬梁式"两大构架类型，并以"穿斗式"为主流。另一方面，"穿斗式"构架中又分化出多种做法。这些做法中，前、后金柱与承托挑檐檩的构造做法均属"插梁式"。因此，用既有类型进行粗浅的概括和套用，无法实现对本地区大木构架多样性特征的描述和研究，需要从其他角度提出合适的分类依据。

在众多构造要素中，"承檩方式"的不同是本地区大木构架多元化的本质成因。甄别出不同承檩构件的组合方式和构造关系的差异，是把握本地区大木构架类型的关键。对此，我们可以把文昌近现代华侨住宅大木构架按照承檩方式的差异，细分为柱瓜承檩型、博古承檩型和抬梁型。此外，本地区大木构架往往存在混合使用的现象。对于同一榀木构架，其主体和出檐部分有时会采用不同的"型"，类型的选择具有一定灵活性。对此，我们把单栋建筑同一榀木构架中兼用两种及以上类型的构架称为"混合型"（图2-1）。

在我们调研的案例中，"混合型"构架在正屋与横屋厅堂中均有出现，这反映出文昌华侨住宅木构架具有灵活、兼容、自由的组合特点，同时也是对经济因素、视觉效果、文化内涵等方面综合考量的结果。

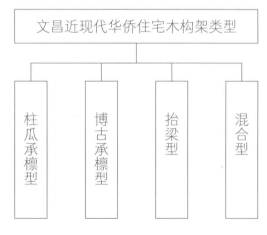

图 2-1　按"承檩方式"划分的大木构架类型

1　"插梁架"的命名由孙大章提出，将其作为与"抬梁架""穿斗架"并列的构架类型。孙大章《民居建筑的插梁架浅论》，《小城镇建设》2001 年第 9 期，第 26—29 页。

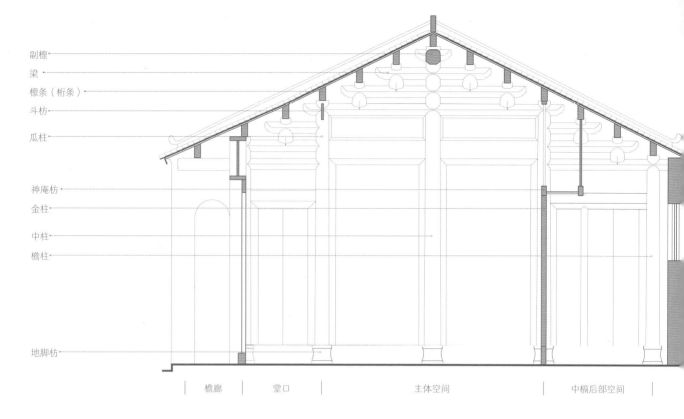

副檩
梁
檩条（桁条）
斗枋
瓜柱

神庵枋
金柱
中柱
檐柱

地脚枋

| 檐廊 | 堂口 | 主体空间 | 中榻后部空间 |

图2-2 大木构架构成要素示意

（二）大木构架整体特征

如前所述，文昌近现代华侨住宅中，大木构架主要见于正屋和横屋的明间两缝，这也是我们视线焦点的所在。对构架整体特征的认识，可以从构架构成、构架尺度、空间建构、构架做法等角度予以把握。

1.文昌近现代华侨住宅中，构架构成的基本构件有：竖向的柱、瓜，进深方向的梁、穿枋、地脚枋，顺身方向的檩条、大梁（副檩）、斗枋、神庵枋等（图2-2）。丰富的构件样式是形成本地区构架类型差异的原因之一。"柱瓜承檩型"构架中，瓜柱通常为木瓜、花瓶形态，而不同断面的（瓜）柱、梁、檩配套使用，形成圆作与扁作之分，是本地区的一大特色。纵架部分，由于正屋

次间普遍采用硬山搁檩做法，仅在前后金柱位置分别设斗枋和神庵枋，脊瓜柱处设副檩起到拉连补强作用。

2.构架尺度的差异主要源于建筑进深方向规模的不同。文昌近现代华侨住宅中，步架平长通常固定，一般在60至80厘米左右，这就决定了住宅的进深由步架数决定。正屋的总步架数通常在十、十二、十四架（或十一、十三、十五檩）[1]，横屋则控制在六、八、十架（或七、九、十一檩）。可以说，步架平长作为一个取值相对固定的模数在控制单体建筑进深的同时，联动地影响着横屋、路门等建筑，起着控制建筑群整体尺度的关键作用。

3.木构架参与到建筑空间建构中，十分契合建筑的空间和功能。正屋明间厅堂的

---

1 既有研究也有用桁数描述建筑进深的，海南当地以"架"来计算，如七架、九架、十一架（陆琦：《广东民居》，北京：中国建筑工业出版社，2008年，第82页）。这里的"架"指"桁架"，亦即本文所称之"檩架"，而非"步架"（或称"椽架"，指相邻两檩之间的水平长度）。桁在南方地区是称呼木屋架中用以承托椽子的构件，宋代《营造法式》中称"槫"，清代《工部工程做法》中称"檩"。根据具体情况，本书选择使用步架或檩架。描述时，可相应简称为"架"或"檩"。

前后横墙间通常分为三部分：堂口、主体空间和中榃后部空间。堂口是厅堂的入口空间，位于前横墙与前金柱之间，一般深二至三架，其与主体空间融为一体，两者之间的界定物是位于前金柱间的斗枋。主体空间高敞开阔，不设天花，直通屋顶。梁架和板壁极富装饰表现力，使空间形成强烈的上升动势，通常深六架，位于前、后金柱间，跨二柱距。后金柱一线设置中榃，用于放置祖先神位的神庵，一般设立于中榃的神庵枋之上，深一架。中榃后部空间则深二至三架，在后横墙中央开后门。进出两侧次间的前、后门

洞通常宽 0.8 至 1 米，两缝木构架尺度不论大小，需始终保证二步架尺度以满足日常起居通行的需要。换句话说，前后横墙间的构架尺度大小变化，主要由主体空间的步架数增减产生。从我们调研的实例中，可以看到主体空间构架由早期四架向后来更为普遍的六架发展，这也反映出文昌近现代华侨住宅中对室内空间不断扩大的追求。

4. 对不同类型构架特征的解读，是解开大木构架"大陆文化基因"密码的关键，以下逐一展开论述。

a. 扁作梁架　以铺前镇美宝村吴乾诚宅正屋为例

b. 圆作梁架　以铺前镇地太村韩日衍宅正屋为例

图 2-3 "柱瓜承檩型"构架的两种不同形式

二、柱瓜承檩型

"柱瓜承檩型"构架，以落地柱和瓜柱作为承托檩条和屋面荷载的构件，是文昌华侨住宅中最为常见的构架类型。在构架命名

上，此前也有学者称为"瓜柱承檩"，侧重关注瓜柱的重要性[1]。事实上，落地柱和瓜柱在"柱承檩"的关系上具有同等地位。"柱

1　对于"瓜柱承檩"构架的命名，参见王平《岭南广府传统大木构架研究》，华南理工大学博士学位论文，2018 年，第 85—86 页；陈琳《明清琼雷地区祭祀建筑研究》，华南理工大学博士学位论文，2017 年，第 142—146 页。

表 2-1　"柱瓜承檩型"圆作梁架住宅正屋列表

乡镇	自然村	名称	建筑	建成年代	备注
铺前镇	地太村	韩日衍宅	二进正屋	1918 年	
	佳港村	史贻声宅	二进正屋	1913 年	中柱落地
	美宝村	吴安宇宅	正屋	19 世纪中期	
	青龙村	韩而准宅	二进正屋	约 1860 年	中柱落地
会文镇	十八行村	林家宅（九牧堂）	一进正屋	约 16 世纪	
翁田镇	秋山村	韩锦元宅	一进正屋	1903 年	
	北坑东村	张学标宅	二进正屋	1910 年	中柱落地

图 2-4　会文镇十八行村林家宅（九牧堂）正屋明间梁架

瓜承檩"包含的要素以及反映承檩关系的内涵更为丰富，因此暂以此命名之。

从构件断面考察，本地区"柱瓜承檩型"构架存在"扁作"和"圆作"两种差异鲜明的形式（图 2-3）。

其中，（瓜）柱、梁和檩都作矩形断面的扁作梁架非常普遍。构件断面尺寸通常相同，反映出水平和竖向相交的清晰轴线关系。同时，构件只在梁端穿过（瓜）柱头处略施雕刻，形成平直、简明的视觉效果。两榀梁架从明间来看，有意识地弱化了构造节点关系，仿佛在立面上融为整体。正因如此，其至会误以为是"抬梁架"。事实上，从次间一侧来看，更能直观地把握构造关系。在梁架背面，瓜柱柱脚"骑"于梁枋，或用搭边榫与梁身搭掌相接。柱头则穿过梁枋直接承檩，仍旧体现出"穿斗架"的本质精神。

圆作梁架的落地柱、梁、檩断面均作圆形，在本地区有少量遗存，年代比扁作梁架更早（表 2-1）。此类梁架的梁身下部作折线，上部砍杀作弧线，两者相接处造型饱满，起棱分明。透过瓜柱出头的梁端，肩部平直，底部作钝圆，起势和缓。此外，瓜柱通常加工成与潮汕地区类似的"木瓜""鸡嘴桐"，

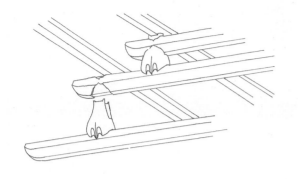

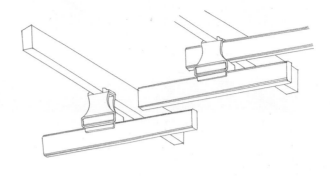

a "落榫造"　　　　　　　　　　　　b "穿榫造"

图2-5　"落榫造"与"穿榫造"柱、梁、檩的关系

具有"胖柱肥梁"的特点。

　　从构造关系上看，不论扁作还是圆作梁架，梁头都自上而下落入（瓜）柱头的矩形榫位处，采用"落榫造"的做法。柱头处则开椀口，用以承托檩条。而在金柱处，为出多架梁承檩出檐时，梁头一端插入柱身，采用"插梁架"做法。这里需指出的是，"插梁架"关注到了柱与梁的构造关系，但从分类能够反映多样化特点的原则出发，我们仍把承檩方式作为本地区大木构架分类最关键的要素。

　　本地区圆作梁架所采用的"落榫造"，其核心技术为箍头榫，在榫结性能、安装立架、装饰潜力方面颇具优势。

　　首先，箍头榫具有很强的拉结力，运用在整榀横架时，能够提升结构整体性，同时也起到了箍锁、保护柱头的作用；其次，箍头榫加工、安装便利，结合（瓜）柱头矩形断面尺寸即可方便开榫，通过自身重力便可完成立架安装；此外，由于梁头和梁身保持

了完整的断面尺寸，相较于其他榫型，梁头具有很强的装饰潜力，在文昌通常刻作蛟龙等装饰题材。由于箍头榫体现出诸多优秀特征，在文昌华侨住宅中多有出现，如位于会文镇十八行村的林家宅（九牧堂）一进正屋，梁头显露于外并卷杀刻作枭混线[1]，是整榀构架中少有的线条装饰，反映出箍头榫在梁头解放之后所展现出的装饰潜力（图2-4）。

　　此后更加广泛采用的扁作梁架中已不用箍头榫的做法，这是由于扁作梁架使用的方料具有规格统一的特点，在制作时可减少对榫卯造型的处理并进行标准化的制作，从而简化整个加工程序，提高生产效率，在施工立架前便可大量统一预制，这种变化具有相当的革新意义，反映了文昌华侨住宅现代化发展的一个重要特点。

　　值得注意的是，"柱瓜承檩型"构架中，根据（瓜）柱与梁的构造关系，可以细分为"落榫造"和"穿榫造"[2]（图2-5）。从构架类型来看，则分别对应穿斗架中的"插梁

1　线脚向外突出的弧线是混线，向内凹进的弧线形是枭线。两者结合使用，称为枭混线或混枭线。

2　"穿榫造"和"落榫造"是从榫卯的构造技术差异上进行划分的，差别在于安装时用"穿"和"落"的方法。"穿榫造"的特征是梁穿过瓜柱作扁平榫头，梁头断面不大于柱身的矩形卯口。"落榫造"的特征是梁由瓜柱顶部自上而下落入卯口内，两者交接处造型相吻合，形成"肥梁胖柱"的构造节点特征，一般用"箍头榫"使梁头解放出来，便于雕刻丰富的造型。

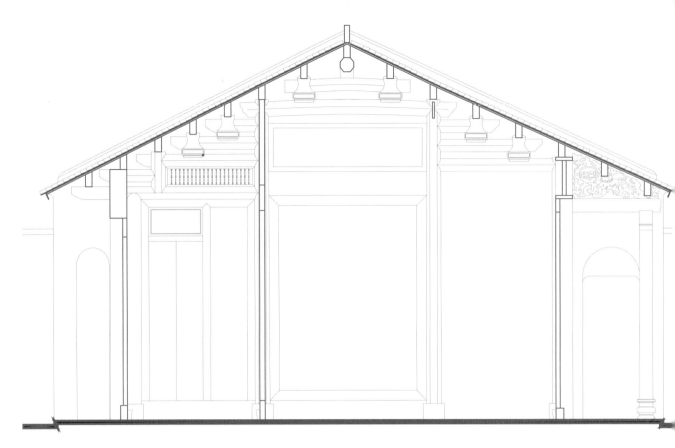

图2-6 翁田镇北坑东村张学标宅一进正屋剖面图

（枋）型"和"箍梁型"构架[1]。在琼雷地区
（琼州、雷州半岛一带）乃至更为广大的岭
南地区，这两种构造做法并存[2]。在田野调查
实例中，我们见到的大多为"落榫造"做法，
仅有少数采用"花瓶"瓜柱的"穿榫造"构
架，实例有翁田镇北坑东村张学标宅一进正
屋（图2-6）和铺前镇泉口村潘于月宅正屋出
檐做法（图2-7）。

　　尽管存在构件形式的差异，但不同样式
的"柱瓜承檩型"构架遵循相同的建构逻辑。
正屋按照不同进深规模，常见的横架有十、
十二、十四架（图2-8）。按照主体空间架数
多少、有无檐廊空间、是否设立中柱以及不
对称的移柱做法等，共形成了六种不同构架

形式。此外，还存在前后纵墙处是否设檐柱、
檐柱是否脱离墙体、出檐构造部分与主体构
架不同等局部差别，实际上形成了更为丰富
多样的构架形式，以满足不同规模厅堂的需
要。

　　正屋横架最常见的构架形式有两种：一
种是内柱前后使用七架梁，在内金柱与前后
横墙间出双步梁；另一种是出三步梁，以梁
头承檩，增大出檐尺度。在构架组织形式上
可描述为"2+6+2"型和"3+6+3"型（数
字表示进深方向各间梁枋对应的步架数，下
同）。此外，还有主体空间构架规模较小的
"3+4+3"型，以及中柱落地的"3+3+3+3"
型。在进深较大的建筑中，通过增大出檐

1　乔迅翔《基于演化视角的穿斗架分类研究》，《建筑史》2019年第2期，第37—52页。

2　陈琳《明清琼雷地区祭祀建筑研究》，华南理工大学博士学位论文，2017年，第142页；毕小芳《粤北明清木构建
筑营造技艺研究》，华南理工大学博士学位论文，2016年，第111—114页。

架数形成"4+6+4"型。还有一种特殊的做法，通过移柱来减小主体空间规模以扩大后部附设空间规模，形成"2+2+5+4+1"型[1]。

构架组织形式具有清晰的演化关系。"3+6+3"型由"3+4+3"型通过扩大主体空间形成。"3+4+3"型构架在我们调研中只见一例，即铺前镇美宝村吴安宇宅正屋，其主体空间采用五架梁，进深规模较小，但圆作柱梁雕饰精美，大梁下托机枋，梁身作挖底和剥腮，具有仿月梁痕迹（图2-9）。屋主生于1813年，推测正屋遗留有早期木作的痕迹。由此，我们可以看到建筑演化的趋势主要体现在扩大主体构架规模，以营造出正屋厅堂空间宽敞、气派的效果。

"2+6+2"型构架具有基本型的意义，反映出构架受到空间模式的约束。主体空间采用七架梁以取得宽敞的空间效果。在此基础上，不论"3+6+3"型或"4+6+4"型，差别只在于对外廊出檐架数的调整。因此，前、后内廊进深采用二架的做法，主要目的在于适配通向前、后次间卧室的门扇大小，由此形成合宜的内廊尺度。可以看出，空间与构架的关系非常简明合理：前内廊+主体空间+后内廊=2步+6步+2步。

至于中柱落地的"3+3+3+3"型，在我们调研所见的仅存少数实例中，无一例外均属"圆作"梁架。其五柱落地的做法与"三间五架"的古老传统具有深厚渊源。从空间角度来看，"3+6+3"型构架与之并无

图 2-7　铺前镇泉口村潘于月宅正屋出檐做法

10步架
实例：铺前镇美宝村吴安宇宅

10步架
实例：铺前镇地太村韩泽丰宅、
韩鹏翼宅

12步架
实例：铺前镇美宝村吴盛祥宅、
吴世珊宅、吴乾诚宅

12步架
实例：铺前镇青龙村韩而准宅

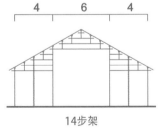

14步架
实例：铺前镇泉口村潘于月宅、东阁镇
富宅村韩钦准宅

14步架
实例：会文镇十八行村林家宅（九牧堂）

图 2-8　正屋"柱瓜承檩型"构架简图

1　在我们的调研实例中，该构架类型仅见于会文镇十八行村林家宅（九牧堂）一进正屋。当地人称该宅建于明嘉靖年间（1522—1566），建筑梁架具有明代特征，其形制反映了当地早期构架的特征。

图 2-9　铺前镇美宝村吴安宇宅主体空间用圆作五架梁

图 2-10　铺前镇地太村韩纡丰宅一进正屋"博古承檩型"构架

差别，两者空间模式一脉相承。"3+6+3"型构架之所以成为占据主流的基本型，或源于扁作梁架的兴起。扁作梁架在视觉上看，构造关系模糊，追求界面平整，使得中柱地位似显冗余。主体空间可由木板壁完全占据，形成素净简洁的空间效果，也使构件制作更为简化，立架施工更为高效。这也从另一角度反映出"3+3+3+3"型是相对早期的构架形制，并可解释扁作梁架是源于对圆作梁架的减省。

图 2-11　文城镇义门三村陈治莲、陈治遂宅横屋
"博古承檩型"三步出檐

图 2-12　铺前镇美宝村吴世珊宅横屋
"博古承檩型"两步出檐

三、博古承檩型 [1]

"博古承檩型"构架采用富有装饰性的博古纹饰木构件，在梁和檩之间的缝隙拼合成"金"字形的透雕博古板材来承檩。此类构架的特别之处在于：梁不作为直接承檩的构件，而是以博古板材这一特殊构件传递檩条荷载，兼具结构功能和装饰性。

以传统主流的"抬梁架"或"穿斗架"进行营造技术角度的描述未能准确把握"博古承檩型"构架的内涵。由于博古板材通常满置于檩条与梁的缝隙之间，具有很好的结构整体性。具体来说，通常用来传递檩条荷载的"瓜柱"在此类构架中消失，取而代之的是构造关系并不清晰的博古板材。此时，水平方向的梁起到层层托垫的作用。板材与梁的榫卯关系较为简单，在制作时只需与梁通过上下咬合，同时留出穿过檩条的空隙，便可自下而上完成整体拼接。

"博古承檩型"构架极富审美情趣和观赏效果，其装饰图案通常有花瓶、花卉、瑞兽、仙禽、卷草、回纹等，雕刻细腻而鲜有雷同（图 2-10 至图 2-12）。在整体的构图设计上，梁起到了划分图框的作用，形成各部分独立雕饰的图画，有的还在上下枋梁间用雕刻的驼墩进行托垫。山脊处的三角形板材通常会雕刻花瓶、蝙蝠等图案，成为装饰和观赏的重点，类似于苏州扁作厅堂中的山雾云。

在调研案例中，"博古承檩型"构架通常见于住宅横屋，较少使用于正屋（表 2-2）。

1　对于"博古承檩型"构架的定义未见明文出处，但在华南理工大学的多篇学位论文中均有类似提法，且多认为常见于清代晚期，广泛分布于广府地区的木构架中（毕小芳《粤北明清木构建筑营造技艺研究》，第 42 页）。

通常而言，横屋中使用木构架以进行空间划分者，其功能是作为会客厅及客人住宿的卧室。选择使用富有装饰性的"博古承檩型"构架或有主人意图装点门楣、以资炫耀的心理。相比之下，正屋通常使用更为简明的"柱瓜承檩型"构架以弱化装饰性，与崇肃庄严的厅堂氛围相辅相成。

较为特殊者，铺前镇地太村韩纾丰宅一进正屋主体部分和两步出檐均为"博古承檩型"构架。七架梁以上逐层托垫五、三架梁，缝隙间采用透雕云纹的博古板承檩。梁头装饰题材与博古板一致，两者融为一体，具有极好的观赏效果（图2-10）。

"博古承檩型"构架的核心分布区在广府地区，盛行于晚清民国时期。海南作为广府文化传播的末梢，建筑构架无疑受其影响，并且结合海洋文化，演绎出融入海南本土丰富装饰题材的"博古承檩型"构架。

表2-2 "博古承檩型"梁架建筑列表

乡镇	自然村	名称	建筑	建成年代	备注
铺前镇	地太村	韩纾丰宅	一进正屋	1881年	
	美宝村	吴宝珊宅	横屋	约1928年	
文城镇	义门三村	陈治莲、陈治遂宅	横屋	1919年	出檐三步博古
	官坡村	李运蛟宅	横屋	约1850年	
蓬莱镇	大杨一村	张梯岳宅	横屋	约18世纪中期	

四、抬梁型

"抬梁型"构架的构成关系简洁明了，即与传统主流的"柱承梁，梁承檩"的抬梁构架在外观上别无二致。此类构架在文昌近现代华侨住宅中的运用不多，在部分正屋和横屋中可见（表2-3）。

在构架组织关系上，正屋主体空间的梁架插于前、后金柱柱头处承檩，再从梁背上立起较短的瓜柱承托上部梁，依次层层累叠直至脊檩；而堂口和中楣后部空间的梁头一端插入金柱柱身，梁头处则与主体构架承檩方式相同。严格地讲，这两部分构架为"插梁型"（图2-13）。横屋由于进深尺度较小，通常在前后横墙间通过壁柱直接架设大梁，其长度横跨前后挑檐檩，再依次于梁背上立柱叠梁（图2-14）。

由于"抬梁型"构架均采用扁作构件，与"柱瓜承檩型"构架外观上不易辨别。主要区别在于"抬梁型"构架正、背两侧构件均相同，榫卯较为简单；而后者在背面则以瓜柱"骑"于梁枋，以及"柱承檩"的构架关系，鲜明地表现出穿斗架的营造逻辑和精神。

另一方面，以扁作构件为线索，"抬梁

图 2-13　文城镇义门二村陈明星宅一进正屋"抬梁型"构架　　　　图 2-14　文城镇义门三村陈治莲、陈治遂宅一进正屋"抬梁型"构架

表 2-3　　"抬梁型"梁架建筑列表

乡镇	自然村	名称	建筑	备注
铺前镇	佳港村	史贻声宅	横屋	
	地太村	韩炯丰、韩绵丰宅	横屋	
	美宝村	吴乾诚宅	横屋	
文城镇	义门二村	陈明星宅	一进正屋	前檐带三步廊轩
		王兆松宅	二进正屋	
	义门三村	陈治莲、陈治遂宅	一进正屋	五架梁以上用博古
	下山陈村	陈氏家族宅	正屋、横屋	正屋仅檐下出三步抬梁
文教镇	美竹村	郑兰芳宅	横屋	在进深较大的建筑中,三架梁以上用博古
	水吼一村	邢定安宅	一进正屋	仅檐下出二步抬梁
翁田镇	秋山村	韩锦元宅	横屋	

型"构架可能是圆作"柱瓜承檩型"构架的另一演化结果。由于榫卯节点弱化,柱与梁之间的穿插关系发生变化,促使构件加工时产生营造逻辑上的整体变化。可以说,相比"柱瓜承檩型"构架,"抬梁型"构架更能实现其对构架所追求的界面平整、简洁的目标;或许这也可以解释,在穿斗架广泛分布的南方地区,海南这一大陆文化传播的末梢出现"抬梁型"构架的原因。

图 2-15　翁田镇北坑东村张学标宅门楼"混合型"构架

五、混合型[1]

"混合型"梁架是"柱瓜承檩型"与"博古承檩型"在同一榀构架中拼接、混合而成，各部分的构造关系相对独立，仍遵循原有构架类型的特征和规律。在我们调研的案例中，此类构架的数量最少（图2-15、图2-16）。构架的"混合"主要体现在木构架的主体和出檐部分分别采用两种梁架类型，且较为固定地表现为"扁作柱瓜承檩＋博古承檩"的做法。"混合型"构架通常出现在占据次要地位的横屋和门楼中（表２4）。

采用"混合型"构架，主要是为了反映同一榀构架不同组成部分在结构和表现上的差异。在构架的主体部位，更加侧重"结构"稳定。而在出檐部位，更加突出"装饰"需要。构架主体部分采用"扁作柱瓜承檩型"，突出结构支承关系的简明实用性出檐部分作为视线聚焦的结构"片段"，采用"博古承檩型"，意在强化装饰效果的呈

1　在既有研究中，"混合型"构架的说法主要见于华南理工大学一众学者的研究。程建军首先提出粤西南地区殿堂建筑木构架具有"瓜柱、驼墩、梁头混合承桁构架"的做法（程建军《岭南古代大式殿堂建筑构架研究》，北京：中国建筑工业出版社，2002年，第63页）。这一特征在琼雷地区有大量实例，是当地的特色做法（陈琳《明清琼雷地区祭祀建筑研究》，华南理工大学博士论文，2017年，第153页）。之后，也有学者将研究扩大到广府厅堂建筑构架中，并将混合型构架细分为三个亚型，与文昌传统住宅相比更具多样性（王平《岭南广府传统大木构架研究》，华南理工大学博士论文2018年，第89—91页）。

图 2-16　文城镇义门三村陈治莲、陈治遂宅横屋"混合型"构架

表 2-4　　"混合型"梁架建筑列表

乡镇	自然村	名称	建筑	主体	出檐
铺前镇	泉口村	潘于月宅	横屋	扁作柱瓜承檩	两步博古承檩
翁田镇	北坑东村	张学标宅	门屋	扁作柱瓜承檩	两步博古承檩
文城镇	义门三村	陈治莲、陈治遂宅	横屋	扁作柱瓜承檩	三步博古承檩

现。"混合型"构架在营造时选择目的明确，兼顾了经济和美观两方面的需求。

"混合型"构架在南方他地不常见，其产生的原因或与海南多元移民文化有关。前述扁作"柱瓜承檩型"和"博古承檩型"构架具有某种原生性，或源自潮汕、闽南以及广府地区，具有一定的移植文化特征。这两种类型传入后，被海南当地工匠逐渐掌握并熟练运用。工匠为表现精湛的技艺，展现不同构架类型做法，可能存有"炫技"的心理。从建筑构架发展的角度来看，移植文化需要沉淀发展，最直接的整合方式，便是对多种类型文化的混融使用。这种混融所展现出的"折中"风格，虽是一种浅近而直白的建筑语言，但却是建筑风格形成初期最简易有效的办法，也可能是"混合型"构架产生的原因所在。

第二节
结构要素及其特征

建筑结构体系的关键是建筑垂直方向空间的建构和屋顶的支撑问题。文昌近现代华侨住宅的承重方式同样伴随结构体系向现代化转型。本地区传统住宅多为单层，建筑承重方式中占据主流的是墙檩承重，即以建筑的两侧山墙和内部隔墙承檩，其上再布设椽、瓦。此外，在传统住宅的正屋和横屋明间以及建筑的出檐部分，尤其是采用外廊并设立檐柱时，也多见局部的柱檩和梁檩承重。

由于惯用墙檩承重的结构方式，以内部横墙或两侧山墙伸出形成两山封闭的外廊，在墙端支承檩条的做法在本地区颇为常见。在外廊的隔墙上通过开设券洞形成通廊，是横墙承檩结构最具原生意义的常见做法。

此外，局部木构架的使用保留了挑梁承檩的做法，使得本地区形成了丰富多样的出檐构造样式。而在现代材料引入后，出现了砖砌和预制混凝土材料的檐柱，并与柱头局部的木构挑梁承檩系统相结合，形成本地区特色做法。

近代以来，随着西方结构技术经南洋诸国向文昌地区输入，钢筋混凝土结构在华侨住宅中得到广泛运用，也使得现代意义上的框架结构体系不同程度地取代原本广泛流布的墙檩承重系统。这一变化主要反映在建筑材料和建造技术方面。

颇为有趣的是，或许受到本地区建造思维和文化风俗的影响，垒叠、砌筑等营造方式在文昌乃至整个海南传统住宅中源远流长，相应的建造方法恰与现代钢筋混凝土技术具有某些逻辑相似和共通之处，因而在思维观念上易被接受和掌握，使得钢筋混凝土结构和建造技术在文昌得以广泛传播。

a 铺前镇佳港村史贻声宅

b 铺前镇地太村韩纡丰宅

图 2-17 土墼墙

一、墙

（一）土墼墙、珊瑚石墙

在文昌近现代华侨住宅中，仍可见少量早期就地取材、使用本地天然材料砌筑墙体的案例，主要以土墼墙和珊瑚石墙作为建筑的主体结构。

土墼墙做法通常有两种：一是使用黏土作为材料，拌入秸秆和草料，防止土墼开裂，再通过模具脱造、自然晾晒而成，工艺简单，造价低廉；二是使用细沙、黄土、石灰为材料制成三合土，通过拌入小石子提高强度，再使用模具夯打、出模、晾晒制成。一般而言，前者在自然晾干后呈现灰黄色，质地较为松散（图2-17a）；后者呈浅红色，质地更加坚硬牢固（图2-17b）。制成的土墼一般长20厘米左右，宽8厘米左右，高度在5—8厘米不等。在我们调研的案例中，铺前镇地太村韩纡丰宅正屋的外围护墙便采用土墼墙，承托檩条的山尖处还填入石块，提高强度。在砌墙时，往往还在土墼之间填塞碎瓦片，辅以支撑加固，防止墙体损坏坍塌，利于提高

图 2-18 铺前镇佳港村史贻声宅珊瑚石墙

墙体的整体强度。墙外多用珊瑚、贝壳烧制而成的石灰抹灰，起到保护土墼的作用。

使用珊瑚石作为建筑材料进行砌墙，是极富文昌地方特色的做法。由于天然珊瑚石形状各异、尺寸不一，通常对未切割打磨的珊瑚石采用错乱砌法，掺拌当地红黏土以填补天然石材缝隙，提高墙体坚固程度和整体性能，墙体之外多有抹灰。这种砌筑方法一般见于围合住宅的独立院墙（图2-18）。将珊瑚石用于建筑承重结构时，对其加工工艺要求较高，通过切割、打磨等工序，使之形成规整的砌块再进行垒筑。

珊瑚石用作砌墙材料，具有以下性能优点：首先，珊瑚石具有较好的抗腐蚀性，作为一种产自海洋珊瑚礁的天然石材，能够经

a 东阁镇富宅村韩钦准宅

图 2-20　会文镇宝藏村陶对庭、陶屈庭宅清水眠砖实砌填充墙

b 文教镇美竹村郑兰芳宅

图 2-19　空斗砖墙

受含盐量较高的咸涩海风和雨水的侵蚀；其次，珊瑚石经雨水后能产生一种自然黏合胶质，具有板结黏合作用，从而使墙体更为牢固[1]；此外，珊瑚石还具有质轻多孔的特征，可塑性强，便于手工加工，同时透气、隔热性能俱佳，以之砌墙的住宅具有良好的居住适宜性，与海南的自然气候相适应。

（二）砖墙

砖墙在本地区得到较为广泛的应用。有学者从文化地理学的角度，提出"琼东北青

砖民居文化区"，文昌全境处在该文化区内其下属的会文、文城、文教等镇为其核心区，同时以长横屋及双横屋为主要建筑特征[2]这些情况可与我们的田野调查互相印证。使用砖墙作为建筑用材的原因，是由于文昌归侨数量众多，深受南洋文化影响，具有较强的经济实力。而从海南全境来看，用砖砌墙并非惯常之法。

文昌华侨住宅的砖墙一般用青砖或红砖，以石灰砂浆砌筑，少数也有水泥砂浆砌筑的。墙面一般是清水砖墙面，也有砂浆抹面的。当地的石灰多是用贝壳或珊瑚石等烧结制备，即闽粤一带常说的"蜃灰"。砖墙也有"空斗墙""实心墙"之分，其中空斗墙多为"无眠空斗""一眠一斗""三眠一斗"等形式，角部多为"四起一斗"，实例如东阁镇富宅村韩钦准宅，文教镇美竹村郑兰芳宅等（图 2-19）；实心墙多为"梅花丁""全顺"形式，实例如会文镇宝藏村陶对庭、陶屈庭宅（图 2-20）。

1　珊瑚石能够产生自然黏合胶质的说法，参见陈小斗《广东徐闻珊瑚石乡土材料建构艺术研究》，华南理工大学硕士学位论文，2011 年，第 25 页。

2　徐琛《基于文化地理学的琼北地区传统村落及民居研究》，华南理工大学硕士学位论文，2016 年，第 107—111 页。

二、柱

（一）檐柱、内柱

文昌近现代华侨住宅的正屋和横屋出檐尺度通常较大，一般两步或三步架平长的出檐尺寸通常在1.2米以上。因此，解决大出檐的荷载传递问题尤为关键。

正屋明间前檐设两根檐柱是本地区住宅的常法。对于正屋而言，通常采用柱檩或梁檩承重系统中的局部木构架以出挑屋檐。此时，在檐口处的檩位下通常会设有两根落地檐柱，以支承挑出深远的屋檐（图2-21）。

对于横屋而言，采用木构架出檐时，每间均设有檐柱。横屋通常面阔数间，通过设置并列成排的檐柱，可以形成通长檐廊，起到遮蔽风雨的作用。由于横屋与正屋垂直的

相对位置关系，对于多进宅院而言，起到串联前后交通的作用，能够使家庭成员在前后数进房屋间穿行自如，也能形成纵深方向的层层韵律感（图2-22）。

我们发现，即便是正屋明间采用横墙承檩作为结构支撑的建筑，也会在外檐伸出数步短梁承托檩条，形成局部"片段式"木构架。这种技术选择显然表现出某种文化上的执着意义。正屋明间普遍设有两根落地檐柱，成为本地区住宅前檐空间的一大特征。

用于外廊的承重落地檐柱，通常具有以下特点。

第一，前檐普遍使用方柱，后期也有使用八角形柱者，如东阁镇富宅村韩钦准宅正屋和横屋的檐柱。圆柱极少见，在调研中只

图2-21　铺前镇泉口村潘于月宅正屋　　　　　　　　　　　　图2-22　东阁镇富宅村韩钦准宅横屋

图 2-23 铺前镇蛟塘村邓焕芳宅正屋檐柱　　图 2-24 文城镇下山陈村陈氏家族宅祖屋檐柱

见一例，即铺前镇蛟塘村邓焕芳宅正屋，其柱头受到西方爱奥尼柱式的影响呈涡卷样式（图 2-23）。

第二，檐柱使用的材料一般为石材或混凝土，往往在柱头处用短木柱，而少见整根使用木柱者，如文城镇下山陈村陈氏家族宅祖屋（图 2-24）。可见石材和混凝土的广泛使用是为了满足炎热潮湿气候下的防潮防腐需要。

第三，重点装饰部位在柱头处和柱脚下。柱头处常雕刻线脚纹饰，或另用雕刻精美的木质莲花造型构件挑梁承檩。柱脚下往往安置柱础，柱础亦多用石材或混凝土，造型和装饰丰富多样。这些处理手法主要是为了加强柱子的装饰表现力。

檐柱柱身断面多为方形，通常不作过多装饰，仅在方柱四角剔刻出线条，即所谓"讹角"样式。以下依次重点讨论柱础、柱头两部分。

1. 柱础

柱础作为传统建筑中柱子构件的重要

组成部分，其作用为使木柱柱脚高于地坪起到防潮的作用，避免木柱受潮腐烂。早期多用木材作为柱础，故又称"櫍"，后多用石材以取其耐久性，称"磶"。

本地区外檐柱的柱础多使用石材或混凝土。其中，混凝土柱的柱身和柱脚通常为一个整体，并非像传统木柱石础那样分件配置，这或许是伴随混凝土材料引入后所产生的新加工方式，由此通过一体化加工，凭借材料的优秀性能而获得结构上的整体性优势。此时，柱础更多地蜕变成一种传统文化符号而得以保留。

从造型上看，本地柱础样式较为丰富具有地域特点。按构成来说，有础座和础身两部分：础座与阶石齐平或部分高出，大多不作装饰；础身由础头、础腰、础脚三部分组成。对于多边形（方形或八边形）柱础而言，构成础身的三部分曲线区分鲜明，础脚处大多采用一种类似壶门[1]形象的曲线，且这一形式在不少内柱处也有出现，或是对这一传统母题的传承和演绎（图 2-25）。

---

1 "壶门"这一名称记载于宋代《营造法式》中，其形态早在商代青铜器中已有出现，造型为两条曲线拼合成尖角向上的"大括号"形状。

a 铺前镇美宝村吴乾芬宅　　　　　　b 铺前镇美宝村吴世珊宅　　　　　　c 东阁镇富宅村韩钦准宅

d 文城镇下山陈村陈氏家族宅　　　　e 铺前镇地太村韩纡丰宅　　　　f 铺前镇美兰村林鸿运宅一进正屋柱础

图 2-25　不同样式的檐柱柱础

前已有述，文昌华侨住宅明间在采用木构架承檩时，构件有圆作和扁作之别，建筑内柱（主要指前、后内金柱，少数圆作构架设有中柱）也形成方形和圆形断面的差异，柱的直径通常在 24—28 厘米。

由于方柱和圆柱通常出现在"柱瓜承檩型"构架中，反映柱、梁构造关系的穿斗架本质体现在一榀构架的背面。从正、背两面观察，方柱断面无异，而圆柱则往往正面为半圆形，背面为等腰梯形，且构件相互间的构造关系一目了然（图 2-26），构架背面加工较为简单，反映出本地区木构架重视观瞻可见之处的视觉效果，而在未能直接观察到的地方减工省料，是一种颇具实用主义的做法。

这一特点甚至反映在柱脚下的石础和地脚枋处。正面看来，雕刻精美的柱础和打磨平整的地脚枋，背面则显露出天然石材凹

123

图 2-26　铺前镇青龙村韩而准宅正屋梁架正、背两面

图 2-27　铺前镇泉口村潘于月宅正屋内金柱柱础的正、背两面

凸不平的质感（图 2-27）。可以看出，工匠明显考虑到了观者视线的落点，采用"重视面子，轻视里子"的加工态度，这不失为一种高效经济的做法，在以后的预制钢筋混凝土栏板和宝瓶等构件上，仍可看到这种实用主义精神的延续。

对于圆作木柱，可以清晰地看到柱础形式随着时代发展呈现出由简至繁的演变趋势（图 2-28）。会文镇十八行村林家宅（九牧堂）始建于明嘉靖年间（1522—1566）是我们调研所见使用圆作柱梁最早的案例[1]九牧堂木构架使用素平鼓形石础，不作任何装饰，与创建于明初的海口丘濬故居可继堂柱础形式相同；清乾隆年间（1736—1796）的蓬莱镇大杨一村张梯岳宅正屋，柱础出现收分，形式高瘦，础身刻作多圈水平向线脚；而清末修建的溪北书院经正楼，柱础为多见的八边形束腰形式，础座刻有装饰曲线

1　关于十八行村九牧堂始建于明嘉靖年间的记载，参见海南省民政厅《海南地名文化纪事》，北京：中国社会出版社2008 年，第 45—46 页。

棱角分明,华美瑰丽。从柱础形式的历时性演变或许可以反映出,文昌传统建筑中对内柱石作柱础加工水平不断提升,同时审美取向也随之变得更趋繁复。

随着现代钢筋混凝土结构引入,部分外廊檐柱也相应使用钢筋和水泥作为建筑材料。此时,由于外廊局部平顶或上人屋面的出现,原本双坡屋顶的无组织排水也转变为平屋顶的有组织排水。

在文昌近现代华侨住宅中,外廊檐柱常常还与落水管相结合,即钢筋混凝土结构的檐柱常常中空,其上承接屋面雨水,其下开口泄水。这样,檐柱除了起到传递垂直荷载的作用之外,还兼具排水立管的功能,如铺前镇蛟塘村邓焕玠宅正屋檐柱等(图2-29)。此外,排水口的位置有时也与场地内开辟的明沟直接相连。表明在文昌华侨住宅中,已有对排水系统进行有意识设计的观念,结构方式的演进是产生这一

变革的重要技术因素。

2. 柱头

柱头作为柱子的一部分,是指柱子的顶端部位,通常比较强调装饰性。本地区传统住宅中,檐柱柱头的特点主要体现在两方面,一是材料区别,二是装饰题材,两者显示出文昌传统住宅柱头形式的地域特征(图2-30)。

从材料区别来看,柱头普遍采用木材,与石材柱身形成区别。使用木材的原因,主要是解决梁头与柱头的榫结问题。此时,柱、梁榫结的问题可用当地穿斗构造解决,而无需对质地硬、难加工的石材进行处理。这种"上木下石"组合用材的做法,有效地避免了木柱易遭腐朽、虫蛀的缺点。同时,由于更换用材而解放出来的柱头满足了装饰需要,给予工匠一定的发挥空间。

从装饰题材来看,文昌地区最为流行的柱头装饰为莲花,造型多为重瓣仰莲或仰覆

a 会文镇十八行村林家宅(九牧堂)　　b 蓬莱镇张梯岳宅正屋　　c 铺前镇溪北书院经正楼

图2-28 不同形式的内柱柱础

图2-29 铺前镇蛟塘村邓焕玠宅的檐柱与排水口

a 铺前镇地太村韩纡丰宅

b 翁田镇北坑东村张学标宅

c 文城镇下山陈村陈氏家族宅

d 铺前镇田良村叶芨华宅

图 2-30 各式檐柱柱头

莲，仰覆莲之间多用串珠连接。柱头端部较大的莲花同时承托上方檩条，兼具装饰性和结构功能。这一题材在乾隆年间的蓬莱镇大杨一村张梯岳宅中已有雏形，表明这是一种当地稳定流传的古老母题样式，实例一直沿用到 1949 年建成的文城镇下山陈村陈氏家族祖宅，即便后世偶有变体，仍延续重瓣的花朵造型。

随着西方混凝土材料与技术的传入，混凝土优良的可塑性对柱头装饰产生了影响。用混凝土材料延续原本营造匠意和建造逻辑的做法也在个别案例中体现（图 2-31 至图 2-32），如东阁镇富宅村韩钦准宅的檐柱柱头，虽装饰题材仍为仰覆莲，但用混凝土材料替代木材无疑反映了对先进技术和新材料的追求。此时，柱头承梁无法采用传统穿斗架做法，而是将梁头半插半搁在莲花柱头处。

随着钢筋混凝土结构逐渐被掌握醇熟框架结构体系出现在部分案例中，同时也接受了西方的装饰纹样。铺前镇蛟塘村邓焕玠宅的横屋即采用钢筋混凝土框架结构，出檐形式迥异于传统木构架，变得更为简洁明了同时，柱头装饰的仰覆莲造型也更具西方装饰风格。由此可见，文昌近现代转型时期的建筑结构与风格受到南洋文化的深远影响。

在成熟的钢筋混凝土结构体系中，柱梁结合的节点处往往还设有混凝土的承托构件兼具结构性和装饰性。此类承托构件类似中国古代明清官式建筑中的雀替，将其设置在梁柱交接处，除具有一定承重作用外，还可

a 东阁镇富宅村韩钦准宅　　　　　　　　　b 铺前镇蛟塘村邓焕玠宅横屋

图 2-31　混凝土柱头装饰

a 会文镇欧村林尤蕃宅　　　　　　　　　b 文城镇义门二村王兆松宅

c 会文镇山宝村张运玖宅　　　　　　　　　d 铺前镇蛟塘村邓焕玠宅

图 2-32　柱头：柱梁交接处的装饰构件

a 会文镇十八行村林家宅（九牧堂）　　　　　　　　　b 蓬莱镇大杨一村张梯岳宅

图 2-33　文昌圆作瓜柱

以减少梁的跨距并且增加柱头位置的抗剪能力。采用曲线和涡卷的造型，在视觉上减弱了柱梁直接交接的生硬感，形成自然和缓的过渡，具有西方古典建筑的艺术装饰美感。

（二）瓜柱

文昌华侨住宅中，瓜柱是"柱瓜承檩型"构架中的关键承重构件，其形式十分引人注目。瓜柱立于下层梁背，柱身开槽以拉结上层短梁，柱头顶部则用以承檩，诸多方面的结构作用使瓜柱成为本地区建筑结构体系的标志性构件。

瓜柱在文昌当地又称"顶子"，海南话音译为"兰公"。"顶子"这一称呼，形象地反映出作为承檩构件的瓜柱将檩条顶起、支承的状态，是"柱瓜承檩"方式的生动注脚。

结合田野调查，发现本地区采用"柱瓜承檩型"构架的住宅中，常见的瓜柱形式有三种，分别为扁作瓜柱、圆作瓜柱和花瓶瓜柱。

扁作瓜柱是文昌华侨住宅中最为普遍的做法，其与扁作梁、檩配套使用，为追求界面平整而弱化造型，整体为矩形断面，且

表面素平不作装饰，也是文昌寻常百姓家中最为常见的瓜柱样式。以下详细讨论圆作瓜柱和花瓶瓜柱。

1. 圆作瓜柱

圆作瓜柱的构件形式尤为引人注目。圆作瓜柱相比扁作瓜柱，断面更大，形象更加饱满，表现出强大的装饰潜力。

一方面，由于断面增大，使瓜柱与梁的交接关系和安装方式产生了变化，形成本地区常见的"箍头榫"和"落榫造"做法。

另一方面，在构件样式上，这种具有装饰性的瓜柱通常加工为"木瓜"形象。在我们调研的案例中，会文镇十八行村林家宅（九牧堂）、蓬莱镇大杨一村张梯岳宅正屋等早期建筑遗存，均采用圆作瓜柱，但两者具有显著的形式差别，前者更具普遍性，或可认为是本地区瓜柱形式的早期典型样本（图 2-33）。

张梯岳宅正屋前檐的瓜柱具有很强的装饰性，雕刻之繁复和细腻在本地区木构架中别具一格，颇为罕见。

后世更为常见的则是形如九牧堂正屋前檐的瓜柱，不作任何装饰，以其"矮""胖"

图 2-34　客家与潮汕地区木构架中的圆作瓜柱比较

造型表现力学性能和简明的构造关系。用"箍头榫"与梁头形成贯穿关系是营造中的难点。这一特点在张梯岳宅中并未显现，应是为了着重表现瓜柱柱身的装饰。由此可见，这种简素的矮胖瓜柱更具文昌华侨住宅的特色。

由于该样式与广泛流布于岭南地区的圆作瓜柱样式具有一定的亲缘关系，在此作简单梳理与推测。潮汕地区传统木构建筑中广泛使用的扁作瓜柱也称"瓜柱"，闽南则称为"瓜筒"。文昌地区的瓜柱形象与两地看似相近，但存在一定差异，主要体现在以下两方面：

首先，在潮汕、闽南地区传统木构架中，"木瓜其上必然置斗，而筒上必定承檩（桁条）"[1]，即"木瓜"与"筒"在使用位置上存在差别，呈现制式化的规律。瓜柱上置"斗"的做法，在潮汕地区具有稳定传承，清光绪二十一年（1885）建造的广东潮州己略黄公祠中仍有沿用，可以认为具有原型意义（图 2-34）；"木瓜"叠斗在岭南地区的客家围屋中亦有出现，然而此构造已大大简化。由此看来，张梯岳宅的瓜柱应与这种做法具有密切关联；而九牧堂的瓜柱则更接近一种乡土做法的体系，它们均弱化了"斗"的形象，与"筒"的结构特征相似，而失去了潮汕地区建筑等级象征的作用。

其次，潮汕、闽南地区的木构架通常在瓜柱之上叠斗置棋，并在相邻两檩之间使用水束穿拉，使梁架更显繁密复杂，结构整体性更强，呈现出鲜明的穿斗架特征。相比之下，文昌华侨住宅的圆作木构架大为简化，主体空间构架多为中柱落地的"3+3"的组织形式，可类比始建于北宋时期的广东潮州许驸马府厅堂构架，表明此制历史渊源久远。由此，或反映出这种构架形式自官方向民间传播的趋向。

1　李哲扬《潮州传统建筑大木构架》，广州：广东人民出版社，2009 年，第 35 页。

2. 花瓶瓜柱

花瓶瓜柱形如一阔口细颈的方形花瓶，其造型较为定式化，但其仍具有一定的装饰潜力，瓶身部分可进行图案雕刻。

在构造特征上，花瓶瓜柱与扁作和圆作瓜柱的区别，在于采用柱身开卯口的"穿榫造"，而后二者则为柱头开卯口的"落榫造"。

"穿榫造"的特点是安装时梁头自卯口从水平方向穿入，因而可以保证其在垂直方向上不会产生位移，与后两者各有构造优势。

关于花瓶瓜柱的沿用情况线索较少，在文昌地区调研的案例中只见少数案例（图2-35），对其源流关系仍留待后续更多的研究。

a 铺前镇泉口村潘于月宅

b 翁田镇北坑东村张学标宅

图 2-35 花瓶形瓜柱

a 铺前镇美宝村吴乾诚宅正屋檐廊构架

b 翁田镇秋山村韩锦元宅正屋厅堂构架

图 2-36 扁作与圆作构架

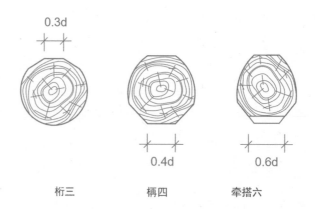

桁三　　　　　桷四　　　　　牵搭六

图 2-37 桁路与桷花

三、檩和梁枋

（一）传统木构梁檩

在文昌近现代华侨住宅中，钢筋混凝土结构出现以前，常用檩（当地称"桁"）传递椽、瓦等屋面构件的荷载，并通过墙或是木构架传递至地面；梁则是用于承托檩条的瓜柱，将上部荷载传递至下部柱梁。按构架类型差别，也有承托博古或直接承檩者。枋是位于柱之间的构件。其断面通常高扁，两端穿插入柱，不作造型和装饰，仅起拉结作用。在本地区大木构架中，梁、檩按扁作、圆作区分，其断面形式存在较大差异，且一般配套使用（图2-36）。

扁作梁通常作直梁形式，仅在梁头处杀作曲线或雕刻出丰富的造型。其中，最简单的做法是梁头卷杀刻作枭混线，除此之外还有蛟龙、卷草、云头等形象，断面尺寸通常为宽7厘米、高14厘米或宽8厘米、高16厘米。同时，檩条断面作讹角矩形，明间与次间的檩条搭掌相扣榫接。

值得关注的是，圆作梁的断面形式与潮州地区的"楅花作"[1]相似，梁身下部作近似六边形的三面四棱，上部砍杀为弧线（图2-37）。在正面看，能够观察到上下相接处分明的棱线。在构架背面观察，可发现梁加工为扁作断面形式，似乎是两种不同断面构件的拼合，柱、梁构件均平直粗糙，或许为后来扁作梁架的演化提供了基础的构造和技术源头。

住宅正屋明间脊檩正下方的位置，通常设有副檩，或称"加檩""子孙檩""子孙桁"。副檩的断面形状近似为六边形，底部三面四棱，上部起柔和的弧线。构件尺寸与断面形式依循木料的断面而定且一般大于脊檩。因此，在地面仰视观察时，只见副檩而不见脊檩。这一样式亦与潮汕地区木构架的副檩一致，显示两地营造渊源的关联性（图2-38）。

副檩通常位于明间两缝木构架的脊瓜柱之间，次间则不设副檩。副檩在脊檩的正下方，且与之平行，两者互相脱开一段约10厘米的距离，因而并不承受屋面的荷载，只起到一定拉作用，实与枋的作用类似，而其造型与一般的枋不同，应是对其位于脊檩下方这一特殊位置的强调。安装时，将其两端卡进脊瓜柱柱身的卯口内，或者架设在明间两侧横墙顶部留出的洞口。副檩的榫头一般穿过脊瓜柱，在梁架背面多有木销固定，以防脱榫。

副檩虽不具有承受主体结构荷载的作用，但在当地被赋予了众多民俗文化意义。通常在营建传统住宅时，"副檩"的安装

---

1 "楅花作"的名称由吴国智先生提出，"楅"音同"再"，是潮州工匠对当地民居中"梁"称呼。对于不同构件的断面，工匠有"桁三楅四牵搭六"的做法口诀。陆元鼎、杨谷生《中国民居建筑（上卷）》，广州：华南理工大学出版社，2003年，第191页。

图 2-38　广东潮州青亭巷大夫第厅堂中的副檩

a 铺前镇美宝村吴安宇宅正屋

b 文城镇下山陈村陈氏家族宅祖屋正屋

c 翁田镇北坑东村张学标宅一进正屋

d 铺前镇美宝村吴乾佩宅正屋

图 2-39　正屋厅堂中的副檩

尤为隆重，具有关乎宅主日后运势发展的重要含义，需要择卜吉日举行上梁仪式。此外，它还被称为"子孙桁"，其用材多会选用枝叶繁茂、果实繁多的波罗蜜或椰子树，有着"多子多福"的美好寓意。

副檩在本地区历来是厅堂内部浓墨重彩装饰的少数木构件（图 2-39），体现在以下几方面：（1）年代较早的民居中对其进行雕刻装饰，铺前镇美宝村吴安宇宅正屋便是一罕见案例；（2）副檩所用木材也显著有别于其他檩条；（3）副檩是本地区较少采用髹漆工艺的木构件之一；（4）檩背中央悬挂红绸、檩身贴有吉祥寓意的墨书红纸。进入厅堂仰视构架，副檩是最引人注目的视觉焦点。由此可见，副檩重要的民俗意义促使人们不遗余力地进行装饰来强调其地位。

（二）向钢筋混凝土梁的转变

随着 19 世纪末建筑材料革新，钢筋混凝土框架结构的应用逐渐成为文昌华侨住宅的鲜明特色。钢筋混凝土梁柱以其结构稳固、材料耐久的优点逐渐取代了传统木构梁檩。

在对新结构的探索过程中，尚未成熟的钢筋混凝土结构往往率先局部应用于建筑外廊。这一时期，梁与檐柱节点的交接已然成熟，并采用具有装饰效果的类似雀替的构件进行辅助支撑，但外廊和主要结构体之间，仍使用 1 至 2 根尺寸较小的方形断面木檩支撑楼板的荷载。这种做法在文昌华侨住宅中较为少见，例如会文镇山宝村张运玖宅（图2-40）。

更为常见的是整体浇筑而成的钢筋混凝土框架结构，在外观上主次梁构件不加特别区分，融为一体。同时，由于钢筋混凝土的材料可塑性强，建筑立面装饰往往可以不再拘泥于传统，西式拱券等各类装饰元素得以广泛运用（图2-41、图2-42）。

据相关研究，在马来西亚槟城华人聚居区与闽南侨乡的漳州、泉州等地的近现代骑楼建筑中，建筑结构材料在 19 世纪末至 20 世纪初经历了自木材、钢材向钢筋混凝土的演变过程[1]。文昌近现代华侨住宅则呈现出另一种演进过程，在其中未见钢梁的使用，这或与钢或铁在海边容易被咸湿的海风侵蚀有关。文昌住宅的建筑结构大致经历了从石柱木梁、砖柱木梁、钢筋混凝土柱与木

图 2-40　会文镇山宝村张运玖宅

图 2-41　会文镇欧村林尤蕃宅

结构、钢筋混凝土框架结构的演变。可见在同一时期，文昌华侨住宅的材料和结构体系的演变，不及漳泉一带那样清晰。究其原因，这与近代文昌的地方经济仍稍落后有关，由此导致建筑技术的变革不如漳泉一带显著。

1　王均杰《马来西亚槟城近代骑楼建筑初论》，华侨大学硕士学位论文，2020 年，第 80—83 页。

图 2-42　铺前镇美宝村吴乾佩宅

四、出檐构造

文昌传统住宅中，出檐构造形式丰富多样，大体可见四种做法：出檐尺度不大的情况下，一是利用墙垛直接出檐，二是采用单步梁头挑檩出檐。在出檐尺度较大、往往出双步乃至三步梁的情况下，一是采用横墙承檩，二是采用局部木构架并设有砖、石、混凝土檐柱的做法。其中，墙垛出檐和单步梁头挑檩出檐的做法构造形式明了，做法简单，多出现于年代较早的传统正屋中。另外两者则具有明显的构造发展趋势。随着出檐尺度加大以及室内外过渡空间的设置，对外廊日渐重视，因而成熟而牢固的出檐结构构造便显得十分重要。在钢筋混凝土结构技术自南洋引入之后，屋顶外廊的出现极大地满足了

本地区对外廊空间的需要，以其结构明晰的柱梁框架体系优势，在文昌近现代华侨住宅中得到广泛运用。

对于采用"横墙承檩"结构体系的建筑而言，其出檐构造形式或许来自墙垛出檐做法的加深和沿袭。由于本地区建筑普遍采用两侧山墙承檩，利用墙垛出檐是自然合理的技术选择，但砖石材料支悬檩椽的出挑尺度有限，无法满足人们对住居遮阳避雨的需要。本地区"凹斗式"路门做法，即入口大门向内退进二至三步架的距离，形成1.5米左右深的过渡空间，应是在早期技术条件有限的情况下，采用的妥协之法（图2-43）。

檐廊处通过加深墙垛乃至整段隔墙（或

图 2-43 铺前镇美兰村林鸿运宅内凹式路门横墙承檩结构

山墙）出檐的做法，有着对海南气候因素的考量，反映出大陆技术在当地的调整和适应。在多雨多风的海南岛，传统的木构架檐廊，尤其是木柱、木梁由于长期暴露，对其防潮、防腐、防蛀均是挑战。在较为古老的住宅中，蓬莱镇张梯岳宅正屋厅堂檐廊的木构架做法极为特殊，单步梁与双步梁的梁尾直接插入前檐纵墙，而与室内木构架脱离，形成"片段"。这种做法仅见该宅一例。对此，自然可以理解为如同后来在檐廊处普遍采用的局部木构架那样，表现出对装饰的不懈追求；同时也可认为，脱离的木构架反映出大陆技术与当地气候的不适应，以致这种构造方式在后来被明间横墙广为替代。

在众多长横屋的实例中，通常在檐廊处伸出 5 尺左右（约 1.5 米）乃至更大尺寸的

横墙上开设 1 米左右宽的券洞口，用以贯通相邻各间形成通廊（图 2-44）。相较于木构架，选择这种设廊方式也有一定的经济因素考虑，在普通住宅中，不失为一种简易、经济的营造手段。

如果说气候适应性的考虑是文昌一地采用横墙出檐取代木构架出檐的主要原因，那么在正屋明间两缝位置仍普遍采用木构架出檐则是出对于装饰的执着，这或与当地慎终追远的传统价值观念有关。只要是经济实力尚可的人家，就会不惜重金对正屋明间两缝木构架进行装饰，而在构架选型上，这些构架涵盖了我们前述所有的类型。这种对装饰的追求反映出的尊崇传统的态度，在横墙出檐的做法上也有体现，主要是在横墙券洞上方、相对对着明间的位置往往会用灰塑

a 蓬莱镇德保村彭正德宅　　　　　b 铺前镇泉口村潘于月宅　　　　　c 文城镇松树下村符永质、符永潮、符永秩宅

图 2-44　横墙承檩出檐结构举例

装饰，表现出对木构架装饰逻辑的沿袭。

　　此外，由于檐柱通常为石柱或混凝土柱，因而廊柱与木梁之间的交接构造成为需要解决的问题。可以看到，檐柱通常并不直接承檩，而是在石柱上部设置断面尺寸相宜的短木柱头，这一构件往往进行莲花状的木雕装饰。柱头与梁头的交接关系主要有穿插、搁置以及半穿半搁等类型。当出檐尺度较小时，甚至并不设置檐柱，采用悬挑的梁头直

接承檩（图2-45）。

　　可以看到，这些纷繁多样的木构架出檐做法往往极尽装饰之能事。这与横墙承檩出檐在横墙券洞上方的檐口部位进行灰塑、彩画装饰具有同样目的，使檐廊成为观瞻欣赏的第一视觉焦点，显然，木构架檐廊更具装饰潜力。因此，文昌华侨常不惜工料对其着重进行装饰，檐廊也成为本地区华侨住宅中浓墨重彩的装饰部位。

a 扁作柱瓜承檩型
东阁镇富宅村韩钦准宅正屋

b 扁作（花瓶）柱瓜承檩型
铺前镇泉口村潘于月宅正屋

c 博古承檩型
铺前镇美宝村吴乾诚宅横屋

d 挑梁不设檐柱
铺前镇佳港村史贻声宅正屋

e 博古承檩型
铺前镇美兰村林鸿运宅门屋

f 博古承檩型
铺前镇美兰村林鸿运宅正屋

图 2-45　不同类型的局部木构架出檐举例

第三节
木构营造技艺[1]

文昌近现代华侨住宅保留了众多传统木构营造技艺的信息并延续至今，尽管某些单项的技艺在当代仍保持一定程度的活态传承，但整体上传统营造技艺在本地区的存续几乎陷入绝境，以致我们在调研中，寻找相关从业者进行采访也显得困难重重。

技术的优胜劣汰是势不可挡的必然规律，但对于传统住宅的历史研究而言，历史发展导致的证据链缺环，为发掘历史内涵、揭示历史规律蒙上了层层迷雾。对传统营造技艺的研究来说，匠人这一营造活动中的关键因子随着历史发展更具不确定性，因此，挖掘、整理相关资料也更具紧迫性。

开展对本地区木构营造技艺的深入研究，有助于厘清文昌近现代华侨住宅匠艺的演变脉络，揭示传承与演变遵循的规律，从而以历史的视角审慎地看待传统住宅的近现代发展。

1　本节部分内容素材来自研究团队在 2021 年 1 月对铺前镇青龙村工匠叶能懋的访谈记录，工匠时年 57 岁，习艺时年 25 岁。

一、营造工序

文昌传统住宅的营造过程，按先后顺序主要有择址、放线、开基、砌墙（或立架）、上梁、上圆、钉桷、铺瓦、压脊、装饰等工序（图2-46），以下逐一介绍。

择址：传统营造中确定住宅基址方位尤为重要，被认为与屋主日后的吉凶运势密切相关，好的基址可以使子孙家运兴旺发达。在营建房屋前，屋主会请风水师相地择址、确定风水，通过运用罗盘和风水理论确保用地的自然环境、方位、朝向等具有适宜的建房条件。

住宅基址的确定需要风水先生考虑路门的方位和朝向。路门一般对着河水流出方向，由此也可确定厨房的位置。横屋的朝向视来水而定，水流自东而来，则横屋坐西朝东，有纳财的寓意。此外，基址的选择以及建房施工良辰吉日的选定，都与主人的生辰八字有关。

放线、开基：工匠根据屋主的经济实力和具体需要确定建房规模，定位正屋所在场地的几何中心（当地称主公枯）[1]。一般选用方形或六边形石砖作为主公枯，使用墨斗放线以确定场地四至、外墙线，完成施工前的场地处理，随后进行开基挖槽，确定砌筑墙体的地基规模。

关于建筑规模，文昌传统住宅正屋面阔一般三间；其中，明间取15路瓦坑、次间取13路瓦坑（1瓦坑约25—27厘米）；前后纵墙间的步架数多用10或12步架（11或13檩），控制好正屋体量即可在备料时确定砖、瓦、木料的用量。在已有基址上增建房屋，则营造顺序一般自后向前修建（如受用地限制则不遵照此原则）。在铺前镇，新建的前屋屋脊高度需低于后屋，向前修建且高度依次减小的规则，或有对场地、坡度、日照、朝向方面的考量。此外，横屋屋脊高度需低于正屋，路门的檐口高度应高于正屋，而屋脊高度应低于正屋，以此对院落内各建筑的体量进行权衡。

砌墙（或立架）：砌墙分为"起墙脚"和"结墙尾"。"起墙脚"是指在开挖好的基槽中，填入砖瓦土石以垫起墙基，砌筑墙脚。砌墙时，先砌四周围护墙体，再砌内横墙，并留出门、窗洞口的位置。如果正屋明间两缝采用木构架，还要定磉盘、安柱础。木构架的施工，首先将零散的柱、瓜、枋拼合成一榀构架，再在明间两缝位置竖立起来，

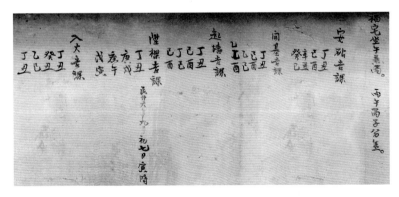

图2-46 文教镇美竹村郑兰芳宅的营造文书

1 熊绎《琼北传统民居营造技艺及传承研究》，华中科技大学硕士学位论文，2011年，第23页。

使之就位,以牵枋等拉连成整体。此外,还需进行"结墙尾"仪式,此时墙端已大体呈现山墙形态,砌墙工序基本完成。

上梁:在明间横墙或木构架安装完毕后,还需进行上梁仪式。所上的"梁",是指脊檩下方的副檩,将其提升至山墙或木构架上安装到位,象征建筑落成。上梁仪式是整个营造过程中最为关键和隆重的。

根据施工进度和上梁仪式所择吉日的不同,在文昌有"飞梁"和"稳梁"两种情况。如上梁在结墙尾之前,需用木架支撑起副檩,待结墙尾结束后再进行上梁,是为"飞梁";如在结墙尾仪式之后,则按正常的上梁工序完成仪式,称为"稳梁"。

上圆、钉桷:将剩余的檩条安装到山墙或木构架上,再在檩条背部钉上椽子(本地称桷)[1]。

铺瓦、压脊:与南方大多数地区一样,文昌传统住宅不用望板或望砖,而是用"冷摊瓦"的做法,直接在椽上铺瓦。"压脊"是砌筑正脊的做法,采用灰浆砌筑,使其具有一定自重,保证屋脊的坚固。

建筑主体结构按照以上工序完成施工之后,再对建筑的屋脊、门窗等部位进行灰塑、彩画装饰。

二、鲁班尺的使用

"鲁班尺"的称谓虽仍流传,但如今多数的文昌大木匠师通常将木工尺和鲁班尺两种用尺混为一谈。其中,木工尺即营造尺,是工匠营造的基本用尺,以十寸为一尺,用以度量建筑及构件的尺寸;另一种是八进制的鲁班尺,又称"八字尺",以八寸为一尺,每寸合一字,用文字的吉凶匹配构件尺寸吉凶。鲁班尺并非起到度量构件之用,而是作为设计的辅助用尺,主要用以确定门户尺寸的吉凶。有些地区为强调其量门之用,将其称作"门尺""门光尺"等。下文除具体说明外,凡所称"鲁班尺"皆指"八字尺"[2]。

关于鲁班尺的尺长与尺法,明代天一阁本六卷《鲁般营造正式》中有"鲁般真尺"的记载:

鲁般尺,乃有曲尺一尺四寸四分长

---

1 琼北地区对于椽子的称谓,有文献记载为"菊"(熊绎:《琼北传统民居营造技艺及传承研究》,第41页),笔者认为这是对"桷"字的误记。《说文·木部》记载"桷,榱也。椽方曰桷",西南地区保留这一古称谓,将方形断面的椽子称为"桷板""桷子"等。

2 将"木工尺"和"鲁班尺"混为一谈的现象,在文献中也有学者提及,认为鲁班尺有广义和狭义之分,其中广义的鲁班尺指木工建造用尺,狭义的鲁班尺指度量门口吉凶用尺(国庆华《鲁班尺与鲁班尺法的起源和用法及其门尺、门诀和门类问题》,《建筑史学刊》2020年第1期,第53—66页)。

其尺间有八寸，一寸准曲尺一寸八分，内有财、病、离、义、官、劫、害、吉也，凡人造门，用依尺法也。[1]

可见对于鲁班尺的尺长（合 1.44 木工尺）、八进制规律、八字和用法均有明确的说明。八字中，以"财、义、官、吉（本）"四字为吉，其余为凶。

根据工匠访谈，文昌本地工匠所用鲁班尺，每字长度 6.6 厘米。以八字作为"一回"（即一个周期），故而尺长为 52.8 厘米。为方便使用，在测量较小尺寸时，"一回"可近似取 54 厘米。但在测量较大尺寸时，如果仍取 54 厘米，累加会造成较大误差，此时仍需结合每字 6.6 厘米进行测量。近似取值 54 厘米与我们在调研所见的吴多益匠师所用鲁班尺长 54.3 厘米接近（图2-47）。此外，由于鲁班尺由民间工匠制作，师承关系不同，存在长短不一的情况。

可见，文昌本地工匠所用鲁班尺的特征及用尺规则，除与木工尺尺长关系未能明确外，均与历史文献相符，表明对这一尺制较好地遵循沿用。

从营造角度来看，当地工匠将鲁班尺与木工尺混用的现象也有佐证，据此还可推算两者的尺长关系。民间建造房屋，用作衡量开间面阔尺度单位的瓦坑，1 路瓦坑宽度通常为 25 至 27 厘米，尺寸实际合底瓦的宽度。早期营造中，通常使用鲁班尺度量长短，1路的宽度合 7.2 寸鲁班尺长。将其尺长折算为"八字尺"显然过短，因而这里的"鲁班

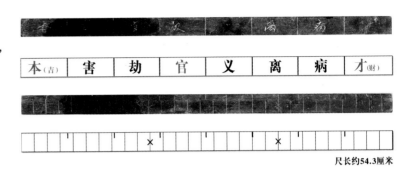

图 2-47　铺前镇吴多益匠师所用鲁班尺

尺"当指木工尺，1 尺合 36.1 至 37.5 厘米长。另一方面，从瓦坑宽度对建筑面阔这一关键尺寸的控制来看，也以木工尺长计算较为合理。此时，根据八字尺合 1.44 木工尺长，反算其长度约为 52 至 54 厘米，恰与工匠指出的长度相合，可以认为这一数据具有合理性。

鲁班尺的使用，在文昌传统木构建筑中，通常用于度量门扇尺寸。本地区所指的门扇高度，是从门槛到门楣（当地工匠称为"见光"）的高度。在我们的调研中，工匠提供的主要门扇常用尺寸均与鲁班尺吉字相合，如正屋前檐双扇开门，门宽 132 厘米，压"义"字；门高 262 厘米，压"本"字等。此外，神庵枋的高度通常压"官"字，取将祖先视作神官之意。

本地区鲁班尺用法还反映出对压白尺法观念的沿用。《鲁般营造正式》记载鲁班尺用于门扇时，举例说明"单扇门小者开二尺一寸，压一白"，"单扇门开二尺八寸，压八白"，"双扇门者用四尺三寸一分，合三绿一白"，等等，具有压"寸白"的用尺

1　《明鲁般营造正式（天一阁藏本）》，上海：上海科学技术出版社，1998 年，第 17 页。

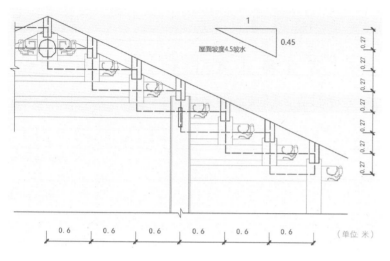

1

0.45

屋面坡度4.5坡水

0.27 0.27 0.27 0.27 0.27 0.27 0.27

0.6 0.6 0.6 0.6 0.6 0.6 （单位：米）

图 2-48　屋面坡度计算示意图

好的保留。本地区工匠制作门扇时，也反映出压白尺法中"压一白"观念的遗留。门扇尺寸往往不取整数，如对于横屋小门和便门，设计尺寸为 80 厘米，而实取 81 厘米，寓意出人头地。

对特定吉数尺寸的偏好，也出现在南方其他地区的传统营造中，如湖南湘西一带有"要想发，不离八"的原则[1]，这或与"压白"尺法在各地区的沿用方式有关。随着时移世易，各地营造用尺在民国以后往往统一为市尺或公尺，原有的地方尺系逐渐消失，"压白"规则随之隐匿，代之以喜闻乐见的民俗解释。

方法，即以寸数压"一白、六白、八白"为三吉星。这一做法在潮汕地区得到较为完

三、关键营造技术

（一）屋面坡度

文昌传统住宅的屋面通常处理为直坡水，建筑屋顶的前后两面形成平直的斜坡屋面，并无类似宋、清官式营造中的"举折""举架"做法，也不像穿斗架技艺发达的诸多南方地区采用折水屋面的做法。采用直坡水的营造技术，虽不似有举折屋面那样可以形成优美柔和的曲线，但具有易于掌握、便于施工的优点。具体营造设计时，屋面坡度通常根据当地工匠的经验进行直接计算。

屋面坡水的计算方法，是以屋架的举高 H 与前、后檐檩水平距离之半 D 的比值确定，如比值为 0.45，即为 4.5 坡水。本地区屋面坡度较为平缓，早期一般取 4.4、4.5 坡水，现今则多为 3.9、4.0 坡水。这与当地气候条件密切相关，由于文昌多台风，屋面平缓利于减小迎风面，产生较小的风阻，使得强风更易快速通过，从而保证房屋结构的稳定。

屋面坡水既决定了建筑的外部形象，又决定了木构架中各部件的具体尺寸。坡水的陡峻平缓，会相应地影响到梁长、（瓜）柱

1　参见杨梓杰《潮州地区传统民居木构架营造技艺研究》，深圳大学硕士学位论文，2019 年，第 17 页。

高等尺寸，因而有着从整体到局部的设计控制意义。以本地区常见的 13 檩"柱瓜承檩型"构架为例，如正屋前后檐檩水平距离为7.2 米，采用 4.5 坡水屋面，则屋架举高为7.2/2 米 ×0.45=1.62 米。步架平长通过等分得：7.2 米 /12=0.6 米，瓜柱高为 0.6 米 ×0.45=0.27 米（图 2-48）。由于采用直坡水，柱、梁构件间距等分，加上不同构件截面尺寸一般相同，因而表现出某种模数化倾向，构件和空隙间形成规则网格，在视觉上具有均匀的秩序感。

前文已有分析，扁作与圆作柱瓜承檩构架之间存在一定源流关系。同时，统一规格尺寸的木料，或与便于从南洋诸国运输进口有关，这与扁作构架类型在后期得到广泛的流布有着重要关联。但无论如何，源于屋面直坡水的处理在构架设计层面，已有便于掌握和操作、易于构件加工进而能够大大提高施工效率等优点，这正是传统木构架向现代化演进的趋向。

（二）预应位移设置[1]

在文昌传统住宅中，正屋脊檩自明间向次间山墙逐渐升高 5 到 7 厘米，使屋脊和屋面向两端形成微微起翘。这一特殊做法类似穿斗架中的"升山"处理，与《营造法式》中"生起"的做法类似，不同之处在于"生起"只对檐口曲线作处理。同时，前檐檐口通常比后檐升高 3 到 4 厘米，使得前檐坡度比后檐更趋和缓。在穿斗架中也有相应的做法，称为"抬檐"。根据工匠介绍，这样处理是为使建筑显得更加挺拔、美观，如人抬头挺胸一样站立。这种解释将建筑比附于人，无疑是受到传统文化观念的影响。

从结构技术的角度来看，这些特殊处理的目的，是为了防止建筑屋脊两端和檐口处的木构件由于材料的蠕变而发生挠度变形。因而，为预防构架发生脱闪，事先进行与位移方向相反的操作，是为预应位移设置。由此，可为日后产生的形变留出一定余地，起到未雨绸缪的作用，这一处理反映出大木匠师对木材的材性具有深入认知与娴熟的运用。

或许是由于建筑两侧山墙不具备向明间倾斜的条件，本地区未见类似穿斗架中的"向心"和"侧脚"做法，但采用类似"升山"和"抬檐"的处理，使建筑具有一定的动势和张力，也使得横墙承檩结构平直呆板的建筑形象表现出木构架所特有的轻盈美感，其实质是对文昌传统木构架技术的延续。

1　"预应位移处理"，是笔者在主持的国家自然科学基金项目"中国南方古代木作建筑技术源流研究"（2004—2006）结题报告中首次提出的一个中国传统木结构建筑技术概念。它是古代大木匠师在总结前人对木材材性的经验基础上，在具体的建筑构造上所做的一系列创造性发挥。具体地说，它指为预防木梁或檩条在受到自重等竖向荷载的情形下，由于年久产生向下的挠度变形；在设计与建造时，有经验的工匠往往在原先设计的直梁或水平檩条基础上，预先在其两端或一端进行适当的反向位移处理的做法。在此构造措施下，传统木结构建筑的屋面在未来相当长的时期里，就会在大木匠师的预判之下发生可控的变形，而呈现出比较圆满的凹曲屋面或平滑曲线的屋脊。

第三章

厅堂装修
与建筑装饰艺术

自琼州（今海口）开埠以来的半个多世纪（1876—1949）里，文昌近现代华侨住宅在传承闽粤传统住宅装饰艺术的同时，还吸收了经广州、澳门、香港，以及南洋诸国舶来的西方建筑文化，融合形成了自己独特的建筑装修、装饰艺术风格，在岭南住宅装饰风格体系中别具一格、独放异彩。

室内装修在传统营造体系中被称为"小木作"，与建筑结构体系的"大木作"相对应。以文昌为代表的琼东北地区，传统住宅的装修按部位可分为外檐装修和内檐装修。前者主要包含室外空间中的各种装饰构件等，如大门、门额、槅扇、槛窗等；后者主要包含室内空间中的各种隔断、装饰构件等，如中槅、屏门、神庵、博古架、地墁铺装等。两相比较，住宅的外檐装修一般简约大方，内檐装修则更趋繁复精致。

受中国两千多年以来的礼制文化影响，厅堂之于传统住宅而言，具有精神中枢的重要意义。因此，文昌住宅装修与装饰的重点，主要集中于正屋厅堂、横屋的男女厅（横屋厅堂）、外檐以及山墙等。而近现代华侨住宅受西方建筑文化的影响较大，其正屋正立面的装饰亦逐渐成为重点。

第一节
以神庵为核心的厅堂装修

　　文昌传统住宅营造严格遵照《明史·舆服志》中"庶民庐舍"的建筑规制，其正屋面阔直至近现代普遍采用三间。在西方建筑文化的影响下，文昌近现代华侨住宅虽在建筑高度、体量以及装饰等方面有所突破，但住宅中最重要的精神空间——正屋明间厅堂的基本格局仍多沿袭旧制。神庵作为厅堂的装饰核心，在华侨住宅中更加受到重视。常年侨居海外但心怀桑梓、情系故里的文昌华侨常不惜重金在厅堂神庵的制作上穷工极巧，不仅在装饰材料上多用珍贵的进口木材，在装饰工艺上也集各种雕刻技法于一体，并融入各种具有吉祥寓意的装饰题材，寄托了华侨对于家族生生不息、兴旺发达的美好愿景。此外，厅堂地面铺装中对大理石、花阶砖和水泥等材料的使用，也是文昌华侨住宅厅堂装修的显著特色。

一、厅堂与神庵

（一）厅堂格局

中国古代的建筑等级制度影响和约束着官员与百姓居所的体量和用材，尤以明清两代为巨。明初，规定庶民庐舍"不过三间，五架，不许用斗栱，饰彩色。（洪武）三十五年复申禁饬，不许造九五间数，房屋虽至一二十所，随基物力，但不许过三间"，正统十二年（1447）"令稍变通之，庶民房屋架多而间少者，不在禁限"[1]。

具体的建筑规制，明代造园专著《园冶》提到："凡园圃立基，定厅堂为主。"[2]又称"厅堂立基，古以五间、三间为率"[3]，厅堂面阔按古制为三开间和五开间；对于平面布局，规定"凡厅堂中一间宜大。傍间宜小，不可匀造"[4]；至于进深规模，则"凡屋以七架为率"[5]，即大木构架以七檩架、六椽架为基本标准。这些做法不仅适用于园林建筑，民间住宅也遵循同样规律。

文昌传统住宅似乎严格遵循明代"庶民庐舍"制度的规定，包括华侨居所在内，所有住宅正屋面阔均不逾三间。正屋明间面阔约十五路瓦坑（约合4米），次间面阔在十三或十一路瓦坑（约合3.5米或3米）；进深多为九或十一檩架，如出前廊（部分住宅前后出廊）则可扩展至十三或十五檩架。

与此同时，文昌传统住宅的进深规模也合乎"架多而间少者"的规定。这是由于文昌地处四面环海的海岛之上，台风对建筑屋面的危害要远超大陆腹地。因此，当地住宅每步架都比大陆做法要小，在60至80厘米之间。

受儒家礼教影响，宗法礼制在中国人的日常生活中有鲜明体现，尤以厅堂家具的布置最为明显。厅堂前后一般设有内开的大门，前门较后门宽，门下设石门槛一道。厅堂后部设中榀，中榀通常由神庵和下方的四扇或六扇槅扇门组成，平时关闭，只有在家庭重大活动时才打开。中榀前放长条案（香几），其上摆放祭祖香炉，条案前是一张八仙桌，左右两边配太师椅。厅堂两侧安置座椅。这些厅堂的家具配置与大陆东南沿海地区相差无几（图3-1）。

1　参见《明史》卷六八、《舆服四》中"臣庶室屋制度"北京：中华书局，1974年，第1672页。

2　计成著，陈植注释《园冶注释》，北京：中国建筑工业出版社，1988年，第71页。

3　《园冶注释》，第73页。

4　《园冶注释》，第106页。

5　《园冶注释》，第101页。

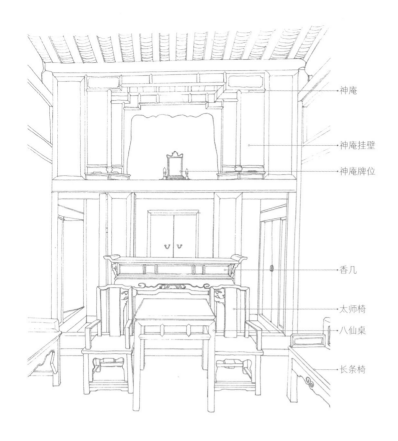

神庵

神庵挂壁

神庵牌位

香几

太师椅

八仙桌

长条椅

图 3-1　厅堂家具及陈设布置示意图

（二）神庵

受"慎终追远"的敬祖观念影响，在文昌传统住宅中，神庵是厅堂空间中最核心、最紧要的装修部位。文昌所在的琼东北一带，当地人将木制神龛叫作"神庵""神床"，也有人称其为"公殿阁""主公阁"[1]。神庵的形制颇具古风，沿袭了北宋《营造法式》所记载的"佛道帐"制度中的"壁藏"做法，具有典型的"小木作"装修风格（图3-2），其装饰装修特色与广东惠州惠东一带的敬祖神阁较为接近，雕琢装饰都颇为精美，凸显了神庵作为厅堂视觉焦点的重要地位（图3-3）。

文昌一带的传统村落中，宗祠体系并不发达，多数村落不见祠堂。而在住宅中，每进正屋的厅堂多设有神庵。对华侨而言，祖屋象征着"落叶归根"。长期以来，文昌华侨在外打拼，经济上一旦有所积累，必定返乡翻修或兴建宅第并支持地方建设。自家府第所寄托的落叶归根、光宗耀祖的桑梓之情通过神庵这一特殊的装修设施予以传递和表达。

在文昌传统正屋厅堂中，当地将两根后金柱之间的装修称为中榑。中榑由神庵枋划分为两部分，枋的上方为神庵，枋的下方为四扇或六扇榑扇门。神庵由木质板壁装修而成，其上部直抵金檩，进深通常为一步架。在后来的钢筋混凝土结构正屋的厅堂中，神庵仍保留在相应的位置。神庵立面通常由中央龛位和两侧板壁三部分组成，雕刻装饰便围绕这三部分展开，雕刻板壁层层装修，形成具有纵深感的多层次装饰效果。

神庵的雕刻装饰华丽精巧，体现了子孙后辈对祖先的尊崇，其造型往往是能工巧匠奇思妙想和精雕细刻而成，结合厅堂空间的实际情况有所变通，并非千篇一律。雕刻的主题往往会选取具有美好寓意的珍禽异兽花草纹样和祝福题字等。此外，中央龛位两侧的木格壁上还题有美好寓意的对联。在神庵枋上，也多有四字题刻，多是福寿安康人丁兴旺、高官厚禄等内容。

制作传统厅堂神庵的木材，近代多用南洋进口的黑盐木或石盐木。

1　"神庵""主公阁""公殿阁"的称谓是我们在文昌地区的田野调查中获得。

图 3-2 《营造法式》记载的"山花蕉叶佛道帐"

在团队考察的百余座华侨住宅中,七成以上的神庵依然保留在原来位置。目前还能见到数处装饰装修保存相对完整的神庵,大多体量宏大、制作精良、装饰精美、色彩丰富,其中以文城镇义门三村陈治莲、陈治遂宅和铺前镇美兰村林鸿运宅(图3-4)为佳。此外,东阁镇富宅村韩钦准宅(图3-5)、铺前镇泉口村潘于月宅(图3-6)、美宝村吴乾佩宅(图3-7)、蛟塘村邓焕芳宅(图3-8)以及蛟塘村邓焕玠宅(图3-9)的正屋厅堂神庵也都保存较好,装饰繁简不一,各具特色。

神庵下方是槅扇门,当地又称"屏风门",在江浙一带称"太师壁",闽东一带则称"进宫壁"。在《营造法式》中有"照壁屏风"的记载,其形制又分为固定的"截间屏风"和可以启闭的"四扇屏风"[1]。大陆多地的屏风门特点是中间相对封闭、两旁可以启闭,在中央的板壁处装饰书画陈设。而文昌屏风门做法略有差别,全由槅扇门组合而成,日常可全部打开,以利通

图 3-3 广东省惠东县增光镇长坑村某祠堂神龛

风,与《营造法式》中的"四扇屏风"类似。槅扇门数量不一,厅堂尺度较小的,一般采用四扇或六扇。文昌住宅正屋厅堂多无书画陈设,而将装饰重点放在神庵和槅扇的装修和雕刻上。

---

1 梁思成《梁思成全集》(第七卷),北京:中国建筑工业出版社,2001年,第181—182页。

图 3-4　铺前镇美兰村林鸿运宅正屋厅堂神庵

图 3-5　东阁镇富宅村韩钦准宅第四进正屋厅堂神庵

图 3-6　铺前镇泉口村潘于月宅正屋厅堂神庵

图 3-7　铺前镇美宝村吴乾佩宅正屋厅堂神庵

图 3-8　铺前镇蛟塘村邓焕芳宅正屋厅堂神庵

图 3-9　铺前镇蛟塘村邓焕玠宅正屋厅堂神庵

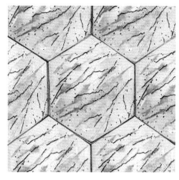

图 3-10　铺前镇美兰村林鸿运宅六边形大理石铺装

二、厅堂地面铺装

　　传统住宅厅堂的地面铺装因地域、屋主经济状况等客观因素的不同而有所差异。干阑式建筑流行区域，往往会用木地板铺装；江南宅第的厅堂，经济条件较好的屋主会用金砖或地砖满铺地面；浙南和福建地区，厅堂多用三合土地面，掺入了糯米的三合土质地坚硬、黏合性强，性能不亚于水泥地面；闽南和广东地区，由于气候湿热，厅堂常采用孔隙率高的红砖铺装（岭南地区习惯称"大阶砖"），在南风天可吸收空气中的水分而降低室内空气湿度。

　　在文昌近现代华侨住宅中，使用三合土的做法与使用地砖铺砌的做法都有。在文昌近现代华侨住宅中，最具特色的还是从国外进口的大理石、花阶砖以及水泥印纹地面等新式铺装做法，反映出近代以来文昌在新材料引进和新技术交流的背景下，住宅的地面铺装也受到了较大影响。

（一）大理石铺装

　　在文昌近现代华侨住宅中，运用考究的大理石铺砌厅堂地面的做法并不多，铺前镇美兰村林鸿运宅是重要一例。林宅二进和三进正屋厅堂都用统一规格尺寸的六边形大理石拼镶而成。此外，二进厅堂前、后檐廊和三进厅堂前檐廊也都用同样规格、同样色彩和质地的大理石铺砌。在宽敞的厅堂中，配以浑然一体的灰白色大理石地面以及深褐色的硬木家具，使得厅堂空间氛围更加典雅庄重（图3-10）。

（二）花阶砖铺装 [1]

　　在福建和广东的一些华侨住宅中，多见从日本、英国等国引进的花阶砖（又称"水泥花砖"）用作地面铺装和墙裙；从南洋或其他国家舶来的花阶砖，亦是文昌华侨住宅

1　关于花阶砖的制作工艺、引入海南及其使用历史，参见第四章第一节。

151

图 3-11 文城镇义门二村陈明星宅花阶砖铺装（手绘）

图 3-12 东阁镇富宅村韩钦准宅各类花阶砖铺装（手绘）

的一大特色。在我们的调研案例中，花阶砖的使用见于文城镇义门二村王兆松宅和陈明星宅（图 3-11）、东阁镇富宅村韩钦准宅（图 3-12）等。一方面，这些花阶砖的纹样带有伊斯兰装饰风格，多为或繁或简的几何图形。在大面积铺装后，能够形成色彩丰富、具有韵律感的地面图案，在厅堂中增添了鲜明的异域风格。另一方面，这些集中在 20 世纪 30 年代才被引入的花阶砖铺装，亦反映了文昌华侨对时新事物的接受态度和其雄厚的财力。

（三）水泥印纹地面

文昌近现代华侨住宅中，还有一类在当时比较时尚和新颖的地面做法，那就是水泥印纹铺地。这种铺装的做法极为简单，在水泥浇筑的铺地硬化成型之前，运用刻有花纹的模具在地面上进行拓印，就能形成各式纹样图案。

表 3-1　应用水泥印纹地面的典型案例

乡镇	自然村	宅名	建成时间	应用部位	地面类型	压花类型
东郊镇	邦塘村	黄世兰宅	1906 年	横屋厅堂	素水泥砂浆地面	方形海棠花纹
铺前镇	美宝村	吴乾佩宅	1917 年	门屋厅堂	彩色水泥砂浆地面（砖红色）	方形铺砖纹
		吴乾璋宅	1917 年	门屋厅堂	彩色水泥砂浆地面（砖红色）	方形铺砖纹
	蛟塘村	邓焕江、邓焕湖宅	1928 年	正屋厅堂	素水泥砂浆地面	六边形铜钱纹
		邓焕玠宅	1931 年	正屋厅堂	素水泥砂浆地面	菱形铺砖纹
	轩头村	吴乾刚宅	1937 年	横屋厅堂与房间	彩色水泥砂浆地面（砖红色）与素水泥砂浆地面	方形几何纹、菱形铺砖纹
锦山镇	南坑村	潘先伟宅	1931 年	路门	素水泥砂浆地面	六边形铜钱纹、方形寿字纹
会文镇	欧村	林尤蕃宅	1932 年	正屋厅堂与檐廊、横屋檐廊	彩色水泥砂浆地面（砖红色）	方形海棠花纹

图 3-13　会文镇欧村林尤蕃宅水泥印纹地面的纹样单元（手绘）

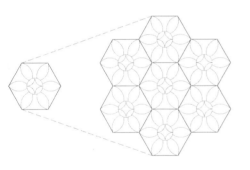 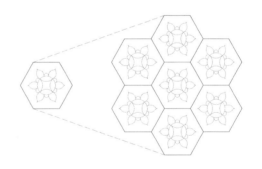

图 3-14　六边形水泥印纹的组合图案示意

　　显然，水泥印纹地面具备了水泥砂浆结实耐磨的特点，而压花既能美化地面，也能起到防滑、防止水泥地面开裂的作用。相较于花阶砖，这种地面的装饰效果虽然略为逊色，但造价也相对便宜。因此，这种经济美观的地面装饰颇受文昌华侨青睐（表3-1）。从压花式样来看，大都沿袭传统装饰纹样（图3-13），如海棠纹、铜钱纹、寿字纹等。

　　铺前镇蛟塘村邓焕玠宅，正屋厅堂的水泥地面上划分出正向、斜向的方形网格，形成类似传统的方砖斜铺效果。同村邓焕江、邓焕湖宅的正屋厅堂，地面则是仿传统"龟背锦"纹样，由连续的六边形组合，每个六边形内又有铜钱和花瓣的组合（图3-14）。此外，锦山镇南坑村潘先伟宅的路门，其凹斗空间的门内地面采用方形寿字纹，门外则是六边形铜钱纹和花瓣纹的组合。

第二节
壁画、灰塑与木石雕刻

　　壁画、灰塑与木石雕刻都是闽粤传统建筑的装饰艺术，历史悠久，别具特色。这些装饰艺术与文昌地域文化相结合，形成了颇具文昌特色的建筑装饰，其中以壁画与灰塑最具代表性。

　　传统壁画多用天然颜料绘制，主要绘于厅堂两壁或墙楣部位。灰塑则多用灰泥制作，主要装饰在山墙和屋脊等部位。文昌华侨住宅中的壁画多与灰塑相结合，形成造型丰富的立体效果，有着很高的艺术价值。

　　木石雕刻在文昌华侨住宅中也有所传承。木雕多集中于檐廊梁架、槅扇和家具等，石雕则多装饰于柱础。随着西方混凝土材料与结构技术的引入，以木石材为主的传统木构架体系逐渐式微，代之以混凝土材料为主的新装饰艺术。

一、壁画

文昌传统住宅中的壁画风格与广府地区接近，壁画取材广泛，多用民间吉祥图案，乡土气息浓郁，传达百姓的良善意愿和对生活的美好憧憬。自近代以来，受南洋舶来的西方文化影响，风景画和人物自传性故事的画本作为新的壁画题材引入华侨住宅中。两相结合，逐渐形成了文昌独特的住宅壁画风格。

华侨住宅壁画的题材内容、布局构图、人物造型、装饰纹样、绘画赋彩技法等方面都具有鲜明的闽南、广府传统壁画艺术风格，并受到南洋装饰艺术的影响，反映了多元艺术风格的交融。

（一）壁画的艺术题材与表现形式

文昌近现代华侨住宅中，建筑壁画的艺术题材与表现形式，一方面是对中国传统壁画和建筑彩画的继承，如在效仿文人画、卷轴画方面，与大陆传统建筑一脉相承；另一方面，在绘画的题材、内容、材料、构图等方面，又借鉴了西方绘画手法，比如明暗阴影和透视比例等。

1. 艺术题材

（1）自传性故事类

此类题材常以屋主人的日常生活、工作经历等内容进行创作，表现了南洋华侨在外打拼、艰苦创业以及成功后的辉煌成就。常见题材有工厂景观、西洋府邸等，也会出现近现代社会中的新鲜事物，如汽车、洋楼、轮船等。

这类壁画是中国乡村社会受到西方文化直接影响的重要见证，对研究海南华侨的海外生活史具有重要的图像文献价值和历史意义。

（2）山水花鸟类

此类题材类似国画中的山水花鸟（图3-15、图3-16），比较突出的特点是融合了海南当地的风物特色，如棕榈、椰子树等热带、亚热带植物，具有鲜明的地域特征。

（3）庭院建筑类

此类题材既继承了传统绘画中界画的工整写实、造型准确的特征，同时融入了西洋画风格，其反映的内容基本是屋主人对田园生活或未来住居的憧憬。自传性故事类题材也包含了庭院建筑类的一些内容。

（4）诗词书法类

此类题材的内容常有抄录古代著名诗文、本地流传的民间诗词佳句、警世名言、家训或屋主自题诗句等。

（5）吉祥寓意类

此类题材基本沿用大陆传统壁画主题，如福字、囍字等蕴含美好寓意的文字，或花鸟、器物、人物、纹样等形象及其组合。

图 3-15　文城镇义门三村陈治莲、陈治遂宅正屋檐廊壁画

图 3-16　铺前镇美宝村吴乾芬宅正屋外檐墙楣壁画

2. 画幅与画框形式

文昌华侨住宅中的壁画，在画幅上分为单幅和连环画两类：单幅的画面有矩形、圆形、扇形、平行四边形等；连环画类有三幅一组、五幅一组的，皆据壁画表现的内容与形式以及画面大小进行考量安排。

画框多仿照传统卷轴画的表现形式，与画面相协调，增加画面的感染力和冲击力。在中国传统文化的语境中，画框实为景框，承担着框定风景的作用，产生着微妙的间离效果，如同园林中的漏窗，其价值在于将艺术创造的空间与外界真实的空间区别开来。

3. 表现手法

壁画的表现手法大致可分为三类：工笔画、写意画和中西合璧手法。其中，中西合璧手法采用透视技法形成内容丰富、体量巨大的画面，有着很强的视觉冲击力，题材一般包括山水、花鸟、人物、建筑等。作画时一般先在墙面绘制草稿，再勾线填色。这些壁画效果兼具了东西方绘画特色，成为文昌近现代华侨住宅中的精妙作品。

（二）壁画案例

由于各种自然和人为因素的影响，文昌独具特色的建筑壁画保存现状不尽相同。这些壁画大部分颜色鲜艳，画面完整，但也有一些褪色严重，画面污损，或被人为破坏，难以辨识。虽然这些壁画保存质量参差不齐，但其题材多样，艺术手法鲜明，反映了丰富的时代背景和地域特色。以下以东阁镇富宅村韩钦准宅和文教镇美竹村郑兰芳宅壁画为例进行说明。

1. 韩钦准宅壁画

韩钦准宅路门、正屋、横屋檐下和室内梁架下的壁画，题材、质量和工艺在文昌地区甚为罕见，生动地记录了房屋主人韩钦准在泰国侨居的创业背景及风土人情。

山墙顶部壁画为书卷式，边框采用寿字纹、卷草纹连续排列。为适应传统的"人"字形屋顶，壁画分割为多个平行四边形。每个四边形所绘内容不同，故事主线围绕韩钦准下南洋后在泰国艰苦创业的经历展开。特别是正屋厅堂和横屋花厅的壁画，均能见到韩钦准家族在泰国经营的"火锯厂"场景，包括厂房、办公大楼和附属建筑等。此外，还描绘了大量泰国乡村的风景。为保持故事的完整性和丰富性，在部分图框里，还绘有传统山水花鸟，其主题也多反映吉祥寓意。颜料中钴蓝、群青、土黄和土红所占比例最高，经历近百年风雨依然鲜艳夺目，可见材料与工艺之上乘（附录4图版一）。

2. 郑兰芳宅壁画

文教镇美竹村郑兰芳宅内有两列三进的六座正屋，每座正屋厅堂入口的凹斗处，两侧墙面绘有壁画。檐下画框为平行四边形，分为上下不等的两幅画面。上方用西洋绘画技法表现折枝花卉，下方则绘有城市、乡村景观和花鸟植物等内容。

郑兰芳（1900—1965）为马来西亚华侨，曾在马来西亚从事种植业与餐饮业。壁画中的城市和乡村景观表现的或是其在马来西亚侨居的生活场景。画面展现的场景细节丰富，其城市街道景观已有鲜明的现代化特征，如路灯、汽车和行道树等。建筑为多层骑楼，鳞次栉比。此外，也有表现海港风景的城市面貌，能够见到砖石驳岸和港口繁忙的邮轮场景。

在表现方式上，该宅壁画吸收了西方透视画法，街道建筑、人物层次丰富，表现详略有致，色彩饱满，是诸多华侨住宅壁画中表现质量较高的佳作（附录四-图版二）。

图 3-17 铺前镇蛟塘村邓焕芳宅正屋正脊端头的灰塑

图 3-18 铺前镇蛟塘村邓焕芳宅正屋垂脊端头的灰塑

图 3-19 铺前镇美宝村吴乾芬宅门楼正脊中央的灰塑

二、灰塑

（一）题材与表现手法

灰塑是闽粤住宅中极具特色的民间装饰工艺，潮汕、广府地区的灰塑更是闻名遐迩。文昌地区的灰塑手法深受潮汕、广府的影响[1]，在继承闽粤的灰塑传统工艺后，结合海南本土物产和审美品位，创造了独具特色的灰塑技艺和题材。这些灰塑总体呈现出较高的艺术水平，无论是运用传统材料还是水泥等新型材料，它们常常能结合建筑的不同功能与空间，来塑造丰富多样、生动活泼的装饰题材，如祥禽瑞兽、花卉果木、博古藏品、吉祥文字、纹样图案，并形成丰富的题材组合。

据文昌灰塑匠人介绍[2]，灰塑的材料主要有火纸纸浆、石灰、红糖和糯米等，按照一定的比例调配成石灰砂浆。工匠在制作灰塑时，先用砖石、瓦片和铜铁丝大致勾勒出拟塑造物品的骨架，再用适量的石灰砂浆粘连包裹，待砂浆凝固成形后竖起或移植固定在墙上相应的位置，灰塑粗坯便制作完成了之后，就是利用灰泥来制作造型并雕刻细节素模完成之后，最后施以颜料彩绘。文昌华侨住宅中，部分灰塑还使用了新引入的水泥进行创作。实例中，以铺前镇泉口村潘于月宅正屋山墙上的巨大"蝙蝠"形象最为引人注目。此外，西洋式窗套的灰塑工艺也是装饰与实用结合之典范。

（二）装饰部位

1. 屋脊

文昌传统住宅多见木构架，年久干燥极易发生火灾。在过去防火设施落后的乡村人们往往希求神灵庇护。因而房屋屋脊（包括正脊、垂脊）部位的灰塑常用"广曲蛟龙"的造型，达到"镇火"目的。此外，传

---

1 在我国南方的民系分布中，潮汕、广府分别属于闽海系与粤海系的范围，因此后文对文昌建筑以及灰塑等装饰艺术形式受到影响的源地统称为闽粤地区。

2 研究团队在 2020 年至 2021 年采访的文昌灰塑工匠包括史关阳、许达联、符海雄、潘先良等人。

图 3-20　铺前镇泉口村潘于月宅正屋东侧大幅水式山墙墙头

图 3-21　铺前镇泉口村潘于月宅正屋西侧大幅水式山墙墙头

统文化中的"五行"观念也被工匠应用。由于水克火，故在屋脊部位经常可见与水相关的灰塑形象，如水草、浪花等。这一思想与大陆传统建筑中设置悬鱼、惹草、藻井等以求"避火"的观念相似（图 3-17 至图 3-19）。

2. 山水头

"山水头"是文昌工匠对于建筑两侧山墙墙头的称呼。文昌地区的住宅多用封火山墙，能够起到有效防止火灾蔓延的作用。受潮汕地区"五行"山墙的影响，当地山墙墙头亦采用该形式，传统住宅一般用"金头"与"水头"居多。此外，还有派生出的大幅水式山墙[1]。这些墙头形式各异，因此成为灰塑装饰的重要部位。为达到"镇火"目的，山水头与屋脊装饰题材相似，也多用与"水"相关的元素（图 3-20 至图 3-24）。此外，还多有使用寓意吉祥的题材，如狮子和如意，谐音"事事如意"（见第六章，图 6-11-10e）。

3. 院墙墙头

文昌华侨住宅中，院落围墙的墙头处亦多用灰塑装饰。院墙是围合院落内各建筑的构成要素，亦起到划分空间的作用，在墙头

处做成各种造型并进行灰塑处理，往往在立面上起到良好的装饰作用，以此彰显屋主身份、寄托美好寓意（图 3-25）。

以翁田镇秋山村韩锦元宅为例，外墙墙头在院门处做成三段跌落式弧线。墙门之上的山花题刻"紫气东来"四字，周围衬托以花卉、卷草的灰塑浮雕，并用传统的卍字纹和寿字纹遍装满铺，形成外墙上的视觉焦点（图 3-26）。韩宅院落内的隔墙，墙头造型则处理成绵延的书卷样式，通过灰塑装饰形成立体而丰富的层次感，颇有画龙点睛的作用。这种书卷造型的灰塑墙头，在文昌传统住宅中广为使用。

在近现代华侨住宅中，院墙灰塑装饰结合南洋风格的样式产生了变体。在正对正屋厅堂的院墙处，内外两侧都进行灰塑、彩绘和琉璃构件等装饰，成为宅院内外都能观赏的

图 3-22　铺前镇泉口村潘于月宅横屋大幅水式山墙墙头

1　关于山墙造型与装饰的论述，可参见本章第三节相关内容。

图 3-23　铺前镇白石村韩岳准、韩嶍准等宅一进正屋水式山墙墙头

图 3-24　吴乾芬宅一进路门山墙灰塑

图 3-25　翁田镇秋山村韩锦元宅院墙墙头灰塑

重点装饰部位。墙头曲线类似西方古典建筑的山花造型，具有鲜明的舶来文化特点，墙面灰塑亦采用欧式涡卷、卷草等纹饰，显示出近现代装饰风格的多元交融（图 3-27、图 3-28）。

4. 排水口

在文昌华侨住宅中，可见较多钢筋混凝土结构的平屋顶建筑。落水管与排水口的设置在潮湿多雨的文昌尤为关键，在平屋顶建筑中则更显重要。对此，一部分落水管隐藏在钢筋混凝土檐柱内，在柱脚处开口排水，或是采用灰塑工艺将从屋顶沿外墙排布的落水管表面进行装饰，如文城镇松树下村符永质、符永潮、符永秩宅，用灰塑将落水管做成竹节造型，实现了形式与功能的完美结合；还有不少落水管则隐藏在外墙内，在距离墙基二三尺时，才转折往墙外排水。排水口的造型常做成一条紧贴墙面、张开鱼嘴的灰塑鲤鱼；少数住宅在平屋顶檐口处，也做有几尾鲤鱼造型的灰塑，利用鱼嘴进行排水。"鲤鱼"的题材，象征"连年有余""鱼跃龙门"。这种鲤鱼造型的排水口，结合了装饰与功能，构思精巧，是文昌华侨住宅灰塑艺术中的一大亮点（图 3-29）。

图 3-26　翁田镇秋山村韩锦元宅后院门山花灰塑

图 3-27　铺前镇泉口村潘于月宅院墙墙头灰塑

图 3-28　铺前镇蛟塘村邓焕玠宅院墙山花灰塑

图 3-29a 铺前镇美宝村吴乾芬宅围墙灰塑鱼形落水口

图 3-29b 文教镇水吼一村邢定安楼的鱼形排水口

图 3-29c 铺前镇地太村韩日衍宅的鱼形排水口

图 3-29d 铺前镇美宝村吴乾诚宅样头屋顶上的鱼形排水口

图 3-29e 翁田镇秋山村韩锦元宅后横屋的灰塑鱼形排水口

图 3-29f 东郊镇泰山二村黄闻声宅正屋屋角的灰塑鱼形排水口

162

图 3-30 文教镇加美村林树柏、林树松宅正屋厅堂门楣装饰（手绘）

三、木雕与石雕

（一）木雕

文昌传统住宅的总体风格质朴低调，尤其自明代官方限令以来，庶民的住宅在规模和装饰方面都受到了较大约束。但近现代华侨住宅中，正屋的某些部位冲破了传统束缚，在装饰上尽显其繁缛复杂的特点。文教镇加美村林树柏、林树松宅的正屋，其前门楣上的雕饰尤为精巧，颇具代表性。门楣的框架用坤甸木，内部则用波罗蜜做雕花板。门楣的构图整体呈"目"字形，每单元装饰主题各异：上部运用寓意"花开富贵"的缠枝牡丹纹；中部采用镂空雕花板雕刻"艳""精""常"三字；下部为两条对称的草尾蛟龙；其余部分，还雕刻其他吉祥寓意的图案（图 3-30）。

文昌传统住宅中，正屋、横屋厅堂的大门常用槅扇门。槅扇门由上部的槅心、中间的绦环板、下部的裙板组成。槅心用来采光，是装饰的重点部位，常用各式纹样形成透空木格，有的还嵌有小型木雕。绦环板和裙板装饰相对简单，一般采用深浅浮雕，少数会用圆雕和透雕。雕刻的主题多具美好寓意，铺前镇泉口村潘于月宅便是典型的实例（图 3-31）。

在华侨住宅中，槅扇门的造型样式虽与传统住宅差别不大，但槅心和绦环板的雕刻与传统手法有着一定差异，较多运用了西洋风格的串珠式镂空雕刻技法，并融合了当时流行的洛可可艺术风格，造型柔美，绦环板则刻有南洋风格的花草植物。这种风格的槅扇门也被用作中槅上的屏风门，在文昌华侨

图 3-31 铺前镇泉口村潘于月宅横屋会客厅槅扇门绦环板木雕（手绘）

住宅中广为出现。

文昌华侨住宅的正屋和横屋厅堂中，还留有不少传统木构架的做法，其装饰多出现在柱瓜承檩和博古承檩两类梁架中，主要位于梁头和部分木构件，如博古承檩构架中的三角形雕花板上。木构架梁头两端常以线雕

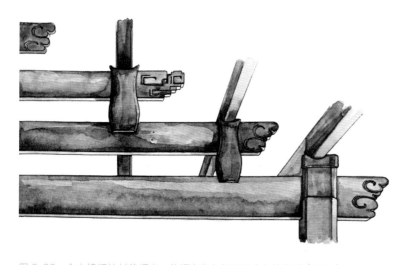

图 3-32 会文镇福坑村符辉安、符辉定宅七架梁梁头上的木雕（手绘）

方式雕刻数条凹槽，端部则雕刻成蛟龙首的形象，具有很强的大陆文化、海洋文化与南洋文化多元融合的特色（图 3-32）。雕花板上用多组浮雕或透雕装饰，有卷草纹或卷草龙纹；也有花卉纹样如莲花、缠枝牡丹等；还有各种动物的浮雕图案，如狮子、雄鹰、鹿、鹤等（图 3-33）。此外，鳌鱼与蛟龙也是木雕常见的装饰题材，在梁头两端、博古承檩的雕花板上广为运用。

除了正屋厅堂内檐两壁的梁架是木雕装饰的重点外，正屋、横屋厅堂檐廊梁架也通常用木雕装饰，尤其是采用博古承檩梁架时，雕花板常宽达二至三个步架，充满整个三角形的梁架空间。

正屋与横屋外檐梁架的木雕装饰，可分为西式和中式两种风格。西式风格又分为古典和装饰艺术风格两类。古典式样以浮雕卷草花卉为主，也有的加入了人物或动物元素；装饰艺术风格则以规整的几何图案按水平排列或放射状分布的构图形成。

中式装饰多运用传统吉祥图案，有彩绘和浅浮雕两种做法。彩绘图案色彩素雅，浅浮雕则生动活泼，题材以祥瑞图案为主。檐廊装饰中，往往以构件外框作为图幅限制，不同元素图案铺陈组合构成完整繁复的画面。除具象图案外，还包含一些吉祥符号，如卍字纹、云纹等，这类图案横向排列形成连续图案装饰。以下详述两类外檐梁架的常见装饰题材。

1. 雄鹰与"鹰熊会"

文昌住宅的木雕装饰题材中，雄鹰的形象较为常见。这类猛禽形象在中国传统装饰题材中甚为少见，推测其可能源自西洋建筑文化。文城镇义门三村陈治莲、陈治遂宅的横屋挑梁上，木雕雄鹰的造型带有明显的西洋风格。木构梁架采用传统的双步梁，在梁上的三角区域内，有一组巨大的"雄鹰展翅"深浮雕。雄鹰在团云背景图案的衬托下显得英姿凛然，寓意房主鹰击长空、志存高远，透露着果敢而笃定的气质与精神（图 3-34）。

在廊步木雕装饰中，还有一类比较固定的深浮雕或是接近圆雕的主题——"鹰熊会"。这一题材为鹰与熊的组合，文昌人以谐音名之"英雄会"。一般画面中的雄鹰立于高处树枝上，地面上的熊则威武地朝着鹰的方向眺望（见第六章，图 6-6-1g）。实际上，雕刻中熊的形象几乎与狮子无异，至于文昌匠人为何用狮子代替熊的形象，或与镇宅辟邪有关。

图 3-33a　东郊镇下东村符企周宅横屋梁架上的木雕（手绘）

图 3-33b　东郊镇下东村符企周宅横屋五架梁上博古板雕刻（手绘）

图 3-33c　东郊镇下东村符企周宅檐廊双步梁上博古板雕刻（手绘）

2. 卷草蛟龙

文昌传统住宅中，蛟龙的形象是最容易见到的，并在华侨住宅中得到了继承。"鱼化龙"的故事，也即"鲤鱼跃龙门"。从事

图 3-34　文城镇义门三村陈治莲、陈治遂宅横屋廊步的挑檐木雕装饰（手绘）　图 3-35　铺前镇地太村韩纾丰宅廊步草龙木雕（手绘）

图 3-36　东郊镇港南村黄大友宅横屋草龙木雕

图 3-37　翁田镇北坑东村张学标宅门楼二层廊步草龙木雕

传统农业的百姓，朝朝暮暮都盼望着能够通过科举取士的途径，实现"朝为田舍郎，暮登天子堂"的梦想，这是中国传统社会千百年来乡村百姓最大的梦想。蛟龙是文昌最具特色的"鱼变鳌，鳌变蛟，蛟变龙"鱼龙转化三部曲中的中间角色，其地位非同一般形象也别出心裁。它的形象是龙头、龙身和草尾，草尾被雕刻成美丽的卷草纹样，因此当地人也称其为"草龙"，或许这一形象勉励着当地百姓争取早日实现祖辈的理想（图3-35、图 3-36）。

实例中，翁田镇北坑东村张学标宅门楼二层梁架上，透雕着龙首草尾的蛟龙形象。龙首仰头向上，身体蜷曲流畅，尾部巧妙结合西洋卷草纹样，蜷缩在挑梁上部的三角形区域内。挑梁与屋檐立柱结合的柱头处，采用佛教通用的莲花纹样，八瓣莲花上下对称展开，中间"束腰"呈串珠状。挑梁自柱头外大约伸出 20 厘米，梁头刻作"拐子龙"形象圆雕做工精致，栩栩如生（图 3-37）。

（二）石雕

柱础是衔接柱身与地基并支承建筑上部荷载的构件。文昌地区的住宅沿袭了闽粤地区住宅的习惯，多设置石质柱础。柱础断面基本以正方形和八边形为主，多与上部柱身断面形状相适应，而无论哪种断面形状

图 3-38　铺前镇美兰村林鸿运宅檐柱与金柱柱础装饰（手绘）

图 3-39　东阁镇富宅村韩钦准宅檐柱柱础装饰（手绘）

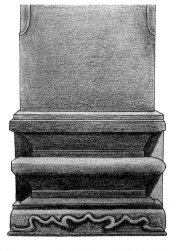

图 3-40　铺前镇泉口村潘于月宅正屋金柱柱础装饰（手绘）

图 3-41　铺前镇美兰村林鸿运宅二进走廊石柱础正面图案（手绘）

图 3-42　东阁镇富宅村韩钦准宅的檐柱柱头仰俯莲装饰

图 3-44　会文镇欧村林尤蕃宅门楼雀替装饰（手绘）

图 3-43　铺前镇蛟塘村邓焕玠宅正屋雀替装饰

础石立面都是传统的须弥座样式，包含了盆唇、束腰和圭脚等，造型简洁、大气美观（图3-38 至图 3-40）。石础多用青石，以浅浮雕工艺在表面刻画多重线条，富有层次，少数础身表面刻有传统吉祥图案（图 3-41）。整体而言，文昌华侨住宅继承了传统木构体系中的柱础及其装饰艺术，并在此基础上进行深化与创新，使之成为住宅中的装饰重点。

受来自南洋一带的西洋建筑文化影响，文昌华侨住宅中的柱梁多是用钢筋混凝土一次浇筑成型的，不再有传统住宅中木柱与石础的连接问题。因此，在结构性构件上，基本不存木雕或石雕的装饰。在新兴的混凝土结构住宅中，就有利用混凝土可塑性强的特性而在特定模具中浇铸成形的各种装饰柱。这种方法制成的混凝土柱硬化后的质感极像石材，虽然没有进行任何雕琢，但却用新的建筑材料与工艺形成了石雕的装饰效果，不能不说是一种技术带来的装饰创新。实例中，东阁镇富宅村韩钦准宅的正屋和横屋，檐柱柱头采用统一的装饰样式，为传统仰覆莲花造型，制作细腻，层次分明，用混凝土材料传神地表现出石材的独特质感，是采用混凝土仿石雕的优秀作品（图 3-42）。此外，还有铺前镇蛟塘村邓焕玠宅正屋、会文镇欧村林尤蕃宅门楼的雀替装饰也采用这一技术，装饰形象带有浓烈的巴洛克风格（图3-43、图 3-44）。

第三节
山墙、照壁与建筑正立面装饰艺术

文昌传统住宅受闽粤地区营造技术和艺术风格的影响，其立面装饰艺术主要集中在屋脊、山墙和院墙墙头等处，也是灰塑与彩画等装饰手法彰显的部位。琼州开埠以来，西方建筑文明传入文昌，西洋建筑审美以及装饰艺术逐渐对华侨住宅产生了重要影响。这种影响反映在建筑表面上，主要是在山墙、照壁等建筑部位和正立面装饰艺术上予以呈现。

一、山墙造型与装饰

由于文昌地处海岛，风大雨多，绝大多数传统住宅都采用硬山顶。硬山顶住宅以两侧山墙承载屋面重量，对于保护木结构屋顶、抗击台风及防火等都有良好效果。流行于广东潮汕地区传统住宅的"五行"山墙，在文昌一带的住宅上也颇为常见。金、木、水、火、土"五行"山墙中某一具体形式的选定，是由户主八字、房屋位置和朝向以及建筑周围环境等诸多因素统筹而定[1]。其中，"金式"为圆顶弧线，"木式"为凹顶折线，"水式"为多段波浪，"火式"为窄线尖顶，"土式"为梯形折线。有人将"五行"山墙概括为"金木水火土，圆陡长尖平"[2]（图3-45）。

文昌华侨住宅的山墙形式大多是潮汕地区"五行"山墙的变体。其中，有不少山墙做成三段浪卷的曲线形状，起伏有致、前后对称，有"连升三级"的寓意，这种山墙的原型即来自"水式"山墙派生出的"大幅水式"，主要与"镇火"的目的有关[3]。除此之外，山墙顶部曲线还有作涡卷或尖顶状的。在山墙墙面上，多做灰塑装饰加工，使得各种造型的"山水头"成为装饰丰富的视觉焦点（图3-46、图3-47）。"土式"山墙的造型

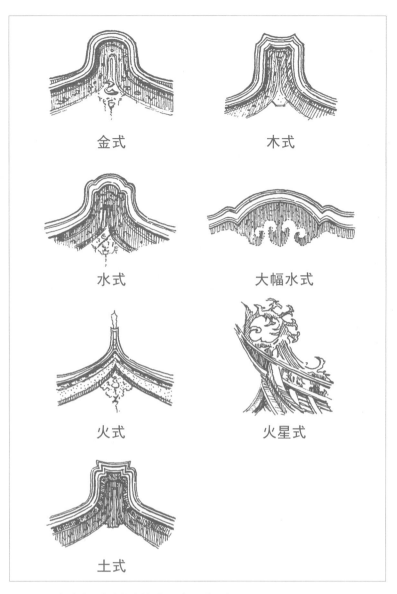

图 3-45　潮汕地区传统住宅的"五行"山墙示意图

在屋顶处为一段平整的台阶，一般向两端折成"梯形"，这种形式在文昌华侨住宅中比较少见（图3-48）。山墙顶部由三段折线形成，棱角分明，两端下部直线与自屋檐升起的曲线相连，整体呈对称形式（图3-49）。山墙上部顺着屋顶曲线设灰塑装饰带，横屋、路门山墙也是类似处理（图3-50、图3-51）。

1　陆元鼎、陆琦《中国民居装饰装修艺术》，上海：上海科学技术出版社，1992年，第8页。

2　潘莹《潮汕民居》，广州：华南理工大学出版社，2013年，第184页。

3　戴志坚《闽海民系民居》，广州：华南理工大学出版社，2019年，第432—433页。

图 3-46　铺前镇美宝村吴世泰宅正屋山墙

图 3-47　铺前镇美宝村吴世泰宅门屋山墙

图 3-48　铺前镇轩头村吴乾刚宅正屋山墙

图 3-49　文城镇松树下村符永质、符永潮、符永秩宅第三进正屋山墙

图 3-50　文城镇松树下村符永质、符永潮、符永秩宅横屋山墙

a 一进路门山墙

b 二进路门山墙

c 三进路门山墙

图 3-51　铺前镇美宝村吴乾芬宅路门山墙

二、照壁及其装饰纹样

照壁亦称"影壁",南方又称"照墙",是中国传统住宅建筑中特有的一种墙壁类型。一般而言,它是人在进入大门后,迎面可见的墙壁。照壁一方面起着保护隐私的作用,类似于屏风;另一方面,在礼制和风水上也有一定的要求和讲究。因此,照壁自然而然就成为住宅装饰的重点。

传统住宅中照壁的做法,在明清以来江南地区的营造专书《营造法原》中有着这样的描述:

> 做细照墙……托浑起线以上做抛枋,上出飞砖至瓦口,屋顶上作硬山,筑纹头、哺鸡脊。其精美者往往于抛枋上置定盘枋、坐牌科、架桁椽以承屋面。亦有施枋二至三重者,可谓备极华丽。[1]

文昌华侨住宅中的照壁通常不会独立设置,而是作为院墙的一部分,稍微高于院墙并作装饰强调。照壁一般正对着一进正屋厅堂,壁面上多用"福"字或"囍"字浮雕的灰塑。少数照壁设置在院落内横屋的正前方,正对着横屋厅堂,并与相邻正屋的山墙相连,起到分隔横屋与路门的作用,确保横屋内活动的私密性。壁面上一般对称开设两个券洞门,中央装饰镂空的"囍"字灰塑。这种照壁实例较少,以铺前镇美宝村吴乾芬宅最为典型(图3-52)。照壁上常用花草瑞兽、吉祥文字等题材的灰塑,装饰繁复、寓意美好,因而成为文昌华侨住宅中特殊的文化风景。

照壁的装饰纹样,在文昌华侨住宅中多以字形纹样与动植物纹样搭配出现。字形纹样在当地使用最多的是"喜""寿""福"等,寄托了美好寓意,而在中央字形纹样周围,常搭配以寓意吉祥的动植物纹样,形成更为丰富的立面装饰(图3-53至3-55)。铺前镇蛟塘村邓焕江、邓焕湖宅和地太村众多住宅中,使用了大型浮雕的深红色"福"字,鲜艳喜庆;铺前镇美宝村吴乾芬宅的照壁,中央为大型镂空雕刻的红色"喜"字,两边对称开设拱券大门。

照壁中的动物纹样常以蝙蝠和狮子组合出现:蝙蝠谐音"福",寓意福气临门;狮子则作为镇宅瑞兽,寓意平安富贵。实例中,如铺前镇美宝村吴乾芬宅的照壁,"喜"字上下各塑一只圆雕蝙蝠。文城镇义门三村陈治莲、陈治遂宅的照壁,整体构图呈海棠形,中央为"喜"字纹,上部塑以蝙蝠,下部塑以一对狮子,周围有钱串、卷草等纹样,整体装饰形象丰富多样,令人目不暇接(图3-56)。

植物纹样以铺前镇蛟塘村邓焕江、邓焕湖宅照壁为例,莲花纹样置于正中,两边配以一对鸳鸯,寓意家庭生活幸福圆满,表达美好的精神寄托。植物纹样有时也搭配外来器物装饰出现,如会文镇福坑村符辉安、符辉定宅,照壁上部装饰有华侨住宅中常见的琉璃花瓶(见第六章,图6-3-1h)。

■ 姚承祖著,张至刚增补《营造法原》,北京:中国建筑工业出版社,1986年,第75页。

173

图 3-52 铺前镇美宝村吴乾芬宅宅院照壁

图 3-53 东郊镇邦塘村黄世兰宅宅院照壁

图 3-54 铺前镇地太村韩炯丰宅正屋前照壁

图 3-55　会文镇欧村林尤蕃宅
门楼旁照壁

图 3-56 文城镇义门三村陈治莲、陈治遂宅宅院照壁

175

三、建筑立面装饰艺术

文昌华侨住宅的本源——闽粤传统住宅基本都为合院式布局，遵循"对内开放、外部封闭"的空间构成原则。受到西方建筑文明影响，华侨住宅的营造逐渐发生演变。其中，最显著的变化就是打破了"外部封闭"的特征，将封闭的院墙改变成半封闭半开放的、具有灰空间性质的外廊。外廊空间建筑特征的形成，被许多学者誉为中国乃至东亚建筑近现代化的标志[1]。

从西方建筑学视角观之，丰富的外廊空间和立面形式成为建筑装饰和艺术风格展现的要义。由此，古典主义风格的建筑形式和当时流行的装饰主义（Art-Deco）风格，在中国建筑上找到了落地生根之处。

（一）正屋立面构件

文昌华侨住宅正屋一般是三开间。当正屋的建造受到西方建筑风格影响时，其正立面往往会成为装饰重点。逐渐地，水泥、钢材、花阶砖、彩色玻璃等现代建材悉数引进文昌，东南亚一带盛产的黑盐木与柚木也陆续输入文昌。文昌近现代华侨住宅或多或少地运用了这些进口建材，成为其最显著的外部特征之一。

受西方建筑文明影响下的文昌华侨住宅正立面主要有三个装饰特征：其一，受新古典主义建筑风格影响，古希腊、古罗马的柱式、拱券及其变体在正屋立面造型上日益受到重视；其二，基于西方古典建筑立面"三段式"构图的影响，以屋顶、柱身（建筑主体）、台基（建筑基础）为立面构成的装饰艺术逐步成形；其三，装饰细节和重点围绕建筑的女儿墙、柱式、拱券、栏杆、窗台和窗套等部位展开。以下对代表性建筑立面构件进行叙述。

1. 女儿墙

自平屋顶传入文昌住宅后，女儿墙成为装点住宅立面的必要部分。女儿墙高度一般在 1.1 米左右，墙上常常开洞以增强女儿墙的抗风能力，延长墙体的安全寿命，也就此形成了当地特有的建筑装饰风格。女儿墙多用青釉花瓶作为屋檐上部栏杆的支柱，并与混凝土立柱间隔组合，整体形成拱形曲线。柱子顶端的收头形式花样繁多，诸如奖杯形、宝瓶形、平顶形等，还有的带有古希腊、古罗马的样式特征。女儿墙的外立面，一般用灰塑装饰出卷草纹、回纹等。总体而言，女儿墙的装饰处理，呈现出较大的差异，它们或装饰繁复，雕花精美；或不加雕饰，简单朴素，这很可能取决于屋主的审美观念和经济实力。会文镇欧村林尤蕃宅，铺前镇蛟塘村邓焕芳宅，美宝村吴乾佩宅、吴乾璋宅门

1　藤森照信著，张复合译《外廊样式——中国近代建筑的原点》，《建筑学报》1993 年第 5 期，第 33—38 页。

图 3-57a　会文镇欧村林尤蕃宅一进正屋山花墙

图 3-57b　铺前镇蛟塘村邓焕芳宅山正屋花墙

屋上方带有巴洛克风格的山花颇具代表性。近现代华侨
住宅中的山花并非仅有纯粹的西洋风格，而是从雕刻纹
样到轮廓造型都带有浓郁的南洋风格（图 3-57、图 3-58）。

2. 拱券

　　从伊特鲁里亚文明起源的拱券结构，在古代罗马建
筑的营造中大放异彩。早期，拱券本是建筑结构形式，后
来逐渐发展成为一种装饰艺术。券柱式的发明，是为了解
决拱券结构的笨重与柱式艺术风格的矛盾而创造的。文
昌华侨将这种建筑艺术特色从南洋引入并大量运用到本
土住宅中，因而能够见到较多拱券和柱式结合运用的案
例。这种形式的构图非常均衡：圆券同梁柱相切，有龙
门石和线脚加强联系，加以一致的装饰细节，形式上非
常统一。此外，方形墙墩和圆柱产生对比，方形开间又
与圆形券洞产生对比，富于变化。在我们的调查案例中，
以文城镇松树下村符永质、符永潮、符永秩宅的各式拱
券最为出众（图 3-59）。

图 3-58　铺前镇美宝村吴乾璋宅门屋上的山花墙

3. 窗台与窗套

　　窗台是承托窗框底部的构件，一般为砖石砌筑，且会
往外稍作倾斜，使雨水能够快速排出，防止渗入墙身和
室内，也可避免雨水污染外墙面。同时，窗台的设置还
能使外窗更为美观。住宅外窗除了设置窗台，往往还会
在窗洞处加做一个外框，人们习惯称之为窗套。设置窗
套的目的，是保护和装饰窗体本身。窗台、窗套通常用

图 3-59　文城镇松树下村符永质、符永潮、符永秩宅门楼的拱券

图 3-60　铺前镇美宝村吴乾芬宅正屋窗套

图 3-61　铺前镇美宝村吴乾芬宅横屋窗套

灰塑和彩绘的线脚与花纹进行装饰，有些仿照南洋风格，在窗套上大量使用线脚和中西合璧式浮雕。窗套顶部的拱券形式多样，实例中多用半圆拱和高翘拱（图 3-60、图 3-61）。

4. 柱式

　　文昌华侨住宅中的柱式大都源自西方古典柱式或其变体，少数也有用文艺复兴时期"券柱式"为基础的变体，整体具有海峡折中主义风格。这些柱式常被用在西洋风格的路门或正屋的建筑立面上。在钢筋混凝土结构建筑中，受限于模具的制作，柱式进一

步简化和规整。在古典柱式所谓"柱头"的地方，新建筑材料带来的新工艺将古典柱头也简化成了同一个垂直面上的装饰。在文昌近现代华侨住宅中，主要采用钢筋混凝土材料制作柱子。中国传统木构建筑中，檐柱处的"雀替"构造及装饰部件也与西方建筑材料工艺相结合，形成了新的装饰样式。

5. 栏杆

　　南方地区的传统住宅所用的栏杆样式早先以"平安如意装饰"为主，闽粤以及海南地区也大抵如此。文昌华侨下南洋接触

到西方建筑装饰元素，随后将其引入家乡并得到广泛传播。罗马柱的造型雕刻精美，在一些大户人家中较多使用。普通住宅为节省材料成本，采用青釉花瓶代替，在当地也得到广泛推广。此外，在女儿墙上也有钢筋混凝土的宝瓶状栏杆，从正面看呈现立体形状，而背面则为平面，仿佛将一个宝瓶"一剖为二"，这种做法亦是出于经济上的考虑。

（二）正屋及门楼立面装饰实例

1."五脚基"形式的商住混合住宅：以吴乾佩宅与吴乾璋宅为例

铺前镇美宝村43号、44号分别是吴乾佩、吴乾璋两兄弟的住宅。两宅中间隔着一条巷子，一东一西并排矗立，南临开阔的广场和道路。因有地利之便，两宅早先可能开设商铺，为村民提供百货零售服务。

吴乾佩、吴乾璋兄弟是旅泰华侨，经营法国酒业生意。或许是受南洋经历影响，他们将南洋店屋的建筑形式带回家乡，才有了美宝村独特的两栋"五脚基"样式住宅。它们也是美宝村乃至文昌全境近现代建筑中罕见的商业与居住混合的住宅类型。

南洋"五脚基"样式的特点是正屋往外伸出"五英尺"或更宽的檐廊空间，以便顾客光临和通行。这种建筑类型主要流行于海峡殖民地一带，其原型主要是商业用途的店屋，后随南洋贸易而传播。迄今，在闽粤一带的侨乡住宅中还偶尔可见。

吴乾佩宅、吴乾璋宅门屋的正立面造型令人耳目一新。门屋外廊用四根高大的檐柱将立面划分成三间。明间两柱间用一道额枋，下面承托装饰造型的雀替。在外廊内中央大门的门楣上，用灰塑题刻"薰风南来"四个大字，表明住宅坐北朝南。两次间的立面构图与文艺复兴时期的"帕拉第奥母题"（Palladian Motive）十分相似，在中央用合适的比例起一拱券，券脚落在两根独立小柱上，小柱则立于下方封闭的矮墙上。这一构图比例均衡，有着"虚实相生，有无相成"的观感（详见第六章第十一节）。窗套顶部为拱券形式，其上有灰塑、彩绘装饰，图案有象征多子多福、财源广进的蝙蝠衔瑞、卷草、寿桃、铜钱等。两座住宅的正屋山墙均采用潮汕地区"五行"山墙中的"水式"山墙。

两宅门屋正立面的山花墙艺术处理具有较大差异；两者虽均已遭破坏，但是吴乾佩宅的保存相对较好，也更具艺术性。

吴乾佩宅明间额枋上的山花底部为平直式，屋顶栏板由增设的两根短柱分为三间。两次间的栏板上沿平直，板心用灰塑浮雕莲花纹样；明间栏板为"拉弓式"造型，板芯用灰塑对称地刻有一束花叶纹样（图3-62）。

吴乾璋宅的处理则有不同：首先，明间额枋上的山花顶部为三段曲线；其次，屋顶栏杆虽也由两根短柱分成三间，但两次间的栏板被花瓶状腹杆的栏杆所代替，其上沿延续两侧形式，向明间拱起弧线，与明间高耸的山花顶部形成"拉弓式"造型；再次，明间栏板板心的灰塑纹饰也有所差异（图3-63）。

"拉弓式"山花墙可能是20世纪初在文昌地区比较流行的一种巴洛克风格的山花墙。民国时期的文昌县政府大楼也用类

图 3-62 铺前镇美宝村吴乾佩宅门屋外立面（手绘）

图 3-63 铺前镇美宝村吴乾吴乾璋宅门屋外立面（手绘）

似做法（图18）。山花墙中部拱起如同山丘，十分显眼，具有独特的艺术张力，彰显出鲜明的异域风格。

两宅的窗户是典型的欧式外轮廓窗套。吴乾佩宅的窗套上部为三铰拱、下部为方框的组合形式；吴乾璋宅的窗套是一纵长方形，窗楣上是抽象的浮雕蝙蝠，窗套内为中式直棂窗样式。两栋住宅外廊立面均是三间四柱，两次间都为券柱式造型，明间两柱之间用雀替与额枋的组合，关系简洁明了，主次分明。

2. 西洋式门楼：以 "双桂第" 林尤蕃宅和潘先伟宅为例

文昌近现代华侨住宅中，有一类颇为值得注意，即路门为西洋式双层门楼，而正屋与横屋仍沿用传统的式样和结构。实例有会文镇欧村林尤蕃宅、锦山镇南坑村潘先伟宅等。

林尤蕃宅又称"双桂第"，建筑风格整体倾向近现代式，但其合院式布局仍表现出传统中式宅院的特点，其主轴线上三间双层的西洋式门楼替代了传统正屋的主导地位，宣

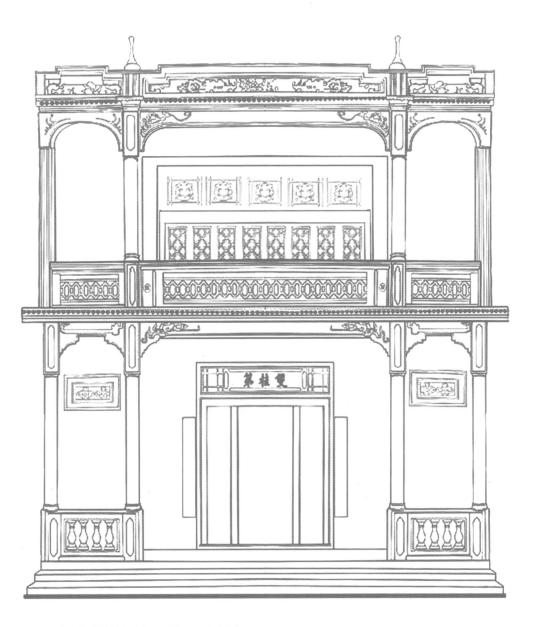

图 3-64　会文镇欧村林尤蕃宅正屋外立面（手绘）

示着近现代住宅对正立面的强调，旗帜鲜明地表明其源自南洋的华侨住宅风格特征（图3-64）。

潘先伟宅路门的造型与装饰同样颇为讲究，其中既有东南亚的佛教装饰元素，又带有西亚伊斯兰装饰风格，此外，中国传统元素亦植根其中。门楼立柱受到西洋柱式的影响，运用宝瓶式栏杆将纵、横向线条统一融合。整体上，门楼将源自东南亚的南洋元素和中国岭南装饰元素相结合，别具一格（图3-65）。

（三）横屋及榉头立面装饰实例

绝大多数文昌华侨住宅沿袭了本土传统住宅的精神和形式，即使是材料和结构最接近现代建筑的会文镇宝藏村陶对庭、陶屈庭宅，也能从中辨析出传统住宅"一正一榉头"的基本空间布局。换言之，住宅正屋空间仍是由传统礼制空间和居住空间构成，榉头则是生活辅助空间，二者主次分明，缺一不可。

前文已述，横屋及榉头的装饰主要集中在檐廊梁架的雕刻。近现代以来，文昌华侨

图 3-65　锦山镇南坑村潘先伟宅门楼内立面（手绘）

住宅接受了新建筑形式和结构体系。横屋的空间形式，从一层水平发展转变为垂直向上发展成两层；同时，装饰风格也随之发生了较大变化，横屋装饰逐渐从以木构架装饰为主体转向以外立面为核心。下文略举几例，对文昌近现代华侨住宅的横屋立面装饰予以说明。

1. 韩锦元宅后横屋

翁田镇秋山村韩锦元宅最具近现代建筑特色的部分是其后横屋。后横屋是单层平屋顶式建筑，可通过其西侧的"L"形双跑楼梯上下。女儿墙两侧有铜钱式样的漏窗，形状外圆内方，俗称"金钱窗"，寓意财源广进。正中的大门两边为灰塑柱式，柱头雕刻

仰覆莲花。门楣正上方的半圆形空间内画有芭蕉扇。墙体两侧的圆形窗周围，则雕刻有蝙蝠，寓意五福临门，这些装饰题材和灰塑技法均源自大陆传统（图 3-66）。

在后横屋的屋顶上，有通往地面的两条落水管藏于外墙中，落水管下端塑有一尾鲤鱼的造型，用鱼嘴作为排水口，寓意"连年有余"的生活愿景和"鱼化龙"的美好理想。

2. 邓焕芳宅和邓焕玠宅横屋

铺前镇蛟塘村邓焕芳宅的横屋带有屋顶露台，二层有坡度较为平缓的单跑楼梯可直达屋面，楼梯间上方的楼板处还设有翻门的合页，可见二楼之上的屋顶既可防盗，也是屋主人用以晾晒谷物或消夏观景的场所。

图 3-66　翁田镇秋山村韩锦元宅后横屋立面（手绘）

横屋为二层钢筋混凝土结构，足见其具有重要地位。对横屋的重视还体现在两方面：一是正屋屋顶主体仍为传统坡屋顶，仅在正屋前檐廊部分采用钢筋混凝土结构的平屋顶；二是住宅整体布局和交通体系的布置，为便于路门与横屋相连实现二层水平交通，二层平屋顶的设置均围绕横屋展开。

同村的邓焕玠宅与邓焕芳宅的横屋风格有所不同。尽管两宅的空间布局继承文昌传统住宅的"一正一横"模式，但建筑风格则由于宅主人所接受的外来文化源流的不同而呈现出一定差异（图 3-67）。

邓焕芳是越南华侨，其住宅风格受越南法式殖民地建筑风格的影响较大；而邓焕玠为新加坡华侨，长期在海峡殖民地生活，受到英国现代主义建筑文化的影响，其住宅更具简洁的风格特征。横屋柱梁结构体系一目了然，亦不作多余缀饰（图 3-68）。

3. 吴乾璋宅榉头

铺前镇美宝村吴乾璋宅榉头立面的装饰别具特色。榉头为一层的平顶式建筑，屋顶设露台，露台四周用混凝土预制的宝瓶栏杆环绕。东榉头设一侧门，门楣造型为巴洛

图 3-67　铺前镇蛟塘村邓焕芳宅横屋立面

克式，其上用浅浮雕徽标进行装饰。徽标的图案颇为特殊，橄榄枝左右环抱呈圆形交

图 3-68　铺前镇蛟塘村邓焕玠宅横屋立面

圈，中间围合的图案仿佛是一地球模型（图3-69），该图案与联合国徽标有一定相似（图3-70）。吴乾璋宅建成的1917年正值第一次世界大战期间，而联合国是二战结束后才成立。由此可见，美宝村的华侨在睁眼看世界的问题上，已走在中国乡村的前列。

联想到在蓬莱镇大杨村出生成长的设计师张昌龄[1]参与了梁思成、林徽因主持的中华人民共和国国徽的设计工作，也就并不奇怪。如果他小时候曾到美宝村串过门、走过亲戚，那么在那次探访中，或许就在他心中埋下了一颗设计徽标的灵感种子，长大后等到合适的机会，种子自然会生根发芽、开花结果。

（四）建筑正立面装饰得以凸显的社会历史背景及其原因

所谓"立面"，是西方建筑学语言表达体系中对建筑物的一种视图，亦即是将建筑物的正面、侧面或背面做垂直面的正投影而获取的图像，英文中称为"elevation"[2]。在中国传统的营造术语中，极少有类似西方的"立面"概念。即使在被梁思成先生尊为中国建筑两部"文法课本"之一的《营造法式》中，也没有出现过类似"立面"的说法。这是因为，中国传统营造主要是基于"土木"结构，其核心是以木构架为主体，更加关注建筑中的构架体系。因此，《营造法式》中描摹了大量"侧样"图，类似于西方建筑学体系中的"剖面"图，并无类似西方的"立面"图。

时过境迁，当西方建筑文明辗转传入文昌时，本土的传统营造体系显然受到极大冲击：一方面，西方建筑文明凭借其强势的经济和文化侵略性，所向披靡地在中国各地席卷开来，当地百姓不得不予以接受；另一方面，这种强势的西方文明又显著地改善着传

1　张昌龄（1921—2022），海南文昌人，我国著名的建筑教育家、建筑学家与建筑技术科学家，清华大学建筑学院教授，曾参与中华人民共和国国徽设计。

2　在西方语言体系里，还有一个词也表达为"立面"，即来自法语的"façade"，它后来被引入英文体系，原意为（建筑物的）正面，或指其外观、外表、表面和门面。

图 3-69 铺前镇美宝村吴乾璋宅侧门门头立面（手绘）

图 3-70 吴乾璋宅侧门门头立面徽章与联合国徽章图案对比

统生产、生活方式，这一点又让当地百姓不得不折服。在这种双重影响下，以文昌为代表的海南人对西方建筑文明的接受就变得顺畅起来。尤其是南洋华侨返琼后，在他们的带动下，西式的住宅和商业建筑似乎不再是"洪水猛兽"，相反，却是文昌人追求新生活、通往新世界的桥梁。

于是，作为住宅的门面或宅主的脸面，文昌华侨住宅的路门与正屋的立面也日趋接近西方风格。当然，这种变化趋势与建造技术必然是高度关联的。换句话说，当接受

了西方的建造技术后，建筑的空间组合与外观必然反映出相应的建造逻辑。因此，住宅的"立面"必然在文昌华侨近现代营造活动中成为引人注目的焦点。与此同时，传统营造活动中对木构架为核心的关注重点，必然让位于西方建筑体系对"立面"的尊崇。这种情形随着时代洪流的发展，或许一方面让人发出"无可奈何花落去"的感叹，另一方面又成为新的建筑文化形式不断生长的契机。

第四章

新兴的建筑材料、结构形式与技术设施

第二次鸦片战争以后，中国东南沿海形成了新的开放格局，"新五口通商"口岸就包括了琼州（今海口一带）。通过在南洋及港澳等地工作、生活以及从事海上贸易的文昌人，西方现代建筑体系以及与之相伴的住居观念和生活方式得到广泛传播，各类新兴的建筑材料、结构形式以及技术设施也随之被引入文昌。

由南洋等地舶来的新建筑材料是文昌华侨住宅结构技术进步的重要物质基础；以钢筋混凝土为主要载体的现代建筑结构形式是华侨住宅产生革命性变化的标志；于人居观念与卫生设施而言，近现代华侨住宅出现了将传统人居环境观念和现代住居卫生观念相结合的新体系。这些因素共同促进了文昌华侨住宅开启现代化转型的历程，对于彰显华侨住宅的现代性有着不容忽视的意义。

第一节
新建筑材料

　　建筑材料是结构技术发展的基础。文昌传统住宅以土（石）木混合结构为主，建筑材料包括木材、石材、砖、瓦等，均就地取材并采用手工方式进行加工。近代以来，随着西方殖民与商贸的扩展，西方建筑文明与工业革命成果对殖民地以及开埠城市的建筑产生了深远影响。身居南洋及港澳等地的文昌华侨也因此接触到各式新建筑材料，本着衣锦还乡、光宗耀祖的心愿，他们花费重金从南洋等地购买时兴的水泥、钢材、玻璃、花阶砖以及优质木材，用于家乡住宅的建设，由此开启了文昌华侨住宅现代化的进程。在此进程中，造就了许多华堂厦屋，其中，不少华侨住宅虽已历经百年，但至今仍然风姿绰约地矗立在文昌乡间，成为当地独特的风景。

一、水泥

水泥，英文称作"cement"，在近代传入中国后有士敏土、细棉土、士民土、塞门德土、红毛泥和洋灰等多种称谓。其中，前四种称谓是源于英文 Cement 音译；"红毛泥"中的"红毛"一词是旧时对西方人的称呼，因水泥最初由西方人引进，故有此称谓；"洋灰"则是近代惯以"洋"字作为前缀修饰舶来品而形成的称谓。

中国内地最早的水泥厂是创建于清光绪十五年（1889）的唐山细棉土厂，该厂是洋务运动后期官商合办的近代工厂，也是中国水泥工业的开端。1906 年，广东士敏土厂、湖北水泥厂也分别在广东广州、湖北大冶两地成立，并在 1909 年建成投产。而海南岛直到日据时期（1939—1945），才由日本人在三亚榆林附近建成水泥厂[1]。

据此推之，近代海南岛内工程建设所用水泥大都由岛外进口，水泥被引入海南的时间至迟在 19 世纪下半叶。清光绪十七年至十九年（1891—1893）间，雷琼道台朱采在督建秀英炮台时就大量使用了来自德国

的水泥[2]。之后，由于国内外水泥制备技术推广以及市场需求增加，民间的工程建设也开始使用这种新式的建筑材料，各式各样的洋楼、洋房纷纷兴起，南洋以及香港、内地等地水泥产品不断涌入岛内。据法国人萨维纳撰《海南岛志》记，20 世纪 20 年代海南岛"从印度支那和东京（Tonkin，指越南河内）来的船几乎只运送大米和水泥。这些水泥是中国日益增多的新建筑所需要的，并与暹罗（Siamoise，泰国的旧称）产的水泥相互竞争"[3]。由此可见，当时岛内的水泥多从越南、泰国等南洋一带运来。陈铭枢总纂的《海南岛志》记载了从琼海关输入的进口水泥数据，自民国十四年至十七年（1925—1928），进口量分别为 27029 担、32531 担、28590 担、41813 担，年均约 32490 担；另有文昌清澜港及周边港口进口士敏土 546 桶[4]。

水泥在中国近现代建筑发展中所发挥的重要作用毋庸置疑，它为新建筑形式与装饰艺术的形成提供了强大的物质基础。海口

1　据《海南岛新志》记载："日人在占领时所设之水泥工厂，计有浅野水泥株式会社海南岛工厂（在榆林港外），及日本制铁海南岛工业所水泥工厂（在榆林安由）二所。浅野工厂具有烧块 1200 吨之设备，是项设备于民国三十三年 12 月全部完成。由该厂将所制烧块运至日铁水泥厂制造水泥，月产水泥 300 吨"。陈植《海南岛新志》，海口：海南出版社，2004 年，第 204 页。

2　《禀张制台》一文描述秀英炮台岛："其孛兰泥，筱帅（张之洞，作者注）饬信义洋行在德国塞门德厂购订二千吨，共一万二千桶，价银三万八千四百两，试验泥力能堕一千一百余斤"，又描述其炮台构造时称"台瞠甚小，仅宽二丈七尺，周围隐身炮四、子洞二十，铃铛大铁圈十。台前三和孛兰泥厚一丈四尺，坐底红毛泥厚八尺"。朱采《清芬阁集》，清光绪三十四年（1908）刊本。

3　萨维纳著，辛世彪译注《海南岛志》，广西：漓江出版社，2012 年，第 10 页。

4　陈铭枢总纂，曾骞主编《海南岛志》，上海：神州国光社，1933 年，第 428 页。

得胜沙和文昌铺前港附近的骑楼老街,就是用水泥等新建材建造的南洋风格建筑典范。遍布海口和文昌各地乡村中的"南洋风"住宅自然也得益于这种新材料。此外,水泥砂浆以及浮雕工艺也给住宅的建筑立面装饰带来了新的面貌,在近现代华侨住宅中见到的大量新装饰技术,基本可以视为传统灰塑在水泥砂浆工艺基础上的传续与发展。

二、钢材

海南岛上铁矿资源丰富,但分布并不均衡。据民国调查资料显示,岛内如赤铁、褐铁、磁铁、含锰铁等铁矿集中分布于崖县（今属三亚）、陵水、澄迈等地。东北部的琼山、定安两地亦有矿藏,西部的昌化还有着当时亚洲最大的富铁矿——石碌铁

表 4-1　由琼海关进口的大宗商品中的钢铁制品清单（1925—1928）[1]　　　　　　（单位：担）

名称 ＼ 年代	民国十四年（1925）	民国十五年（1926）	民国十六年（1927）	民国十七年（1928）
三角钢铁	3	53	28	7
未镀锌钢铁条	1145	2377	5702	9137
钢铁箍	135	295	498	219
工字钢铁条	308	/	204	46
钉条钢铁	1373	652	2795	2320
钉丝圆钉铁方钉	492	664	1444	892
未列旧铁碎铁	60	418	300	35
钢铁管子	196	4	/	/
翦口铁	3235	3041	4889	3091
钢铁片板	10	12	94	85
小钉	4	11	24	18
素马口铁	1674	1657	3399	2067
钢铁丝	1	45	45	87
竹节钢	129	119	242	186
镀锌瓦纹片钢铁	142	83	320	318
镀锌平片钢铁	148	257	577	721
镀锌钢铁丝	906	934	2589	2154

图4-1　文城镇义门二村王兆松宅正屋混凝土结构的前廊　　图4-2　会文镇山宝村张运琚宅正屋混凝土结构的前廊

矿[1]。各地铁矿虽在清代已有开采，但直至民国初年，海南岛都未能建立起成规模的冶金业，岛内生产建设所用钢铁制品基本都源自岛外，这一点可从民国时期琼海关进口的大宗商品清单中得到印证（表4-1）。

20世纪20年代后期，角钢、工字钢、铁丝、铁钉、铁管、竹节钢、马口铁等各类钢铁制品已被大量引入岛内用于工程建设，其中除桥梁、港口建设外，相当一部分钢铁被用于各地新式住宅的建设。作为钢筋混凝土的重要构成要素，钢筋（当时称"铁筋"）在华侨住宅建筑中已逐步开始运用。从遗存看，在20世纪二三十年代建成的文昌华侨住宅使用钢筋混凝土结构的情况非常普遍。如今，这些住宅的主体结构虽历经百年，大体仍保存完整，但长期风雨侵蚀也导致部分混凝土防护层开裂、剥落，钢筋裸露锈蚀，亟待加固与修复（图4-1、图4-2）。

<hr />

1　石碌铁矿地处海南省昌江石碌镇境内，有着丰富的铁、钴、铜矿资源，被誉为"亚洲第一富铁矿""宝岛明珠，国家宝藏"。清末，湖广总督张之洞便奏请免除山税开发矿藏，民国二十二年（1933）成立琼崖实业局，由华侨投资开发资源，民国二十八年（1939）日军侵琼，至民国三十四年（1945）日军投降的六年时间里，日军共开采运走铁矿69445吨，海南省昌江黎族自治县地方志编纂委员会编《昌江县志》，北京：新华出版社，1998年，第296—297页。

2　本表节选自"由琼海关进口大宗各货表"，《海南岛志》，第405—406页。

三、玻璃

至迟在 16 世纪末，欧洲玻璃制品及其技术传入中国，并带动了国内玻璃制作工艺的改良与发展。清康熙三十五年（1696），康熙皇帝在欧洲传教士协助下，于皇宫内建起御用玻璃厂，专门烧制各式玻璃器具与光学玻璃[1]。雍正元年（1723），故宫养心殿后寝宫窗户首次安装上了平板玻璃，学术界一般认为其来源是**"由西欧舶来的平板玻璃运抵广州后，一般皆由粤海关收购，运至北京交付内务府造办处，专为皇家使用"**[2]。即在 18 世纪初，平板玻璃这种"西洋奇货"就已经从广州等通商口岸进入国内，供皇室权贵及富商们使用。

在当时，海外贸易是西方玻璃商品传入中国的重要途径。自 18 世纪 60 年代兴起的工业革命，极大地促进了西方玻璃制造技术的进步，大量玻璃产品源源不断地倾销至中国，尤以广州及其周边地区为盛。各式各样的玻璃器具、平板玻璃（含透明及彩色玻璃两类）等在岭南地区也逐渐风靡，成为豪绅富商的家居装饰品；西洋玻璃也得以与中国传统绘画、书法、雕刻等装饰艺术相结合，形成了独具地方特色的玻璃装饰艺术。造型各异的玻璃画与玻璃窗在清末民国时期盛行一时，如广州西关大屋的彩色玻璃窗就颇负盛名。

陈铭枢总纂《海南岛志》记载："本岛制造玻璃器工厂，只有海口一家，规模甚小。仅能将旧玻璃改制，其法先将玻璃熔解，以铁管吹制各种灯具灯管嶂瓶等器。"[3] 可见当时岛内仅有的玻璃器工厂仍然应用传统的吹制玻璃工艺，自然无法生产门窗所用的平板玻璃，近代文昌建筑门窗所用玻璃皆从岛外而来。在《海南岛志》收录的琼海关进口大宗货物统计中记录了当时进口玻璃的情况，民国十四年至十七年（1925—1928），每年"普通玻璃片"进口量分别为 836 英尺、626 英尺、2993 英尺、2032 百方英尺[4]（1百方英尺约合 9.29 平方米），年均进口量约为 1621.75 百方英尺，折合 15066.06 平方米。

彩色玻璃作为近现代建筑中代表性装饰材料之一，在文昌华侨住宅中保存量不在少数（表 4-2）。特别是在 20 世纪二三十年代修建的洋楼式住宅中，五彩斑斓的彩色玻璃被广泛应用于建筑门窗，成为建筑中重要的装饰品。常见的彩色玻璃有红、黄、蓝、绿、白五色，各色玻璃由于产地与厂家不同，

1　王和平《康熙朝御用玻璃厂考述》，《西南民族大学学报（人文社会科学版）》2008 年第 10 期，第 232—238 页。

2　杨乃济《玻璃窗引进清宫的小史》，《紫禁城》1986 年第 4 期，第 15—18 页。

3　《海南岛志》，第 387 页。

4　《海南岛志》，第 415 页。

表 4-2　文昌华侨住宅中彩色玻璃常见的色彩序列及组合

常见色彩序列组合	典型应用案例
单色：白色	铺前镇轩头村吴乾刚宅横屋门窗亮子等
双色：红、黄／红、绿	铺前镇地太村韩泽丰宅门窗亮子等
三色：红、黄、蓝／红、绿、蓝／黄、绿、蓝	铺前镇泉口村潘于月宅横屋门窗亮子，铺前镇蛟塘村邓焕江、邓焕湖宅正屋窗户，铺前镇轩头村吴乾刚宅横屋门窗亮子等
四色：红、黄、绿、白	会文镇欧村林尤蕃宅正屋门窗亮子等
五色：红、黄、蓝、绿、白	会文镇欧村林尤蕃宅正屋门窗亮子，昌洒镇凤鸣一村韩纪丰宅正屋门窗亮子，铺前镇蛟塘村邓焕江、邓焕湖宅正屋槅扇等

在色调与饱和度上略有差别。彩色玻璃基本都是单面或双面压花玻璃，以双面压花居多，通常用作门窗的亮子，多为固定扇，不可开启，仅起亮窗作用。位于正屋明间槅扇门框的中槛与上槛之间的窗扇，即传统建筑中所谓的"横批窗"，由于通常呈窄条状，常被分为数格，每格分别安装各色玻璃，显得别有意趣（图 4-3 至图 4-7）。比较典型的如昌洒镇凤鸣一村韩纪丰宅正屋二楼明间的横批窗，就被划分为五格，安装了红、黄、蓝、绿、白五色玻璃，阳光透过玻璃在地面呈现五色投影，十分漂亮。华侨住宅中的彩色玻璃一般尺寸不大，目前所见大者不过 40 厘米见方。除少数住宅用大块彩色玻璃外，多数还是小块玻璃的拼合使用。

图 4-3　会文镇欧村林尤蕃宅横屋房间窗户亮子上的彩色玻璃

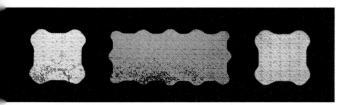

图 4-4　铺前镇泉口村潘于月宅正屋房间亮子上的彩色玻璃

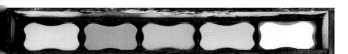

图 4-5　昌洒镇凤鸣一村韩纪丰宅正屋二楼厅堂横批窗的彩色玻璃

图 4-6　铺前镇蛟塘村邓焕江、邓焕湖宅正屋槅扇门上的彩色玻璃

图 4-7　铺前镇地太村韩泽丰宅正屋门窗亮子的彩色玻璃

四、花阶砖

　　直至近现代时期，砖瓦仍然是海南本地营造中不可或缺的重要建材，即使是新式住宅的建造也是如此。岛内的砖瓦都就地取材，采用传统方法制备，"先筑土窑，次取黏土和水，用牛践踏，使黏烂均匀，然后入模，形成砖瓦，俟阴干后，入窑烧之。有砖瓦共同烧制者，有分别烧制者。普通烧砖，需时半月，瓦则七八日"[1]。这种砖瓦作坊或窑场在当时十分普遍。

　　陈铭枢《海南岛志》记载了海口设有制造"花阶砖"的工厂[2]。这里的"花阶砖"是指近现代时期流行于东南沿海地区的一种带有花色图案的装饰地砖，与传统烧制的青砖和红砖等黏土砖不同。花阶砖是一种源于欧洲的非烧结水泥砖，诞生于近代水泥工

业时期，后经海上贸易被推销至东南亚等地，再由南洋华侨引进至东南沿海各地，成为近代建筑中最为常见的地面装饰材料。

　　花阶砖又称"水泥花砖"或"洋灰花砖"，其主要原料为水泥、细砂以及颜料等，需经过配比调色、制坯模压、脱模养护等工序制作，无须窑烧。成品花阶砖通常为正方形或六边形薄片，正方形边长约20厘米，六边形对边距也约20厘米。若铺满1平方米地面，分别需要25片正方形或30片六边形花阶砖。花阶砖厚度常为1至2厘米，分面层与基层两部分：面层即色料层，是由彩色颜料与水泥混合而成；基层则是水泥与细砂混合而成。面层常设计成各式各样的彩色几何图案，色彩上分单色、双色和多色组合，以

1　《海南岛志》，第383页。

2　《海南岛志》，第383页。

表 4-3 现存文昌近现代华侨住宅中应用花阶砖的典型案例

宅名	地点	建成时间	应用部位
陈明星宅	文城镇义门二村	约 1905 年	正屋厅堂、连廊、庭院
张学标宅	翁田镇北坑东村	1910 年	正屋厅堂
邓焕芳宅	铺前镇蛟塘村	1928 年	横屋厅堂
张运玖宅	会文镇山宝村	1930 年	正屋檐廊与厅堂
张运琚宅	会文镇山宝村	1931 年	正屋檐廊与厅堂、连廊
王兆松宅	文城镇义门二村	1931 年	正屋檐廊与厅堂、连廊
陶对庭、陶屈庭宅	会文镇宝藏村	1932 年	正屋檐廊与厅堂、连廊横屋檐廊
韩钦准宅	东阁镇富宅村	1938 年	正屋厅堂、横屋檐廊

砖红色、黑色、米黄色为主，图案则有完整形与四分之一形。最为简单的花阶砖是无图案的单色砖，比较讲究的通常为仿地毯样式，根据其铺装部位的不同，常分为心砖、边砖和角砖，三种部位的砖相组合而形成完整的地毯图案，美观大方且经久耐用。

花阶砖表面常有平面与凹凸面两种处理工艺。平面的花阶砖表面光滑平整，主要用于室内；凹凸面的花阶砖表面则根据图案模压成凹凸不平，多可防滑，主要用于室外。文昌近现代华侨住宅中，花阶砖多用于住宅厅堂、檐廊等公共空间的地面，铺地面积也有大有小，这取决于房主的个人喜好与资金投入情况，但总的来说，花阶砖在当时仍属时尚的进口材料（图 4-8）。

考察中存有花阶砖铺地的有 8 处住宅，分布于文城、会文、东阁、翁田、铺前等镇，建成时间在 20 世纪中前期，以 30 年代居多（表 4-3）。其中，文城镇义门二村王兆松宅的花阶砖铺装面积最大、式样最多，其三进正屋及连廊地面均满铺花砖（图 4-9）。东阁镇富宅村韩钦准宅横屋檐廊使用了大面积的凹凸面花阶砖（图 4-10）。铺前镇蛟塘村邓焕芳宅横屋二楼厅堂则使用了完整的地毯式花阶砖。

值得引起研究者关注的是，同于 20 世纪 30 年代初建成的王兆松宅、张运琚宅（图 4-11-a）、张运玖宅以及陶对庭、陶屈庭宅

图 4-8　文城镇义门二村陈明星宅庭院花阶砖地面

图 4-9　文城镇义门二村王兆松宅花阶砖地面

图 4-10　东阁镇富宅村韩钦准宅横屋花阶砖地面

图 4-11　轮船船舵图案花阶砖地面

a　　　　　　b　　　　　　c

（图4-11-b）都使用了同一种花阶砖，推测这种花阶砖极有可能来自同一厂家。同时，这种花阶砖的纹样与翁田镇北坑东村张学标宅正屋厅堂（图4-11-c）的极为相似，只是后者中间的圆环与花饰略为粗糙。两种地砖组合而成的图案形似轮船船舵，这可能与海上贸易和运输有关。

当然，19世纪末或20世纪初建成的华侨住宅，多数仍沿袭传统使用三合土地面，少数比较讲究的则用大阶砖或大理石铺装，大阶砖在岭南使用较为广泛，传统厅堂中常用这种黏土烧制而成的砖铺设地面，其吸水率较高，能很好地适应当地湿热的气候特点。典型的实例如建成于1918年的铺前镇地太村韩日衍宅，其第一进正屋厅堂地面就是方砖斜墁的大阶砖地面，但历经百年使用后多数大阶砖都已破损。

由此，可以清晰地看出文昌近现代华侨住宅地面铺装用材及装饰艺术呈明显的演进趋势。19世纪末或20世纪初期，众多华侨住宅仍继承传统，多用三合土地面，少数采用大阶砖或大理石地面；至20世纪20年代左右，国内外水泥工业得到蓬勃发展，大量水泥及其制品被引入岛内，文昌华侨住宅开始使用水泥印纹地面和水泥花阶砖地面两种不同类型的地面都得到了本土化发展水泥印纹地面由于工艺简单且成本较低，与中国传统装饰纹样相结合，形成了近代住宅中少见的富有传统特色的装饰地面；花阶砖地面作为更加时尚、更具现代性的铺装材料在华侨富商的住宅中颇受欢迎，并同样经历了国产化的发展。因此，不论是水泥印纹地面还是水泥花阶砖铺装，都得益于近现代水泥工业的发展。

五、进口木材

海南岛的林业资源分布十分不均。岛内腹地林多人稀，至今仍有不少原始森林，但受采伐运输条件限制，难以满足市场需求；沿海平原林少人稠，木材需求量大而滥伐严重，由此造成的供需矛盾必然导致岛内木材价格畸高。因此，近代以来，文昌、琼山等沿海地区就已经开始大规模进口岛外木材。据《海南岛志》载，民国十四年至十七年（1925—1928）从琼海关进口的木材分为杉木、重木材、轻木材三大类。重木材、轻木材来自暹罗（今泰国）、安南（今越南）

等国，年均进口量约2万两；杉木多来自大陆的江门、梅菉、北海等地，年均1.8万余根（表4-4）。进口重木材相较于岛内所产的木材如天料、石枳、香楠等，其纹理与材质虽然略逊，但由于岛内住房建设已颇具规模每年的进口量仍居高不下。近现代文昌用以营造房屋的木材仰赖岛外进口。查民国十六年至十七年（1927—1928）文昌所属的清澜、铺前两处口岸的进口货物清单中，就有"木桁""洋木枋""杉板""松板""椽子"等条目。从名称看，进口木材大部分是

表 4-4　琼海关所载木材进口数（1925—1928）[1]

年份　　　类别	民国十四年（1925）	民国十五年（1926）	民国十六年（1927）	民国十七年（1928）
重木材	4042 两	2669 两	35108 两	1835 两
轻木材	12166 两	6980 两	12082 两	8925 两
杉木	16266 根	12120 根	20663 根	23785 根

注：重木材、轻木材的单位"两"为"关平两"，是清中后期海关为便于征收进出口关税时统一标准而使用的记账货币单位，属虚银两。1930 年 1 月，民国政府废除关平两，用"海关金单位"作为征税计量单位。

经过加工的商品化建材，以便于建房时施工安装，且数量多在数千以上，铺前进口的杉木更是多达 10308 条[2]。

在房屋营造及家具制作中，文昌人常用的优质进口木材有黑盐木、石盐木、柚木等，这些木材在近现代华侨住宅中多有运用。石盐木的情况比较特殊，其原产地包括广东一带[3]，后因砍伐过度，不得不依赖南洋一带的进口。除了大宗的进口木材，文昌本土的波罗蜜和椰子树在营造房屋时也有少量运用。

在此着重要提的是黑盐木。黑盐木系海南民间俗称，其得名缘由尚不清楚，当地木材专家多认为这是对坤甸木的别称[4]。坤甸木，因其出产地而得名。坤甸（Pontinank），音译为"庞提纳克"，是印度尼西亚的西加里曼丹省（Kalimantan Barat）首府。1770

年，粤籍华侨罗芳伯等人曾一度以坤甸为中心建立类似欧洲人之东印度公司的"兰芳公司"，主要从事与中国的贸易往来[5]。值得注意的是，近代木材贸易中的坤甸木，是指从坤甸出运的加里曼丹岛（又名"婆罗洲"）所产木材的总称，而非某一种木材的专称。

坤甸木呈深褐色，材性极佳，具有质地硬、密度大、强度高、耐腐蚀的优点。坤甸木常被用以制作船舶、桥梁、建筑以及家具。如清宣统二年（1910）重建的广西合浦惠爱桥就使用了采购自香江（今香港）的坤甸木[6]。文昌近现代华侨住宅大量使用坤甸木的实例中，较有代表性的如建成于 1938 年的东阁镇富宅村韩钦准宅，宅内保存良好的梁、柱等构件均用坤甸木制作。

1　《海南岛志》，第 313—314 页。

2　《海南岛志》，第 421—436 页。

3　石盐木是一种坚实耐用的优质木材，古人亦称其为"铁力木"。明末清初，屈大均（1630—1696）在《广东新语》中记载："有曰铁力木，理甚坚致……黎山中人多以为薪，广人以作梁柱与屏幛。南风天出水，谓之潮木，亦曰石盐"；广东一带使用石盐木的更早记载，可见于北宋绍圣年间（1094—1097）苏轼谪居惠州时所作《西新桥诗》："千年谁为者，铁柱罗浮西。独有石盐木，白蚁不敢蹄"，可知当地采用坚实抗蛀的石盐木建造桥梁。

4　该观点得到海南省产品质量监督检验所木材名称检验技术顾问洪少友先生的证实，并由洪先生提供相关文献资料予以佐证。

5　周云水、林峰《客家学研究丛书（第 3 辑）：西婆罗洲华人公司史料辑录》，广州：暨南大学出版社，2018 年，第 15—58 页。

6　刘润纲《合浦县志》卷六《重建西门旧桥记》，民国二十年（1931）修，民国三十一年（1942）付印。

第二节
现代结构形式

　　近代以来，文昌华侨住宅结构形式的发展沿着两条主线展开：一是延续传统的砖（石）木混合结构体系，并在其基础之上演进；二是以钢筋混凝土为主要载体的现代建筑结构形式的引入，开启了文昌华侨住宅的现代化历程。

　　本节介绍的文昌华侨住宅中的现代结构形式，主要是指以水泥、钢材等材料构建的钢筋混凝土结构，这是近代文昌通过引进新建筑材料而发展起来的结构形式。这一结构形式的运用经历了由局部向整体的发展过程。20世纪二三十年代以后，文昌华侨回乡兴建的钢筋混凝土结构建筑蔚然成风，城乡面貌大为改观。此外，大跨度的现代木结构屋架也使华侨住宅的室内空间体验截然不同。

一、砖（石）木混合结构的演进

（一）传统的砖（石）木混合结构形式

琼州开埠以前，砖（石）木混合结构是海南传统建筑的主要结构形式。清道光《琼州府志》记载了当时海南岛的住宅："民居矮小，一室两房，栋柱四行，柱圆径尺，中两行嵌以板，旁两行甃以石，俱系碎石，以泥甃成，亦鲜灰墁，其木俱系格木。"[1] 这与我们考察所见的文昌传统住宅基本类似，且在近现代华侨住宅中也有较多沿用。住宅以三开间为主，形成"一堂二内（室）"的基本格局，厅堂与卧室之间以木构架和木板壁相隔。两侧山墙有采用土墼砖叠砌，也有采用当地天然的珊瑚石、火山岩垒筑，再在表面抹灰，更多的则是采用清水砖墙砌筑（图4-12、图4-13）。

文昌传统住宅中，还常见一种"横墙承檩"的做法，即采用砖石砌筑的横墙替代明间两侧的木构架，其亦属砖（石）木混合结构体系。所谓"横墙承檩"，即用横墙来直接传递檩椽屋面的荷载，形成屋面或楼面支撑结构体的做法。墙体在起到围护作用的同时，也兼有承担荷载的功能，是一种经济而高效的做法，因而在众多华侨住宅中也多有沿用。

"横墙承檩"的做法能较好地发挥材料性能，由于砖石材料耐压而不抗弯，砌筑成墙体更适合替代原本的木梁和木柱等竖向承重构件，但无法替代檩、椽等屋面受弯构件。因而将原本明间两侧的木构架替代为砖石横墙，屋面仍保留传统的柔性木构檩椽系统，这些变化是材料更替或更新带来的结果。

图4-12　建于1900年左右的东郊镇泰山村黄善贵宅

图4-13　传统住宅用木构架与板壁的隔墙形式（潭牛镇仕头村邢宅）

明谊修，张岳崧纂《琼州府志》卷三《舆地志》"风俗"条，海口：海南出版社，2006年。

199

图4-14　东阁镇富宅村韩钦准宅一进正屋厅堂的横墙

需指出的是，以往传统民居研究的著述中，多用"硬山搁檩"的表述。通常意义而言的"硬山搁檩"侧重于关注建筑的两侧山墙部位，如广东、福建、江西等地都有这种做法；而在文昌华侨住宅中，广泛可见明间两侧的室内砖石砌横墙，因而本书代之以"横墙承檩"的称谓，扩展了这种承檩方式的应用范围。

在文昌近现代华侨住宅中，传统形制的路门均采用横墙承檩做法。此外，大量传统式正屋也广泛应用这一做法。在当地，横墙承檩是除传统木构技术之外的另一重要技术选择。在采用横墙承檩做法的正屋厅堂中，仍可见传统木构技术思维的延续。如位于东阁镇富宅村的韩钦准宅，中轴线上的四进正屋体量巨大，明间厅堂均用横墙承檩；尽管木构柱梁已被砖墙替代，但对应木构架的前后金柱位置仍保留了斗枋和神庵（图4-14）。

（二）演进中的"横墙承檩"结构

1. 与拱券结构相结合

受到近现代西方建筑文化的影响，新的结构形式也得以引入并与横墙承檩结构相结合，其中便包括西方拱券技术。在分析拱券结构与横墙承檩结构结合的情况之前，我们不妨将视野放到更为广阔的岭南地区来回顾这一建筑结构形式的传播历程。

在西方建筑中，拱券是从古罗马时期延续下来的传统结构形式，岭南地区近现代建筑中的拱券结构则是受到不同时期多种风格的影响。有学者认为，早在16世纪末葡萄牙人登陆澳门时就带来了欧洲厚重的砖石拱券结构，这是岭南地区出现的早期拱券建筑。清末广州十三行的商馆中，则将欧洲文艺复兴时期的古典柱式、半圆形拱券等结构元素用于建筑的柱廊、立面和门窗等位置[1]。17至18世纪，欧洲殖民者东扩，并在南亚和东南亚一带形成了殖民地外廊式建筑。1840年第一次鸦片战争以后，香港维多利亚城、广州十三行和沙面租界等地的建筑普遍带有外廊式风格，并推动了与之相关的券柱式建筑结构的普及。到19世纪下半叶，以清水红砖和拱券为主要特征的维多利亚风格建筑随着英国殖民者进入岭南，一些租界建筑和教会学校广泛运用造型多样、装饰丰富的清水红砖拱券，它们既是结构受力构件，又是建筑立面造型元素[2]。

相较于上述多元的发展脉络，文昌近现代华侨住宅中的拱券建筑形式表现得相对更为纯粹，基本都采用混水的砖券做法。这些拱券主要被用于建筑立面、券窗以及厅堂

1　参见本书第五章第二节关于广州十三行商馆中帕拉第奥母题的论述。

2　彭长歆《现代性·地方性——岭南城市与建筑的近代转型》，上海：同济大学出版社，2012年，第156—161页。

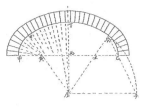

① 求椭圆碰之画法   ② 求平碰之画法不用圆心者   ③ 求前椭圆碰之接缝法

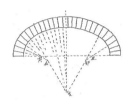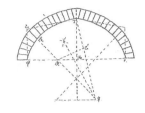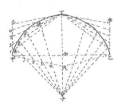

④ 求极大椭圆碰之接缝法   ⑤ 求前碰之接缝法   ⑥ 求宗教式尖碰之画法

图 4-15 《建筑新法》记载的几种拱券设计做法

内部空间的划分，多为弧形拱、半圆形拱、三叶拱、马蹄拱等形式。对文昌而言，它们无疑是一种新颖的造型语言和结构技术。

天津籍留洋工程师张锳绪著于 1910 年的《建筑新法》，介绍当时在西方颇为流行的建筑技术，其中详细记载了基本拱券的"求解法"[1]（图 4-15）。"椭圆碰"的形式在文城镇松树下村符永质、符永潮、符永秩宅，会文镇宝藏村陶对庭、陶屈庭宅二层门洞拱券中都有应用。在符永质、符永潮、符永秩宅的前后正屋间，用两层相叠的"三叶拱"和"马蹄拱"组织起回廊，既形成交通空间，又起到加固结构、丰富建筑造型语言的作用，在当地华侨住宅中独树一帜。

文城镇义门二村的王兆松宅，在辅厅室内采用拱券结构的做法值得关注（图 4-16）。通过在横墙中部采用较大跨度的拱券结构，融合了相邻两个厅堂，形成了整体性更强的通透空间，与当地传统住宅采用木板壁或横墙的做法相比，这种做法能使空间品质大为提升；同时，采用三叶拱的拱券形式，也使厅堂更为美观、典雅与时尚。会文镇宝藏村

陶对庭、陶屈庭宅的正屋二层采用两缝券柱结构划分室内空间（图 6-3-4h），同样达到了王兆松宅追求的室内空间效果，且拱券与立柱的组合在很大程度上减轻了结构自重，可视为对横墙承檩与拱券结构结合做法的一种演进。

就文昌近现代华侨住宅总体而言，这虽然仅仅是少数案例，但它们在传统横墙承檩做法的基础之上，引入拱券结构，展示出新颖结构所带来的建筑空间变化。

图 4-16 文城镇义门二村王兆松宅辅厅局部结合拱券的"横墙承檩"结构

1 《建筑新法》将拱券曲线译作"碰"，其意为"桥梁、涵洞等工程建筑的弧形部分"，其内涵颇为相通。

图 4-17　文城镇松树下村符永质、符永潮、符永秩宅两层砖木混合结构正屋

图 4-18　文城镇松树下村符永质、符永潮、符永秩宅正屋室外楼梯遗存

2. 砖（石）木混合结构楼房的出现

随着现代结构技术的发展演进以及人们对理想住居的不懈追求，文昌近现代华侨住宅中出现了二层的砖（石）木混合结构楼房，这主要得益于横墙承檩做法的优势与潜力。采用横墙承檩做法的楼房，作为竖向承重构件的柱、墙通常采用砖石砌筑，楼面板系统、屋架系统部分则通常采用木材支撑。砖石具有良好的抗压能力，相较于传统木构架，砖石墙体能够更好地承担与传递楼房上部的荷载。同时，这种楼房的二层楼板与屋架部分通常采用木构架，并于两侧山墙和内部横墙的顶部架设木制檩椽，因而能够较好地减轻自重。

在文昌，砖（石）木混合结构楼房出现的年代比传统样式的单层住宅普遍要晚，同时它又是钢筋混凝土结构体系广泛流布的先声，具有清晰的过渡形态特征，结构价值与意义不容忽视。在文昌传统住宅中，往往只有路门采用二层（严格而言为一层半）。由于传统式路门多为单间，体量较小，横墙承檩能够保证良好的结构刚度，是极为合理

的技术方案，也是在台风多发的文昌建造高大门楼的最佳选择。因此，砖（石）木混合结构楼房的出现，在一定程度上突破了大体量住宅的高度限制。

在住宅实例中，比较典型的如文城镇松树下村符永质、符永潮、符永秩宅，三进正屋均是二层的砖木混合结构楼房。正屋室内空间极为高大宽敞，前后进深达十六步架，明间两侧用两层通高的砖砌横墙支撑楼面和屋面，横墙前后位置各开一券门。这表明横墙承檩做法在大体量正屋中具有良好的应用潜力（图 4-17）。

受传统住宅形制的影响，采用砖（石）木混合结构的两层正屋仍为三开间形式，但在竖向交通的处理上未臻成熟，这体现在楼梯位置和材料结构两方面。考察实例中，通往正屋二楼的双跑楼梯均是设于一侧或两侧次间的外廊处，影响次间采光。这种楼梯通常分为两部分：下部为砖砌或钢筋混凝土基座，上部则为木梯，因其长久暴露于室外容易变形糟朽，以致目前多只留基座遗存（图 4-18）。

表 4-5　局部钢筋混凝土结构的住宅列表

乡镇	自然村	名称	建筑	备注
龙楼镇	春桃一队	林树杰宅	正屋	前后檐廊用钢筋混凝土构件出檐
昌洒镇	凤鸣一村	韩纪丰宅	正屋	二层，前后檐廊用钢筋混凝土
铺前镇	地太村	韩泽丰宅	一进正屋、路门、榉头	路门和榉头二层平顶连通正屋前廊，可上人
		韩日衍宅	一进横屋、路门	一层平顶，楼梯通屋顶
会文镇	欧村	林尤蕃宅	正屋、横屋、路门	二层门楼，各建筑间连以回廊，可上人
	山宝村	张运琚宅	正屋	正屋二层前后檐廊，呈"工"字形
		张运玖宅	正屋	二层，钢筋混凝土外廊
文教镇	水吼一村	邢定安楼	正屋	二层，前檐廊用钢筋混凝土
文城镇	义门二村	王兆松宅	正屋	三座正屋间连接平顶连廊，呈"王"字形

二、钢筋混凝土结构的应用

现代结构体系在世界范围内的兴起始于欧美，从 1851 年建成的铸铁框架结构的英国伦敦水晶宫（Crystal Palace）[1] 算起，其历史不早于 19 世纪。钢筋混凝土结构体系的广泛应用则是 1890 年以后的事，它首先在法国与美国得到发展。中国最早的一批混凝土结构建筑在广州、上海等地出现，其时间也不早于 20 世纪初期。

文昌华侨在经济条件允许的情况下，愿意将当时先进的钢筋混凝土结构应用于家乡住宅的营造中。渐渐地，这一风尚在当地得到了较为广泛的流布。钢筋混凝土结构使用的主要材料——水泥和钢材通过海上贸易输入文昌，为建造本地新式住宅提供了物质基础。

（一）住宅局部采用钢筋混凝土结构

钢筋混凝土结构通常作为廊道体系，与砖（石）木混合结构的主体建筑相互组合，构成一个整体。这类结构在本书第一章第二节中被归类为砖（石）木与钢筋混凝土混合结构。

钢筋混凝土结构具有较好的耐候性和承载力，能够增强组合结构的整体刚度并适应文昌的气候特点，因而使用范围很广，常出现于单幢砖（石）木混合结构正屋或横屋的檐廊部位，用作挑梁、阳台、女儿墙及露台护栏等，以代替原来的木石构件（表4-5）；或以钢筋混凝土结构的连廊形式出现，将两座正屋前后相连，乃至将整座院落中的各建筑单体组织起来，形成回廊。

相比于传统住宅采用木构出檐做法，采用钢筋混凝土结构的檐廊，能够使住宅的进深尺度按需扩大，以更好地满足挡风、避雨和遮阳的需要。昌洒镇凤鸣一村韩纪丰宅的正屋主体为两层三开间的砖木混合结构，前后皆设钢筋混凝土结构的平顶外廊，"嵌入"双坡顶的正屋主体，形成室内外的灰空间，二层的前廊为走道，后廊则有阳台的功能（见第六章，图 6-8-1d、图 6-8-1e）。同时，韩

1　水晶宫建成于 1851 年，最初位于英国伦敦市中心的海德公园内，是万国工业博览会场地，也是首届世界博览会举办场地。水晶宫是一个以钢铁为骨架、玻璃为主要建材的建筑，是 19 世纪的英国建筑奇观之一，1854 年被迁往伦敦南部，在 1936 年的一场大火中被付之一炬。

图 4-19　会文镇山宝村张运玖宅正屋的钢筋混凝土梁柱与木楼盖混合结构的外廊

图 4-20　龙楼镇春桃一队林树杰宅的钢筋混凝土仿木檐廊

图 4-21　文城镇义门二村王兆松宅的连廊

宅上下两层各间均向外廊开门，增强了空间独立性，提高了使用效率。

利用钢筋混凝土结构建造的平顶式外廊，除取得良好的立面装饰效果外，对建筑结构的加强也有重要意义。会文镇山宝村张运玖宅的正屋，采用上下一体的两层钢筋混凝土结构外廊（图 4-19），与砖（石）木混合结构的主体正屋组合在一起，较好地提高了建筑整体的结构刚度和耐久性。

此外，也有延续传统形式的钢筋混凝土结构檐廊做法。龙楼镇春桃一队林树杰宅的正屋和横屋，采用钢筋混凝土浇筑的单步梁、双步梁、瓜柱等构件，形成仿木构的檐廊支撑坡屋顶（图 4-20），在考察案例中仅此一例。

现存华侨住宅的外廊，多为钢筋混凝土框架结构的平屋顶形式，原因大概有两点：一是建筑样式方面，外廊作为南洋建筑元素，将其移植于传统样式的住宅上，必然是原样照搬才能保持其特性，这就包含建筑材料、装饰样式的整体照搬，外廊在华侨住宅上自然也保持了本来面貌；二是建筑结构方面，传统住宅多是砖木结构，而南洋的外廊多用混凝土结构，两者自成体系。

采用钢筋混凝土结构建造的连廊，将宅院的室外空间纳入建筑群的整体组织中，使结构整体性得到较大提升。更为重要的是现代结构形式的引入，使得建筑空间和人居模式出现了新的变化。文城镇义门二村王兆松宅由三座正屋串联而成，前后正屋间以"工"字形平顶连廊两两相连，整栋宅院呈现"王"字形平面格局，甚为独特。正屋之间的连廊对于住宅整体结构强度的提升起

表 4-6 　整体钢筋混凝土结构的住宅建筑列表

乡镇	自然村	名称	建筑	备注
铺前镇	蛟塘村	邓焕玠宅	正屋、横屋	正屋一层，横屋两层，平顶
		邓焕芳宅	正屋、横屋	正屋一房，檐廊用钢筋混凝土，横屋二层平顶
		邓焕江、邓焕湖宅	前、后正屋	两层平顶，"工"字形连廊
	轩头村	吴乾刚宅	横屋	二层平顶，楼梯通屋顶
	美宝村	吴乾璋宅	路门、榉头	一层平顶
		吴乾佩宅	路门、榉头	一层平顶
锦山镇	南坑村	潘先伟宅	路门	二层平顶
蓬莱镇	德保村	彭正德宅	路门	二层坡顶
文城镇	美丹村	郭巨川、郭镜川宅	路门	三层平顶，楼梯通屋顶
东阁镇	富宅村	韩钦准宅	东侧路门、冲凉房	东侧路门二层平顶，冲凉房一层平顶
会文镇	宝藏村	陶对庭、陶屈庭宅	正屋、榉头	正屋三层（露台局部歇山顶），榉头二层坡顶

到了至关重要的作用（图 4-21）。这种连廊的组合方式也使现代住宅中的人居活动充分地向室外空间延伸，居住者无论在晴雨天气都能自由穿行，极大地提升了居住的舒适性和行动的便利性。

文昌近现代华侨住宅中，采用钢筋混凝土连廊组织起各部分建筑空间的做法，在会文镇欧村林尤蕃宅中运用到了极致。林宅由中轴线上的路门、前后正屋以及左右两侧的横屋构成。路门为钢筋混凝土结构的双层门楼，上下两层各三间，高大气派，装饰华丽。相比于王兆松宅"工"字形连廊的做法，其最大特色在于回廊的屋顶也可极为方便地登临与通行。门楼与整个连廊形成整体，类似于传统合院式住宅中的走马廊；如此既便于登临四望，观瞻远眺，又对住宅的安防颇有裨益。

（二）住宅整体采用钢筋混凝土结构

此类华侨住宅实例，大多集中修建于 20 世纪二三十年代。这一时期的建筑结构特点是：运用较为成熟的钢筋混凝土柱梁作为主要承重构件，形成框架结构体系，或是由砖墙、钢筋混凝土构造柱与构造梁相结合的混合结构体系。正屋或横屋在垂直方向可叠加到二层乃至更高，并通过现代风格的钢筋混凝土结构或实木楼梯解决垂直交通问题。此外，路门、榉头、冲凉房等体量较小的建筑也有整体采用钢筋混凝土结构的做法，通常为平屋顶形式（表 4-6）。可以说，这一时期是文昌近现代华侨住宅发展日臻成熟的时期，也是最接近今天所谓的"现代主义风格"建筑的一个时期。

铺前镇美宝村的吴乾佩宅与吴乾璋宅，均建于 1917 年，是本地区现存的早期整体采用钢筋混凝土框架结构的华侨住宅，两者的门屋采用南洋"五脚基"建筑形式。门屋和东西两侧榉头均为钢筋混凝土结构的平屋顶建筑，屋顶之间连通形成整体，通过东侧榉头与正屋之间的楼梯上下；框架结构的门屋进深极大，形成了现代风格的室内空间，宽敞明亮。

铺前镇蛟塘村的邓焕江、邓焕湖宅，前后两进正屋均为钢筋混凝土结构的双层三开间楼房，具有两个显著的外部特征。其一，正屋采用平屋顶形式，成为平坦宽敞的屋顶露台。屋主人农忙时节可在屋顶上晾晒作物，闲时也可避暑纳凉，较同时期正屋多用双坡顶的传统形式有所改进，结构形式对建筑功

图4-22 文城镇美丹村郭巨川、郭镜川宅路门二楼

能的表达趋向成熟。其二，前后正屋的二层连廊采用"回"字形布局，极大提升了二层空间的交通效率，也赓续了合院式布局的传统。

但是，邓氏兄弟宅与同时期的两层华侨住宅的楼梯设计都存在缺陷，即对舒适性的考虑欠佳。前后楼梯均设于正屋一侧，尺度局促。尤其在二层通向屋顶处，楼梯的设置使回廊无法形成闭环，颇为不便。更具现代性和舒适性的楼梯间，则要等待三层的华侨住宅出现后才正式登场，如文城镇美丹村郭巨川、郭镜川宅和会文镇宝藏村陶对庭、陶屈庭宅。

郭巨川、郭镜川宅的三层门楼是现存华侨住宅中层数最多、建筑高度最大者（图4-22）。这座门楼的建筑结构与当代钢筋混凝土框架结构已别无二致：门楼运用"井"字梁结构技术，形成跨度约8米见方的无柱大空间；柱、梁、楼盖和屋盖都用钢筋混凝土浇筑，外围护墙体则用坚固的条石砌筑，厚

度近50厘米，能够起到极好的防御作用；楼梯设于室内一角，可直达三层屋顶，用钢筋混凝土现浇，与主体结构有着良好结合。

会文镇山宝村张运琚宅的二层纳凉亭，采用钢筋混凝土结构的"过亭"形式，这在文昌华侨住宅中非常罕见。张运琚宅两进正屋之间采用"工"字廊连接，这座不出檐的歇山顶过亭就位于其上，面阔一间，与第一进正屋二层的后檐廊共用明间的两根结构柱形成宽敞的交通空间；过亭后檐则开设门窗与第二进正屋前檐廊的屋顶平台连接。由于一进正屋楼板和二进正屋檐廊都采用钢筋混凝土结构，过亭与这部分空间自然地形成一个结构整体。此外，过亭的两侧山墙上各开两扇百叶长窗，可以起到良好的遮阳通风作用，为纳凉休闲提供舒适的室内环境。

坐落于会文镇宝藏村的陶对庭、陶屈庭宅，其正屋和榉头主体均为钢筋混凝土框架结构（图4-23）。总体上看，此宅从平面布局到装饰细节都带有流行于南洋诸国的"班

206

图 4-23　会文镇宝藏村陶对庭、陶屈庭宅后庭院

格路"（Bungalow）建筑风格，也是文昌华侨住宅中将框架结构运用到建筑各组成部分最为成熟的案例。首先，正屋和榉头呈"L"形组合，结构上连成整体，接合处设有舒适、宽敞的楼梯间上下贯通，在楼梯休息平台的尽端设有卫生间。其次，在正屋三层露台上还设有一座钢筋混凝土结构的三开间歇山顶建筑，其中空的四角柱兼作排水管，可将屋面雨水汇入到四周的蓄水池，从而形成完备的屋面雨水收集系统，这一点得益于钢筋混凝土的防水优势。此外，正屋二层凸出的阳台（见第六章，图6-3-4g）、室内兼有装饰作用的柱梁隔断、榉头屋架也均用钢筋混凝土框架结构，从整体到细节都将这一结构进行了充分诠释。

从上述实例的分析可以看出钢筋混凝土结构的运用在文昌华侨住宅中日臻成熟的过程。至20世纪30年代，不少华侨住宅中已经出现了整体采用钢筋混凝土结构的案例，表明这一结构技术被熟练掌握。这一结构给

华侨住宅带来的变革主要有以下几方面。

其一，对建筑外部形象的改变。住宅外部形象经历了传统双坡顶、平坡组合屋顶、平屋顶建筑的渐进式变化，建筑装饰转向女儿墙、山花墙、拱券造型及柱、梁等构件细部的处理上。

其二，对空间组织及其形式的改变。住宅空间组织形式从传统合院式布局的平面铺陈转向现代化的垂直叠加发展，更加重视竖向交通空间的设计。檐廊、连廊、屋顶平台的出现使人居活动空间向室外延伸，室内空间则向着宽敞明亮的无柱空间发展。

其三，建筑结构的整体强度得到提升。钢筋混凝土的良好材料性能和框架结构体系更有利于建筑抵抗台风和强降水，从而提高了住宅的调适性。

其四，促进有组织排水的设计。与平屋顶建筑配套的落水管、天沟、檐沟等排水设施得到广泛运用。

三、现代木结构屋架

随着西方建筑技术的引入，有别于传统木构架的现代木结构屋架在近代传入中国。张锳绪的《建筑新法》介绍了八种当时西方近现代建筑中常用的新式屋架，内容涉及适用尺度、木料尺寸、构造做法等（图4-24）。此类屋架在早期通常为木制，其受力原理、构造做法、施工技术都与传统木构架迥异。在传入之初，它们主要应用于广州、上海、南京、天津、武汉等城市的教堂和工业厂房中[1]；渐渐地，这类新式屋架向沿江、沿海和内陆城市传播开去。

在文昌近现代华侨住宅中，也有现代木结构屋架的运用，如文城镇松树下村符永质、符永潮、符永秩宅横屋厅堂的木构架便是一例（图4-25）。此后，随着对屋架结构性能的认识不断深入，华侨住宅中也出现了钢筋混凝土仿木屋架，此类屋架采用受压性能和耐腐蚀性能更好的混凝土材料制作弦杆，增强了屋架的整体刚度和耐久性，实例如会文镇宝藏村陶对庭、陶屈庭宅的二层檩头（图4-26）。

相较于传统木屋架，新式屋架对于形成

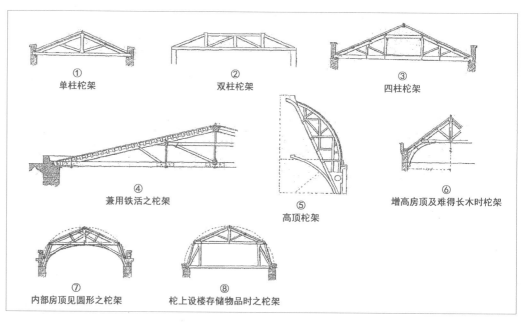

①单柱桁架　②双柱桁架　③四柱桁架

④兼用铁活之桁架

⑤高顶桁架

⑥增高房顶及难得长木时桁架

⑦内部房顶见圆形之桁架　⑧桁上设楼存储物品时之桁架

图4-24　《建筑新法》中的八种木屋架类型[2]

1　赖世贤、徐苏斌、青木信夫《中国近代早期工业建筑厂房木屋架技术发展研究》，《新建筑》2018年第6期，第9—26页。

2　《建筑新法》中将新式木屋架译为"桁架"，仍反映中国传统木构架的思维，后来的著作有称"吊架"，更反映基本的受力特征，体现认知的深入。

室内无柱空间有着更大的优势，因而在同时期的一些公共建筑中也有运用。建于 20 世纪 30 年代的文城镇南阳居南阳学校郭云龙楼，是一幢两层五间的外廊式建筑（图 0-11）。二楼两次间的柱位各用一个钢筋混凝土仿木屋架，将室内连通成更大的空间，从而更好地满足教学需求（图 4-27）。类似实例还有采用新式木屋架的昌洒镇凤鸣小学（今木山纪念堂）。

由此可见，文昌作为新结构技术交流传播的前沿，现代木结构屋架以及伴随其演进的技术形式在当时已经得到一定的流布。

图 4-25　文城镇松树下村符永质、符永潮、符永秋宅横屋的木构架

图 4-26　会文镇宝藏村陶对庭、陶屈庭宅樣头的钢筋混凝土仿木屋架

图 4-27　文城镇南阳居南阳学校郭云龙楼的钢筋混凝土仿木屋架

第三节
室内外环境技术与卫生设施

文昌近现代华侨住宅中，对于室内外环境技术与卫生设施的重视是彰显华侨住宅现代性的重要方面。本节所指的室内外环境技术，包含了通风与隔热、采光与照明、给水与排水三个方面；卫生设施则包含小便所、冲凉房等便溺及洗浴设施。它们有的继承了文昌传统住宅中的传统人居环境观念，体现营造智慧；有的深受南洋传入的现代生活方式影响，引入清洁卫生的居住环境处理措施。文昌华侨将这些措施集中融入新式住宅建设中，形成了相对成熟的人居环境体系。它们所体现的居住观念与现代住宅十分接近，与同时期中国内陆住宅的人居状况相比，无疑是一种巨大的进步。

一、通风与隔热

海南岛地处热带北缘，属热带季风性气候区，常年光照强、气温高、湿度大，夏热冬暖。因此，岛内建筑物的通风、遮阳与隔热措施尤为重要。对文昌来讲，住宅还需要特别注意防范台风、暴雨等。

（一）通风

1. 冷巷

前文已述，海南与岭南之间有着紧密的人文联系，琼东北传统住宅与岭南传统住宅有着密不可分的亲缘关系，在村落布局和建筑营造等方面均有相通之处。如在村落布局上，文昌传统村落很多都采用了岭南常见的"梳式布局"，村落顺应坡势并朝常年主导风向，住宅前后多进相连成列，各列呈平行式或向心式布置，列与列之间隔以巷道。

巷道通常狭窄幽长，兼具交通、防火、通风、排水等多种功能；其中，以通风效果最为显著。具体地讲，狭长的巷道会形成"狭管效应"，从而加快巷内自然通风散热。同时，巷道两侧高墙能够阻挡太阳直射，使其阴凉舒适，因而又被称为"冷巷"。"冷巷"是文昌传统住宅的一大特色，其不仅存在于相邻住宅之间，在住宅内也多有设置。如在文昌常见的多进合院式住宅中，横屋一般朝向正屋庭院且与正屋山墙仅隔1至2米，其间的通道不易受到太阳直射且前后贯通，容易形成"冷巷"；另一方面，横屋通常还带有檐廊，开间从数间到数十间不等，这样一来，连续通透的檐廊既能遮阳又可通风（图4-28）。

2. 穿堂风

海南岛各地传统住宅大多低矮少窗，其成因一是当地日照强、台风多的气候条件，二是民间盛行的风水观念。门窗在古代住宅中的地位尤其重要，其开设方位、高度、数量、大小、形状等均有讲究，比如门窗开设过大或过多均不利于住宅的藏风聚气，于风水不利。与文昌同属闽南文化影响下的潮汕地区旧时华侨住宅，"厅内光线尚好，房内光线不足，湿气亦盛。家主信风水理气之说，不敢将其房间多开窗户，致漏屋内的'灵

图4-28　东阁镇富宅村韩钦准宅正屋与横屋之间"冷巷"

图 4-29　铺前镇泉口村潘于月宅横屋的高窗　　图 4-30　东阁镇富宅村韩钦准宅横屋上高窗

气'"[1]。由此看来，低矮少窗或无窗的传统住宅形式受风水观念影响颇深。在此观念下，传统住宅大多通风不畅、昏暗潮湿。

对于地处热带的文昌华侨住宅来讲，门窗对开形成的"穿堂风"能够有效促进室内空气流动，明显改善室内环境舒适度。在炎热的季节，文昌华侨住宅庭院中轴线上排列着一进进整齐的正屋，其厅堂的前后门以及中槅上的屏风门全部打开。这样，就能形成以庭院为进出风口的中央风道，从而导入贯通整个宅院的"穿堂风"。传统风水中门窗忌对开的制约观念，在文昌华侨住宅中已显得不那么重要。在炎热潮湿的自然条件下，华侨住宅通常会采用变通措施加强厅堂通风，如正屋厅堂的前后大门通常"前宽后窄"，这样有利于加快室内空气流动速率。

3. 室内外空气对流

文昌近现代华侨住宅在解决室内外空气对流的问题上，通常有设置高窗、气窗、气孔以及楼井等做法。这些构造措施继承了传统的人居环境观念，并在华侨住宅中得到保留。其中，高窗、气窗和气孔除用于加强室内外通风换气，也兼具采光、排烟、装饰之用；楼井则用于辅助改善楼居中的垂直通风。

（1）高窗与气窗

高窗一般设置在正屋和横屋的前后纵墙上，对称开设在门洞顶部的左右墙面，或是在横屋窗洞口正上方。高窗通常重视制作材料和装饰效果，多用钢筋水泥预制、陶瓷烧制等，造型纹饰有几何纹、花卉纹、寿字纹等（图 4-29 至图 4-31）。

气窗多用于厨房和卫生间。气窗形式简单，有时只用一排数个圆形气孔，开设于门窗上方，不做任何装饰，仅满足功能需要（图4-32）。

高窗与气窗设置在纵墙上，与住宅面朝主导风向有直接关系。在主导风向的作用下高窗和气窗能够较为容易地导引室外气流进入室内，加快空气流通和热量交换，有效降低室内温度。对于钢筋混凝土结构的平屋

1　陈达《南洋华侨与闽粤社会》，北京：商务印书馆，2011 年，第 120 页。

图 4-31　东阁镇富宅村韩钦准宅正屋的高窗

图 4-32　铺前镇美宝村吴乾璋宅榉头的气窗

图 4-33　铺前镇蛟塘村邓焕芳宅正屋山墙的气孔

图 4-34　文城镇松树下村符永质、符永潮、符永秋宅二进正屋的楼井

顶建筑而言，屋顶长期处于阳光曝晒中，导致室内温度升高较快，为加强室内空气对流，改善室内热湿环境，高窗和气窗的设置就更显重要。

（2）气孔

　　传统形制的华侨住宅中，双坡顶正屋的山墙博风带上通常设有圆形气孔。气孔沿山墙两坡对称分布，孔径约 3 至 5 厘米。气孔可在一定程度上实现卧室内的空气对流，也能保障檩条、椽子等木构件的通风防潮。实例有东郊镇下东村符企周宅正屋、铺前镇蛟塘村邓焕芳宅正屋（图 4-33）等。

（3）楼井

　　文昌采用"下店上宅"的楼居通常会设置楼井。这一构造极可能源自闽粤地区的传

图 4-35　铺前镇溪北书院经正楼的楼井

统楼居，原本主要用于垂直运输重物，也可改善垂直通风。楼井一般位于二层楼板中央，截断 1 至 2 根木搁栅以开设长方形洞口，洞口上通常安装可开启的木槅扇，周边或围以

图 4-36　东郊镇港南村黄大友宅路门的凹斗门

图 4-37　文教镇美竹村郑兰芳宅正屋的凹斗门

（二）遮阳隔热

1. 凹斗门、传统檐廊与西式外廊

　　文昌传统住宅的遮阳设施也是多种多样，比如正屋、横屋以及路门的出入口常呈内凹形式，既可遮阳又可避雨，岭南地区称之为"凹斗门"或"外凹肚"[1]（图4-36、图4-37）。"凹斗门"两边侧墙常用彩绘或灰塑装饰。此外，在正屋前方设置檐廊也是重要的遮阳设施，这种方式历史悠久，也最为普遍。传统住宅的檐廊在明间部分通常采用石柱木梁结构，次间部分则由砖砌山墙墀头收尾，墀头上一般也有灰塑线脚装饰。

　　近现代以来，除上述传统遮阳方式得以继承发扬外，新建筑材料和结构技术的引入也带来了遮阳设施的革新。源自南洋的钢筋混凝土结构外廊被应用到传统住宅中，出现了一种崭新的建筑样式——外廊式建筑。在文昌华侨住宅中，能够见到不少传统正屋前接西式外廊的案例，如铺前镇蛟塘村邓焕芳宅的正屋。

2. 连廊、过亭

　　华侨带回文昌的西方生活方式也改变了传统住宅格局，除了必要的建筑遮阳措施外，还有专门设置的连廊、过亭等纳凉空间，在院落中设置连廊或过亭的做法，实例如文城镇义门二村王兆松宅以及义门三村陈治莲、陈治遂宅。比较特别的是会文镇山宝村张运琚宅的过亭（图4-38），这座过亭位于

　　栏杆，防止误入。

　　由于楼井开设在楼盖之中，当室内门窗打开时，能够形成上下贯通的拔风效应，从而改善楼居的通风条件。文昌华侨住宅中也有采用楼井的实例，如文城镇松树下村符永质、符永潮、符永秩宅（图4-34），文教镇加美村林鸿干宅正屋。此外，铺前镇溪北书院经正楼的楼井，对于搬运书籍和改善室内通风都起到了重要作用（图4-35）。

<hr />

1　陆琦《广东民居》，北京：中国建筑工业出版社，2008年，第256页。

前后两进正屋二层相连的平台上，在我们考察的文昌近现代华侨住宅中尚为孤例，在发挥遮阳功能外，还有纳凉休闲、登临远眺的作用。可见，这座过亭体现出屋主人对住居生活品质更高层面的追求。

3. 双层瓦屋面

华侨住宅除了在遮阳方面颇为讲究之外，对隔热措施也十分重视，如双层瓦屋面构造就是措施之一。所谓双层瓦屋面，即在椽子上干铺一层板瓦后，先用灰浆堆垫出瓦垄，以同样方式再干铺一层板瓦，最后铺盖瓦并用灰浆裹封。这样，从屋脊到屋檐就形成了一道长长的空腔。一座正屋面阔有多少路瓦坑，就能形成多少道空腔。这些空腔及内部封存的空气就形成了绝好的隔热层，将室内空间与炙热的空气隔开（图4-39）。这种双层瓦屋面的构造方式源自于当地传统住宅，在闽粤湿热地区也较为常见。

图 4-38　会文镇山宝村张运琚宅正屋之间的过亭

4. 隔热墙体

对于墙体的隔热处理，文昌华侨住宅中多数外墙及围墙均采用了有眠空斗墙（图2-19），墙内被封存的空气能够有效阻隔太阳直射带来的热量；此外，正屋山墙这种重要的承重墙，虽多是实心墙，但也有通过加厚墙体的方式来增大热阻，提高隔热性能。

图 4-39　铺前镇蛟塘村邓焕芳宅正屋双层瓦屋面

二、采光与照明

（一）采光

近代以来，随着日光与卫生的重要性逐渐得到认识，昏暗的室内环境显然不能满足华侨们越来越高的住居要求，在欧洲早已广泛运用的玻璃制品便被华侨们引进住宅中，本节即主要讨论玻璃采光。文昌华侨住宅中，玻璃的使用主要有平板彩色玻璃、平板透明玻璃和弧形玻璃瓦。

平板彩色玻璃是一种装饰材料，价格高昂，主要用于华侨富商的住宅中，主要起到装饰的作用，而非出于采光的考虑。

实际改善室内采光的措施，则是将局部的屋面瓦替换成平板透明玻璃或玻璃瓦，俗称"亮瓦"。尽管，一个房间通常就添加一片或两三片亮瓦，但室内光照的改善却极为显著，房间因此变得敞亮而富有生机。文昌华侨住宅中，几乎所有双坡顶正屋都设置了亮瓦，有的在屋面一侧铺设，有的则在两侧同时铺设；也有如文城镇松树下村符永质、符永潮、符永秩宅的明间厅堂，在屋面一侧呈"品"字形铺设三片亮瓦。对于地处热带的文昌来讲，光照强度大，数片"亮瓦"即可解决房间采光问题，简单高效而又不会增加太多成本。

此外，增设窗的数量也是扩大采光的有效方式。文昌华侨住宅普遍在房间前后墙开设窗户。部分窗户虽未安装玻璃，但较先前已大大提升了采光和通风效率。在少数华侨住宅中，还有内外双层结构的窗户，内窗由推拉式玻璃格子窗与木制防护窗格两部分构成，外窗为平开式木制百叶窗或平板窗。新式双层窗是近代舶来的产物，在广州、海口等地的城市建筑中运用广泛，在文昌近现代华侨住宅中也有不少实例。比较典型的如铺前镇泉口村潘于月宅、东阁镇富宅村韩钦准宅。这种窗兼具通风采光、抗风防护的作用，尺寸较大，通风采光效果也更好。

玻璃窗在文昌华侨住宅中的运用并不广泛，究其原因可能有两个方面。一是文昌地处热带，日照充足，且太阳高度角大，日光通过窗户射入室内的光照效率不高，对于文昌来讲，窗户的通风作用甚于采光，因而大多不设封闭的窗扇。二是近代以来才引入中国的玻璃在当时价格不菲，如果仅是将玻璃用于装饰，华侨们更倾向选择彩色玻璃。因此，窗玻璃的普及程度远不如屋面采用的"亮瓦"，实际上，这也反映出文昌华侨在住宅建设上的实用主义精神。

（二）照明

据记载，民国三年（1914）海南岛第一盏电灯的用户是海口华商有限公司。对于文昌而言，"文昌县电灯股份有限公司"于民国十四年（1925）开办。整个20世纪

图 4-40　翁田镇北坑东村张学标宅正屋内的吊灯　　　　　　　　　　　　　　　图 4-41　文教镇美竹村郑兰芳宅横屋内的吊灯

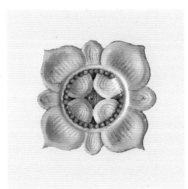

图 4-42　东郊镇邦塘村黄世兰宅路门的灯池　　　　　图 4-43　锦山镇南坑村潘先伟宅路门的吊顶灯池

20 年代，"海南各处，有电灯设置者，计有海口市、文昌县城、琼山县城及琼东之嘉积市四处，琼山县城及嘉积市，已先后停办，现惟海口市及文昌县城而已"[1]，可见当时电力电灯还远未普及，散布于文昌各地农村的华侨住宅尚未采用电灯照明。

在文昌传统住宅中，夜间照明多用煤油灯（又称"洋油灯"），这是电灯普及以前国内普遍使用的照明灯（图 4-40、图 4-41）。目前，在近现代侨宅遗存中仍可见到不少民国时期的煤油灯。此外，少数具有南洋风格的华侨住宅，在吊顶中央处仍有用于悬挂灯具的铁制吊钩，以及结合了各式装饰的"灯池"（图 4-42、4-43）。"灯池"的装饰设计十分考究，有水波与花卉等纹样，多用灰塑工艺制作。

1　陈铭枢总纂、曾謇主编《海南岛志》，上海：神州国光社，1933 年，第 487 页。

三、给水与排水

（一）给水

长期以来，文昌居民的生活用水主要是河水或井水。河水来自文昌境内的文昌河、文教河、珠溪河等河流及其支流；此外，由于文昌地下水水位较高，易于掘井。对于不靠山、不沿河的多数乡村来讲，掘井采集的地下水是主要的生活水源。直至近代，海南岛内并未建立市政供水网络，自来水对广大乡村百姓来讲遥不可及。即使是富甲一方的华侨，其生活用水也以井水为主。

水井一般设在住宅外，通常为多户共用，比较完善的还在旁边建有冲凉房。少数住宅的水井在第一进院落内，供居民日常洗涤、洗浴之用。华侨住宅与传统住宅并无明显差异，但在水井及其附属设施的材料与结构上体现了现代性，如水泥井台、砖混冲凉房等

除前述给水设施外，一些建有楼房的华侨住宅还会在屋顶平台设置雨水收集池（图4-44、图4-45）。如此，很好地克服了多层建筑中不便取水清洁的问题，同时也能使雨水这一自然资源得到充分循环利用，这是近现代华侨住宅中一项重要的技术革新。

（二）排水

传统风水理论认为，"山主人丁水主财"水代表"财运"或"财气"，所以对于住宅内排水的处理极为重要。南方地区常将天井式住宅的屋顶从四面汇水至天井，称为"四水归堂"，以此保证财气留蓄。文昌传统住宅采用合院式布局，其大部分雨水排向庭院

图4-44　会文镇宝藏村陶对庭、陶屈庭宅的落水管与雨水收集池　　图4-45　铺前镇蛟塘村邓焕芳宅横屋的雨水收集池

图 4-46 铺前镇轩头村吴乾刚宅横屋上的铸铁落水管　图 4-47 铺前镇蛟塘村邓焕玠宅正屋檐柱的排水口　图 4-48 文城镇义门二村王兆松宅正屋檐柱的排水口　图 4-49 文城镇松树下村符永质、符永潮、符永秩宅的落水管

经地面坡向汇入排水沟后排至户外。排水沟常向前院找坡，平面走向则是后直前弯，即排水沟一般沿横屋台基由后院排向前院，至前院时又折向另一边，再从围墙墙基的排水孔泻出。这一点也受到住宅排水"宜缓不宜快，宜曲不宜直"的风水观念影响。

华侨住宅在继承传统风水观念的基础上，进一步结合现代建筑技术与卫生观念，使用了诸多先进的排水构造与措施。

传统住宅多数是坡屋顶自由落水，地面也是自由排水，华侨住宅则有所改进。采用坡屋顶或平坡组合屋顶的住宅，一般通过檐沟、落水管、暗渠等构造，将屋面水与地面水归集，形成雨水的有组织排放或利用。采用平屋顶的住宅，常在屋顶周边设置天沟，天沟一般与屋顶共同现浇。雨水经屋面坡向顺排至天沟，再汇集至排水孔或落水管，最后排至地面或地下暗渠。

作为屋面有组织排水的关键构件，落水管的设置颇为讲究。按落水管敷设方式分类，有明敷和暗埋两种。暗埋式根据埋藏部位的不同，又可分为柱埋式与墙埋式两种。从落水管的制管材料来看，多为陶瓷管或铸铁管，其中陶瓷管断面有圆形与矩形之分，铸铁管则多是圆形（图 4-46）。

采用柱埋式的实例有铺前镇蛟塘村邓焕玠宅（图 4-47）、文城镇义门二村王兆松宅（图 4-48）、昌洒镇凤鸣一村韩纪丰宅，落水管暗埋于正屋混凝土檐柱中；采用墙埋式的实例有翁田镇秋山村韩锦元宅，其后横屋的排水管暗埋于正面墙体，墙脚处的两个排水口用灰塑做成鲤鱼造型，美观生动，充满了生活情趣。

现代风格的文昌华侨住宅大多采用有组织排水，对排水构造的处理独具匠心。如铺前镇蛟塘村邓焕芳宅，其正屋的落水管采用柱埋式，屋面排水顺着前檐左侧角柱中的暗管排至地面。二层横屋的平顶四周均设有天沟，雨水可顺着屋顶四角的落水管排至地面。靠近外侧的两根落水管为墙埋式的铸铁管，其余两根落水管则为明敷式陶瓷管，断面为矩形，表面带有绿色彩釉，数节相套，既美观又实用。

落水管的装饰也是华侨住宅中的一大焦点，最具代表性的就是文城镇松树下村符永质、符永潮、符永秩宅的竹节式落水管。宅内的落水管长达 6 至 7 米，在陶瓷管外用灰浆包饰，表面再雕出竹节形状，美观又耐久（图 4-49）。

四、卫生设施

通常来讲，现代住宅的卫生设施包含便溺、洗浴、盥洗、洗涤几类。随着文昌华侨返乡并带回南洋的生活习惯，住宅的清洁与卫生日渐受到重视，部分华侨住宅开始出现专门的便溺设施。从考察情况来看，与同时期的闽粤华侨关注马桶和卫生间等洁具设施的情形相比，文昌华侨则更加重视小便处、小便所和冲凉房的设置，这种差异主要是由两地气候与居住习俗造成的。

（一）小便处、小便所、卫生间

文昌华侨住宅中常见的便溺设施为小便处或小便所，它们通常设置在宅内地面排水沟末端且临近院墙处，这样既利于就近排污，又利于隐蔽私密。小便处较为简陋，通常是在靠近墙脚的水沟处砌一堵一米多高的矮墙，与院墙围合成大约一米见方的开敞空间，上无顶盖。小便所则比较讲究，一般独立设于墙脚，四边围合，单边开门洞，墙上还设有气窗或灰塑装饰。当小便所的门直接朝向院内时，还会在门外砌一段矮墙作为屏障。

会文镇福坑村符辉安、符辉定宅，其小便所位于宅内路门与横屋之间，靠院墙而建，长宽各约1米，高约2米，拱券形门洞周围塑有线条，并勾勒出火焰状纹样，在留白处墨书"小便"二字。

便溺设施保存更加完好的则是翁田镇秋山村韩锦元宅，宅西南角有一座特色十足的小便所——入口的墙壁上用灰塑醒目地装饰有"小便所"三字（图4-50）。这是文昌近现代华侨住宅中较早设置小便所的实例。小便所约有4、5平方米，分大、小便处。小便处比较简单，设一堵砖墙临近沟渠，上无顶盖；大便处为旱厕，坑洞离地面高约一米，设数级台阶上下，其下架空，上设屋盖。

会文镇宝藏村陶对庭、陶屈庭宅，利用楼梯中间的休息平台设置了一处卫生间，这是我们在田野调查中所见的孤例，它也成为文昌现代建筑利用楼梯间设置卫生间的先声，在20世纪90年代乃至21世纪以来的建筑中，还能见到此类卫生间的身影。高效集约的空间利用理念，体现了文昌华侨住宅的现代性。

（二）冲凉房

文昌华侨住宅中，冲凉房的设置习惯与小便处接近，往往邻近排水沟布置，一般有三种情形：其一，冲凉房与小便处并设于一处；其二，冲凉房与小便处分设于排水沟两端，通常小便处在前院，冲凉房在后院；其三，冲凉房独立设于宅外。

独立设置冲凉房的典型实例如东阁镇

图 4-50　翁田镇秋山村韩锦元宅小便所　　　　图 4-51　东阁镇富宅村韩钦准宅外的冲凉房

富宅村韩钦准宅（图 4-51）。韩宅的冲凉房位于大宅西侧，距离西院墙仅十余米，朝向宅院。冲凉房为单层平屋顶，带有前廊，室内分隔成左右两间，各开一窄门，左侧房间内还有一口水泥浇筑的浴池。两房间内靠后墙一侧，有一道浅浅的水槽连接墙外的水斗，这是当时冲凉的进水通路。前廊下两门洞之间，还筑有一个低矮的洗涤池，中间分成两格，并塑有供洗衣用的混凝土搓衣板。整个冲凉房平面近正方形，面阔约 2.5 米，进深约 3.2 米；檐口高度仅 2.4 米，现浇钢筋混凝土平顶，四周出挑檐，屋顶上还砌有高约 30 厘米的女儿墙；四周墙壁都设置了水泥预制的气窗，利于通风采光。

韩宅的冲凉房经过精心设计，建筑结构合理，实用性强，是文昌当时最为时尚的卫生设施，反映出屋主人对源自西方的现代生活方式的认可和重视。冲凉房北侧还有一口废弃的水井，近年又重新砌筑圆形井台和方形井圈，冠名"韩家古井"。这口与冲凉房毗邻的水井，是当时韩家人冲凉、洗涤的生活水源。

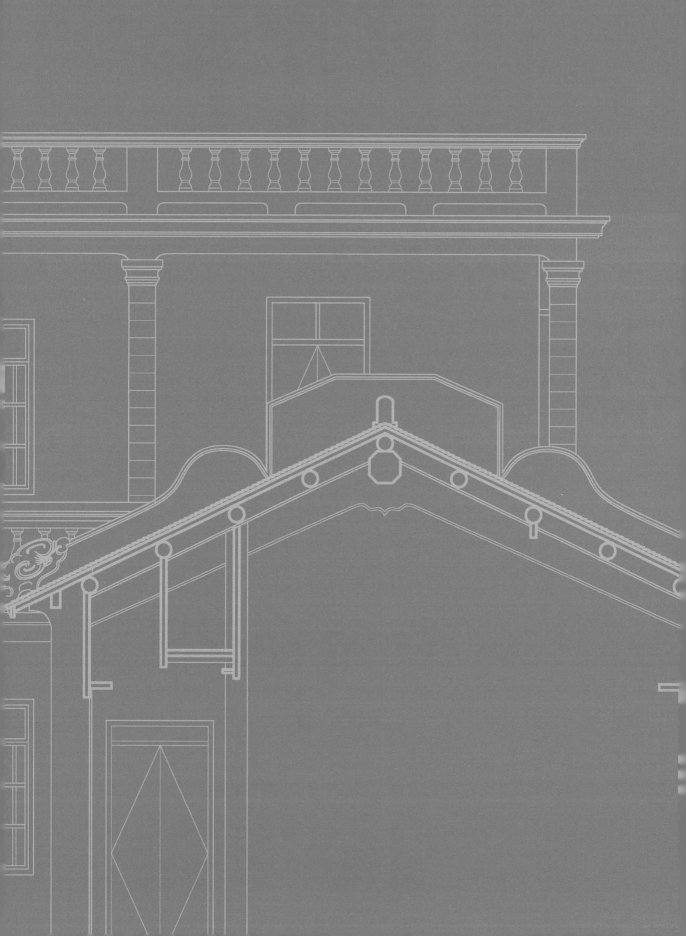

第五章

风格特征
及其文化渊源

　　毋庸置疑的是，文昌住宅与其他传统建筑，都源自经东南沿海间接传播而来的闽粤建筑风格。实际上明末以来的文昌住宅不仅仅有闽南建筑的特征，更多带有广府、潮汕和客家建筑文化的烙印。总之，作为琼东北住宅建筑文化的代表，文昌传统住宅具有中国东南沿海住宅体系的混合特征。但在海岛长期的、相对独立的发展过程中，受自然环境和地域文化影响，又逐渐形成了琼东北自身的建筑特色而与闽粤系相区别。

　　对于近现代华侨住宅来说，还有另外一个重要的文化源头——那就是经南洋、澳门、广州和香港等地间接传入文昌的西方建筑文化和艺术。当然，诚如本书前面所讨论的那样，在海南建筑近现代化过程中，早期在琼活动的西方传教士、各国政府派驻机构与商人及其建筑行为也对该地区近现代建筑或存影响。对此领域的研究可另作专论，本书主要聚焦于华侨住宅本身及其营造活动。

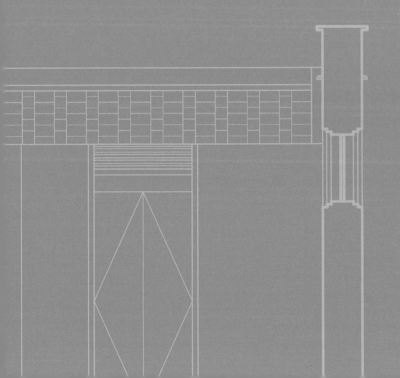

第一节
边疆与移植社会的建筑文化
及其风格形成

人类学家李亦园在《学苑英华：人类的视野》一书中指出：台湾在 20 世纪以前，一直保持一种边疆的、移植的社会状态，自然及人文环境的特殊性对居民构成很大压力，例如日据时代殖民政府所强加的异文化；而台湾在光复后又逐步开启工业化进程，社会经济的变迁同样带来对本地居民文化及生活的压力，两种压力实则殊途同归。[1]

海南岛历史上的情形与台湾岛有些相似，但又存不同。比如，海南岛虽然也被日本侵占过，但日本对海南文化的影响不如对台湾深刻和广泛；而且，海南岛与海上丝绸之路上的各国文化联系更为密切，得天独厚的地理位置使其与南洋诸国保持着长时段的紧密关系。当中南半岛及其南面岛屿被欧洲殖民者开发之后，海南岛的经济与文化也间接受到影响。因此，一方面，海南岛对于晚清帝国而言，具有边疆的地理属性，其文化主要从大陆移植而来，其近代工业的发展，也基本是在日据时期前后开始移入；另一方面，海南岛与东南亚诸国在殖民地时期的紧密联系，使其不得不间接受到西方殖民文化的影响与渗透。

1　李亦园《学苑英华：人类的视野》，上海：上海文艺出版社，1996 年，第 223 页。

一、作为边疆的海南岛原始建筑文化

据相关研究，大约距今四五千年前，海南岛的原始居民开始放弃山洞，逐步迁移到海边定居。为了适应捕捞、采集的生活，人们在靠近海滩的沙丘上建造起"干阑式"建筑。海南岛目前已发现属于这一时期的人类生活居住遗址 400 余处，大都位于海边或离海不远的沙丘（考古学称为"贝丘遗址"）、高岗台地上。在海南岛南部陵水县的新石器时代文化遗址——桥山遗址中，考古人员发现了十几个"柱洞"，这些柱洞很可能就是原始人栽柱建屋时遗留的"干阑式"建筑痕迹。桥山遗址分布范围较广，且遗址堆积厚薄不均，考古学家据此推断其已显示出原始村落的特征[1]。

新石器时代中晚期的聚落遗址在文昌一带也多有发现，比如 1928 年故宫博物院韩槐准回乡省亲时发现的凤鸣遗址即是一例。据文昌市博物馆馆长黄志健《文昌文物概略》一书所述：凤鸣遗址群基本上分布在文昌市中部偏东的昌洒镇至东阁镇宝芳一带的台地上，以凤鸣村为中心近 10 平方千米范围内，发现有土沙小肚、土沙大肚、宝树坡、石子坡、牛路园村、昌坡田、排田坎、白土坡、福土洞等多处遗物点。经考古人员对此遗址群所包含遗物点的考察及其文物资料的初步分析，推断这里曾经是文昌地区在新石器中期的一处大型原始社会聚落遗址群。这些聚落一般都坐落在较缓的台地上，属于山坡或台地类型的史前文化遗存。这些聚落遗址除个别在临近东部南海海域的沙坡地上，其他一般都高出海平面 8 至 14 米。从凤鸣遗址的一般文化面貌及其采集遗物（主要以磨制石器生产工具和夹砂粗褐陶生活用具）的器型特征来推断，在文化性质上属于海南新石器中期遗存，年代距今约三四千年，当时正处于海南原始氏族社会的发展阶段，遗址先民以从事渔猎和采集为主，过着定居或半定居的生活。[2]

由于凤鸣遗址并未进行系统的考古发掘，学术界对各聚落的居住面和建筑基址情况的认识并不清晰。不过，通过对海南其他同期聚落遗址的情况分析，这些台地上的建筑属"干阑式"建筑的可能性较大。

当黄河流域已经进入春秋战国时期，海南岛西部出现了"儋耳国""穿胸国""雕题国"等具有部落联盟性质的国家雏形。这些部落联盟极可能出现了以木竹等有机建材为主、以"干阑式"建筑为基础发展起来的海南本岛建筑形式。遗憾的是，由于潮湿和多风雨的气候，这些早期的建筑并未遗存下来。我们今天可将黎族传承下来的船形屋作为这类海南岛原始建筑形制的孑遗，从中管窥一二（图 5-1）。

1　闫根齐《海南建筑发展史》，北京：海洋出版社，2019 年，第 2 页。

2　黄志健《文昌文物概略》，海口：南方出版社，第 43—45 页。书中还说，据海南省考古专家认为：海南新石器时代文化在形成和发展过程中，基本上是受到华南地区，特别是岭南两广地区史前文化的直接影响，与它们发生过一定的文化接触和交流，也吸收了它们某些较先进的文化因素，并融入自己的地域文化内涵中。

图 5-1　海南省东方市毛阳镇牙合村黎族船形屋

二、移植社会的建筑文化及其风格形成

据研究，大陆移民自秦代始逐渐移入海南，尤其是在西汉元封元年（前110）武帝在海南岛设置儋耳、珠崖郡后，为海南带来了大陆地区的居住方式，具体表现如地面房屋的增建，建筑种类的增多，工匠及建筑工具的带入，等等，史书中相继有了"干阑式"房屋（西晋）及村落相连，绵延数里（唐代）的记载；同时随着唐代日益兴盛的佛教远传至海南，相应的佛教建筑如寺院和佛塔等也在此地迅速发展。海南的道教建筑

也随着五代时期"峻灵王"的封山之号兴起而农业的发展则催生了修渠和引水灌溉等工程设施的建造。[1]

宋代至明代是海南文化的繁荣时期，也是海南传统社会大发展时代，在经济和科技进步的促进下，其建筑也得到了前所未有的发展，在这500余年时间内逐渐到达了海南古代社会营造活动的高峰期。这一时段的海南地方建筑发展反映出以下四个特点。[2]

其一，住宅建筑凸显地方特征。宋代以

1　闫根齐《海南建筑发展史》，北京：海洋出版社，2019年，第3—4页。原文中"干阑式"写作"干栏式"，为避免作为注音符号的"干栏"与"栏杆"一类的建筑构件相混淆，建筑史学界主张采用字面上毫无异议的"干阑"二字予以命名为妥。

2　《海南建筑发展史》，第3—4页。

来的海南建筑，已经从大陆传来的传统风格开始转化，逐渐体现出对地域环境及气候的适应能力，这一点在住宅建筑中体现得最为充分。海南岛独特的热带海洋性气候迫使住宅建筑与之相适应。那么，传统大陆式住宅风格就必须做出调整与改变。比如大陆住宅一般有着"坐北朝南、前堂后寝、左右厢房"的特征，而海南住宅的形制并不固定。琼东北地区（如琼山、文昌）受移民文化影响，常见闽粤传统住宅中的堂屋与横屋组合布局[1]，这主要是因为海南天气湿热，为了加强房前屋后的通风所做的适应性措施。在海南比较传统的大陆式住宅风格至今尚有遗存，如宋朝贬官赵鼎寓居的裴氏住宅（位于今三亚市崖城镇水南村）和明代"理学名臣"丘濬故宅（位于今海口市琼山区府城街道）。

其二，高层和石材建筑开始兴起。由于台风、地震因素的影响，高层建筑在海南的发展并不顺利；有宋一代的文化经济和科学技术的进步，则大大推动了高层建筑技术的发展。加之琼东北地区质量轻、强度尚可的火山岩被运用到建筑中，催生了海南高层建筑——塔的建设。案例有澄迈县宋末元初建造的姐妹石塔和文昌市七星岭明代天启五年（1625）建造的斗柄塔等（图5-2）。澄迈县姐妹石塔通体用当地火山岩干摆叠砌而成，是海南最早的石造双塔；斗柄塔是一座航标塔，可指引琼州海峡的渔船、商船辨别航向，同时也有风水塔的性质。塔为八面七层的砖塔，每层设券门，叠涩出檐，内有螺

图 5-2　位于文昌木兰湾的七星岭斗柄塔

旋式阶梯可登至塔顶。与此同时，火山岩作为一种住宅建筑的墙体建材，也在琼东北地区得到广泛运用。在远离火山岩产区的海南其他地区或广大滨海区域，用产自大海的珊瑚石作为墙体砌筑材料也非常普遍。这一点，也体现了住宅建筑的在地性特征。

其三，城市设施日趋完备。海南岛上"城"的建设，至迟在唐代即已发端，主要是土城和石头城两种形式。具体而言，前一种是用夯土筑成的土城墙围合而成，以海口市珠崖岭城址为典型；后一种是用石头砌筑的石城墙围合而成，以儋州市中和镇儋州故城为例。明代以来，海南的州、府、县三级

1　严格意义上讲，海南民居中的左右厢房并不能被称为"横屋"。若沿袭闽南民居中的称谓，则厢房可称为"榉头"。

图 5-3　明洪武八年（1375）重建的文昌学宫　　　　　　　　　图 5-4　位于文昌潭牛的邢祚昌进士牌坊

城市的城墙普遍进行了增高和加固，基本都以石料为基础，城墙外镶砌城砖，上设门楼。城墙四周环以护城河，转弯处也设置角楼，防御设施更加完善。

其四，庙学、寺观、祠堂、牌坊等宗教、礼制性建筑开始繁盛。宋代海南社会重教兴文之风兴起，各州县的孔庙建设也逐渐展开；在地方政府兴建学宫的影响下，地方文人和乡绅也竞相在家乡建设书院。文昌市文庙是海南岛上比较完整的一组建筑群，庙学功能齐备（图 5-3）。这一时期，海南岛上的文教建筑日渐发达，出现了许多书院。这些书院不仅规模较大，而且还有完善的祭孔、藏书、学舍等功能，其中以儋州市中和镇的东坡书院最为著名。此外，佛教寺院和道教宫观也得到了较大发展。始建于宋代的天南寺（今已不存），在明永乐年间享有"海南第一禅林"之美誉。另外，宗祠和牌坊等礼制性建筑在明代也颇为风行。明代以来，一般聚族而居的血缘村落都会有自己的宗祠建筑，较大的家族甚至会建设自己的家祠。牌坊也是在明代以来作为礼仪和教化功能的标志性建筑更加兴盛起来，一般可分为三类：进士坊、人瑞坊和节孝坊。保存较为完好的文昌市潭牛镇大昌村建于明崇祯四年（1631）的进士牌坊就是其中的翘楚，是为表彰广西参政邢祚昌而修建（图 5-4）。

清代以降，海南岛的经济、文化发展趋于迟滞甚至衰落，建筑体系及风格更加趋向朴实和简单。木构架体系和木构件受到材料价格和来源的限制，与明代相比，在住宅建筑中的用量越来越少。住宅装饰的重点，逐渐从木构件转移到墙面壁画以及屋脊与山墙的灰塑上。但到了清代晚期，由于琼州的开埠，南洋侨汇的流入，来自南洋诸国的优质木材也随着日益频繁的华侨回乡建设活动，不断输入到海南及文昌各地。海南住宅建筑的木构架装饰艺术又丰富起来。

秦汉以来，大陆移民不断移入海南岛尤其是北宋靖康后中原移民第三次大规模南迁，为海南岛带来了新的文化语境与生活方式。但总体而言，琼东北地区的绝大多数百姓说的是闽南方言，他们至今坚信其祖先是从福建莆田一带迁徙至此。总之，无论从语言特点还是生产生活习惯来判断，文昌以及琼东北一带的移民，基本是源自闽粤一带的汉族南方民系。

学术界最早提出南方民系民居概念的华南理工大学建筑系教授陆元鼎在《南方民系民居的形成发展与特征》一书中，大致梳理了汉族传统住宅居住方式形成的基本规律。

不同时代、不同族群、不同家庭，其居住方式也不同，这主要反映在民居建筑的平面功能和总体布局中。例如，汉族一个小家庭，两代人可以住一座三间民宅，中央是厅堂，两侧为卧室，父母住上房（即东房），子女住次房（即西房），反映了长幼尊卑有序。房屋前有一天井小院供生活用，天井两侧为厨房和堆草杂物间，兼作耕牛休息场所，这是民宅最基本的居住方式。大一些的民宅，则在三间宅屋前再加一排三间宅屋，就形成四合院，这是北方最基本的居住方式。南方因为用地紧张，面积较小，建筑包围的院子叫作天井，也较小，称为天井式建筑，在城镇中，加上进门的门楼一座，就形成三进两天井民宅，在南方称作"三坐落"，可以住上同族一家三代多口人。如果两旁再加横屋，可以四代人聚居，这是中国特殊的族群居住方式，是按血缘关系来进行组合的。[1]

以琼山文昌、定安和琼海为代表的琼东北地区传统住宅是受闽海系、粤海系（包括广府、潮汕、雷州等）和客家系民居影响下而发展起来的一个独特的南方民系住宅类型。这一类型的汉族住宅基本上是按陆元鼎所谓的"最小居住单元"为基本模式，通过两个或更多数量基本模块的组合，逐步演变成多种平面类型和居住模式。总的来说，文昌传统住宅建筑具有以下几个基本特征[2]：

（一）平面组合与类型特征

1. 平面组合特征

出于对海南岛热带气候的适应，加之土地资源的相对丰富，文昌传统住宅基本上不再像东南或华南地区一样以小天井来组织院落空间，而是采用了更加简洁和实用的方法，即将数座正屋沿纵轴线排列。宅院大门亦即"路门"一般不在正屋的中轴线上（极少数居中）。宅院建造次序沿纵轴线从后往前推进，从地势高的地方逐步往地势较低的地方发展；有时，也会顺应地形与地势，从中段沿纵轴线同时往前、后发展；也有极少数住宅是沿着横轴线两侧呈一字形展开组织院落。正屋主要是作为祭祀、家族内部公共活动的厅堂以及长辈的卧室，其一侧或两侧布置横屋。文昌传统住宅中，大多只采用单侧横屋的平面模式。横屋的功能比较复杂，除第一进院落侧对的一间、二间或三间横屋往往布置为公共性质的客厅——当地称为"男人厅"或"女人厅"，其余房间可作为儿孙们的卧室，横屋后部的空间或设置通往外部的侧门，或布置为储藏间、杂物间和厨房间等功能性用房。后进院落的路门多对着一侧横屋开设，与正屋所在轴线垂直；最前一进院落的路门多平行于正屋设置，也有一些会垂直于正屋的轴线。当然，也有些住宅不用横屋，而在正屋前两厢位置上出"榉头"，平面紧凑，近似正方形。这种组合反映出当地

1　陆元鼎《南方民系民居的形成发展与特征》，广州：华南理工大学出版社，2019年，第105页。

2　此处借鉴陆元鼎先生"南方传统民居建筑的基本特征"的描述方法，对文昌传统住宅进行归纳与研究。

图 5-5 铺前镇泉口村潘于月宅 "T" 型布局

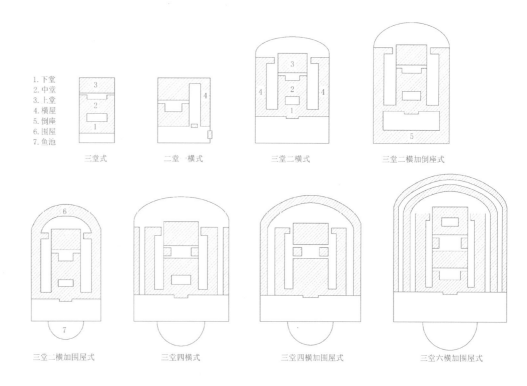

1. 下堂
2. 中堂
3. 上堂
4. 横屋
5. 倒座
6. 围屋
7. 鱼池

三堂式　　　　二堂一横式　　　　三堂二横式　　　三堂二横加倒座式

三堂二横加围屋式　　三堂四横式　　三堂四横加围屋式　　三堂六横加围屋式

图 5-6　福建永定县三堂二横式住宅平面图

230

传统住宅对通风和除湿措施的考量。

2. 类型特征

文昌传统住宅平面类型多样，但基本型较少，以单庭院的一正一横"L"型住宅形式为其中之一类型；"L"型布局亦可变化为前后双庭院的一正一横"T"型布局，如铺前镇泉口村潘于月宅即是此类典型案例（图5-5）。其余就是按前述两种基本型进行前后和左右的组合，形成单纵三进两院落、四进三院落、五进四院落布局等。在文昌最多有单纵十多进的宅院组合实例。在建筑类型上，规模较大的宅院通常用长横屋的做法，主要是因为其通风效果要明显好于用短横屋或榉头的做法。横屋通长的檐廊与正屋之间形成长长的"冷巷"，能够在炎热的季节里起到良好的通风散热效果，而海南冬天极少严寒，基本没有西北风之虞。相比之下，短横屋或榉头则无此优势。相反，还因榉头遮挡正屋次间，阻碍通风散热。此外，对普通人家而言，设置单侧横屋显然也有出于经济方面的考量。总之，用长横屋替代短横屋或榉头的做法，是源自大陆的建筑形制在海南高温湿热的气候条件下适应性的具体表现。渐渐地，闽粤地区习用的一明两暗式空间布局很自然地演变成一正一横式或三正两横式的布局。

文昌传统住宅中还有一种基本的平面类型，即三正两横式。这种基本型极可能源自闽粤地区的客家建筑形式，在建筑史学家刘敦桢《中国住宅概说》中被称为"三堂二横式"，认为这种住宅平面布局是福建永定县客家住宅建筑的基本单位（图5-6）。他在书中指出，由于客家人采取聚族而居的方式，一宅之内往往容纳数家至一二十家，而它的布局以三堂二横为基本单位，因此我们暂称为三堂二横式群体住宅。不过从发展方面来说，最简单的形体应是单层的"三堂式"，仅在中轴线上排列三座厅堂和左右厢房（当地称为横屋）。可是"二堂一横"则不但后部的堂改为二层楼房，旁边横房的后部也用二层。等发展到"三堂二横"，中轴线上的下堂中堂虽仍为一层，但后部的上堂（又称主楼）则高三四层不等，两侧横屋为了与中央部分相配合，也由一层递增至二三层不等。稍大的住宅，在"三堂二横"的前部再加一个院子，称为"三堂二横加倒座"；或在后部加弧形房屋，称为"三堂二横加围房"。规模更大的则有"三堂四横"与"三堂四横加围房"及"三堂六横加围房"三种。但除"二堂一横"外，都采取对称的布局方法和前低后高的外观，是此类群体住宅的主要特征。[1]

因此，除了住宅基本型顺着纵轴线往前（较少情况下亦有同时往前、往后）、从地势高往低组合发展的住宅类型之外，还有更大的家族安居就需要营造规模更大的住宅建筑群。在此情形下，住宅建筑群除往纵向拓展外，又可沿横向展开，形成正、横屋多纵轴并联发展的平面组合类型（图5-7）。如此，一个大家族的住宅群落即可形成一座规模宏大的村寨，比如文城镇下山陈村住宅建筑群就是这种模式。下山陈村陈氏家族宅是正屋

---

1 刘敦桢《中国住宅概说》，北京：建筑工程出版社，1957年，第47页。

图 5-7　始建于明代的会文镇十八行村

四纵、横屋三纵的组合，其中三个纵列的正屋数量已经达到六进，一个纵列为四进正屋。当然，大多数多进院落组合而成的住宅建筑群，并非一日之工建成，往往由一个家族几代人逐渐发展衍生而来。宅院在进深上的拓展与家族在时间上的衍生、发展形成一个时空并置的局面，一个家族的开枝散叶，使得住宅本身在空间上也像极了一棵大树经历的生长过程。这是以文昌为代表的琼东北地区传统住宅组合中最具特色之处，恐怕在全国范围内亦是不可多见的建筑生长类型。

（二）建筑构架与材料特征

1. 建筑构架特征

早期的文昌住宅，基本属于木构架结合砖石砌体围护的结构体系，绝大多数木构架属于穿斗架形式。为提高房屋整体刚度，也可以采取"横墙承檩"的方式来取代木构架的做法。华侨回乡修缮或建造住宅后，来自南洋诸国的优质木材使得文昌地区的部分住宅逐步恢复了传统木构架的做法。当然为了便于船运，方材扁作的梁架逐渐取代了传统复杂的圆作工艺，得以广泛流行。正屋和横屋的檐柱早期多用木材，中后期绝大多数是用石柱打底，在接近檐口的部分采用木柱连接的混合形式。在近现代华侨住宅中还引入了钢筋混凝土浇筑的柱式。

2. 建筑材料特征

住宅在历朝历代都是量大面广的建筑工程，屋主人追求的是经济性与实用性相结合的建设原则。大陆的传统营造活动中往往以土木作为主要建材。"因地制宜""就地取材"的基本原则，在南方地区的住宅营造中亦是根深蒂固的传统。具体而言，这一传统在文昌地区表现为：普通的木竹材、火山岩以及海中的珊瑚石都可就近获取；烧制砖和土墼（土坯砖）亦可就地采泥制取；沙子源自河流或海滩；石灰则多数源自海里贝壳烧制成的贝灰。

（三）建筑形象与装饰特征

文昌传统住宅建筑形象和装饰具有以下三方面特征。

1. 住宅轴线明确，正屋与横屋搭配，主次分明

无论是一正一横还是三正两横式住宅，其平面一般至少有一条纵轴线；在多纵列式住宅中，不仅存在多条纵轴线，部分住宅的平面形式还明显呈轴对称。由于正屋和横屋的搭配组合，建筑空间和形象的主次地位非常分明。

2. 建筑群中单体体型并不追求宏大，外形规整且趋于简朴

文昌传统住宅的单体建筑体型不大，也不追求外观的宏伟和奢华。这与儒家提倡的"卑宫室"的营造思想有关。此外，明初以来对住宅规模予以严格限制，法令要求普通

百姓住宅正屋不过三间五架、门屋不过一间，绝大多数文昌华侨住宅并未突破这一规制，除极少数华侨住宅采用超过单开间的路门，其余无论是一层还是二层路门，均为一间规模。此外，绝大多数的正屋和横屋都为一层。近现代以来，华侨住宅开始选择向垂直方向发展，建造了两层及以上的正屋和横屋。总体而言，无论是传统住宅，抑或是近现代住宅，外形都比较规整，其造型和装饰风格趋向简洁。

3. 只在住宅的重点部位进行装饰和美化

长期以来，南方民间住宅基本是以土、木、竹、石和砖瓦营造，外观上不过是粉墙黛瓦。室内厅堂的木构架，大多不施彩绘；雕刻、灰塑和壁画等建筑装饰往往存在于某些重点部位，起到"画龙点睛"的作用。具体到文昌传统住宅，装饰手法一般位于正屋与横屋厅堂两侧的木构梁架、"横墙承檩"体系中两侧横墙的墙尾部分、正屋屋脊以及两端的脊饰、厅堂中槅上的神庵、厅堂朝向庭院的六扇或八扇槅扇门、正屋前檐檐下墙体以及两山山墙、横屋檐廊下的梁架与柱式、宅院的路门等等。砖雕和石雕在文昌并不发达，灰塑装饰的题材与部位则相对丰富，这一点似与气候有关，更多则是继承和发扬了闽粤一带住宅的装饰艺术风格。

第二节
多元性与适应性相融的
早期华侨住宅风格

民国七年（1918）十二月，刚卸任财政总长的梁启超等一行五人从上海启程，搭乘日本邮船会社的"横滨丸"号，取道印度洋、地中海，开始为期一年的欧洲考察游历。之后出版的《欧游心影录》记录了他途经南洋时所感：

我们离开国境已经十日，却是到的地方，还是和内地旅行一样。新加坡、槟榔屿（即今槟城—引者注）一带，除了一面英国国旗外，简直和广东、福建的热闹市镇，毫无差别。开大矿的么，中国人。种大橡皮园的么，中国人。大行号么，中国人。杂货小贩么，中国人。苦力么，中国人。乞丐么，中国人。计英属海峡殖民地三州，中国人约二十六七万，欧洲各国白人合计，不过六千八百。再就南洋华侨全体约计，英属（殖民地三州，保护地四州合计）二百万，荷属三百万，暹罗安南等处三百五十万，总数八百五十万。[1]

梁先生在文后还感叹道，欧洲殖民者在北美洲的人数尚不足华人在南洋诸国的总人数，却可建立起美利坚合众国来，而华人无论从移民的时间、人数还是从对南洋诸国经济和社会的影响力而言，均不输于欧洲殖民者在美洲的情况，然而华人并未选择在南洋建国，反而是融于当地社会，与南洋诸国各民族和睦相处。究其原因，除了当时华人对国家、民族的认识和理解尚达不到欧洲列强的水平外，还有一个非常重要的因素—那就是受过儒家文化教养的华人，在面临异域文化时，总体上会采用"和而不同"的方针融入。

只是，梁先生在书中没有提及或是未曾注意到——这些人数众多的南洋华人，尽管没有在当地建立华人政权和国家，他们却将在南洋的所见所闻和大部分积蓄带回到家乡。他们"择其善者而从之"，将南洋带回的西方文化和建筑文明引入祖国，并从自己身边的事情开始，一点一滴、一步一步地影响着家乡的文化与建筑面貌。正因为近代时期，自南洋传来的西方文化是多元的，华侨们带回的近现代建筑文化亦呈现出多样性来。

1　梁启超《欧游心影录》，北京：商务印书馆，2014 年，第 57 页。

一、南洋多元建筑风格影响下的近现代住宅

（一）西方殖民主义影响下的南洋诸国

为更好理解多元文化影响下的南洋诸国，我们先来回顾一下16世纪以来南洋一带受到的西方殖民情况。

据相关研究，"1602年荷兰东印度公司的成立使得雅加达于1611年成为东印度公司的主要基地。而在1641年，荷兰从葡萄牙手中得到马六甲后，马六甲继雅加达之后成为主要的东印度公司的前哨"[1]。另据美国历史地理学者罗兹·墨菲（Rhoads Murphey）《亚洲史》（A History of Asia）的记载，英国人成功殖民印度后，又相继将马来半岛槟榔屿、马六甲海峡、新加坡作为据点；随后，英国通过战争先后夺取缅甸沿海重要城市特权直至吞并全境，实行英属殖民地同等行政管理及相同政策法律，终至1937年设缅甸为单独的殖民地。18世纪末，法国的殖民活动继续在亚洲推进，逐步侵占了越南南方并兼及柬埔寨和老挝，击败清朝军队后，其侵略步伐蔓延至越南全境。美国同样在战胜西班牙后成

为菲律宾的宗主国，使菲律宾群岛在短短43年间所受文化及经济冲击甚于西班牙统治的400年。[2]

当南洋诸国逐渐被西方列强殖民时，只有泰国巧妙地利用其处于英属缅甸和马来亚[3]与法属印度支那之间的地缘政治关系才勉强维护了国家统一。当然，曾经的暹罗国在当时也不能不许可殖民者们享受贸易、定居和法律上的特权。

这些国家在西方列强殖民控制下，饱受着丧失主权之苦，其人民也沦为二等公民甚至奴隶。与此同时，西方列强为了在殖民地攫取最大利益，对当地资源进行了掠夺性的开采，南洋诸国借此也开始了工业化的进程。从18世纪以来，尤其是19世纪到20世纪初，是南洋诸国工业和种植业的大开发时期。

首先来看英国在南洋的殖民地。

1880年后，不列颠统治下的缅甸和马来亚发展交通运输业，开发耕地资源，大量输出木材、石油、锡矿及橡胶，商业化及城市化进程都获得极大发展。来自人口密集的华南地区的中国劳工成为开采锡矿和收割橡胶的主要劳动力来源，其数量一度占到马

1　梅青《中西建筑艺术比较研究报告》，同济大学博士后研究报告，2005年，第57页。

2　罗兹·墨菲《亚洲史》，黄磷译，海口：海南出版社、三环出版社，2004年，第448—451页。

3　马来亚即英属马来亚（British Malaya），为旧时英国殖民地，包含了海峡殖民地（1826年成立）、马来联邦（1896年成立）及五个马来属邦，于1957年获得独立。在地理范畴上，马来亚是指今马来西亚西部位于马来半岛的部分，又称西马来西亚，简称"西马"。

来亚人口的近一半 [1]。

再看法国、荷兰和美国在南洋的殖民地情况。

法国人对越南、柬埔寨以及老挝的殖民统治是"暴戾的"，殖民地政府只是试图把法国文化强加给这些合称为"印度支那"的领地。除了河内及北越海防港口的工业稍有增长，柬埔寨、老挝及以河内为中心的北越，其商业及出口贸易几乎没有发展。以西贡为中心的南越则成为湄公河三角洲所产稻米和橡胶的主要出口地。

荷兰人与法国人在南洋的做派不同，他们似乎更加关心自己的商业利益，而适当放松了对当地具体事务的管辖与控制。他们将印度尼西亚大部分地区的治理权交由当地土著统治者，自己则专注于几个主要的基地，从而达到控制贸易的目的。

处于热带的爪哇的糖、咖啡、茶及烟草等种植作物十分高产，深受荷兰人欢迎。20世纪初，荷兰人加强了对苏门答腊及周边其他岛屿的控制，原因是这些地区成了更理想的石油、锡矿、橡胶及烟草的种植地和出口地，而新铁路和新港口的修建，也为这些地区的出口贸易提供了便利。荷兰殖民者专注于利益的攫取，垄断了印度尼西亚人在参政、教育、言论自由及种植作物选择等方面的自由权利。这种强制性的管理为爪哇带来有步骤的开发，其生产及人口获得快速增长；但压迫性的政策也使荷兰人在印度尼西亚的部分地区遭遇了激烈抵抗。

美国人在取代西班牙人正式殖民菲律宾后，他们大力发展交通、医疗及教育体系，但其经济影响是剥削性的，美国人经济活动开展的重心往往是由本国需要及世界贸易中热门的商品决定的，而忽略了当地人民的基本生活需求，西方殖民者以利益掠夺为根本驱动。但是，马尼拉仍在这样的发展进程中迅速壮大，成为殖民地首府及商业中心，汇聚了大量本地新兴而起的中产阶级和学术精英。由此可见，美国人在殖民统治的实行方法上，贯彻了与法国人和荷兰人不同的理想主义和民主模式。

尽管泰国未成为西方列强事实上的殖民地，但是泰国的经济发展模式与东南亚殖民地的模式大致相同，即以稻米、橡胶和热带木材等为主要出口商品，首都曼谷成为对外贸易流通和推广的唯一口岸 [2]。

从罗兹·墨菲在《亚洲史》的描述中，不难看出南洋诸国在 17 世纪以来西方帝国主义的控制和影响下，社会生活面貌和生产建设方面都发生着巨大的变化。我们需要用辩证的观点来客观看待这一变化：一方面，西方帝国主义国家通过对殖民地政治主权和经济贸易的控制，攫取了巨大的商业利益；另一方面，西方列强利用先进的工业技术和经济手段，也间接地影响和改变着殖民地人民的生产与生活方式，带动了殖民地的社会发展与进步。

1　《亚洲史》，第 449 页。

2　《亚洲史》，第 448—451 页。

德国历史学家安德烈·贡德·弗兰克则在其著作《白银资本——重视经济全球化中的东方》中，以亚洲为本位对西方国家的殖民活动予以审视。他认为，在16世纪至19世纪间，亚洲始终有很高的生产力水平，亚洲的内部贸易在规模上远大于欧洲的商业活动。从19世纪开始，亚洲经济经过长时期的扩张最终走向尽头，而由于人口和收入的增长，生产和贸易开始衰退；经济和社会的两极分化对资源施加了压力，约束了底层的有效需求，亚洲廉价劳动力大量增加，而欧美各国的殖民活动则有效利用了这一形势推进了工业化进程，也成为全球主要的生产者和贸易者，并从中攫取了大量利益，同时也将新的生产方式与价值体系带入亚洲大地，在东方与西方强弱兴衰的周期性更替中，欧美诸国以殖民的方式完成了亚洲近代历史上一次从经济生产到文化观念的巨大变革。[1]

（二）在南洋工作生活的海南人及其住宅

明代以来直至海南在20世纪80年代独立建省，海南岛虽然作为广东行政区划的一部分，但其移民和文化渊源又与闽粤高度关联。海南文化是作为闽粤文化的一个混合体而存在的。有意思的是，这种文化混合体不仅仅存在于中国的疆域，也存在于异国他

乡的南洋诸国。

据调查，在海南岛华侨住宅建设高峰时期，海南人在马来亚的人口分布大概是68393人（1921年）、97894人（1931年），其排名在福建人、广州人、客家人和潮州人之后，位列第五；在马来亚地区，海南人又以海峡殖民地的35679人为最多，然后依次为马来联邦30107人、柔佛25539人、吉打2760人。1921年至1931年的10年间，海南人在南洋的华人人口占比下降了0.1个百分点，为5.7%，但总人口略有增加。其中，女性数量增加五倍，男性人数仅有细微增量。从其在南洋从事的职业来看，福建人主要从事农业和零售业，集聚地以市镇为多，主要定居在新加坡、吉隆坡、怡保和太平；广州人主要从事矿业和橡胶业，也多居住于市镇，主要居住地是新加坡、槟城以及马六甲；客家人多从事农业，主要集聚在马来联邦、海峡殖民地等地。海南人在南洋主要居于市镇，工作类型较为丰富，多从事为欧洲人服务的行业，其次为零售业，居于乡间的海南人又以种植橡胶为业。在马来西亚的海南华侨，有四分之一的人口都居住在柔佛州[2]。

在法属印度支那（越南和柬埔寨），海南人"主要以商业为主，但亦有业农者如稻米、渔业、菜园、椒园等。这些俱是旧的农业，因中国的迁民在彼处多年，对于本地的农业当然有些基础。近年来新式的农业渐

1　安德烈·贡德·弗兰克：《白银资本——重视经济全球化中的东方》，刘北成译，北京：中央编译出版社，2001年。

2　陈达：《南洋华侨与闽粤社会》，北京：商务印书馆，2011年，第62—68页。柔佛（Johor）、吉打（Kedah）为马来西亚的联邦州；怡保（Ipoh）、太平（Taiping）为马来西亚霹雳州城市。

被介绍，如树胶、棉花、咖啡、茶及棕油"[1]。在泰国的海南人主要从事商业活动，自零售商至批发商都有；也有从事磨米与运销等与农业相关的工作，基本都在华侨开办的企业。此外，他们还从事大部分的工业与手工业，如鞋业、成衣业、木匠业、铁匠业、锡匠业、马车业和砖瓦业等[2]。

先前的调查研究对象罕有涉及侨居于印度尼西亚的海南人。据本书研究情况来看，文昌籍的印尼华侨也并不多，翁田镇秋山村的韩锦元（1869—1914）是其中一位。他年轻时曾在印尼做制鞋生意，并于1903年在家乡建造或重修了一座三进正屋带横屋和后院的住宅。

总体上判断，华人在南洋诸国的经济状况，大抵是处于中间层次。据《马来西亚史纲》所记，近代马来亚殖民经济的发展，形成了三重经济结构，西方人经济、外来移民经济和原住民经济。西方人处于经济结构的顶层，凭借着政府后盾和庞大资本，建立了较大规模的贸易公司、种植园、矿场和银行，控制着进出口贸易，有的还实行垄断经营；华人作为外来移民位于中层，经济投资范围较广，包括商业、制造业、矿业和金融业等，但华人资本大都处于中间环节或零售环节，制造业主要是日用消费品的生产等；原住民位于底层，承续着传统的经济产品生产和经营方式，以家庭为单位，从事稻米种植，少数种植橡胶、甘蔗等经济作物。[3]

华人在南洋诸国的职业与经济生活状况大抵如此，那么在当时的南洋诸国，华人聚居的城镇是什么样子，其建筑形式又是怎样的呢？

华侨建筑是随着华侨华人在海内外交流、迁徙和定居过程中逐步形成的，具有中外文化交流特点的建筑文化现象。这些海内外的华侨建筑和聚落被当地社会所接受和认同。诸如越南会安古镇（Hoi An Ancient Town，1999年）、马来西亚"马六甲和乔治城"（Melaka and George Town，2008年）、中国侨乡"开平碉楼与村落"（2007年）、"鼓浪屿：历史国际社区"（2017年）等，这些分布在世界各地的华侨建筑文化遗产被列入世界文化遗产名录，具有普世的文化、艺术价值。

这里以华人聚居区形成较早、也是华人数量较多的马来西亚槟城为例予以说明。同济大学梅青在其研究中说："在英国殖民者管治槟城之前，大量来自广东、福建的中国人已经移民这里，建起连街成巷的密集民居所以'乔治城'的不少地方，完全是中国城的街景：一开间门面、两三层高、底层有骑楼的民居，一栋紧挨一栋排成两列，中间夹着一条窄街。在1788年，在槟城成立后的两年，一百人中，华人就占了五分之二。他们或是木匠、铁匠、贸易者、店主和种植园

1 《南洋华侨与闽粤社会》，第67页。

2 《南洋华侨与闽粤社会》，第68页。

3 范若兰、李婉珺、[马]廖朝骥《马来西亚史纲》，广州：世界图书出版广东有限公司，2018年，第137页。

主。印度人多半是店主或伙计，马来人主要是农夫。华人已经执掌市场和商店。英国人到来之后，老城区的街巷格局大体没变。但组成街巷的一栋栋民居，却在不同时期的拆旧建新中变换了建筑样式：最早纯中式的民居，变成了掺入西洋建筑元素的中西混合式。由莱特划定的城市布局，给各个民族的居民适当的居住点。"[1]

梅青认为，早期槟城华人聚居区基本上是中国原乡的建筑风貌，后来才逐渐形成"掺入西洋建筑元素的中西混合式"，这一点在《槟榔屿开辟史》一书中也有材料证实——在槟城早期城坊建设中，华人已经捷足先登，拔得头筹：

> 市场中所设店铺，渐见发展，都由华人经理之；华人眷属之居于斯者已达六十家，继续来者尚不绝。其人勤奋驯良，遍布马来各邦，各种手艺，无不为之，零卖商业，亦归其掌握。[2]

槟城最早的开发者莱特在其日记中也多处记载了早期华人对槟城的拓殖与贡献。此外，也有研究表明建设军事防御要塞康华利斯堡（Fort Cornwallis）[3] 时命华人"挖掘沙土，锯解大树之根"。"建筑货栈"一节提及东印度公司从中国"送来泥水匠十名，工人一名，工资须由公司供给不绝"。聘请华人修建军火库，其建筑工艺"精良无比"。实际上早在1794年，在莱特上书英国驻印度总督的公文中就曾提到：

> 华人最堪重视，男女老幼约三千人，凡木匠、泥水匠、铁匠皆属之，或营商业，或充店伙，或为农夫，常雇小艇，远送冒险牟利之徒于附近各地。因华人以兴利，可不费金钱，不劳政府，而能成功。故得其来，颇足自喜。[4]

华人以其勤奋、驯良和掌握各种精良技术的特点，逐渐被西方帝国主义者认识到这是开发南洋殖民地难得的人力资源。除了自主前往南洋的华人外，槟榔屿英国殖民当局还出台种种政策利诱中国劳工前往，并在1805年正式成立招募华工的专门机构。殖民地政府根据印度总督的训令，制订了从中国有计划、有组织运送契约工人出洋的方案，先将招募来的中国劳工集中于澳门，再用葡萄牙（由于历史原因，清朝政府特许葡萄牙人可以澳门为根据地自由出入——作者注）船只运送，以避免与当时实行海禁的清政府发生冲突[5]。

---

1 梅青《中西建筑艺术比较研究报告》，同济大学博士后研究报告，2005年，第54页。引文中，莱特（Francis Light）是最早设置乔治城（George Town）的英国殖民者，乔治城为马来西亚槟城州首府，城市有着18世纪末以来的英国统治时期的历史面貌，于2008年列入联合国教科文组织世界文化遗产名录。

2 书蠹（Bookworm）《槟榔屿开辟史》，顾因明，王旦华译，台北：台湾商务印书馆，1970年，第82页。

3 康华利斯堡（Fort Cornwallis）是以17世纪末孟加拉总督查尔斯（Charles Cornwallis）的姓氏命名的。最初以木材（栗棒）筑造，1808—1810年殖民政府利用囚犯之劳力改建为砖堡，并保存至今。在堡垒内除了营垒供少数军事人员驻扎，还有储藏室、火药库及其他附属建筑。陈志宏《马来西亚槟城华侨建筑》，北京：中国建筑工业出版社，2019年，第26页。

4 《马来西亚槟城华侨建筑》，第24—27页。

5 林远辉、张应龙《新加坡马来西亚华侨史》，广州：广东高等教育出版社，2008年，第99页。

表 5-1　国内外学者对南洋华侨住宅的分类

学者及著作名称	纯居住建筑类型	混合功能
David G. Kohl，*Chinese Architecture in the Straits Settlements and West Malay: Temples, Kongsis and Houses* Hong kong: Heinemann Educational Books(Asia),1984	Farmhouse（农舍）、Fishermen's House（渔民住所）、Miners' Dormitory（矿工宿舍）、Cave Dwelling（窑洞）、Terrace House（排屋）、Free-Standing European-Chinese Mansion（中西合璧的独立式住宅）、Courtyard Mansion（院落大宅）	Shophouse 店屋
Heritage of Malaysia Trust. Malaysian Architecture Heritage Survey: A handbook Kuala Lumpur：Badan Warisan Malaysia，1990	Terrace House（排屋）、Courtyard Mansion（院落大宅）、Bungalow（洋房／平房）、Villa（别墅）	Shophouse 店屋
Chen Voon Fee，*The Encyclopedia of Malaysia 5: Architecture* Kuala Lumpur：Archipelago Press，1998	Terrace House（排屋）、Courtyard Mansion（院落大宅）、Bungalow（洋房／平房）、Villa（别墅）	Shophouse 店屋
Ronald G. Knapp，*Chinese Houses of Southeast Asia*	Terrace House（排屋）、Mansion（宅第）、Villa（洋楼别墅）、manor（庄园）、residence（原住民住宅）、Chinese style combination with wide balcony in front（前面带有宽大阳台的混合中国式住宅）	Shophouse 店屋
江柏炜 《"洋楼"：闽粤侨乡的社会变迁与空间营造（1840s—1960s）》，台湾大学博士学位论文，2001	租界城市或新市区：别庄、别墅、公馆（Mansion）；潮汕及闽南乡村：番仔厝、附属建筑洋楼化或合院正身洋楼化；侨乡城镇或乡村：五脚基（Five-Foot Way）；侨乡乡村：防御性建筑、枪楼、更楼；粤中四邑：碉楼；粤中及梅县客家乡村地区：庐居	五脚基（前店后屋）Five-Foot Way
陈志宏 《马来西亚槟城华侨建筑》，中国建筑工业出版社，2019	排屋（Terrace House）、院落大宅（Courtyard Mansion）、洋楼别墅（Villa）、班格路（Bungalow）、乡村木屋（Kampung House）、水上屋或棚居（Pile Dwelling）	店屋 Shophouse

　　在殖民地当局逐渐对南洋华人和华人团体的信誉与技术产生信赖后，他们甚至将一些重要工程项目的承包权也给予之。1804年，英国总督华盖（R.T. Farquhar）主持重修槟城的康华利斯堡，从其遗留的工程日志可见华人承包商负责的工作部分与酬劳金额。在此份文档中，一共记录了11位华人承包商，主要承担砌墙、抹灰、木作等工作。后来，这些承包商中的佼佼者甚至跻身槟城上流社会，成为1807年槟城道路委员会六位在地委员之一[1]。据相关研究，槟城的华人除了营造店屋外，还大量参与了殖民建筑、政府建筑的建设，并实际上是与实力强劲的欧洲商人和营造公司进行竞争。早期槟城的建设不仅仅与华人劳工和承包商有关，而且用于建设的材料也与中国相关。1789年莱特在沿海设立砖窑厂生产白土砖（White Clay Bricks），华人是主要的生产力量。之前，槟城建设用砖多从中国运来，至今在通往中国航线上，海底还遗留有运砖的沉船[2]。

　　大体上，南洋华侨住宅的建筑类型有以下七种：店屋（Shophouse）、排屋（Terrace House）、院落大宅（Courtyard Mansion）、洋楼别墅（Villa）、班格路

1　华商刘亚美（Ammee）名列于1807年槟城道路委员会六位在地委员之中，陈志宏《马来西亚槟城华侨建筑》，第28页。

2　Marcus Langdon. *Penang: The Fourth Presidency of India 1805-1830*, Vol. 2:Fire,Spice and Edifice. Penang: Areca Books, 2013:115.

（Bungalow）[1]、乡村木屋（Kampung House）、水上屋或栅居（Pile Dwelling）（表5-1）。

店屋是商店功能空间与住宅结合于一体的商住混合型建筑，一般沿城镇的街面排列布置，颇类似于中国传统商业市镇的前店后宅式民居。店屋沿街立面富于变化，是此类住宅形式的最大特点（图5-8）。陈志宏将马来西亚槟城的店屋立面，按不同的建造时代归纳为五类：早期砖构样式、华南折中样式、海峡折中样式、艺术装饰（Art Deco）样式和早期现代样式。[3]

排屋是纯居住功能的住宅，英文称为Terrace House或Town House，在南洋也基本是沿街排布，类似于今天在中国各地都能看到的联排式住宅（图5-9）。《马来西亚建筑遗存手册》对其这样定义："指拥有相似立面的连续房屋，常由庞大的家庭居住其中的纯居住功能建筑。排屋有多种，一些早期的排屋与店屋相似，例如它们都有天井的建筑前连续的走廊。排屋三个重要元素是：

图 5-8　早期东南亚的店屋

神祖厅、会客厅和天井，其中祭拜祖先的神祖厅最为关键。"[4]排屋在沿街排列的情况下，可能会采用五脚基的外廊形式。

院落大宅基本是来自中国闽粤原乡的传统合院式建筑在南洋的二次发展结果（图5-10）。当然，在南洋的建造总是要受到当地主流文化——来自欧洲的西方建筑文化影响，院落大宅营造最后往往呈现出多元建筑文化的形态。

洋楼别墅主要是由在南洋执业的西方建筑师主持设计与建造的私家独立住宅（图5-11），其风格主要受当时流行的意大利别墅和英国乡村住宅影响。主体建筑一般为二

1　华侨大学陈志宏将Bungalow称为"孟加楼"，参见《马来西亚槟城华侨建筑》，第13页。清华大学刘亦师则将之称为"殖民地廊屋"，本书还是引用其音译名"班格路"。

2　此表根据陈志宏《马来西亚槟城华侨建筑》一书、Ronald G. Knapp所著 Chinese Houses of South Asia 一书以及江柏炜博士学位论文《"洋楼"：闽粤侨乡的社会变迁与空间营造（1840s—1960s）》相关信息整理。

3　《马来西亚槟城华侨建筑》，第59页。

4　Heritage of Malaysia Trust. Malaysian Architecture Heritage Survey: A Handbook. Kuala Lumpur: Badan Warisan Malaysia, 1990, P.71.

图 5-9　东南亚的排屋

图 5-10　东南亚地区的院落大宅

到三层，早期采用砖（石）木混合结构，晚期基本都是用钢筋混凝土结构建造。外立面一般采用新古典或折中式风格，呈中轴对称，设有门廊。门廊沿中轴凹入或凸出，形式上更多呈现西方建筑的特征[1]。

　　班格路，英文称为 Bungalow，也称"孟加楼"或"殖民地廊屋"，它源自当时尚属英国殖民地的印度孟加拉地区，是一种传统木制结构、上覆茅草屋顶并带有阳台的住宅建筑形式[2]，后经殖民地改造，逐渐成为砖木混合结构样式。

　　乡村木屋和水上棚居都是流行于马来半岛的特有住宅形式，早期华人移民往往会选择这两种住居形式。从事渔业为主的华人对水上棚居的建筑形式更感兴趣。

1　《马来西亚槟城华侨建筑》，第 70—71 页。

2　Chen Voon Fee. *The Planter's Bungalow: A Journey Down the Malay Peninsula*. Singapore: Editions Didier Millet Pte Ltd, 2007, P.15

图 5-11　东南亚地区的洋楼别墅

（三）作为文化双向传播前沿的海南岛

从地理上看，海南岛是远离大陆文化中心、又有较大土地和人口规模的一个岛屿。以大陆为中心观察，它显然处于中国文明的边缘；从另一个角度来看，即从已经得到西方帝国主义殖民开发后的南洋诸国视角观之，海南岛又是离它相对较近的一大片中国疆土。甚至可以说，海南岛是南洋文化影响下的中国疆域前沿。总之，我们可以将海南岛看作中国大陆与南洋诸国进行建筑文化双向传播的前沿地区。从长时段来看，这个文化传播是从双向展开的，也即是说，中国大陆建筑文化的一部分经由海南岛传递到了东南亚的南洋诸国，这是一个由北往南传播的路径；而从南洋诸国往中国大陆传播的西洋建筑文明，则是由南往北传播，海南岛当仁不让地成为接受经南洋而来的现代建筑文明率先洗礼之地。

1. 前近代时期的住宅建筑

在文昌调查近现代住宅建筑期间，我们在不断问自己，文昌传统住宅建筑文化到底源自大陆的何处？它在近二百年来又受到哪些文明的影响，它的现代化进程是从一开始就接受到来自南洋诸国建筑文明的影响吗？

仅从遗存住宅的调查研究出发，很难找到这些问题的答案。因为，在文昌遗留下来的这百余座近现代乃至清中期的住宅建筑中，大部分是 1890 年以来建成的，少数是在清中期至 1890 年间建设的。在前一部分建筑中，尤其是华侨住宅建筑，受到南洋经济和文化的影响是显而易见的；而后者，由于研究样本偏少，目前尚无定论。

回顾在文昌的第一次调查时，我们就对

独特的住宅形制以及空间称谓感到新奇。比如说，多达十余进严整而呈递进关系排列的三间正屋，并不讲究对称的"横屋"以及内部尽雕琢之能事的"男人厅"或"女人厅"等，这些特殊的空间组合和空间名称，在大陆地区是罕见罕闻的。即使在最近数十年内出版和发表的闽粤住宅建筑的文献中，也不见此方面的记载和叙述。这些建筑空间组合的特殊形式，显然继承了中国传统合院式住宅的强大基因，但在具体布局上，又表现出了热带地区的特色。如果我们把目光局限在19世纪70年代的琼州开埠以来传入的南洋文化上，对上述问题的解答很容易就走进一个预设的怪圈，而找不到明确答案。

当把视野扩展到清中后期以来的闽粤地区包括小说在内的文献时，一部名叫《蜃楼志》的小说进入了我们的视线。书中描述的行商宅院与文昌传统住宅相似的空间称谓和布局形制彼此关联。如书中第四回"折桂轩鸳鸯开谱，题糕节越秀看山"就有对十三行总行商苏万魁盖造新房的描述：

再说苏万魁在花田盖造房子，共十三进，百四十余间，中有小小花园一座。绕基四周，都造着两丈高的砖城（墙——引者注），这是富户人家防备强盗的。内外一切装修都完，定于八月十八日移居新宅……转过田湾，已望见黑沉沉的村落、高巍巍的垣墙，门首两旁结着彩楼。看见父子到来，早已吹打迎接，放了三个炮，约有五六十家人两边斯站。笑官跟着父亲踱进墙门。过了三间大敞厅，便

是正厅，东西两座花厅，都是锦绣装成，十分华丽，一切铺垫，系家人任福经手，俱照城中旧宅的式样……进去便是女厅、楼厅，再后便是上房，一并九间。三个院落，中间是他母亲的卧房，右边是他生母的，左边是姨娘的，再左边小楼三间、一个院子，是两位妹子的……万魁分付正楼厅上排下了合家欢酒席，天井中演戏庆贺，又叫家人们于两边厅上摆下十数酒席，陪着邻居佃户们痛饮，几乎一夜无眠……苏兴分付伍福把大门关上，人都从侧门出入。[1]

书中描写的"女厅""楼厅""东西花厅"和"侧门"，在文昌住宅遗存中都有所反映。此外，书中第八回"申观察遇恩复职，苏占村闻劫亡身"，还对当时广州大户人家住宅中躲避土匪劫杀，应急藏身的"复壁"空间做了叙述，这种"复壁"藏身空间在文昌遗存下来的清代大户人家住宅中也有。

《蜃楼志》是一部以广东洋货行商和海关为题材的古典小说，反映的是18世纪末19世纪初岭南地区的社会生活，自然也反映出当时较有影响力的行商们的住宅建筑风格和真实面貌。广东洋货行商其实就是著名的"广州十三行"，这是一个什么样的商业组织呢？

接下来我们不妨把视线拉得更远一些，将话题谈得更大一点，或许如此可以更好地理解这一机构诞生的背景。从全球史的角度看，17、18世纪的世界是个海洋的世界。人类开展的大航海行动，使东西方不再被大洋

1　庚岭劳人《蜃楼志》，太原：山西人民出版社，1993年，第41—43页。

所阻隔，相反，得益于航海技术，先前难以
逾越的海洋屏障变成了连接欧亚大陆之桥。
至迟于唐宋时期兴起的海上丝绸之路，迅速
成为热门的经济贸易之路，而在传统的世界
经济版图改写过程中，首先得益的就是大西
洋沿岸的国家。

17 世纪后期，大清帝国进入了康熙盛
世。1685 年，清政府审时度势，解除海禁
并在东南沿海创立了粤海、闽海、浙海、江
海四大海关，作为外国商船来华贸易的指定
地点。这是中国历史上首次设立海关，也是
中国海疆政策的一次历史性改变。1686 年
春，在粤海关开关的第二年，广东官府为了
规范贸易和保证税收，公开招募较有实力的
商家，指定他们与外商做生意，还代海关征
缴关税，开创了中国早期外贸代理洋行的模
式——这就是"广州十三行"对外贸易组织
机构建立的背景。

可以说，"十三行是粤海关征税的总枢
纽，行商是惟一得到官方承认的外贸代理商。
他们控制着广州口岸全部的外贸，内地货物
必须通过他们买进运出，行商从中抽一笔手
续费作为佣金，然后用他们的名义报关，行
商受益虽多，责任亦重，官方认为他们能够
而且应该管理广州商馆的外国人和停泊黄
埔的外国船，所以，外商自从登岸之始，必
须有一个担保商人，行商也就成了保商，实
际是外商在中国开展商务的监护人"[1]。

十三行街区的各国商馆，是供洋人经营

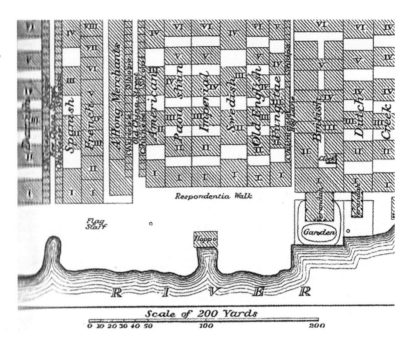

图 5-12　1840 年广州十三行的规划图

和居住的地方。商馆大多是三层楼房，一层
是账房、仓库和职员室；二层是饭厅和客厅；
三层为卧室。1712 年和 1715 年分别建成的
荷兰馆和英国馆，是最早的外国商馆；房间
数量最多的是丹麦馆和荷兰馆（图 5-12、图
5-13）。商馆内的员工包括大班、办事员、看
茶师、牧师、医生、翻译和仆役等。这些外国
商馆最初是由中国工匠建造的中式建筑，在
18 世纪后期至 19 世纪初期逐渐转变为文艺
复兴风格。其中，带有帕拉第奥母题特色的
建筑得到最为细致的体现，如 1757 年建造
的新英国馆前廊和 1760 年建造的荷兰馆前
廊均采用这一形式[2]。帕拉第奥母题在十三
行商馆中的出现，对于闽粤一带建筑在后来
采用类似形式或许有着深远的影响。十三行

1　李国荣主编，覃波、李柄编著《清朝洋商密档》，北京：九州出版社，2010 年，第 11 页。

2　彭长歆《现代性·地方性——岭南城市与建筑的近代转型》，上海：同济大学出版社，2012 年，第 46 页。

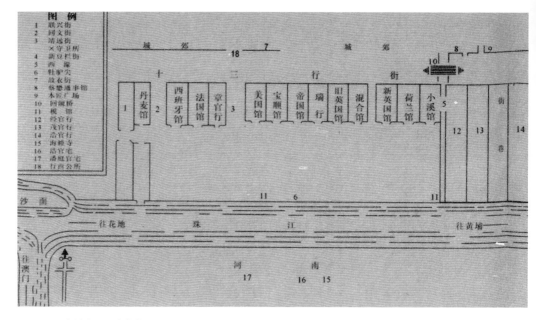

图 5-13　广州十三行商馆位置图

的外国商馆与北京圆明园内的西洋楼和澳门历史建筑群一起，是中国大陆较早出现的西洋建筑。"商馆在外观建筑、室内装饰及生活方式上都带有异域风情。木板平顶型的中国行号与拱门廊柱式的西洋楼交相辉映，构成了一幅中西合璧的人文景观。"[1]（图 5-14、图 5-15）

《蜃楼志》虽为小说，但其中描述的行商生活却是真实的。清政府规定，洋货行商人必须是"身家殷实，货财素裕"者，其目的是保证洋行经营的底蕴和对外贸易的信誉。此外，行商的商业执照须花 20 万元从官府方面获取[2]。小说中虚构的人物苏万魁，名义上是广东洋行总行商，富甲天下，其生活原型是十三行真正的行商潘振承、伍秉鉴等人。巧合的是，潘、伍两族都是从福建迁来的生意人，潘振承早年从事的正是与南洋的海上贸易。而伍秉鉴则在 2001 年被美国《亚洲华尔街日报》"纵横一千年"专栏评为一千年来世界上最富有的五十人之一。

据记载，洋行商人的行号在十三行街附近，但他们的住处却比较分散。行商拥有财富后，便对自己的住宅投以重资，从而引入了众多西方装饰元素（图 5-16）。潘振承致富后，于 1776 年在珠江南岸海幢寺西侧购置了土地营建宅园。与潘宅不远便是伍秉鉴宅，据传，伍家的宅园——万松园是外商在广州游览时必看的一道风景。当时，地位显赫的英国公使马戛尔尼（George Macartney）也曾到访过。曾随英国使团下榻伍家万松园的特使斯当东（George Staunton），在他的回忆录中写道：

馆舍房间陈设为英国式样，有玻璃及壁炉。广州虽然接近热带，但对英国人的生活习惯来说，在屋里生一点火感到特别舒服。馆舍四周是一所大花园，有池塘和花坛，另一边是个高台，登台远望，广州全城景色及

1　《清朝洋商密档》，第 56 页。

2　《清朝洋商密档》，第 11 页。

图 5-14　西洋人绘制的广州商业街一角

图 5-15　19 世纪 50 年代的外销画：从珠江南岸眺望十三行商馆

城外江河舟楫俱在眼前。[1]

　　在 1860 年 4 月 11 日的《法兰西公报》上，也登载过一名法国人游览广州行商潘庭官私家园林的观感：

这处房产比一个国王的领地还要大，整个建筑群包括 30 多组建筑物，相互之间以走廊连接，走廊都有圆柱和大理石铺的地面。花园和房子可以容得下整整一个军的人。房

1　《清朝洋商密档》，第 132—133 页。

图 5-16 十三行商人潘长耀庭院

图 5-17 铜版画海山仙馆

了的周围有流水，水上有中国帆船。[1]

　　潘庭官的宅园便是建于清道光年间、号称"岭南第一名园"的海山仙馆（图 5-17）。它坐落在广州珠江岸边十三行商馆西面的

泮塘与荔枝湾之间，是一座有着中式传统布局的园林。中国式的生活方式与洋气十足的室内装饰兼容搭配，这便是清代中后期行商们崇尚的住宅形式和住居环境。

1　《清朝洋商密档》，第 141 页。

将十三行行商真实的生活环境与《蜃楼志》小说中对苏万魁宅园的场景描述相印证，基本可以将18世纪末、19世纪初的闽粤行商的社会生活以及住宅面貌反映出来，也可以根据存世的东西方文献，找到他们的生活方式、住宅建筑风格对外界的影响。所以，我们有理由推测，在琼州尚未正式开埠之前，广州十三行以及行商们的生活方式对闽粤沿海地区的富商们——当然也包括海南岛以及文昌豪门富户的影响必然存在；毕竟，当时的海南岛还是隶属于广东行政管辖。

从文昌住宅传承下来的名称来推断，它们很可能在19世纪末期琼州开埠之前就间接地从闽粤行商的生活方式中受到了西洋建筑文明的影响。

2. 近代以来南洋建筑文明的传播

由于海上丝绸之路的开拓，南洋诸国在唐宋以来就与海南岛保持着较为密切的交流。明代，在郑和数次下西洋的大事件中，南海航线得以更加通畅。17世纪以来，西方殖民主义在南洋诸国产出的经济效益溢出，进一步影响到包括中国在内的东亚各国。自19世纪末期以来，海南岛作为这条商贸之路上中国大陆前沿的一个开放口岸，它所受的影响当是非常巨大的。文昌地处海南岛之东北角，也是海上丝绸之路必经之地。经常出南海捕鱼或从事商贸活动的民众，对南洋开放的情形应该说并不陌生。相反，他们

能够在第一时间感受到南洋诸国在西方殖民主义影响下发生的变化。对于这一点，不少东西方的学者或传教士们都有深刻的认识[1]。美国传教士孟言嘉（Mary Margaret Moninger）20世纪初期在海南岛工作期间曾感叹：

> 海南岛很多男人染上了流浪癖（Wanderlust），他们乘风帆去泰国（Siam）、海峡殖民地（the Straits Settlements）或缅甸，在那里作家仆、水手（Ships' Boy），在橡胶园（Rubber Plantations）或矿山干活，或者开店铺。战前，运送苦力的大轮船也在海口港停靠，接这些人去南洋（the South）。到海南腹地旅行的人，听到从南洋回来的人用他完全听得懂的英语跟他打招呼，常常会大吃一惊。[2]

经南洋传播来的西方文化，对海南人的影响不仅仅体现在语言上，更多渗透在生活习惯中，比如海南人喜食咖啡、奶茶、汽水、冰淇淋、冰水果等，接待尊贵客人时用咖啡代替茶饮，用餐时佐以水果等习惯均来自南洋华侨影响。

20世纪30年代，社会学家陈达对闽粤（包括海南岛）华侨做系统调查时发现了南洋华侨的这一特性：

> 有知识和有经验的南洋华侨，于其日常生活中，不知不觉地受着欧洲文化的影响。有些欧洲的新习惯与新技术，他们认为是南洋社会的优点，而且颇可供给祖国采用，因

1　除本书"绪论"中提及的法国传教士萨维纳（Francois Marie Savina）之外，还有日本学者小叶田淳等。

2　孟言嘉《椰岛海南》，辛世彪译，海口：海南出版社，2016年，第30—31页。

此随时向家乡介绍，以期发展实业，或提高乡人的生活程度。在南洋所获得的深刻而悠久的经验，使他们的思想和行为，逐渐顾到社会的利益；使他们由孜孜为利的自私观念，转变到为大众谋幸福的社会观念；使他们的目光放得远大，乐于经营或建设祖国的乡村与市镇。[1]

从人性角度来看这种文化的传播，往往也能说明问题。古语云："富贵而不归故乡，如衣锦夜行。"华侨在南洋有较大发展者，有了一定积蓄后往往以回归故乡为荣。"炫耀乡里最直截了当的方法，是住屋的建筑"，"我们村内的华侨，凡富有之家，都愿意建大厝、祠堂、书斋、坟墓，然后方谓完成人生的大事。倘此四样不全，即不得称为'全福'。因大屋住人，祠堂崇祭，书斋设教，坟墓敬祖，都是光前裕后的意思"[2]。

凡事都有两面性，从人性视角也不一定能看到全部的事实真相。事实上，华侨在南洋勤奋节俭的习惯并不是偶然形成的，他们在闽粤和海南的家乡受到了儒家长期的教育和家风熏陶，其背井离乡下南洋还是因为家庭经济的窘迫[3]。因此，当他们赚够了钱后，第一目标便是"荣归故乡"。尽管并不排除有"光宗耀祖"的成分，但更多还是出于他们下南洋的初衷——为改善家庭经济和生活窘境。因此，他们回归家乡后，建造住宅也是本分行为，无可厚非。在南洋打拼多年的他们，建造带有西方建筑风格或是混合有南洋建筑元素的住宅，也是容易让人理解的。

毫无疑问的是，在海南岛和闽粤侨乡地区的建筑现代化进程，是一种自下而上的自主探索。面对先进的西方建筑文明，华侨的态度是积极主动的，并非有的学者在总结中国建筑的现代化过程中所说的那样都是"被迫的"。另有学者在总结中国近现代建筑进程中认为，侨乡地区的近现代建筑发展尝试，是属于民间自发的、主流之外的建筑发展[4]，这是与当时中国在外力主导下的近现代建筑运动、由政府主导的民族形式建筑与民族国家建构相比较而言。实际上，这些发生在中国沿海地区（包括海南岛在内的离岛）侨乡里的建筑变化也是中国近现代建筑运动中非常重要的一支力量，只是它的重大价值和深远意义还没有得到学界充分的认识。

1 《南洋华侨与闽粤社会》，第164页。

2 《南洋华侨与闽粤社会》，第122页。

3 据陈达20世纪30年代在闽粤（含海南岛）的调查，"南洋迁民"中69.95%的离国主因是"经济压迫"。《南洋华侨与闽粤社会》，第57页。

4 刘亦师《中国近代建筑史概论》，北京：商务印书馆，2019年，第258页。

二、多元性与适应性交织的近现代华侨住宅

（一）建筑文化的多元性

文化的多元性于海南岛而言，具有双重内涵。其一，大陆自汉唐时期的多次移民渡海南迁，融合了汉族（包含客家民系）、苗族、回族和黎族等民族形成的近现代海南人群体，这本身就是多元性的融合。其二，海南岛在海上丝绸之路的重要节点上，唐宋以来频繁的海上贸易以及晚清两次鸦片战争带来的开放格局，使海南岛成为中国大陆与南洋文化双向传播的前沿，其中包括了近现代建筑文化的传播。所谓南洋建筑文化，实际上是以西方殖民国家为代表的近现代建筑文化在南洋及周边地区传播、演变与融合后的一种混合建筑文化，其本质也是多元的。

20 世纪 60 年代，李亦园在马来西亚柔佛州麻坡镇做华侨社会人类学调查研究，受华德英（Barbara Ward）女士《意识的类别》（"Varieties of the Conscious Model: The Fishermen in South China"）一文启发，形成了一个有关华侨社会有趣的观点，他认为："中国文化有许多不同的地方性表现，各地区的人都夸耀自己，认为他们的文化才是代表真正的中国文化，可是没有人否认，这些不同地方性文化的总和，也是真正的中国文化。"[1] 这段话可以帮助我们解释中国文化的整体性与地区性的问题。

李亦园借用华德英女士不同"意识范式"的概念，说明马来西亚华人社区不同方言群文化间的整合与歧异。同时，引申这一概念，用以阐明不同范式间的互补互成的作用。

同理，建筑的现代化进程也是分国别、分地域展开的。在一个海岛上或在海岛内部的一个小小的县域里，如果能够同时反映出西方最主要国家的近现代建筑文化进程及其影响，这对中国的沿海地区甚至广大的内陆地区而言，是一个弥足珍贵的研究样本。从某种程度上讲，在海南全岛，进而在文昌同时出现了马来西亚、新加坡、泰国、越南、印度尼西亚等国华侨带回来的近现代建筑风格，它们背后实际上反映的是英国、法国、荷兰等殖民国家的近现代建筑风格和发展趋势。从这个角度来说，无论是海南岛，还是文昌，都算是中国近现代建筑运动中，走自主启蒙道路的一个非常独特的样本，也是有别于城市近现代建筑发展演变的"另一实验室"——一个文化多元而案例集中的建筑实验室。

（二）建筑文化的适应性

尽管海南岛和文昌的近现代建筑呈现风格的多样性和文化的多元性是一个客观

---

1 李亦园《人类的视野》，上海：上海文艺出版社，1996 年，第 360—363 页。

事实，但并不意味着本土的住宅建设对外来的建筑文化都是来者不拒、照单全收。文昌所在的海南岛，无论它在唐宋时是处于国家疆域的"天涯海角"，还是今天成为中国最年轻的省级行政区划后，管辖着辽阔的南海海域及众多岛屿和礁盘，但它一直沐浴着具有灿烂历史的中华文明之光。中华文明尽管有着极强的包容性，但也具有甄别和选择性吸收外来文明的过程。因此，无论是古代还是近现代时期，抑或在今天，海南岛的文化总是在融合中更新，在更新发展中又能形成新的传统。在新传统与旧传统之间，总有一根主线一以贯之，这就是海南文化的特征——固守传统又能吐故纳新。了解了这一背景，就能更好地理解海南文化及其建筑的适应性特点。

本章第一节讲到海南建筑文化基本都是大陆的移植，但由于海南岛的地理位置、气候特点与大陆——哪怕是闽粤沿海地区相比，都有较大差别，因此，住宅对地理与气候特征的适应是最基本、也是最重要的。比如考虑到海南经常有台风过境、雨水较多，传统聚落为防范台风的侵袭，特别注意防风林和水塘的规划布置。在建筑布局上，最大限度地利用室内自然通风来进行散热和纳凉，以缓解热带海洋性气候带来的湿热。由于海岛的自然环境，使得岛内产出的建筑材料有限，但同时也具有特殊性，比如，在墙体砌筑时，对珊瑚石、贝壳灰（广东称"蜃灰"）等海洋生物材料的运用，在滨海地区住宅中非常普遍。在建筑装饰层面，多用灰塑和壁画的形式。不少灰塑题材为海南岛出产的水果。又如，家境较好的人家在正屋与横屋的梁架上多施雕刻，题材多为"鱼变鳌，鳌变蛟，蛟变龙"的主题，这些基本都是与海岛的自然生态环境和热带气候息息相关的。这些住宅上的变化，可以看作大陆建筑文化向海南岛传播进程中的一种适应性。

经南洋诸国舶来的西方建筑文明，在文昌和海南岛的发展与演变也呈现出另外一种适应性变化：其对文昌和海南岛住宅的影响是由表及里、由浅入深、由局部到整体、由装饰层面逐渐渗透到空间和功能层面——它是一个循序渐进的过程。因此，我们在大多数的近现代华侨住宅中，看到的更多是"中式为体，西式为用"的折中风格。换句话说，西方近现代建筑中承载现代文明生活方式的功能空间在华侨住宅中逐步得到应用和呈现，比如，高敞的客厅，洁净的厨房以及卫生、方便的厕所等功能空间。此外，还有体现西方建筑文明的建筑装饰与结构形式，如带有巴洛克风格的牌坊式门楼、罗马式及其变异的拱券、欧洲文艺复兴时期流行的帕拉第奥母题，甚至还有伊斯兰装饰风格的窗套。另外，还有经过精心设计的有组织排水系统等基础设施。这些特色与变化，是一个建筑体验者从外观和空间层面能直观感受到的。不过，要对文昌乃至海南岛传统住宅有较深认识的话，又会很快发现：在这些变化了的或说是西化的建筑外衣之下，掩藏着的还是文昌或海南住宅的传统空间格局，也即是说，正屋与横屋的基本组合没有发生根本变化。或者是说，即使有些位置上的变异，但从空间的拓扑关系来说其本质还是一致的。所以，无论文昌和海南住宅如何变化，它骨子里总有一种强大的传统力量，它总能集不同时期、不同国度和地区传播来的不同文明与艺术风格于一体，最后融合成文昌或海南的建筑艺术风格，这就是文昌和海南建筑文化的适应性特点。

当然，值得注意的是，很多经华侨带回来的南洋建筑形式，在南洋当地就已与中国的建筑文化融合过了，因而文昌华侨带回的，是一种二次融合后的建筑审美形态。

三、作为海南近现代建筑发展先声的文昌华侨住宅

从田野调查的情况来看，文昌的华侨住宅保存类型相对丰富、艺术风格多元。从整个海南岛遗存的近现代建筑全貌来看，文昌的近现代建筑无疑是其中最重要的组成部分。换言之，我们可以通过对文昌近现代华侨住宅的考察，来对海南岛近现代建筑发展与演变的全进程做一个相对完整的描摹。

尽管华侨们多多少少都有一些在南洋诸国乃至港澳等租界的营造经验和生活阅历，但在回归故乡后，华侨们在原乡的建设工程与他乡相比，有着更多的羁绊和考量。由于近现代房地产业在海南岛的兴起，为南洋风格的住宅建筑形式登陆海南赢得了契机。由广州、香港、澳门、南洋甚至欧洲和日本等地舶来的住宅设计样式、钢筋水泥和玻璃瓷砖等西洋（亦包括东洋的日本）建材，通过繁忙的海上运输线源源不断地抵达文昌和海南岛其他港口。于是，在城镇里，骑楼风格的前店后宅、下店上宅的商业和居住混合模式悄然兴起并蔚然成风；在乡村里，闽南人所谓的"番仔楼"、洋楼等在华侨的强大经济支撑下，也纷纷被建立起来。

自19世纪90年代以来的约50年间，文昌华侨住宅经历了从传统逐步走向近现代的发展历程，并形成了不同的发展阶段。将这些不同阶段的住宅案例集合起来，基本上就可以串成近现代文昌华侨住宅发展与演变的历史；而将目光拓展到全海南岛，文昌华侨住宅无疑又是海南近现代建筑发展的先声。

第三节
由传统建筑向近现代建筑发展转变的
大趋势

　　文昌华侨住宅的现代化，并非是一种在强势的"西风东渐"背景下的集体无意识结果，而是通过华侨的身体力行、积极主动的探索，将这种现代化的转型逐步渗透到建筑演进的各个层面。本节通过对个案分析和历史背景的梳理，发现这种转型体现在以下三个层面：第一，建筑单体层面，以门楼为主线自传统风格向南洋风格的转变；第二，住居空间层面，借由新材料、新结构技术实现的楼居形式的发展；第三，住居规划层面，以集体性住宅模式反映出对现代社会住居规划的探索。上述住宅现代化的转型，折射出华侨在西方现代文明影响下主动对社会改革进行的探索，避免了传统观念和技术孕育的冗长过程，使得南洋新风一旦吹入，便势不可挡地在文昌落地生根。

一、华侨住宅门楼新风格的形成

文昌传统住宅是从闽粤沿海地区传播过来的中原建筑文明，具有非常悠久与丰富的历史文化信息。"礼失而求诸野"，当中原地区不断与时俱进之后，其时其地的文化今日早已不存，学者们不得不在其边缘的"乡野"之地再做探寻。古老的中原建筑文明亦是如此，除却今日依靠考古学的手段将深埋于地层中的历史信息揭露出来之外，还有就是运用人类学或民族学的研究方法，对相对文化中心边缘的地区进行田野考察，兴许还能找到早期人们的生活面貌。相对大陆的政治文化中心而言，无论文昌还是海南岛都是主流文化的边缘，在此还保留了一些早期的大陆建筑文明信息。比如，在包括文昌在内的琼东北地区，对于传统民居的院门，至今还保存有一个非常古老的名字——"路门"。

早在东周时期，《周礼》规定了"三朝五门"之制。在后世的礼制中，逐渐明确了"天子五门，诸侯三门，大夫二门"的等级制度，而上自天子、诸侯，中至士大夫，下到黎民百姓，其居所之门必曰"寝门"，亦即"路门"。后世泛指通往居所之门为路门。由此可见，文昌住宅中路门的历史渊源之悠久。在我国各地传统住宅中，路门都是艺术装饰的重点，在某种程度被视为整栋住宅的"冠冕"，也代表着建造者的颜面。在现存

的近现代华侨住宅中，有比较传统的路门，也有受南洋风格影响的近现代路门。

传统的路门大部分受到源自客家地区，雷州半岛的高门楼风格影响；小部分则源自潮州和广府地区的屋宇式[1]或一层低院门形式。体型高大的门楼通常为二层，上层设储物阁，在当地也称"龙头"。南洋建筑风格影响下的路门，在文昌近现代华侨住宅中遗存较多。除个别门楼兼作防御功能的碉楼而达到三层外，其余基本都是两层。绝大多数的门楼面阔仅一间，极少数的达到三间。三间带外廊的两层门楼高高地矗立在田园尽端的村落里，颇为雄伟壮观。

上述不同类型的路门，不仅可以看出其表层形式上的差异，还能感知其在华侨及侨乡深层次的文化价值观念推动下的转变。路门在传统住宅中，一般设在第一进院落前部的突出位置，具体位置又视其与连接住宅的外部道路有关。如道路在住宅前院的正前方，那么路门的轴线往往会与正屋的轴线平行或重合（图5-18）；如道路在住宅的左、右一侧，那么路门的轴线就会垂直于正屋的轴线，其平面位置与横屋或榉头的位置重叠（图5-19）。实际上，绝大多数住宅的路门不会选择设置在正屋的中轴线上，亦即是说，路门的轴线不会与正屋的中轴线重叠。在文昌

1　陈伟《雷州地区传统民居门楼研究》，华南理工大学硕士学位论文，2017年，第14页。该文将雷州地区传统民居的大门分为"屋宇式"和"门楼式"两类。

图 5-18　东郊镇下东村符企周宅的中轴路门

图 5-19　翁田镇秋山村韩锦元宅与正屋垂直的后院门

地区，除极少数住宅外，其余住宅基本都将路门的轴线往正屋的次间稍作偏移，与正屋中轴线错开。据调查，当地村民认为如果屋主人非达官显贵，路门设在住宅的中轴线上会对其家族不利（图 5-20 至图 5-22）。

多进院落的住宅中，除最前面的路门外在各进院子里基本都会再设一个侧门。这是由于父母兄弟分爨之后，每户人家基本都有

图 5-20　东郊镇邦塘村黄世兰宅的中轴路门

图 5-21　东阁镇富宅村韩钦准宅的中轴路门

一道直通户外的独立院门，亦即路门。在制度上，每进院落的路门在高度或规模上都会略小于前院的主路门。比较典型的是铺前镇美宝村的吴乾芬宅（图 5-23），由于吴氏兄弟各占一进院落而各设一侧向的路门，几个侧门的形制和尺度都较为接近，形成同侧多路门的形制。当路门侧向开设时，其屋脊线一般与横屋（或榉头）的屋脊线对齐。

图 5-22 文城镇义门二村陈明星宅的中轴路门

图 5-23 铺前镇美宝村吴乾芬宅同侧多门楼形制

一般而言，一所住宅只在正面设置一个路门，但在文昌也有设置两道门楼形成一对路门的形制。据当地人说，此种门楼制度代表着家族成员的政治地位较高，实例如会文镇福坑村符辉安、符辉定宅（图5-24）。

凡事都有例外。有时候，由于住宅所处的地形地势特殊，前院突前的位置不方便立门时，路门会因地制宜地靠后设置，甚至紧贴在正屋的次间。如此也带来一大好处，路门侧墙紧靠正屋的部分恰好可开一小券门。进入路门后，向左或向右一转即可径直走到正屋的檐廊下，方便雨天通行，实例如文教镇水吼一村邢定安宅（图5-25）。也有时候，

两进正房之间的院落空间非常狭窄，其进深仅容一个路门的宽度且路门又不得不从正房侧面设立时，则可能出现路门架设于前后正屋纵墙上的情况，正屋的窗户直接开向路门之内，比如铺前镇轩头村吴乾刚宅即是如此。这种路门的位置和形式，在用地紧张的时候才用，在当地被称为"抬轿屋"，其意是指两间正屋抬着门楼。

随着西方建筑风格与现代结构技术渐次传入海南，传统住宅的路门向南洋风格的转变即成为一个重要标志。当然，这种转变并非一蹴而就，而是循序渐进展开的。转变初期，是在传统路门上逐渐加入西洋装饰元

图 5-24　会文镇福坑村符辉安、符辉定宅及其正面双路门

素，屋脊高度相应降低，与两侧围墙融为一体，形成完整的装饰面。之后，新式的钢筋混凝土结构促进了更为高大的路门建设，路门二层高度大幅提升几乎与一层同高。如此一来，路门的室内空间得以显著改善，还设置了舒适方便的楼梯，二层屋顶也逐步演变为可上人的露台。现存文昌华侨住宅中，除文城镇美丹村郭巨川、郭镜川住宅的碉楼式的三层路门外，其余的路门皆为两层。在文昌地区乃至整个海南岛，早期华侨住宅的路门基本都是传统形式，其大陆风格的特征非常明显，其文化渊源最近的就是雷州半岛上的传统住宅门楼，稍远一点的有广府地区，更远一点的是粤东的客家聚居区。与上述地区的路门进行对比，即可发现其形式与文昌华侨住宅中的传统路门非常接近（图 5-26、图

图 5-25　文教镇水吼一村邢定安宅门楼连接正屋檐廊

图 5-26 广东惠东客家民居中的门楼

图 5-27 广东雷州民居中门楼

图 5-28 东郊镇下东村符企周宅路门

图 5-29 东阁镇富宅村韩钦准宅路门

5-27）。

以东郊镇下东村符企周宅路门为例，这是一处典型的大陆风格的路门（图5-28），它的原型可以追溯到雷州半岛的传统门楼。在雷州半岛的住宅中，这种双层门楼一般以凹斗门的形式存在，内凹的部分实际上是现代建筑中的"灰空间"，起着室内外空间过渡以及遮阳避雨的作用。雷州半岛多雷雨，主

人冒雨归家，可以非常自如地开门进屋，忘带雨具的路人或村民亦可在门斗内暂避风雨。

东阁镇富宅村韩钦准宅的路门与符企周宅一样，同为双层门楼，并坐落在正屋的中轴线上（图5-29）。事实上，韩钦准宅内已经建造了钢筋混凝土结构的侧向路门，但矗立在正屋中轴线上最前端的路门却是非

图 5-30　东郊镇邦塘村黄世兰宅门楼　　　　　图 5-31　会文镇欧村林尤蕃宅门楼

常传统的样式。

　　一般而言，三堂两横式布局的住宅有着强烈的中轴对称特征，位于中央轴线上的路门通常采用传统样式，这反映出作为宅院"冠冕"的路门，是体现宅主人对传统价值观念尊崇的首要因素。尽管如此，也有个别特例，如东郊镇邦塘村的黄世兰宅，其路门为双层南洋风格的高大门楼，二楼立面为假三间形式（图5-30），以此追求立面上西式风格的造型，体现出多元文化影响下的屋主人价值观念取向的差异。

　　通过对上述案例中路门的分析，以之为线索考察住宅现代化的进程，仍然疑窦丛生。

　　有的华侨住宅只在门楼上保存了传统风格，而部分华侨住宅又仅在门楼上体现了

南洋风格（图5-31、图5-32），只有极少数华侨住宅中的路门和其他建筑全都采用西洋风格（图5-33、图5-34）。对此，华侨住宅现代化最早是从哪一个部分开始的？为什么华侨住宅在绝大多数情形下，只是将横屋或榉头进行洋楼化，却绝少将正屋洋楼化？根据对现在住宅的使用者（多数是建屋者的后人）以及当地村民的走访调查，对此说法颇多，莫衷一是。

　　这不禁引起了我们的思考：华侨从南洋或港澳地区带回的西方思想，对于文昌乃至海南岛住宅的影响，是整体性的还是局部性的？换句话说，这些影响是对传统居住文化的革命性颠覆，还是渐进式地从功能性空间开始发生演变？更进一步地思考，这种新思

图 5-32　锦山镇南坑村潘先伟宅门楼

图 5-33　铺前镇蛟塘村邓焕芳宅门楼

图 5-34　会文镇宝藏村陶对庭、陶屈庭宅路门

想和新变化率先呈现在住宅的哪一部分？这些演变是思想精神在发挥着主导作用，还是住宅功能的需求迫使其发生改变？这些思考有待将来做更为深入的研究。

二、现代住宅空间形式的探索

自琼州开埠以来，随着海上贸易的日渐兴盛和岛内交通状况的迅速改善，文昌华侨住宅渐渐呈现出对外来建筑材料、新建筑形式的大量吸收和利用的局面，尤其是在以文昌华侨为投资主体的海口房地产业形成之后。对此，本书第四章中对引入到海南岛的新材料和现代结构技术已做论述。不过，在此着重讨论的是新材料和现代结构技术带来的文昌华侨住宅在空间形式上的转变，即从传统的单层宅院往二层、三层甚至更高的多层住宅体系发展演变。

文昌乃至海南岛全境现存的明清时期传统住宅基本都是一层宅院，不曾出现楼居。究其原因，无非有二：其一，清代中晚期的文昌乃至海南岛人口并不稠密，不存在闽粤一带的人地紧张关系，无须建造楼房；其二，海南岛台风较多，尤其是文昌所在的琼东北部地区素有"台风走廊"之称，因此，楼房的建筑技术难度颇大。从现存的文昌华侨住宅来看，在 20 世纪初才有楼房问世。因此，可以说文昌以及海南岛的楼居，至迟于 20 世纪初在乡村住宅建筑中出现。文昌住宅发展历程中的这个变化，与开埠所带来的开放思想、建筑技术和物资材料等息息相关。

比文昌以及海南稍早，同样的情形也发生在闽粤一带的通商口岸。刚开始，海外华侨带回了先进的建筑式样。后来，通商口岸的晚清官员也开始向往西方建筑样式的宅邸与生活方式。厦门海关税务司席辛盛（C.L. Simpson）在 1901 年 12 月 31 日提交的《海关十年报告之二（1892—1901）》中提及：

……在那里，新鲜事情不断出现。中国官员一般都非常保守，不愿甩掉旧习惯，但现在也开始表现出对外国建筑和对外国生活方式的欣赏。现任道台按往常习惯住在城内他的衙门里。但是去年（1900 年），他在鼓浪屿中心区弄到了一栋欧洲式的楼房，现在每天乘坐六桨的外国轻便小艇，来往于他的衙门和住宅间"。地方官员的行为对普通百姓还是有较大的影响力，于是"富有的中国人从马尼拉（厦门的华侨主要在菲律宾——引者注）和台湾返回，随之建立了许多外国风格的楼房以作为他们的住宅。

对此，台湾师范大学建筑历史学者江柏炜教授评价说，西方殖民者在异地他乡的"第二个家"及其休闲、优雅的生活方式，引得当地富商与官员的向往。于是在 19 世纪 80 年代至 20 世纪初，一定数量的华侨富商以及中国官员也在闽粤通商口岸一带建设殖民样式的"华丽住宅"，用以表征"其优越身份的认同与想象"[1]。20 世纪以后，特别是在 1910 年代至 1930 年代，侨汇大量回流，那些在海外发迹的人们又仿效先前成功的华侨富商，陆续兴建西化程度不一的楼居。

从一层宅院发展到楼居的演变趋势，具体到文昌而言，从遗存的华侨住宅实例来看，可以列出一个按建造时间为序的名单：韩锦元宅（1903 年），林鸿干宅（1908 年），张

江柏炜《"洋楼"：闽粤侨乡的社会变迁与空间营造（1840s—1960s）》，台湾大学博士学位论文，2000 年，第 161 页。

表 5-2　部分文昌华侨住宅的建造时间与结构形式关系表

序号	名称	时间	代表性结构
1	韩锦元宅	1903 年	砖木结构（正屋、横屋）
2	林鸿干宅	1908 年	砖木结构（正屋）
3	张学标宅	1910 年	砖木结构（正屋、横屋）
4	符永质、符永潮、符永秩宅	1915 年	砖木结构（横屋、正屋）
5	吴乾佩宅、吴乾璋宅	1917 年	砖木、砖混结构（门屋）
6	邢定安宅	1920 年	钢筋混凝土结构（门楼）
7	黄闻声宅	1924 年	砖木结构（正屋）
8	邓焕芳宅	1928 年	钢筋混凝土结构（外廊及横屋）
9	邓焕江、邓焕湖宅	1928 年	钢筋混凝土结构（正屋）
10	韩纪丰宅	1930 年	钢筋混凝土结构（外廊）
11	邓焕玠宅	1931 年	钢筋混凝土结构（正屋、横屋）
12	张运琚宅	1931 年	钢筋混凝土结构（外廊）
13	林尤蕃宅	1932 年	钢筋混凝土结构（外廊及门楼）
14	陶对庭、陶屈庭宅	1932 年	钢筋混凝土结构（正屋、榉头）
15	吴乾刚宅	1937 年	钢筋混凝土结构（横屋）

学标宅（1910 年），符永质、符永潮、符永秩宅（1915 年），吴乾佩宅（1917 年），吴乾璋宅（1917 年），邢定安宅（1920 年），黄闻声宅（1924 年），邓焕芳宅（1928 年），邓焕江、邓焕湖宅（1928 年），韩纪丰宅（1930 年），邓焕玠宅（1931 年），张运琚宅（1931 年），林尤蕃宅（1932 年），陶对庭、陶屈庭宅（1932 年），吴乾刚宅（1937 年）。这组名单呈现的结果，未必是同一时期兴建的所有建筑，但基本反映出不同年代建造时的文昌经济与建筑技术特征（表 5-2）。

将上述华侨住宅按年代划分，可呈现出三个阶段：1900—1915 年为第一阶段，1916—1925 年为第二阶段，1926—1939 年为第三阶段[1]。

第一阶段的住宅以符永质、符永潮、符永秩宅为代表，尽管呈现为楼居形态，但其结构仍属于砖木混合形式，如韩锦元宅的二楼露台，是砖木混合的密肋梁楼盖体系，与中国传统楼居有着极深的渊源。第二阶段建造的三处住宅，采用了不同结构形式，且住宅内各建筑单体的结构亦不统一，具有较为鲜明的过渡特征。第三阶段建造的八处住宅，以 1932 年建造的陶对庭、陶屈庭宅为代表。

如果说，第二阶段的住宅建筑代表着文昌近代住宅往现代过渡的话，那么，第三阶段的陶对庭、陶屈庭宅，则可称得上文昌现代住宅形成的标志，或是其发展历程中的一座里程碑。

第二阶段的黄闻声宅，按当地老人回忆建于 1924 年，但据上述分析，它应当建于第一阶段更符合当时当地的情形（图 5-35）。如果老人的回忆没有差错，尽管它出现的时间晚于应当出现的阶段，也只能说明文昌当时建造住宅的各个家族（包括华侨家族）的经济和审美品位还存在较大差异，它的结构形式与技术水平显然列入第一阶段更为合理。类似的情形，在第三阶段也能找到实例，如建于 1931 年的张运琚宅，其正屋是一栋两层楼的大宅，主体结构除了前后廊是钢筋混凝土框架结构外，其余还是砖木混合结构形式。

当然，第三阶段的文昌以及海口的建筑技术可以让住宅变得更高，但建筑是一个综合了艺术与技术的产物。建筑在高度上的发展，一方面突破了建造房屋时基址面积不足的限制，另一方面，又带来了高楼层用水用电以及垂直交通等多重困难。老海口人大概都知道，就在第三阶段的 1935 年，文昌

1　此处三个阶段是对单层宅院向楼居形式演变而言的较小的历史阶段，这与本书第一书第三节的文昌华侨住宅近现代演变历程的四个阶段有所不同。但两者反映的整体发展趋势是一致的。

图 5-35　东郊镇泰山二村黄闻声宅

铺前人吴坤浓在海口建成了一座高达五层的钢筋混凝土框架结构的公共建筑，它在相当长时间里占据着海南最高建筑的殊荣。尽管其真实的名称已淹没在历史尘埃里，但其俗称——"五层楼"，至今还让老海口人记忆犹新。据研究，海口五层楼的建设始于1932年。当时，年轻的吴坤浓陪伴着已是法国银行驻越南防城总代理的父亲，到新加坡、泰国等地采购到的钢筋、水泥、楠木、瓷砖、电器等，被源源不断地送往海口得胜沙[1]。1935年，历经三年，占地面积2000多平方米、建筑面积6000多平方米的五层楼终于建成。五层楼临街立面造型优美，是巴洛克式建筑艺术和洛可可装饰艺术的结合，同时也体现了中国传统建筑艺术。

海口城里的建筑可以建得更高，因为有城市基础设施系统支撑，如城市电力系统、给排水系统以及交通系统等。但在文昌的乡下，要建设两层以上的住宅，就必须要考虑设置高楼层的给排水和卫生设施以及方便的垂直交通等系统了。在会文镇宝藏村的陶对庭、陶屈庭宅中，三层楼房就考虑到了较为舒适的垂直交通体系、屋面雨水收集系统以及在楼梯间设置冲凉房、小便所等卫生洗浴设施。

文昌华侨住宅除了向楼居发展以外，还有的在宅院内布置西式的园艺设施，这样既美化了居住环境，又陶冶了主人的情操，两全其美。文城镇松树下村符永质、符永潮、符永秩宅园林充满了东西合璧的意蕴，尤其是庭院与花坛的合理设置，使得整幢宅院空间在体量相对较大的建筑群里，并不感到冷漠和无趣，相反，给居住或体验者带来了家的温馨以及对建筑艺术氛围的感知。

1　蔡葩《海口骑楼老街的绝代风华》，《百科知识》2010年第17期，第58—60页。

图 5-36　文城镇下山陈村陈氏家族宅

三、现代社会集体性住宅规划管理模式的探索

在文昌现存的近现代华侨住宅中，格外引人注目的是原属迈号镇、今为文城镇下山陈村的陈氏家族宅。陈宅建筑数量多、规模大，自成一体，宛如一村，因此也被称为下山陈村。

下山陈村独宅成村，在文昌乃至海南全岛的乡村中都较为罕见。这座大院村落坐西南向东北，前低后高，四行正屋共22座，三列横屋共45间（图5-36）。宅院平面呈长方形，占地面积约10亩。全村16户人家都

住在这个大宅院里，是一个纯粹的血缘村落。下山陈村宅院内的正屋、横屋清一色均为青砖瓦房，高度统一，规划整齐。正屋的装饰比较讲究，屋脊上有草龙造型的吻饰，内外墙上有浮雕或绘有山水、花鸟等壁画。在文昌传统的梳式布局村落中，村子往往由平行的多纵列宅院组成，一个纵列被当地人称为一"行"，一个村落少则四五行，多则十数行，会文镇十八行村正是由于宅院数量达到了十八纵列而因此得名。下山陈村由四列

正屋和三列横屋组成，在传统的梳式布局基础上有所调整。在"行"的中轴线上，每进正屋的正厅前后大门都上下对齐，以示"同心"；而"行"与"行"宅间，同辈的房屋必须高度相等，以示邻里相互平等。[1]

下山陈村的创建者，是当今陈氏族人口中的"三公"陈行佩。据调查，1947年，陈行佩回村里考察，并与族人商讨建设新村一事。从1947—1949年，新村筹备建设期间，陈行佩三下南洋筹款，并多次与新加坡华侨、族兄陈行中商量占用其土地建设新村问题。1948年，陈行佩召集村民拆旧房建新村，并身体力行带着工匠对新村址进行了统一规划，平整土地并备料。村民见到"三公"的宏大决心，于是从1949年开始，便齐心协力，高高兴兴地挑吉时动手拆旧房建新房。据陈行佩之子陈如楷讲述，下山陈村建设期间，由于国民党当局封锁海南岛，造成建设用的黑盐木（即坤甸木）等木材奇缺，又是陈行佩出面托关系从广东江门运回大批建房材料，使得建新房工程得以继续。之后，建设资金又成为最大问题。陈行佩毅然将家族在新加坡的资产出售，并将其所获均用作建设资金。在1949年当年，下山陈村的新村建设工程终于竣工。

陈行佩为何要以现代社会的集体主义住宅模式来规划建设下山陈村呢？这可能得从他的生平说起。陈行佩排行老三，村人尊称为"三公"，生于1906年，中国致公党党

员，1934年毕业于上海复旦大学，毕业后他即赴新加坡教书，十余年后归国，1957年曾任文昌县副县长，分管侨务工作，1964年病逝，享年58岁（图5-37）。我们推测，陈行佩于20世纪30年代在上海复旦大学求学期间，可能已经接触到了社会主义以及空想社会主义的思

图5-37　1934年从复旦大学毕业时的陈行佩

想。因此，当"二战"结束之后，他便终止了在南洋的教书生涯，不顾当时海南岛正处于风雨飘摇的动荡局势中，毅然返回家乡文昌，数年后，便开始策划下山陈村的规划建设了。

回过头，我们来看集体主义住宅的概念。

集体主义最初来源于西方早期的空想社会主义，即"乌托邦社会主义"（Utopian Socialism）。相对于新兴的社会主义国家，西方世界对乌托邦式集体生活的探索从19世纪初开始，一直到20世纪60年代的嬉皮士运动时期，都从未停止过。后期空想社会主

1　参见《迈号下山陈村：兄弟同心 独院成村》一文，刊于《海南日报》2012年9月24日B13版，文／海南日报记者吴棉，图／海南日报记者宋国强。

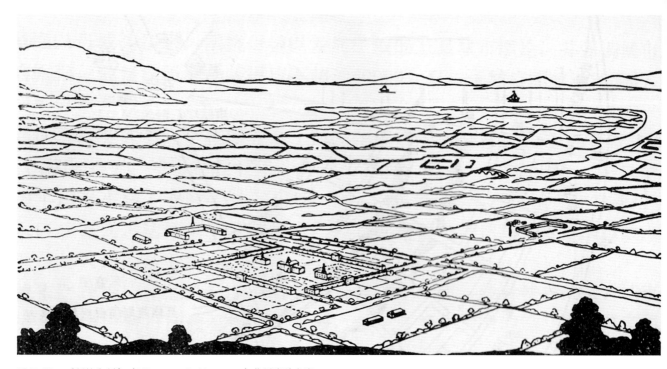

图 5-38 "新协和村"（Village of Harmony）住居实验方案

义最为著名的代表性人物是 19 世纪初期的罗伯特·欧文（Robert Owen）和夏尔·傅立叶（Charles Fourier）。

欧文针对当时西方社会实行的资本主义制度所暴露的各种矛盾予以总结和反思，他认为要获得全人类的幸福，必须建立崭新的社会组织，把农业劳动和手工艺以及工厂制度结合起来，合理地利用科学发明和技术改良，以创造新的财富。1817 年，欧文根据他的社会理想，把城市作为一个完整的经济范畴和生产生活环境进行考量，提出了一个历史上前所未有的"新协和村"（Village of Harmony）实验性住居规划方案（图 5-38）。他在方案中假设居民人数为 300—2000 人，耕地面积为每人 0.4 公顷（6 亩）或略多。在生活区的空间形态上，他主张用近于正方的长方形布局，村子中央以四幢很长的居住性房屋围成一个长方形大院。院内设有食堂、幼儿园与小学等，大院空地种植树木，预留运动和散步空间。每户住宅内不设厨房，而由公共食堂供给全村饮食。村内生产和消费计划自给自足，村民共同劳动，劳动成果平均分配，财产公有。

从现存的下山陈村各种情形来看，陈行佩在规划建设之初确实存在类似欧文的乌托邦思想。在当时，面对即将到来的新世界陈行佩怀揣着对未来社会的理想，他希望用自己的言行和担当，为下山陈村的族人开辟出一种新的住居规划和管理模式。在这一集体主义住居模式中，大家平等自由，享受着现代社会的卫生理念和社会管理规范。

当然，受限于当时的社会条件与传统观念，下山陈村也几乎不可能完全照搬"新协和村"的模式。从其后人以及同族村民的回忆中，我们仍然可以看出，陈行佩在尽自己或小家之所能，通过对住居的规划与建设来实现自己对未来社会住居模式的探索。在规划建设完成的住宅群中，陈行佩一家也只是分到了一处普通的住房，并没有因为自己对新村建设厥功至伟而享有特殊的分配权

图 5-39　铺前镇田良村叶苾华宅

力。他只是作为下山陈村普通的一位陈姓村民，享受着在村中平等的生活权利——或许他放弃了所有积蓄而毕生追求的理想即是如此！

　　总体上，从文昌近现代华侨住宅的遗存实例来看，除了那些单轴多进的深宅大院外，还有几处规模较大，采用多轴多进的家族大宅，比较典型的有铺前镇田良村叶苾华宅（图5-39）、翁田镇北坑东村张学标宅（图5-40）、文教镇美竹村郑兰芳宅（图5-41）以及文城镇下山陈村陈氏家族宅。其中，前三处大宅为典型的家庭成员众多的"大家庭式"住宅，比如叶苾华宅前后共七个院落，分为

祖屋宅院和叶氏六个儿子各自拥有的宅院。

　　无论从家族人口还是住宅规模来看，肇建最晚的下山陈村，它既具传统血缘村落家族聚居性的特点，又初现当时社会改良运动中正探索的集体性住宅之端倪。下山陈村是在陈行佩积极倡导、陈氏族人全力响应的条件下，众人齐心协力地建设而成；尽管参建者在分家后大多已无直接的经济联系，但仍在陈行佩的感召下同心勠力，共同建房。所以，与其将下山陈村称为"大家族式"住宅，不如将其视为陈氏后人聚居的集体性住宅。其布局紧凑又整齐划一的正屋、共设共用的横屋以及公共的祖屋与路门等，都鲜明

图 5-40　翁田镇北坑东村张学标宅

地体现了集体性住宅的特征。可以想象，20余栋正屋是 20 余个家庭的成员日常起居接待的场所，三列横屋是这些家庭的公共的厨房或储藏间，唯一的祖屋则是家族公共的祭祀场所，成为维系整个家族血脉的精神核心。平时，近百名家族成员聚居于此，和睦相处，共同生活，彼此照拂，的确称得上过着现代化的集体生活。

所以，无论是在物质空间还是生活空间

的角度，下山陈村都是文昌近现代集体性住宅的一个范本；其不仅体现出节地节材的经济性与功能齐备的实用性，还体现出特殊历史背景下的开创性。该村筹建的 20世纪 40 年代末期，正值解放战争的尾声和新中国成立的前夕，曾在上海接受先进思想教育、日后又赴南洋教书的陈行佩，毅然放弃在南洋的较好待遇与美好前程而回归家乡，怀揣着对社会改良的理想，身体力行

图 5-41 文教镇美竹村郑兰芳宅

地在破败凋零、百废待兴的文昌乡村展开了新的建设探索。

事实上，这种探索与20世纪20年代兴起在中国各地的乡村建设实践是一脉相承的。在此期间，诸如梁漱溟、晏阳初、黄炎培、卢作孚等一批先进知识分子在面对乡村衰败和时局动荡的境况时，从不同角度提出乡村建设的思想并开展了不同程度的乡村

建设实验，形成了著名的"邹平模式""定县模式""无锡模式""北碚模式"等建设模式。这些模式虽然在举措或方式上各有差异，但是其最终目标基本都是一致的，那便是实现中华民族乡村的重建与振兴。

显然，从住宅规划模式上而言，陈行佩倡导的下山陈村新村建设也能称得上是20世纪40年代乡村建设的"文昌模式"了。

第六章

典型案例分析

第一节
文城镇

　　文城镇为文昌市人民政府驻地,位于文昌市中南部,东临八门湾,近清澜港。元至顺二年(1331),始为文昌县治。民国时期拆除城墙,砌筑河堤,在文昌河沿岸陆续建成了便民街、三角街、竹行街,1950年改制为便民乡,1951年确立为文昌县第一区,即文城区;1957年,撤区并乡为城郊乡;1986年,撤乡建镇,为文城镇;1995年起,为文昌市治;2002年,原清澜、迈号、南阳、头苑四乡镇并入。全镇地势西高东低,南面临海,属缓坡台地,海拔约3—29米,自西向东从城区穿流而过的文昌河呈"Y"形,经八门湾、清澜港注入南海。

　　文城镇历史悠久,至今还保留着明洪武八年(1375)在今址重建的文昌县文庙和清嘉庆七年(1802)兴建的县学——文昌学宫、明伦堂、尊经阁、蔚文书院等古迹。此外,文城镇区内还有兴盛于20世纪20年代南洋风格的骑楼老街——文南老街。

一、符永质、符永潮、符永秩宅

符永质、符永潮、符永秩宅，又名"符家宅"或"松树大屋"，坐落于玉山村委会松树下村，坐东南朝西北，周边土地平旷，树林密布。现存宅院平面近似矩形，只在正南正北面的两角略有不规则。宅院面阔37米，进深50米；占地面积1880平方米，建筑面积1330平方米。宅院正门前按闽南建筑的传统设有门埕，门埕向外的三面也筑有围墙，但已坍塌过半，仅残存前段与西段，前段距宅院大门6米余，西段与横屋外墙相连。围墙上辟有前门与侧门各一，前门洞已被封堵，唯余台阶，左侧门洞尚可通行（图6-1-1a）。

住宅是由符永质、符永潮、符永秩三兄弟于民国四年（1915）建成，住宅正面靠壁坊内侧墙上尚存墨书"乙卯年造"。符氏三兄弟早年因家境贫寒，于19世纪末下南洋，在今马来西亚柔佛州和森美兰州一带种植橡胶。伴随着20世纪初东南亚橡胶业的蓬勃发展，符氏兄弟因此产业获利并积累了巨额财富。民国初年，他们斥资在家乡建设新宅，从南洋运回了大量建筑材料并延聘了技艺精湛的工匠。住宅建成后由三弟符永秩（1879—1952）留守照应，30年代末海南岛沦陷，符永秩才不得已偕家眷前往新加坡避难。40年代后期，符永秩方能返乡直至终老。1950年初，符永潮、符永秩的两位夫人从海外归来居住于斯，两人先后于1972年和1983年去世（图6-1-1b）。2009年，符家宅被海南省人民政府公布为第二批省级文物保护单位；2019年，又被国务院公布为第八批全国重点文物保护单位。

符家宅为三进正屋加单横屋布局，宅前有埕，宅东、宅后皆设有院（图6-1-1c、图6-1-1d）。三进正屋形制、尺寸基本相同，砖木结构，通面阔12.4米，通进深9.2米，脊高9.8米，均为一楼一底两层结构，面阔三间、一堂四内（即一厅四房）的格局。三进正屋的进深均为十七檩，带前后檐廊，硬山顶两端砖砌封火山墙（图6-1-1e），其形制颇类似潮汕地区流行的"五行"山墙。正屋明间面阔4.6米，次间面阔3.9米，檐廊进深1.3米。正屋厅堂构架与装饰损毁严重，现仅存第一进、第三进的部分楼板、门框和花格窗等。三进正屋之间均以横向双层拱券相连。据券墙内侧一、二层之间的建筑遗迹推测，此处先前应设有带单坡屋顶的廊道通连前后进正屋。

正屋的西南侧、也即左侧布置着一溜横屋，共有十一间，通面阔41.2米、通进深7.4米，13檩（12步架）、带前廊、硬山顶，为一层的砖木结构。横屋中从前往后数第二、五、九间均设为厅堂，且分别正对前、中、末三进院落（末进之后还有一进后院），这三处厅堂与三进院落之间恰好是前面所述的双层拱券墙，券墙在一层的位置中央很自然地以圆形门洞接纳着横屋内的三处厅堂。

图 6-1-1a 鸟瞰图

建筑师在对横屋三处厅堂的处理上，将中国园林的建筑符号与西方建筑文明的语言相融合，颇具匠心地塑造出如此层次丰富的庭院空间，不能不为之赞叹！不同的是设在第二间的厅堂与其左右两个开间内部相通，实际上这是一处三开间的厅堂，因而也是符宅内最大的厅堂。从位置上来看它应该就是当地人所谓的"男人厅"，即男主人们用于对外交际用的客厅，所以被安排在前院的位置。同样，它与前院之间亦是砌筑了双层拱券结构的横墙，底层是一个大的圆洞门——严格地讲这形状应该被称为三叶拱（Trefoil Arch）——沟通着横屋内的厅堂与前院的往来。二层叠置的也是一个尺寸略为缩小的三叶拱，这一点也是与中、末两进庭院以及后院的双层拱券做法相差异的地方，后三者底层设置的与前院一样，各是一个大

小几乎相同的三叶拱，其上亦即是券墙二层的位置中央并置两个小拱券。建筑师别具匠心的处理，必然是强调前院的特殊功能，它主要是用来接待尊贵的客人，因此需要更加开敞与大气一些。

前、中、末三进内庭加上后院的双层券墙隔断，既增加了庭院空间的层次，又起到了空间分隔的作用。这种以双层拱券墙作为空间隔断的设计手法在符家宅中被反复地运用，其实质是建筑师在东方传统建筑的基础上结合了西方建筑符号的一次创新，从而使得建筑空间隔而不断，相互沟通着，景物与声响也可以穿透券墙而呈现出"只闻其声不见其人"的迷人效果，这些建筑构件和元素是符家宅的建筑精华（图6-1-1f）。

特别值得一提的是，末进庭院之后还设有后院，同样是三面用双层带拱券的横墙围

276

图 6-1-1b　符氏家族历史影像

合。横墙风格与前面的两进庭院（中进与末
进）类似，都在底层用一大的三叶拱将后
院与两侧横院联系起来，二层为并置的两个
小半圆拱。末进正屋厅堂的后门正对着后照
壁，后照壁亦即是围合后院的三幅双层拱券
横墙之一，照壁上部中央是一个巨大的圆形
窗洞，院外的阳光和树木的疏影都能透过圆
窗投射进来。照壁的下部是一个巨大的带有
须弥座装饰的花坛，花坛紧贴着照壁，坛内
花木茂盛，绿意盎然，为宁静的后院带来了
勃勃生机。

　　第一进院落之前是一座中西合璧的牌
坊式建筑，实际上就是大陆传统大型住宅
中常见的靠壁坊。它位于第一进正屋正前方，
以横墙与正屋相连，面阔尺寸也与正屋一致，
明间为两层，次间各一层，带凹斗门。靠壁
坊立面装饰丰富，除有一以贯之的三叶拱主
题拱券外，还装饰有别致的火焰形尖券门窗
套，以及灰塑、彩绘等，牌坊下部的须弥座
也是华丽异常，可惜的是不少装饰用的线脚

图 6-1-1c　符家宅现状平面图

277

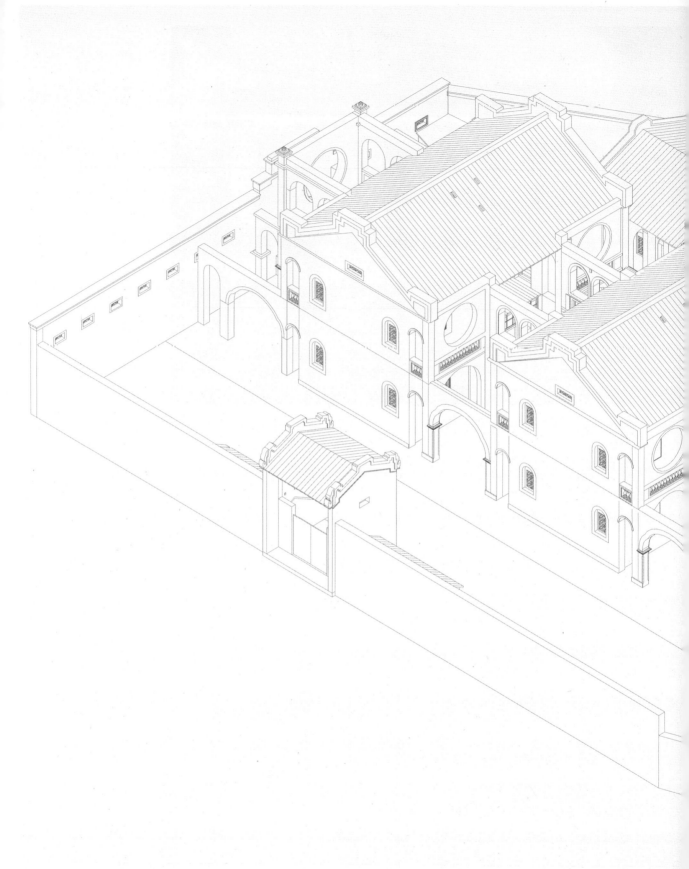

图 6-1-1d　轴测图

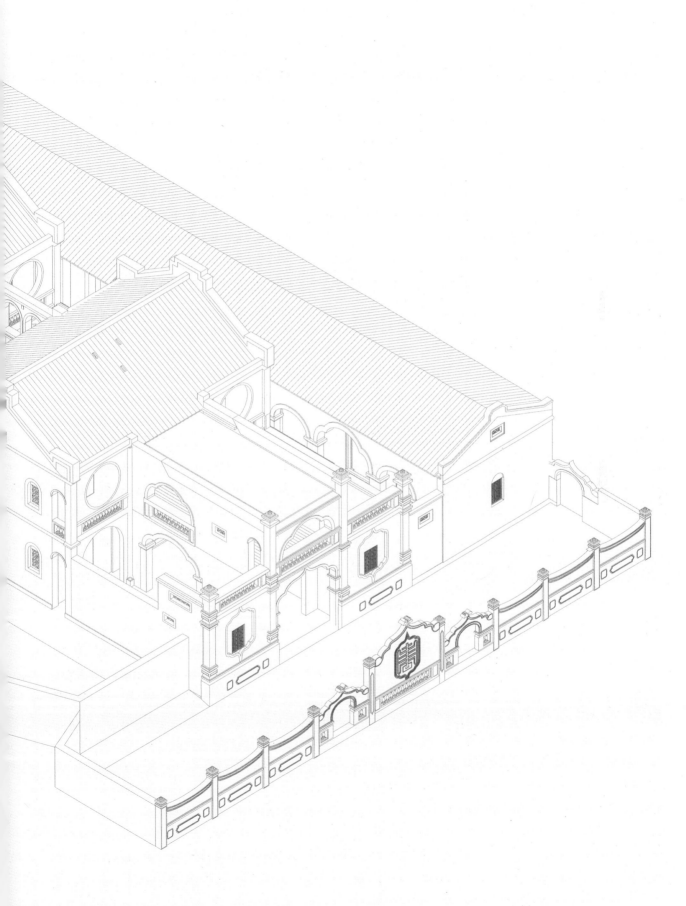

图 6-1-1e　中轴剖面图

已经剥落漫漶，但其整体面貌尚存，风韵犹在（图3-59、图6-1-1g）。

　　路门位于正屋东北偏后的位置，正对第三进院落，面阔一间，两层砖木结构（二层楼板及搁栅梁已不存），凹斗门，硬山顶。此门风格与主体建筑迥异，疑似不同年代的建筑遗存。

　　不得不提的是符家宅建筑立面装饰丰富，除了广泛运用拱券和门窗套等西方经典建筑元素以外，也体现了中国本土的装饰题材与手法，具有典型的东西方融合的建筑装饰艺术风格。此外，在符家宅的装饰中，还隐约地表达出伊斯兰建筑艺术风格的特征，

比如叠置的双层拱券（图6-1-1h、图6-1-1i）、火焰式尖券的门窗套等。当然，在灰塑和壁画的表现上，基本上又回到了文昌本地的传统题材，诸如花鸟、卷草、瓜果等。

　　与几乎所有的文昌传统住宅一样，符家宅依托的地势总体上是前低后高，为地面自由排水创造了有利条件。每进院落各有4个排水管承接从正屋坡顶有组织排下的雨水，汇集到由楼间双层拱券横墙分隔出的左右两个天井。排水管内壁为陶质管壁，其外用灰塑饰成竹节的形状，造型生动别致、富有传统文化意蕴。横屋前还铺设了排水沟。正屋前坡各设三个亮瓦，增加二层明间的采

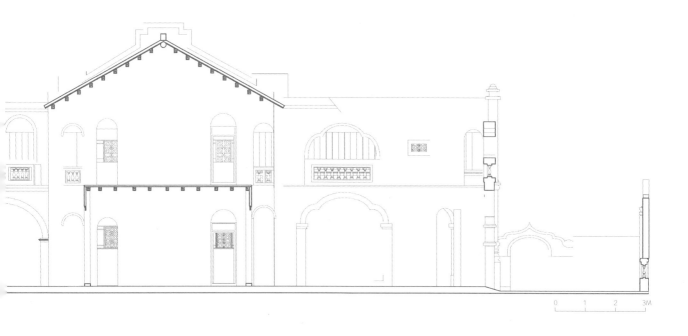

光。二层明间地板中部设置楼井以运输物品。同时，楼井还可增进一层明间的采光和通风，实用性极强。楼井也是闽南一带住宅的典型特色。

　　总体而言，符家宅是一幢建于清末民初时期、融合东西方建筑艺术风格且具有代表性的文昌华侨住宅，它具备19世纪末、20世纪初中国近代建筑的典型特征。这些特征常常可以在散落于我国东南地区、晚清时期修建的教会建筑中见到。在这个时期，主体建筑基本上还是砖木结构体系，西方宗教和文化影响下的建筑装饰艺术风格开始与中式的建筑本体相融合。符家宅的靠壁坊楼实际上就是一部中西合璧的建筑艺术杰作，庭院里的隔断墙是略带有伊斯兰风格的西方拱券形式，更不用说无处不在的东西方艺术风格交融的建筑构件和灰塑线脚（图6-1-1j）。这些拱券也并非以单一的形式存在，而是呈现出多种样式，除前文提及的三叶拱和半圆拱外，还有西方建筑中常见的高跷拱（Stilted Arch）和三心拱（Tri-Centered Arch）。在一幢住宅中，同时出现了如此多样的拱券形式，在文昌甚至整个海南岛都是非常罕见的。

图 6-1-1g 靠壁坊上部

图 6-1-1f 宅内层层拱券

图 6-1-1h 院落横墙上的双联拱

图 6-1-1i 二进正屋的次间立面

图 6-1-1j 靠壁坊次间丰富的线脚装饰

二、陈明星宅

陈明星宅，位于南海村委会义门二村37号，约建成于清光绪三十一年（1905）。陈宅坐东南朝西北，院落占地面积527平方米，建筑面积426平方米。2012年9月陈宅被公布为文昌市文物保护单位，2015年年底由文昌市人民政府出资修缮。

陈宅是三进正屋加单横屋的平面布局，正屋前各附加一进院落，形成三进正屋、三进院落带单横屋的整体格局（图6-1-2a、图6-1-2b）。单层路门朝向西北并位于正屋的中轴线上。宅院通面阔18.6米，通进深44.2米。三进院落中，前院最为宽敞，进深约15.8米（图6-1-2c）。陈宅共设有三个出入口，设在前院的路门为其主出入口，二进与三进正屋之间的西侧院墙设有住宅的第二出入口，三进正屋的后墙直接对外开门形成了第三出入口。从实际使用的情况来看，路门是其礼仪性的门楼；第二出入口是生活中最常用的对外通道，也是事实上的大门；第三出入口即为陈宅的后门。

陈宅的三进正屋均为三开间，面阔相同，为47路瓦坑、约12.2米，其中明间厅堂面阔占17路瓦坑、约4.4米，两次间面阔占15路瓦坑、约3.9米。三进正屋的进深略有差异。其中，首进正屋进深为15檩（14步架）、约8.3米，二、三进正屋进深均为13檩（12步架）、约7.5米（图6-1-2d）。与大多数文昌传统住宅一样，正屋的屋面形式为硬山式双坡顶，砖木结构。首进正屋前后两面均设檐廊，明间辟为厅堂，厅堂空间与后部院落相通，不设隔断，显得通透敞亮。厅堂两侧用传统木构架承檩，木构架为四柱抬梁式。前后金柱之间不是寻常的木板壁构造，代之以六扇槅扇门。槅扇门之上用机械加工的圆形透空直棂栏杆，次间的卧室与厅堂之间可以通风换气（图6-1-2e）。据我们的调查研究，这一风格的木构架及隔墙应该略晚于陈宅的建造年代。前后檐柱和金柱间分别设有纵墙和构造木柱，构造柱是用来安装从厅堂通向次间卧室的房门。后檐柱与金柱之间上方设有为四步梁，下方构造柱与后檐柱还形成了后檐廊空间。后两进正屋采用了横墙承檩的方式，两侧横墙靠近屋面的部分均作有"八"字形彩绘。第二进正屋厅堂上挂有张岳崧[1]所题匾额，书有"佩实含华"四个大字（图6-1-2f）。末进正屋厅堂的屏风门上方设有神庵，为家族重要的祭祀空间。

三进正屋的东侧设有七间横屋，面向正屋的一侧设前廊，以第二进正屋屋脊为界分为前后两段，前段四开间、后段三开间。横屋的前段檐廊用混凝土柱支承，后段檐廊省去了檐柱，用木梁直接出挑，这样的做法解

1　张岳崧（1773—1842），字子骏，广东省琼州府定安县人，今海南省定安县龙湖镇高林村人。海南在科举时代唯一的探花，官至湖北布政使。主持编纂《琼州府志》，擅长书画，是清代知名的书画家，与丘濬、海瑞、王佐并誉为海南四大才子，以书法见长。

图 6-1-2a 鸟瞰图

放了廊下的空间，使其更加开放自由。横屋主要是作为厨房、储藏间等功能性空间，基本上都采用横墙承檩结构。

陈宅为砖木结构，正屋、横屋及路门的承重体系都用砖墙。屋顶为双坡形式，通过在横墙上架设檩条，檩条上铺设椽子，然后再承接板瓦与筒瓦的方式构成屋面系统。建筑门框、窗框等构件均采用木材制作。

根据首进院落地面及横屋山墙上的构造痕迹推测，东侧当有作为客厅使用的三间横屋，不知何时何故被拆除。横屋的最后两个开间被主人设成了套间，成为"一厅一室"的格局，正对着第二进院落。相较于其他华侨住宅，陈宅的院落布局简练独特，雅致可人，其中第二进院落最有特色，由两道纵向隔墙分隔形成东西两个小庭院。东侧庭院内辟有一狭小的休憩空间，以绿色琉璃栏杆围合，还铺设有精美的花阶砖，空间营造

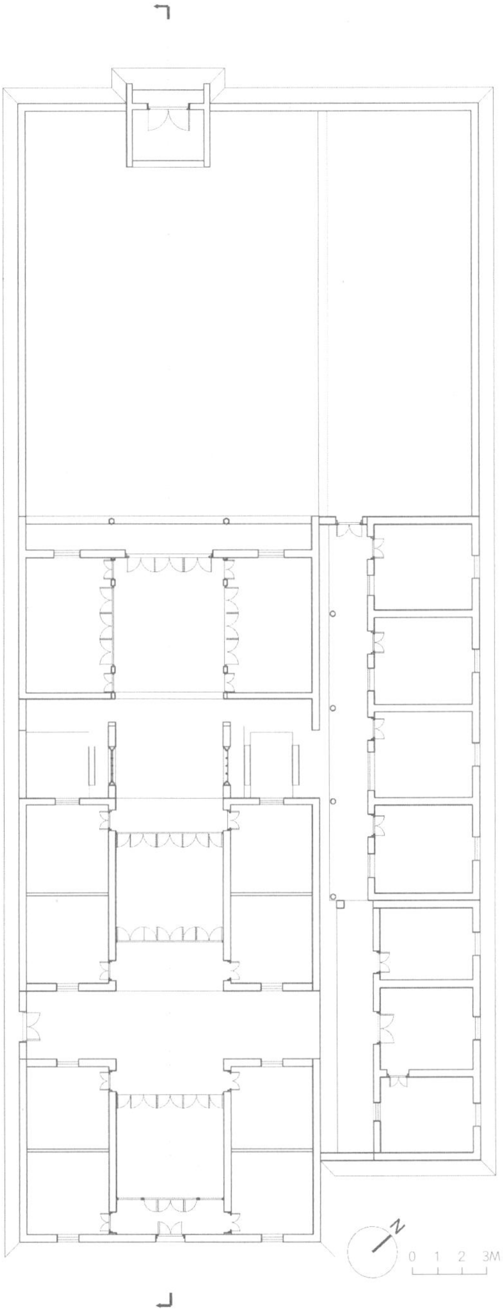

得极富趣味性（图6-1-2g）。西侧庭院地面也铺有同样的花阶砖，在山墙前种有一株仙人掌，恰与墙上的圆形灰塑相映衬，颇具东方美学中之侘寂神韵。

陈宅正屋厅堂上铺设的花阶砖都很精美，砖面有三种颜色，拼合成不同的图案。住宅借助前低后高的地势，引导雨水通过正屋与横屋间的纵向水沟排出院外，院墙一侧则设排水孔直接向外排出雨水。

图 6-1-2b　现状平面图

图 6-1-2c　一进院落

图 6-1-2d　中轴剖面图

图 6-1-2e 一进正屋厅堂梁架

图 6-1-2f 二进厅堂

图 6-1-2g 二进院落

三、王兆松宅

王兆松宅建成于民国二十年（1931），位于南海村委会义门二村30号。义门村地处清澜湾南部沿海地区，村里的住宅排列紧密，整体沿海岸线方向平行分布，大部分宅院为三到四进，多的则达五进，基本都设有横屋。

王兆松（1875—1956）是20世纪初的著名侨领，早年家境贫困，于1889年前往马来西亚谋生，1916年成为英办"典目公司"驻吉隆坡总代理。王兆松涉足的产业广泛，先后投资房产、橡胶、锡矿等；他关爱家乡，回馈乡梓，对家乡的教育、卫生等事业贡献巨大。

从空中俯瞰，建筑平面布局明显呈现出一个正楷书写的"王"字（图6-1-3a、图6-1-3b），不知是设计上的巧合还是主人刻意为之。若是刻意如此，那么在宅基地上大大书写的这个"王"字，一定被赋予了重要的象征意义。

王宅地处村落中部，距离海岸线约540米。与村内绝大多数的宅院紧凑排列的情况不同，王宅矗立于一片茂密的椰林中，环境清幽静谧。王宅坐西北朝东南，由院墙围合成矩形，长宽分别为51.9米和17.9米，宅院内坐落着三进正屋（图6-1-3c）。在正屋之间以工字形连廊连接，并在二进院的西南侧辟一偏门。工字形连廊的形制十分独特，它构成了"王"字笔画中重要的一竖。在文昌华侨住宅中，这种整体设计并建造的工字形连廊实属罕见（图6-1-3d、图6-1-3e）。

王宅的一进和三进正屋均为五开间，面阔约17.3米，共占67路瓦坑，其中明间占15路瓦坑（图6-1-3f），两次间各占15路瓦坑，两梢间各占11路瓦坑，进深约6.6米。二进正屋只设三开间，面阔约11.7米，共占47路瓦坑，其中明间占17路瓦坑，进深约6.5米。与前后两进正屋相比，二进正屋减少的两个开间，正如"王"字中央那重要的一横。在王宅的第二和第三进院落紧靠院墙的位置，还设有四间小的辅助用房，它们是小便所与冲凉房等卫生设施。

王宅第一进正屋中，明间和左右两次间共同形成了空间极为宽敞的会客厅，这与文昌传统住宅中的正屋格局不同。这一宽敞的空间是由横墙上开设的拱券实现的：明间两侧的横墙上开设有三叶拱形式的券洞（图4-16），边缘用圆润的线脚装饰，充满了南洋特色。在文昌传统住宅中，招待客人的会客厅通常布置在横屋之中，王兆松宅不设横屋，而将重要的会客空间布置于第一进正屋内，这种改变住宅功能和平面组织的做法，在文昌华侨住宅中甚为少见。在我们考察的实例中，与之类似的情况仅有东郊镇泰山二村黄闻声宅。另一方面，会客厅的地面铺设了两种不同纹饰的花阶砖，体现出这一空间的隆重与华美。

图 6-1-3a 鸟瞰图

王宅的主体建筑为砖木与钢筋混凝土的混合结构。三进正屋主体均采用传统砖木结构，明间则为"横墙承檩"做法，前后檐皆设有钢筋混凝土结构的平顶外廊，并与平屋顶连廊形成整体。这样一来，屋主人在院落内穿行时，可免受日晒雨淋之苦；同时，建筑的刚度和结构整体性也得到了增强。正因如此，在 20 世纪 30 年代，落成后的王宅是当时村中最坚固的住宅之一，其抵御了多次台风侵袭而安然无损，成为当时村民们的避难所。

王宅整体风格简洁大气但又不乏精巧雅致，体现着中西融合的建筑特点，在文昌华侨住宅建设进程中取得了以下三个方面

图 6-1-3c 现状中轴剖面图

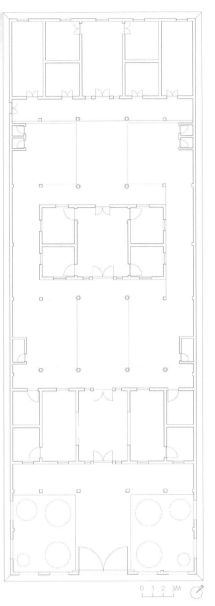

图 6-1-3b 现状平面图

图 6-1-3d 第二进连廊

图 6-1-3e 连廊与院落

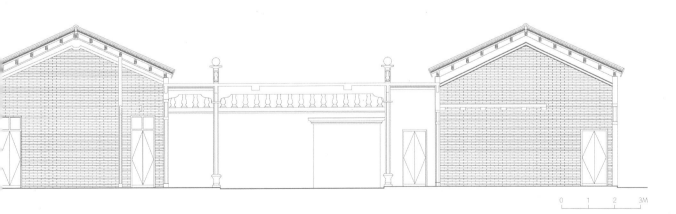

图 6-1-3f 三进厅堂

图 6-1-3g 正屋的兽足形柱础

的革新：其一，由工字形连廊串联三进正屋而构成的"王"字形平面，在当地住宅形制中独树一帜；其二，两进正屋采用五开间的规模，突破了文昌自明代以来庶民百姓之家一般不超过三开间的陈规；其三，三进正屋乃至工字廊的地面都用形式各异的花阶砖铺装，鲜有其他侨宅采用类似的做法。此外，正屋的平顶外廊上饰有南洋风格的彩色线脚，顶部有彩色的圆形灯池并有悬挂西式吊灯的痕迹。当然，王宅中仍有相当部分的建筑构件及其装饰体现出传统的审美趣味，如廊柱部分虽为混凝土材质，并在内部隐藏落水管，但柱础依旧采用传统的石础样式（图6-1-3g）。

总体而言，王宅从建筑材料、结构形式、平面布局等方面都体现出浓郁的南洋建筑风格，但它并未完全摈弃传统建筑文化。屋主人和建筑师将传统建筑文化与现代建筑思维相结合，创造出文昌传统住宅的新形式，体现了华侨敢为人先的魄力。

四、陈治莲、陈治遂宅

陈治莲、陈治遂宅，又称"陈家宅"，位于南海村委会义门三村5号，建成于民国八年（1919），由越南华侨陈治莲、陈治遂兄弟共同出资建造。陈家宅坐东南朝西北，院落占地面积1217平方米，建筑面积826平方米，2012年被文昌市人民政府公布为文物保护单位。

义门村位于文昌市南部，东南临海。陈家宅屋后600米即至海边，所处地形坡度较缓。由于距东部海岸线很近，海风对房屋的影响较大，因此住宅在选址时首先考虑背海而建，然后顺应坡势从高往低依次建设。

陈家宅共四进院落，按传统的单轴多进单横屋形制布局。整个宅院平面呈矩形，长53.5米，宽19.3米（图6-1-4a、图6-1-4b）。住宅共设三个出入口，一进宅院西北侧的路门为双层门楼，是三道门中最为重要的一个，亦即是礼仪上的正门（图6-4-1c）。另外两道门分别设在第三进院落北侧的院墙上和第四进院落南侧的横屋位置。

一进院进深9.4米，宽9.9米，近似方形，除正屋右前方设置路门外，正屋正前方的双喜照壁也是院子里的视觉焦点之一，高耸的门楼与气派的照壁交相辉映、相映成趣（图3-56）。一进正屋和横屋厅堂上装饰有丰富的木刻和石雕，尽显屋主人的审美品位。

图6-1-4a 鸟瞰图

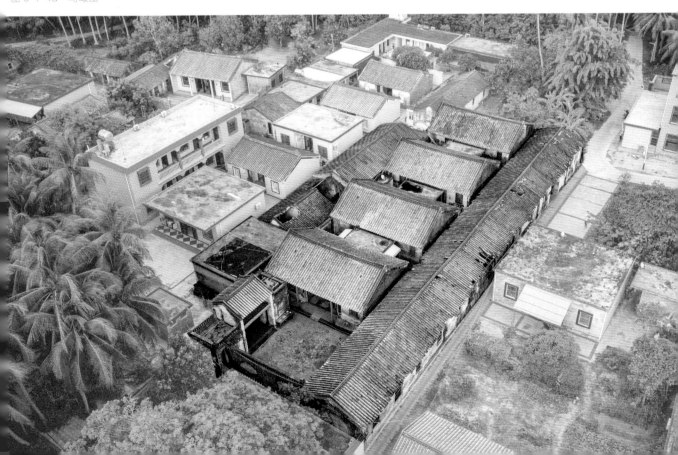

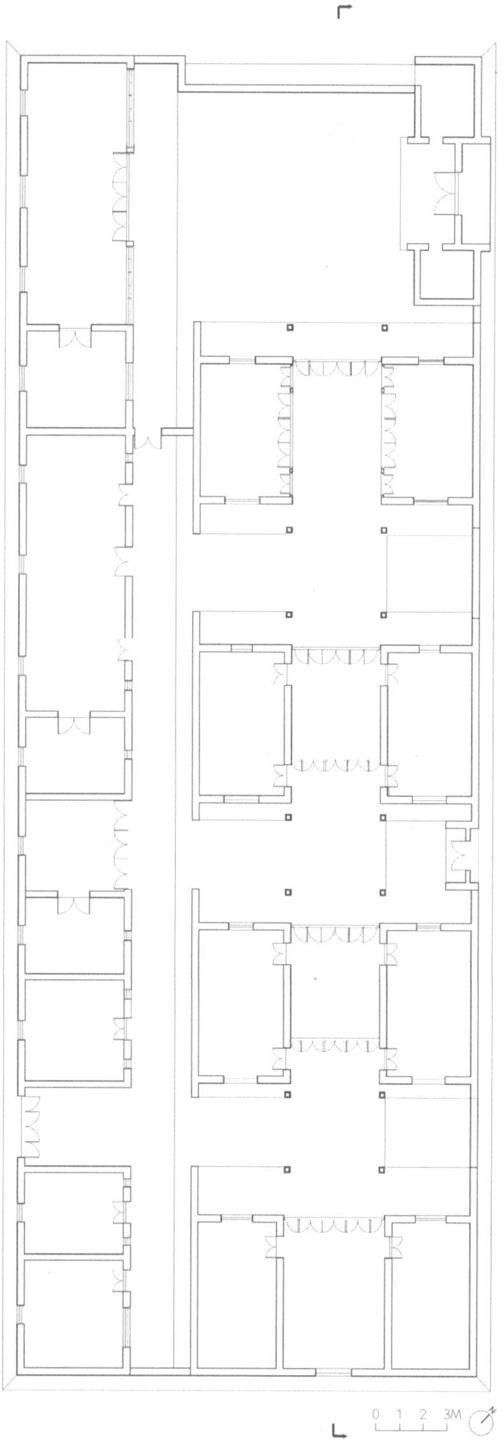

图 6-1-4b 现状平面图

特别值得一提的是，正屋厅堂的槅扇门上还留下了建房时间的文字题刻（图6-1-4d），成为考证住宅建造历史的重要依据。文昌华侨在住宅建设时常常会将建造时间等信息镌刻或灰塑于某个构件上，或醒目或隐蔽，但是将建造时间镌刻在槅扇门上，与木板上的浮雕融为一体的，陈家宅是调研案例中的唯一实例。

后三进院落都是窄院，进深仅3米左右。第三进院的院墙上辟有一扇朝向西北的小门，平时紧闭。第四进院落对应的横屋位置也设一扇朝向东南的侧门，本地称为中门或后门，用于日常进出。实际上，这个大门紧临南部海岸，联想到陈家当时从事的是海上运输业，这样的设置有利于搬运货物。

后三进院落中，前后正屋之间设有混凝土结构的过亭，将正屋都连接起来，这种建筑形制与文昌炎热多雨的气候相适应，也与王兆松宅中的工字廊有异曲同工之妙。据陈氏族人讲，这三个过亭在建宅之初是木制结构的，后因日晒雨淋，木质构架日渐朽蚀才改建为混凝土亭子。

横屋一共十三间，前后各设一处会客厅第一进院落路门所对的横屋为"男人厅"

0 1 2 3M

图 6-1-4f 中轴剖面图

图 6-1-4c　路门内立面　　　　　　　　　图 6-1-4d　横屋槅　图 6-1-4e　正屋厅堂神庵
扇门上的雕刻

占据了三个开间，相当宽敞。"男人厅"正对着路门，是主人接待外来宾客的招待大厅，平日关闭，接待时才被打开；其木构梁架上布满雕饰，极尽装饰的奢华，由此显示出陈氏兄弟运输业当初的荣光。与此相应，穿过一进正屋厅堂后走入第二进院落，庭院所面对横屋的开间即是"女人厅"，这是陈宅中女眷们日常聚会、闲聊的公共空间。

横屋中厅堂的形制源于广东传统住宅中的花厅，堂上采用穿斗结合博古组合的梁架形式，五架梁之上的三角形空间里雕刻着卷草纹烘托的一枝莲花，莲花花瓣分为两层，第一层为覆莲，第二层为仰莲，仰覆莲瓣之间用串珠纹装饰。五架梁之下，主梁之间的矩形空间里镌刻着两条相向而立的蛟龙，蛟龙之间立有一花盆，盆中盛开着一朵牡丹，类似二龙戏珠的图式结构（图2-16）。在中国古代礼制约束下，龙的形象不见于民间住宅

中。文昌传统建筑装饰艺术中将蛟龙的形象与龙区别开来，其身子像狮子，尾巴却被雕刻成一束长长的卷草，非常具有想象力，观赏价值也很高。

陈家宅主要建筑结构为砖木结构。一进正屋明间为抬梁式木构架，进深8.44米，金柱间距为5.98米，明间与次间宽度为3.8米。其余正屋明间为横墙承檩结构，规模与一进相差无几，第二和第三进正屋厅堂还设有神庵（图6-1-4e）。前三进正屋均有前后廊，其中一进正屋的前后廊各深两步架，二、三进正屋前廊深两步架，后廊仅深一步架；四进正屋不设后廊，前廊深三步架（图6-1-4f）。从建筑形式上看，一进正屋比二、三进正屋更宽敞豪华。

陈家宅所用的木材，包括梁架、门窗以及家具用材，多数是从南洋购进的黑盐木。木构件雕刻精美，主要有麒麟、兔、狮、虎、

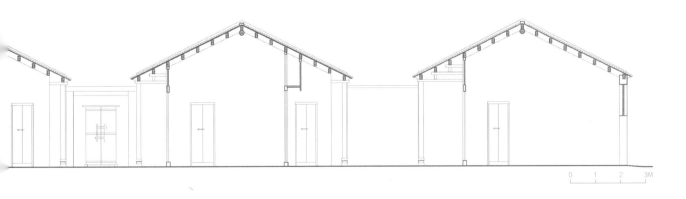

图 6-1-4g　横屋檐廊的雕饰一

图 6-1-4h　横屋檐廊的雕饰二

鸟及花草等图案纹样（图6-1-4g、图6-1-4h）。厅堂内的家具保存也较为完整，正屋厅堂以及横屋内的"男女厅"都用槅扇门，门上也用浮雕装饰。

正屋与横屋内的窗户一般不设窗扇，主要采用直棂窗形式。不过，陈家宅的直棂窗比较特别，它们是用内、外两层的窗棂来实现开闭功能。具体地讲，外层窗棂固定，内层窗棂只需移动一格，两层窗棂正好互相填补了空隙，窗即关闭；反之，内层窗棂移动一格，与外层窗棂完全叠合，空当露出，窗即开启[1]。

庭院内地面排水主要是借助地形地势的自由排水，屋面雨水经汇集后由落水管排至地面。个别地方设置的鱼形灰塑排水口富于生活情趣和吉祥寓意。

1　类似双层直棂窗的窗型，在闽浙沿海一带的传统住宅中常被采用，当地人称之为"鲎叶窗"。

五、陈氏家族宅

陈氏家族宅，位于文城镇下山村委会下山陈村，建成于1949年。陈氏家族宅规模宏大，可以称之为住宅群。它其实就是一个自然村落，当地人说陈氏住宅是"一宅一村"。住宅坐西南朝东北，总占地面积约为5522平方米，总建筑面积约为3300平方米，周围茂林环绕、地势前低后高（图6-1-5a）。

倡建者陈行佩（1906—1964），被乡人尊称为"三公"，民国二十三年（1934）毕业于复旦大学，在当时社会新潮思想影响下富有改良社会的理想。大学毕业后，他赴新加坡继承叔父在当地的产业，后又弃商从教。1948年，从海外归国不久的他便开始策划兴建陈氏家族新村，于同年再赴南洋募集资金，最终完成了建设使命。新中国成立后，他于1957年担任过文昌县副县长、县归国华侨联合会主任等职务。

陈氏家族宅的平面布局与其他独院式住宅不同，但仍然遵循传统住宅格局，由正屋、横屋和路门等基本建筑单元组合而成。住宅共有4纵6行22进正屋，3列横屋。两列横屋位于北侧一纵正屋的两侧，第三列横

图 6-1-5a　鸟瞰图

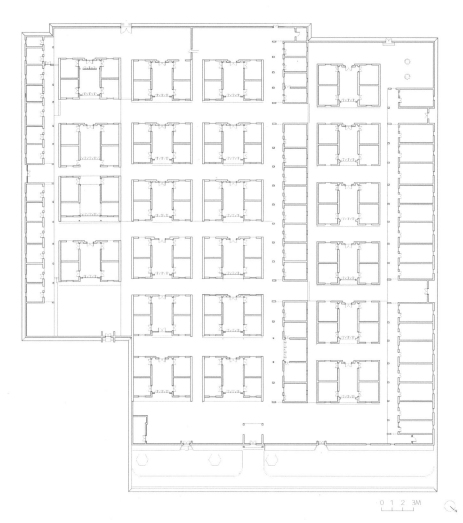

图 6-1-5b　现状平面图

0 1 2 3M

开 2.4 米宽洞口，上设横梁，使得次间前部与明间贯通；前檐深约 0.8 米，明间设两根檐柱，上承三步梁架；后檐则为明间整体凹进（图 6-1-5c）。

每列横屋分为两到三段，与所服务的正屋相对应，用横墙加以分隔，每段含有 6 至 8 个房间，空间序列清晰。除了中列横屋的前端设有会客厅外，其他房间多为厨房、储藏室等辅助用房。横屋的会客厅面阔三间，两榀梁架固定在前后纵墙上，大梁共跨六步架，其上置短柱、短柱上承托次梁，构成抬梁式的三角屋架（图 6-1-5d）。

全宅现有 10 处出入口。前端院墙上开设有 4 处，分别是 1 处大门和 3 处小门（图 6-1-5e）。此外，还有 6 处小门，其中东南侧横屋中段设 1 处，西北侧横屋前后共设 2 处，西南侧后院墙上开有 3 处。住宅群内一共设置有 5 处小便所，其中两处位于前院西侧小门旁，用齐腰高的矮墙围合，现已拆除但仍可分辨出砖砌的痕迹。

正屋的窗花装饰各不相同，同一正屋两侧的窗花左右对称，主要装饰有花草蔬果等植物图案，少量有鸟类等动物图案，具有吉祥美好的寓意。正脊两侧和四条垂脊的卷草灰塑也十分显眼。

住宅地面前低后高，正屋山墙外侧做明沟，正屋与正屋之间设暗沟，雨水自后向前通过前院墙排出宅院。

屋则在住宅群的南侧。住宅群由东西两端的院墙及南北两侧的横屋，共同围合成近似方形的宅院里。正屋与院墙之间还围合出了前后两个庭院，前院进深 7.5 米，后院进深 3 米。前后正屋间距 2 米，正屋与横屋间距约为 1.4 至 1.7 米（图 6-1-5b）。

正屋均为三开间，面阔为 45 路瓦坑、11.6 米，进深 13 檩（12 架）、7.6 米。次间大多中设隔断，两次间总共有 4 间卧室，分别在前后墙上开窗。明间在前檐部分"凹"入 0.7 米，形成厅堂入口，后檐则大多只在门框位置向内凹进 0.3 米左右，门框两侧的墙体内设有小型壁龛，当年用以搁置蜡烛或油灯。

祖屋的平面形制与其他正屋有所不同，其位于最东南侧一列正屋的第二进，横墙上

图 6-1-5c　祖屋檐廊

图 6-1-5d　横屋檐廊

图 6-1-5e　宅院路门前

第二节
蓬莱镇

蓬莱镇，位于文昌市西南部，东距文昌市区约 33 千米，是文昌距离海岸线最远的乡镇，东与文城镇接壤，南与会文镇、重兴镇相连，西与定安县交界，北与海口琼山区毗邻，行政区域总面积 121 平方千米。

蓬莱，原称"土来"。清光绪年间工部主事黄远谟[1] 将其改名为"蓬莱"，隐含上古神话中海上仙山之意，沿用至今。蓬莱镇地势西南高东北低，大部分为丘陵地，局部为高丘陵地，平均海拔约 150 米，起伏比较大，是文昌海拔较高的山区乡镇。20 世纪初设蓬莱集市[2]，民国年间设置蓬莱乡，20 世纪 80 年代末始设蓬莱镇。截至 2020 年 6 月，蓬莱镇下辖 1 个社区、11 个行政村。

1　黄远谟（1885—1916），字尊琼，号愧庵，蓬莱皋塘人。

2　蓬莱镇据说是建在"黑色玄武岩的红绿风化层上"。薛爱华（Edward Hetzel Schafer）《珠崖：12 世纪之前的海南岛》（*Shore of Pearls: Hainan Island in Early Times*），程章灿、陈灿彬译，北京：九州出版社，2020 年，第 191 页。

图6-2-1a　鸟瞰图

彭正德宅

彭正德宅，位于高金村委会德保村中北部。德保村地处文昌西南部的高丘陵地，是离海岸线较远的偏僻山区。村子规模较小，住宅主要分布于道路西侧的坡地上。村内住宅多顺坡而建，前低后高，且其轴线大都垂直于道路而朝向东北。

彭宅建成于民国十九年（1930），是由新加坡华侨彭正德出资修建，为单轴两进单横屋式布局（图6-2-1a），坐西南朝东北，占地面积584平方米，建筑面积415平方米。正屋设前后两进，形制和尺寸相近，均为传统砖木结构。两进正屋面阔三开间，占41路瓦坑约11米，明间占15路瓦坑，两次间各占13路瓦坑；进深8米，建筑高度约5.28

米，为硬山式双坡顶。正屋用闽南地区常用的红砖清水砌筑，采用横墙承檩（图6-2-1b）。两进正屋之间的院墙上附设侧门一道，内置门亭。横屋位于正屋西北侧，分两段，分别坐落在一进院落和一进正屋西北侧。在一进院落前段的横屋采用传统硬山式双坡顶，砖木结构，面阔三开间带前廊；一进正屋西南侧的后段为现代建筑风格两层横屋，向西北开门，砖混结构，面阔两间带前廊（图6-2-1c）。

现代风格的横屋是彭宅的标志性建筑，也被当地人称为"德保洋楼"或"彭家楼"。横屋也兼有门楼的功能，采用砖木与钢筋混凝土混合结构，其中包含钢筋混凝土浇筑的

图 6-2-1b 正屋

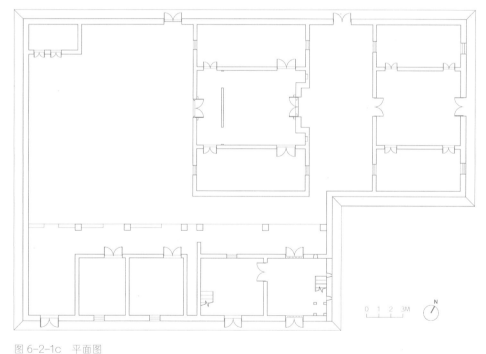

图 6-2-1c 平面图

面。横屋每层功能空间基本相同，均为一厅一房的套间式布局，门厅内设有木楼梯。横屋前廊朝向内院，二楼设有文昌常见的宝瓶形栏杆，其余梁柱均带水泥装饰线条。横屋山墙为三级阶梯式封火山墙，端头矗立着带燃灯状的装饰柱，这些装饰造型元素在当地较为罕见（图 6-2-1d）。

彭家楼整体建筑立面装饰简洁典雅，主要以水泥装饰线条为主，前后廊的设置使得建筑更具开放性。与此同时，坚固的建筑主体结构和厚实的围护结构使之具有较强的防御性，因此它理所当然地承担了门楼的功能。门楼在屋身方向两层外墙同一高度上规则地分布了若干异形孔洞，从外

梁、柱、楼板等构件，砖砌的承重墙以及木制的檩、椽等。屋面为当地传统的双层瓦构造，有利于隔热。坡屋面两端设有内檐沟，雨水经檐沟汇集后由排水暗管有组织地排至地

图 6-2-1d 横屋

看为竖向窄窄的矩形孔,从室内看为上部呈内宽外窄的半球形、下部为一平面的不规则洞口,洞口距楼面约1米。结合彭家楼建造时的社会背景以及深处山区的地理位置推测,屋主人当是出于安全目的而设置了这些用于瞭望或作为铳眼的构造。自明代以来,类似的构造在东南沿海村落的碉楼中就有流行。同样的安全设施,在文城镇美丹村郭巨川、郭镜川住宅的三层门楼中也有遗存。

第三节
会文镇

　　会文镇位于文昌东南沿海，南部与琼海市长坡镇接壤，北部与文城镇相邻。清嘉庆十二年（1807），会文以"文人会集"之意而正式建圩。会文镇是文昌重要的侨乡之一，至今仍保留有上世纪20—30年代建造的海南乡村中唯一一处中山公园及中山亭等建筑；同时留存有民国时期南洋银行、汇丰银行、中国银行的旧址，至今仍街市林立。

　　会文镇中心东距大海仅3千米。全镇地势西高东低，西北部和南部为丘陵地，海拔在30米左右；东部是半丘陵地，海拔在10—20米之间；发源于蓬莱镇的石壁河（白延河）是境内主要河流，自西北向东南注入新村港。

图 6-3-1a　鸟瞰图

一、符辉安、符辉定宅

符辉安、符辉定宅，也称"符家大院"，位于沙港村委会福坑村3号，坐西南朝东北，现存房屋占地面积约750平方米，建筑面积约600平方米（图6-3-1a）。符辉安、符辉定兄弟原居住在福坑村附近的龙所园村，二人在马来西亚投资与经营矿业、橡胶、房地产业，家底雄厚，是民国时期海南著名的富商与侨领。民国初年，兄弟俩在福坑村购买了一片土地建造新住宅，民国四年（1915）竣工。

符家大院的建筑平面形制比较特殊，是在单轴双进双横屋的布局基础上，加上了双路门和后横屋，平面布局沿建筑中轴线严格对称，在文昌并不多见。整栋住宅由于三面环绕的横屋以及正面的双路门，使得建筑的围合感极强，显示出封闭性和防御性特征（图6-3-1b）。

从高大气派的路门走进符家大院，首先一进正屋与两侧横屋的客厅共同形成一个宽阔的庭院，具有很强的开放性（图6-3-1c）。前院两侧的横屋客厅各占了三个开间，形成"两厅一室"的套间，左右对称的布局充满了仪式感，彰显出主人雄厚的经济实力（图6-3-1d）。除去客厅套间以外，两侧横屋还各有五个房间，用作卧室或者辅助用房。

两进正屋规模形制都完全相同，面阔三间，采用横檩承檩。明间厅堂前后各开八扇槅扇门，空间开敞，不设神庵，用于日常的聚会议事（图6-3-1e）；次间皆为卧房，中间设有隔断将次间一分为二，形成两间卧室。正屋前后皆出檐廊，两侧横屋与后横屋也都设有前檐廊。

后横屋为五开间，其明间设有神庵（图6-3-1f），是举行祭祀和家族活动的场所，次

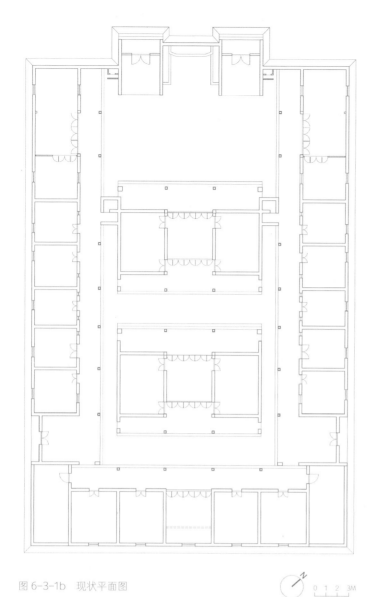

图 6-3-1b　现状平面图

图 6-3-1c　双门楼内侧

间和梢间则作其他辅助功能的房间。

　　符家大院的主体建筑采用砖木结构，所用的木材、水泥、玻璃和花阶砖等建材均购自马来西亚，砖瓦则产自文昌本地。横屋明间为"博古承檩"型式木构架，挑檐也为博古式构架形制，其上木构件雕刻十分精美繁复，采用了透雕的工艺，彰显了匠人的高超技艺（图6-3-1g）。檐廊由细长的石柱支承，正屋、横屋都设有三级台阶抬高了檐廊和室内地坪，这一措施可以使室内保持干燥。

　　符家大院两座路门之间设有较大的花坛，终年花木扶疏，使得院子里充满生气。连接两座路门的院墙中央有圆形的灰塑装饰，其上有联排的琉璃宝瓶形成的长方形漏窗，它们的位置正好位于建筑的中轴线上，其形式颇似传统影壁。从一进正屋望过来，一眼见到的就是影壁上的这个圆形灰塑，圆形的图案中用灰塑雕成的是一只插有牡丹的花瓶，花瓶周围还衬托有丰富的卷草纹，这面影壁的装饰主题鲜明，有着吉祥富贵的美好寓意（图6-3-1h）。

　　符家大院横屋的檐廊两端都砌有拱券装饰的门洞，正屋的窗洞也开成了半圆拱的形式。门窗面积都比较大，且窗地比[1]大，同时开有高窗，门扇和门楣的上方还有镂空木雕装饰形成的气窗，因此改善了室内的采光和通风。高窗主要是起通风的作用，也有辅助采光的功能，它采用的是花格纹饰的漏窗形式，其上饰有"寿"字纹和"喜"字纹，这也是符家大院建筑装

1　窗地比，即房间窗洞口面积与房间地面面积比，比值越大，采光效果越好。

图 6-3-1d　横屋厅堂

图 6-3-1e　二进正屋厅堂

图 6-3-1f　后横屋神庵

图 6-3-1g　横屋梁架

图 6-3-1h　两座路门中轴线上的照壁

饰的亮点之一。在高窗两侧还有矩形的彩绘，其中"喜"字形窗两边有立体彩色灰塑，十分生动，在檐廊下的山墙内侧也有彩绘。

　　总的来说，符家大院的装饰主要以传统的题材和工艺为主，但其构件的造型如拱券形的门窗洞、小便所的立面装饰以及前院的花坛形象都受到了西方建筑文化影响。

图 6-3-2a　鸟瞰图

二、张运琚宅、张运玖宅

张运琚宅、张运玖宅，分别位于冠南村委会山宝村 18 号和 19 号，建成于民国二十年（1931）和民国十九年（1930）。山宝村北靠交通干线，东部和南部都是广袤的田野，村子椰林环绕，村内住宅整体呈东北至西南走向规划布局，依着自然地势前低后高布置着每栋宅院（图 6-3-2a）。

张运琚（1879—1952），字琼初，获授清廷中书科中书；其父名张德清，官至布政司理问。张运琚的叔父张德显于 19 世纪 70 年代先下南洋到古晋（今马来西亚砂拉越州首府）打拼，后又投资"张锦兴"汽水厂，生产的"猫标牌"玻璃瓶装汽水颇受当地市民欢迎，张氏生意从此兴起。19 世纪末，张运琚追随叔父下南洋学习经商，之后便接手叔父的汽水厂，励精图治，在后来的职业生涯中除了将汽水业务推向顶峰，生意还扩展至罐头、洋酒等其他食品的进出口贸易，由此家族生意日盛、财运兴隆。张运琚不仅在商业领域里获得了巨大成功，他对后代的教育也从未放松，尤倾心力于爱国主义思想的培养。

张运琚共育有七子四女，儿子分别为家富、家宝、家宣、家宽、家汉、家应、家雄，女儿分别为妖嬢、莹、素静、金；均在海内外接受了良好的教育。四子张家宣在 20 世纪 40 年代留学英国，获剑桥大学建筑工程专业硕士；1948 年底，应周恩来总理之

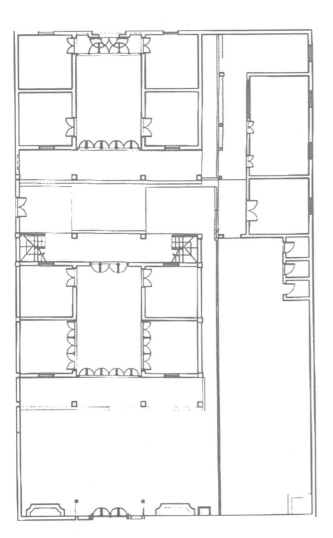

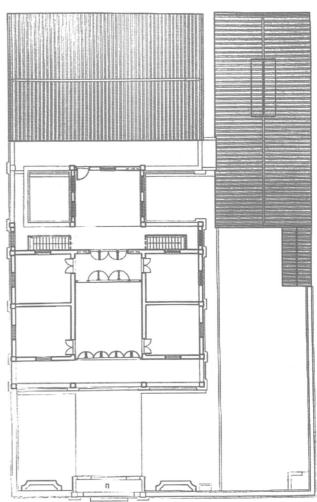

图 6-3-2b 张运琚宅一层平面图　　　　　　　　图 6-3-2c 张运琚宅二层平面图

图 6-3-2d 张运琚宅一进正屋立面图

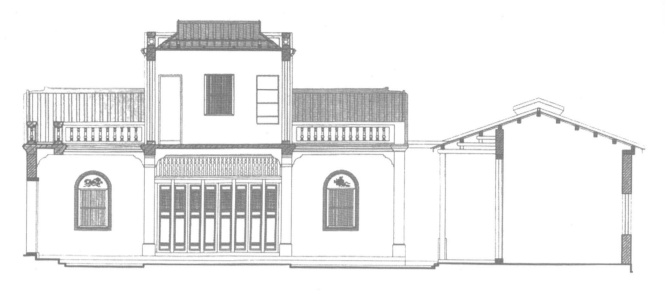

图 6-3-2e　张运琚宅剖面图

图 6-3-2f　张运琚宅南立面

邀，张家宣举家归国并担任建筑工程部副总工程师之职，将毕生的精力贡献给了祖国的建筑事业。张家宣之子张小建，曾任中华人民共和国人力资源和社会保障部副部长、中国侨联副主席、中央国家机关侨联主席。

张运琚宅为单轴双进式单横屋的平面布局，东南朝向（图6-3-2b、图6-3-2c）。住宅由两进正屋和单横屋等建筑构成。一进正屋是中西合璧风格的两层楼房（图6-3-2d），二进正屋是传统硬山式的双坡顶平房，连接两栋正屋的工字廊是张宅的最大特色（图6-3-2e）。在文昌华侨住宅中，我们仅在王兆松宅中见到类似的工字形连廊设计。与王宅相区别的是，张宅的工字廊主体为方正的"过亭"形式且为二层结构，这是我们所考察过的文昌近现代住宅中的唯一实例（有关过亭的讨论参见第一章第三节）。住宅共设三个出入口，最主要的是一进院落中位于中轴线

图 6-3-2g 张运琚宅正屋二层檐廊　　　图 6-3-2h 张运琚宅前正屋望向后正屋

上的路门，其次是二进院落中开设在西南院墙上的侧门，还有一个设在二进正屋厅堂的后门。张运琚宅内不设传统的高门楼，而是在院墙上直接开门（图6-3-2f），位置在正屋中轴线上，院墙上正门的两侧做了装饰柱强调门的位置，门内上方设有雨棚，正门两侧设有花池。

一进正屋的一层平面为三开间传统格局，但较之传统住宅的厅堂又产生了新的变化：其一，大厅内不设神庵，它主要用于族人聚会、接待外来宾客等；其二，大厅的平面布置比较特殊，表面看还是传统的明间式厅堂，细究起来，它其实是一个"凸"字形的扩大厅堂，其实际的空间随客人们的重要程度和聚会规模进行灵活调节。那么，这个可变的厅堂是如何设计与实现的呢？

实际上，建筑师基本还是沿用文昌传统住宅的"一堂四室"空间划分方法来设计。亦即是，左、右两次间在沿屋脊投影线的位置设置隔断，空间一分为二变成两个房间，前后两间房分别在明间厅堂上靠近前后墙处开门，通往厅堂。两次间靠近正屋前墙

的房间其实就是明间厅堂向左、右拓展的厅室，既可以办公，也可以作为书斋。这两间厅室与厅堂之间以六扇门分隔，如果全部槅扇门向厅堂打开，就形成了明次间（次间只是前半部分）全部连通的扩大厅堂空间。这种三套间式的客厅设计，与文城镇王兆松宅、东郊镇黄闻声宅的一进厅堂相似。

一进正屋的二楼则采用了传统的平面布局，明间厅堂设神庵，次间前后开门并在中部设置隔墙。很显然，张运琚宅一楼是作为族人聚会以及接待客人的公共空间，因此装修得比较华丽；二楼则作为私密空间供生活起居并设置神庵。张运琚宅的一进正屋前后设有钢筋混凝土结构的檐廊，四根廊柱的位置对应着室内横墙的轴线，在结构上对齐的同时，也形成了内外空间的统一（图6-3-2g）。通往二层的楼梯位于后檐廊次间的位置，上楼后可以进入二层过亭内歇息，这个亭子连接着第一进正屋二层的后檐廊以及二进正屋前檐廊的屋顶平台（图6-3-2h）。

一进正屋二层后檐廊的平屋顶上还开有一个矩形的洞口，用木爬梯可上到屋顶。

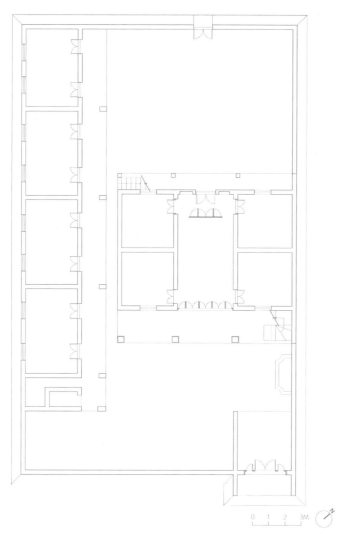

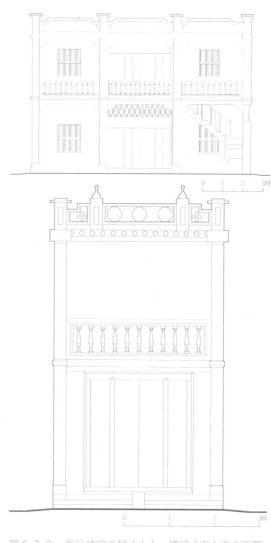

图 6-3-2i 张运玖宅现状一层平面图　　　　图 6-3-2j 张运玖宅正屋（上）、路门（下）南立面图

二进正屋为单层传统硬山式双坡顶，前部附设有钢筋混凝土结构的平顶前廊。其平面布局遵循传统形式，面阔三间，明间设神庵，次间前后开门，中间设隔墙。住宅现存的横屋长度与第二进院落相同，为厨房、杂物间与鸡舍等。

两进正屋之间采用钢筋混凝土连廊连接，这不仅在功能上给人们提供了遮阳避雨的廊道空间，也在结构上增强了建筑的整体性，使得建筑抵御台风的能力增强，这也是张运琚宅多年来结构依旧坚固的原因。张运琚宅所开门窗面积较大，室内采光与通风效果皆比传统住宅要好。此外，张运琚宅正屋山墙面在二层也开设了较大尺寸的窗，即

前后两次间内的四个卧室都有了良好的采光与通风。这与传统住宅中只在接近屋脊的部位开个小小的气窗效果完全不同。张运琚宅正屋一层皆铺有地砖，在墙面的重点部位也施有灰塑的装饰。其他的建筑装饰还有竖条木格栅、预制混凝土栏杆和绿色琉璃宝瓶等，一进正屋和过亭还运用了由南洋进口的彩色压花玻璃。

张运玖（1885—1938），官名颜辉，字佩我，号贻彤，获授清廷同知衔；育有七子分别为家镒、家锭、家铣、家镑、家锟、家铨、家钢。张运玖的父亲张德兴，与张运琚父张德清为同胞兄弟，早年下南洋经商并与其弟德显开创"锦兴号"。

张运玖宅位于张运琚宅西南一侧，现为"丁"字形平面布局，由一间正屋、单横屋、一座路门组成（图6-3-2i）。其中正屋为两层砖木混合结构，在前后檐廊都设有双跑楼梯。住宅有两个出入口，其一位于宅院东南角；其二位于正屋的中轴线上，在后墙上直接开门。张运玖宅的路门富有特色，是一座中西合璧式的门楼（图1-33、图6-3-2j、图6-3-2k），本书在第一章第二节中已做讨论。

住宅由院墙围合，由正屋划分出前后两个院落，由于路门并不处于正屋中轴线上，从路门进入宅院之后面对的是一个精美的花池（图6-3-2l）；路门的进深较大，直到步入前院中，才能看到两层的正屋和横屋的正厅。正屋平面布局为传统形式，面阔三间，明间设置神庵，次间前后开门并在中间设置隔墙。两层的正屋前后皆有钢筋混凝土框架结合木搁栅楼面板的平顶檐廊，檐廊采用西式的立柱，并在二层栏杆处用绿色琉璃宝瓶装饰，建筑立面颇具南洋风格。由于年久失修，结构中的钢筋暴露较多，为了安全起见，前檐廊在后期重新砌筑了四根砖柱辅助支承。横屋共四间，每间开两门两窗，窗与门的位置前后对应且皆等距。小便所设在横屋的最前端。

总体来看，张运琚宅与张运玖宅是20世纪30年代初文昌华侨住宅的代表之作，无论是现代建筑材料、结构技术以及装饰艺术的巧妙运用，还是适应当地气候环境与人文传统的独特设计，都体现出屋主人与工匠的精巧构思。值得一提的是，两宅的一进正屋均为二层外廊式风格，规模尺度也较为接近，但从钢筋混凝土的运用程度与混合结构的成熟程度来看，前者无疑更胜一筹。此外，两者表现出的风格年代差异要比建成年代相隔更大。

图6-3-2k 张运玖宅路门及正屋

图6-3-2l 张运玖宅庭院花坛

311

图 6-3-3a　鸟瞰图

三、林尤蕃宅

　　林尤蕃宅，又称"双桂第"，位于冠南村委会欧村 23 号，坐北朝南，建成于民国二十一年（1932）。林宅是由澳大利亚华侨林尤蕃出资并委派其次子林明渊回乡建造的，门楼上至今镌刻着清末民初的广东籍书法家朱汝珍（1870—1943）题写的宅名——"双桂第"，宅名的右上角还有六个小字"岁次癸酉孟春"。1991 年，林尤蕃的三个儿子回乡探亲时出资对门楼进行了修葺，又在门楼上留下了"林明湛、林明渊、林明渭修建，辛未年孟冬"的题额。林氏后代现大多居住在澳大利亚、中国台湾和中国香港等地。

　　林宅采用单轴双进双横屋的形制布局由门楼、两进正屋及双侧横屋组成，门楼和正屋处在同一条中轴线上（图 6-3-3a、图 6-3-3b）。林宅在建筑布置上严格对称，却没有给人以严肃刻板的印象，原因就在于主人将之按多庭院的花园式格局进行了景观规划设计，最后呈现出来的是一座充满各种花卉绿植的花园式住宅。具体而言，门楼的东西两侧及后檐廊以南的两个空间被设计为两个小花园，一、二进正屋之间的庭院里也有绿植。住宅共设有三个出入口，分别位于门楼及两侧横屋。宅院里的各建筑单元均设有

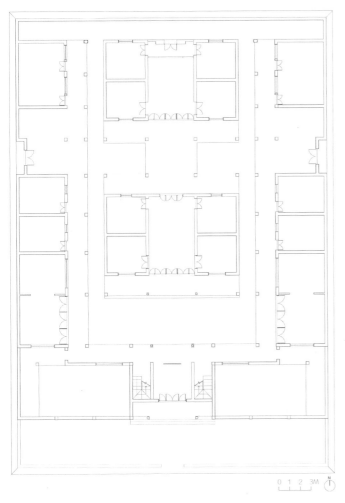

图 6-3-3b 现状平面图

图 6-3-3c 路门外立面

图 6-3-3d 路门二层与连廊

平屋顶的檐廊，这些廊道相互连接，将各个建筑串联到一起形成一个整体，使人们在其中穿行时可以免受日晒雨淋之苦。同时，连接门楼、正屋与横屋之间的"四横两纵"的钢筋混凝土框架结构的连廊，进一步增强了住宅中各独立建筑的稳定性，使其抵御强风的能力大大增强。

林宅除门楼为两层平顶建筑外，其他建筑都是一层双坡屋面形式。高耸的门楼上下两层被明间两根柱子分为三开间，明间设对开的大门，门楼继承传统凹斗门形式，在平面上向北缩进，形成外门廊。林尤蕃宅双层三开间门楼是文昌近现代华侨住宅遗存中仅有的一例（图 6-3-3c）。

门楼的空间布局也富有特色，明间当然是门厅，两个次间则为楼梯间，其内设有宽阔舒适的楼梯可以通达二楼。二楼明间依然为一厅堂，次间和前后廊则形成了一个四面闭合的廊道，类似传统建筑的"副阶周匝"做法。门楼二层的后廊与两侧横屋的连廊对齐拉通，融入一层的"四横两纵"连廊体系（图6-3-3d）。换句话说，这一连廊体系都是复道结构，亦即双层结构，一层和二层都可以在上通行，视野更加开阔。林宅的廊道是文昌华侨住宅中最为精巧的交通系统，也是最有气势、视野最好、最具现代建筑特征的交通空间。

林宅的两进正屋规模相同，面阔12.64米，进深7.43米，一进正屋前后皆有1.85米的檐廊，二进则只在前檐设廊。二进正屋

图 6-3-3e　二进正屋厅堂神庵及陈设

图 6-3-3f　一进正屋山花墙

明间为厅堂并设有神庵（图 6-3-3e），次间在中部设有隔墙，将空间分为前后两间卧室，分别在靠近前后墙处开门，两个次间共有四间卧室。这种平面布局采用的就是中国传统的"一堂四内（室）"做法。

林宅所有木料都采用马来西亚进口的黑盐木，室内的木构件雕刻有福禄寿、花鸟等传统吉祥图案，在山墙和山花上还采用了传统的灰塑装饰，有"如意花纹""一支笔纹"和"同心结纹"以及各种鲜花图案（图

6-3-3f）。门楼两侧分别有一圆形透雕窗，中间塑有一个"囍"字，"囍"字中央自上而下有蝙蝠、海棠花和鳌鱼，旁边有两条草龙，寓意着"二龙奉喜"，两边还有番石榴、蟠桃、莲花、柑橘等图样作为陪衬（图6-3-3g）。

林宅在建筑装饰上亦受到南洋建筑文化的影响，宅中多处用到了从南洋进口的彩色压花玻璃，有红、蓝、绿、黄、白五种颜色，有矩形和扇形两种形状，安装在窗户和高窗上。

林宅融合采用了中国传统和现代建筑技术。具体而言，从空间的组织到路门和正屋、横屋的空间配置，基本上属于中国的传统形制，亦即前述提及的"单轴双进双横屋"布局，正屋之间通过庭院串联（图6-3-3h）；于建筑的立面而言，林宅的外观上反映出的是西方建筑形式。这一融合性建筑风格的实现主要是运用了以下两个方法：其一，通过在建筑的外立面上设置引人瞩目的双层三开间南洋风格的高大门楼，在高度和建筑形式上超越村中其他住宅；其二，采用了"四横两纵"复道结构的连廊体系，在功能上完善了宅院内各单体建筑之间以及住宅的一层和二层之间的交通联系，在建筑结构和建筑造型上也体现出当时社会思潮中流行的"中学为体、西学为用"精神。

林宅是文昌近现代华侨住宅里中西合璧风格类型的代表，有着独特的历史和文化价值。因此，双桂第在2010年7月被文昌市人民政府公布为市级文物保护单位，在2015年11月被海南省人民政府公布为省级文物保护单位。

图 6-3-3g　院墙上的灰塑

图 6-3-3h　二进庭院

图 6-3-4a 鸟瞰图

四、陶对庭、陶屈庭宅

陶对庭、陶屈庭宅，又称"陶家楼"，位于李桃村委会宝藏村53号。宝藏村距离海岸线大约3千米，整体地势平坦，大部分都是平畴如镜的水田。村内屋舍三五成群，并被绿色的植被簇拥着形成一个个组团，稀稀拉拉地散落在大片的土地上，农田与河道呈带状穿行于各组团之间，构成了这片土地的特色肌理。住宅大多朝东或东南，面对大海与农田，少数朝向西南。陶家楼就位于其中的一个组团，与其他几栋住宅紧密排列，均为东南朝向。宅前连接无垠的田野，四周簇拥着椰林，隐秘宁静，视野良好（图6-3-4a）。

陶对庭、陶屈庭兄弟是越南侨商与侨领。20世纪20年代，兄弟俩在西堤（今胡志明市）创办"芳泉鹿唛"汽水厂，原料从法国进口，包装瓶从新加坡进口，由于经营有道，其产品远销东南亚各国，两人也积极赞助家乡教育等公益事业。

陶家楼建成于民国二十一年（1932），东南朝向，是一栋现代风格的洋楼，占地面积约361平方米，建筑面积为528平方米。建筑整体布局呈"L"形，由路门、正屋和榉头构成（图6-3-4b）。其中正屋为三层，高达13米，平面呈正方形；一、二层的平面布局与文昌传统住宅类似，面阔三间，前后设有檐廊；第三层各边向内缩进，在室外各面都留出了较大面积的露台，可以举行各种聚会及家庭活动（图6-3-4c、图6-3-4d、图6-3-4e）。

316

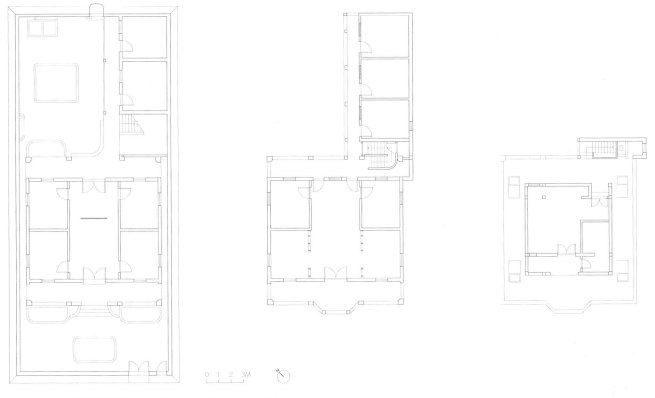

图 6-3-4b 现状平面图（左：一层；中：二层，右：三层）

图 6-3-4c 西立面图

露台中央建有一座三开间，形似不出檐的歇山顶的建筑（图6-3-4f）。这种屋顶与其说是中国传统的歇山式，还不如说是从南洋传来的建筑屋顶形式。第三层建筑的四角分别砌筑有造型独特的一高一低组合的蓄水池，其中低的一个池子中至今还有水生植物。据此推测，在建成的初期，高水位池子应是蓄水之用，低水位池子也可用以冲洗清洁工具。

"L"形平面的另一翼即为榉头，高两层，朝向后院，一层作为厨房、杂物间，二

317

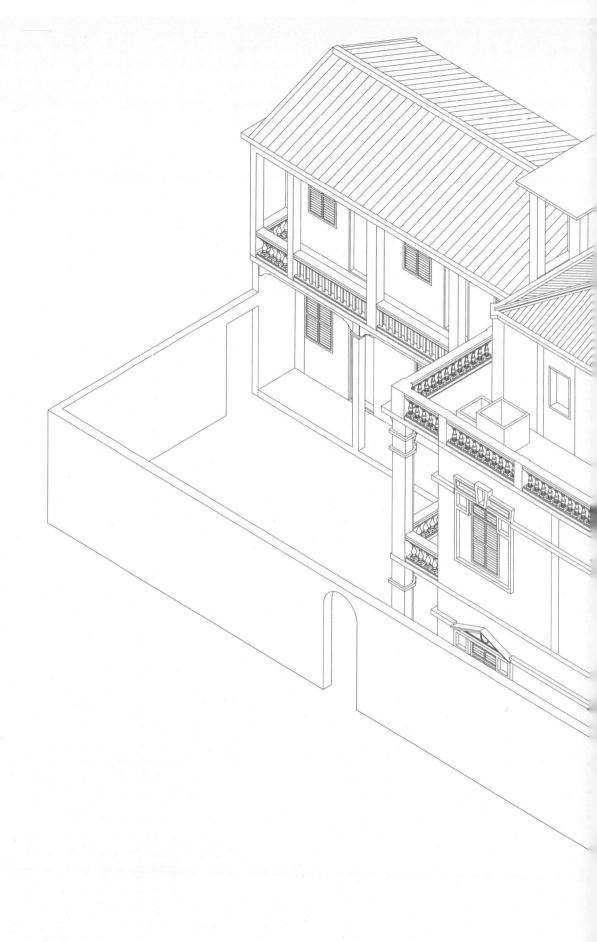

图 6-3-4d　轴测图

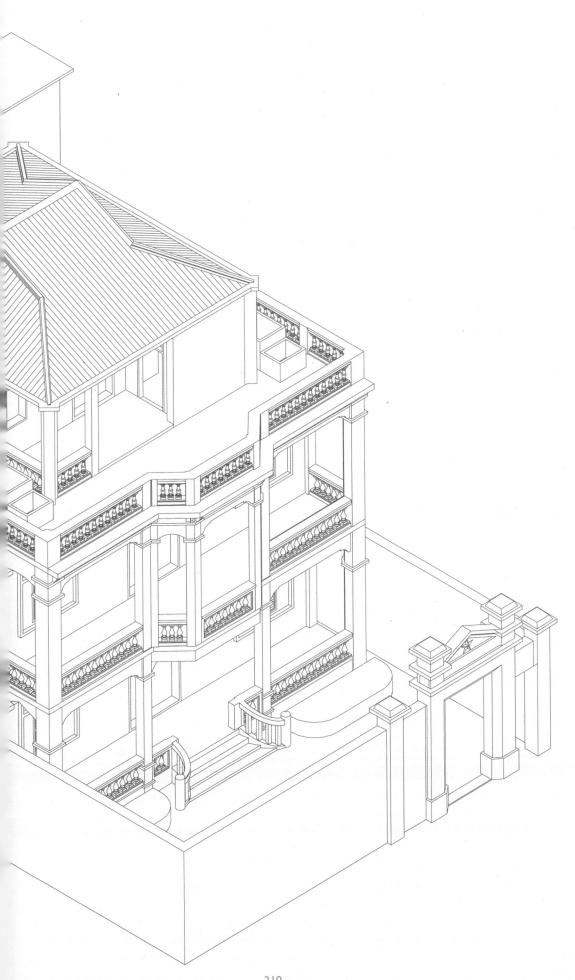

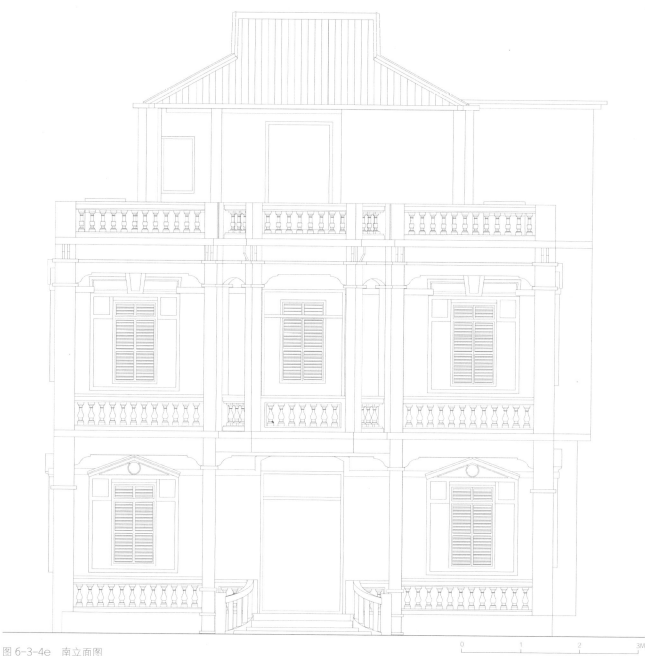

图 6-3-4e 南立面图

0　1　2　3M

层留有客房数间。正屋和榉头结构相连，结
合处布置楼梯间，楼梯间宽敞明亮，踏步较
缓，行走起来非常舒适（图 1-58、图 1-59）；
楼梯休息平台处的多余空间被利用起来设
置成卫生间，一层梯段下方的空间也被利用
起来存储杂物。此外，楼梯间还伸出了一个
独立的平屋顶，赫然显露于正屋的三层露台
之上。因此，此楼梯不仅连通了两层正屋和
榉头的水平交通，还同时解决了二者的垂直
交通问题，通过此楼梯可以舒适方便地上到
正屋的露台上。

陶家楼坐落在一个矩形的宅院里，"L"
形的建筑平面又将宅院划分出前后两个庭
院。庭院内都种有参天的大树，尤其是前院
绿植茂密，荫翳蔽日（图 6-3-4g）。住宅的正
门设置在前院的东北角，为三间四柱牌坊式
门楼，明间设有对开的大门，其上的三角门
楣正中心还用水泥塑有一只五角星；东次间
设置铁栅栏小门，其形式已经完全西化而呈
现出现代风格大门的造型。后院西南侧围墙
上原来开有拱形券门，上面浮雕有精致的灰
塑装饰，现已被砖墙封堵；如今尚余后院北

图 6-3-4f　三层露台

侧的小门用以日常通行。

　　正屋、榉头均采用砖木与钢筋混凝土的混合结构，住宅的外墙都用清水砖墙砌成。陶家楼呈现出来的整体建筑面貌是：钢筋混凝土框架、窗套、走廊栏杆和弧形的梁枋皆使用浅灰色水泥抹面装饰，衬托以清水砖砌筑的外围护墙——精致平滑的抹灰与粗砺且富有质感的陶砖相对比，淋漓尽致地表现出简洁典雅的现代建筑风格，使得陶家楼在宝藏村众多的住宅中显得卓尔不凡。

　　陶家楼建筑装饰相对简单但又不乏细节，比如说廊柱与过梁之间以一段圆弧形的拱券相衔接，使原本平直方正的梁柱看起来多了几分柔和典雅之美。值得一提的是，正屋二楼明间室内两侧都设有连续拱券柱墙，将建筑分成三个部分，使空间隔而不断（图6-3-4h），其效果类似王兆松宅一进正屋厅堂，

但是陶家楼的这个厅堂更加开敞，运用的建筑技术和艺术形式更加现代化。走出开设在明间南面的大门，来到宽阔的阳台上，阳台明间出挑更大，因此空间更加宽敞，地面上都铺着彩色印纹的花阶砖。阳台栏杆上的望柱向上延伸至二层屋顶的挑檐下，柱与柱之间也有券形梁的装饰，形成了带拱券的柱廊，在立面上显得庄重又不失华丽（图6-3-4i）。

　　正屋南面的主出入口与庭院之间设有一个四级踏步的台阶，两侧设有典型巴洛克风格的曲线形扶手，其左右两侧还对称布置了两个花坛。二层明间斜向挑出的阳台，不仅可以俯瞰绿树成荫的前院，还可以眺望远处优美的田野风光。与此同时，它又给一层的入口空间提供了遮阳避雨的功能，并着重强调了住宅的主出入口，这样做一举多得，反映出建筑师对此有着整体性的设计考量。

图 6-3-4g　陶对庭、陶屈庭宅前院

正屋的窗套装饰受到文艺复兴风格影响，采用交替出现的三角形和圆弧窗楣。正屋外墙用清水砖砌筑，也是受到了这一风格的影响。楼梯采用水磨石铺装，其上还有几何形的装饰图案，扶手栏杆简洁大方。

实际上，陶家楼正屋的设计正是建筑师着力模仿在南洋诸国流行的名叫"班格路"的建筑风格，对此建筑艺术流派本书第五章已有提及。班格路（Bungalow），也有学者称其为"孟加楼"或"殖民地廊屋"。实际上它是源自当时英属殖民地印度孟加拉地区的一种上覆茅草屋顶的传统木构建筑，它的特点是必须带有阳台这一特殊建筑构造的住宅形式，后在殖民地经进一步发展演变，逐渐成为砖木混合结构的建筑样式。当然，陶家楼业已经历班格路的第二次蜕变，即已从砖木混合演变到砖木与钢筋混凝土混合结构。这一住宅形式在整个东南亚与东亚，包括中国和日本等国的重要开放城市的高级住宅中都曾广泛流行。日本著名建筑史家藤森照信将这种演进后的班格路建筑类型命名为"阳台殖民样式"（Veranda Colonial Style）[1]。陶家楼虽然不是建在山丘之上，但其南面是广阔的田野，也是南海的方向，它是文昌近现代华侨住宅中具有典型的后期班格路建筑风格的唯一遗存。

总之，陶家楼的建筑设计及楼梯构造相较于文昌先前建成的华侨住宅更趋成熟，空间的利用率和结构的合理性有了明显提升，陶家楼建筑造型简洁大气，结构明确合理，装饰典雅，是文昌近现代华侨住宅中最具特色的洋楼式住宅，也是最为经典的现代风格住宅。

1　藤森照信认为：西洋商人住在郊外的山丘上，却在平地市区中的商馆里工作，而此两种情形共同所见的就是阳台。山丘上的住宅面向大海，平地的商馆面向港口，都设置了宽阔的阳台，西洋商人称呼这类建在山丘之上附有阳台的开放性西洋馆为"小木屋"（Bungalow）。他还认为，能称为 Bungalow 的只限于建于山丘上的带有阳台的住宅，并不包括平地上的商馆或旅馆，同时，随后出现的砖或石造附有阳台的正式建筑物也不能包含在内。他给后者取名为"阳台殖民样式"（Veranda Colonial Style）。参见藤森照信《日本近代建筑》，黄俊铭译，台北：博雅书屋有限公司，2011年，第7—8页。

图 6-3-4h　二层室内廊柱

图 6-3-4i　二层外廊

第四节
东阁镇

　　东阁镇，地处文昌市东部，东邻文教镇，西靠文城镇，北与公坡镇毗邻，南连清澜港，行政区域总面积 109 平方千米，境内地势平坦，平均海拔 10 米左右。东阁镇因东阁村人所建，故由此得名。清初起设东阁圩，原称"东瓜坡市"（今德美村以东），民国时设东阁乡，1986 年始建东阁镇。截至 2020 年 1 月，东阁镇下辖 2 个社区、18 个行政村。

　　东阁镇西边有文昌河，东边有文教河，南面是八门湾，陆路有203 省道自西向东穿越过境，东北通往铺前镇，西南通往市中心文城镇，水陆交通极为便利。

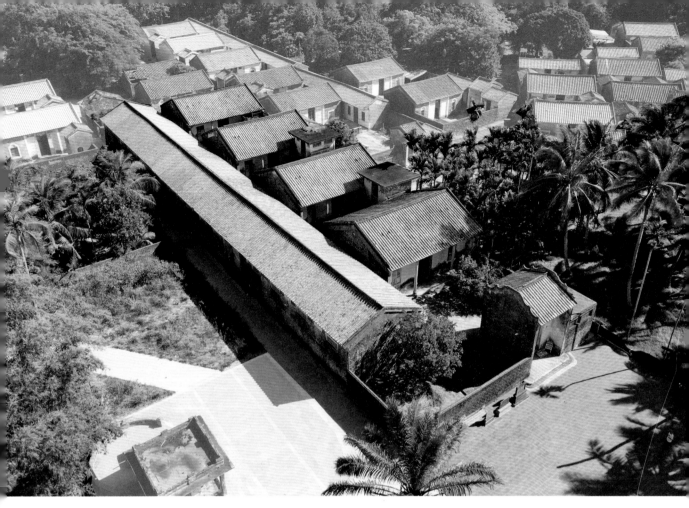

图 6-4-1a　鸟瞰图

韩钦准宅

韩钦准宅，又名"韩家宅"，位于天伦村委会富宅村二队 15 至 17 号，建成于民国二十七年（1938）。富宅村位于东阁镇的最北部，距东阁圩 15 千米。富宅村距海岸线相对较远，村内住宅的布局朝向主要依据地形而定，多顺坡势而建。住宅或朝东南，或朝西南，两类住宅轴线的交汇处自然形成了村落广场，韩家宅正坐落在这个广场的北部（图 6-4-1a）。

韩钦准（1883—1953），其父名韩宽翼，育有四子，依序分别为长子锦准、次子铜准、三子钦准和四子镇准。韩钦准自幼家境贫寒，年少时便背井离乡远赴南洋谋生，

经多年艰苦创业积累，在泰国拥有火锯厂、制冰厂等产业，经营获益颇丰。民国二十五年（1936），韩钦准衣锦还乡，并购置宅基地，建设了这座豪华住宅。建造所用的木材、水泥、花阶砖等均是从泰国等地海运而来，经由清澜港溯文教河而上，在文教河的支流——白溪上岸，再辗转运输至村里。据韩氏后人回忆，先后有百余名工匠参与了新宅的建设，包括专程从泰国聘来的匠师。韩家宅兴建工程规模宏大，历时两年才告落成。遗憾的是，就在新宅草草竣工的次年年初，海南岛即被日本侵略军占领，全岛沦陷。韩钦准不得已携大部分家眷重返泰国，留下大

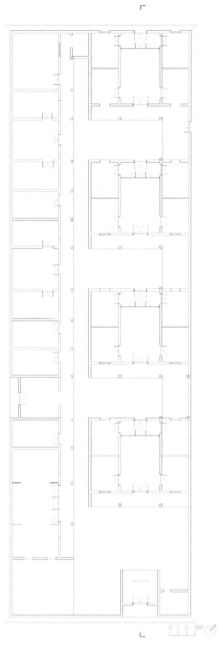

图 6-4-1b 现状平面图

图 6-4-1d 横屋檐廊

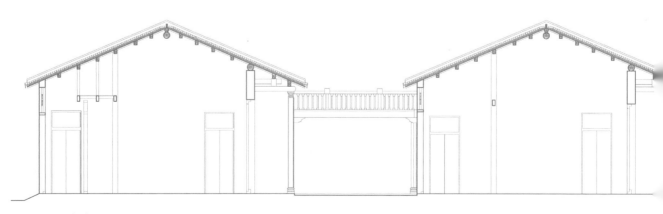

图 6-4-1c 中轴剖面图

图 6-4-1e　路门外立面

夫人云氏守护新宅院。

　　韩家宅位于长 63.7 米、宽 20.5 米的矩形宅基地内，主体建筑坐西北朝东南，占地面积约 1306 平方米，建筑面积约 1114 平方米。住宅整体形制为文昌传统住宅的单轴四进单横屋格局，宅前设有门埕、西南建造有水井与冲凉房。前后四进正屋形制与尺寸完全相同，面阔皆为三开间，形制按传统的一厅四房布置（图 6-4-1b）。正屋进深十五檩，带前廊，屋面为硬山顶，采用砖木混合结构，

面阔 11.3 米，进深 9.8 米。其中，明间面阔为 4.7 米，次间面阔为 3.3 米。明间采用横墙承檩做法，檐廊出两架柱瓜承檩，宽约 1.5 米。明间厅堂起初均设置有中榴。保存完整的中榴及神庵目前仅剩一、四进厅堂（图 6-4-1c），二、三进正屋厅堂上的中榴早已不存。

　　横屋位于正屋西侧，和正屋间以狭长的院子相隔（图 6-4-1d），宅院宽度不足两米。横屋为带前廊的长横屋形式，面阔十六间约 58.1 米，砖木混合结构，硬山顶；进深十一

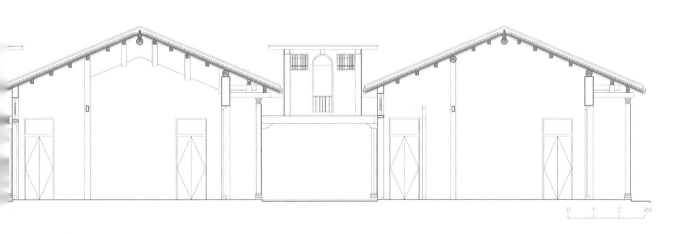

图 6-4-1f　东侧门楼

檩约 7.2 米。横屋面对一进院落的三个开间布置客厅，俗称"男人厅"。第五间则为门厅，正对着二进院落；第九间、第十三间也布置成客厅，分别正对第三、四进院落，客厅与左右两间相互连通，形成一厅两室的套间格局，其余空间则为储藏、厨房之用。

韩家宅的路门高大雄伟，是村里最壮观的门楼，类似的高门楼也是文昌华侨住宅的重要特征（图6-4-1e）。路门面阔一间，占17路瓦坑，较正屋明间略窄，凹斗门形制，砖木混合结构，深9檩，采用"土形"山墙的硬山式双坡顶[1]。门楼的上层空间较低，楼板现已不存，仅遗下数根木梁横贯在两堵山墙之间。路门屋脊高于横屋而低于正屋，大门为木制板门形式。门楣之上设有两排镂空雕

花窗，上排为双"囍"字圆形窗格，下排为三个矩形窗，周边还绘有彩色壁画。门屋内原有一道屏门，现已无存。路门西侧为小花园，也已荒芜。

正屋之间的三个院落东侧各设有一座门楼，面阔进深均为一间且规模相近，钢筋混凝土框架结构，平屋顶（图6-4-1f）。前两座门楼为双层，后一座为单层，推测其原本设计也是双层门楼形式，但因战争原因匆匆竣工。由正屋檐廊东侧的木梯可匍匐上到门楼二层。先前有当地人告诉我们这是"纳凉台"，实际上是各进宅院的路门。

二、三进宅院里的双层门楼结构有些奇特，建筑师充分利用了前后进正屋的钢筋混凝土檐柱作为一层结构的支撑，在两根檐柱

1　参见第三章第三节五行山墙部分内容。

图 6-4-1g　一进正屋檐廊

之间架设横梁，横梁之上再架柱，形成新的
结构框架。这样的构造形式颇类似民间抬轿
子的方式，在结构上虽不合理，但省下了四
根柱子而降低了经济成本。因此，东侧门楼
的立面造型就显得极富特色——双层平屋
顶形式，钢筋混凝土框架结构，二层立面上
还设有拱形门洞朝向内院，其下方设置了防
护栏杆，门洞两侧还设置了石制的漏窗。二
层用四周出挑的平屋顶，远远望去像是一顶
冠帽，整体造型具有现代特征。

　　韩家宅现有各类房屋近 30 间，功能完
善，用材考究。正屋与横屋的明间地面铺以
方形花阶砖，色彩与纹样甚为丰富。梁、柱、
枋、檩、椽等构件以及门窗选用石盐木、黑

盐木、格木等优质木材制作，至今保存完好。
多数木构件上都有雕饰，简繁不一，其中以
檐廊上梁头雕饰最为精彩，如正屋前檐梁架
上的三个梁头雕刻，虽都为蛟龙首，但形态
各异，栩栩如生。正屋前后门上的副窗（当地
工匠称作"门尾"）纹样也各不相同，有卍字、
寿字、喜字、金钱、梅花、蝙蝠等纹样（图
6-4-1g）。第四进正屋厅堂神庵上的雕饰也显
得繁复华贵，有凤凰、喜字、金钱、暗八仙、
花鸟鱼虫等形象，综合使用了浮雕、透雕、圆
雕等木雕技法，并用髹漆、贴金、镶嵌等工
艺，形成了色彩丰富、生动多样的装饰效果
（图 3-5）。神庵之下的六抹头槅扇门的槅心
部分，则分别是"福""禄""寿""囍"

图 6-4-1h　横屋男人厅槅扇门

图 6-4-1i　正屋山墙顶部灰塑

字形的透雕。此外，一进院落横屋的男人厅木雕也十分精巧。六副门扇两两成组，在槅心上镂空透雕着寓意吉祥的飘逸汉字，即"富贵""福寿""祯祥"，副窗上也可见镂雕的传统几何纹样，无不寄寓了主人对家庭和子孙后代的美好愿望（图6-4-1h）。

韩家宅最具代表性的装饰艺术形式，当属遍布正屋与横屋山墙和横墙上众多精美绝伦的彩绘壁画，其保存数量之多、题材之丰富为现存文昌近现代华侨住宅中所罕见。壁画按照所绘位置不同，分为内檐壁画与外檐壁画：内檐壁画多位于正屋或横屋厅堂内的横墙与纵墙上；外檐壁画则多位于厅堂外的檐廊或凹斗的横墙与纵墙上。正屋厅堂内均绘有壁画，其中左右两壁的墙楣画以白底蓝框为基本色调，内容题材以近代的南洋风

光为主，辅以松柏、花鸟、山水等传统题材与纹样，除局部漫漶不清外，其余保存良好。

最富特色的要数横屋厅堂的内外檐壁画，主要描绘了宅主人在泰国的创业历程生产生活环境与当地风光，如有其在泰国的"元兴利火锯厂"面貌以及周边的乡野、庄园、街道等（附录四－图版一）。显然，这些叙事性壁画所展示出的丰富内容，对于了解文昌华侨当时在南洋的生活及事业有着重要价值。

除彩绘壁画外，韩家宅中还能见到传统的灰塑装饰，主要是在正屋山墙的外墙面上韩家宅在第四进正屋山墙的外壁上有一非常有特色的灰塑图案，那是一个中心为圆形周围环以八瓣莲花的图案，各莲瓣中塑有一个汉字，从上往下顺时针方向读作："天

图 6-4-1j　宅外的冲凉房和古井

朗气清，崇山峻岭"，推测是来源于王羲之《兰亭集序》中的意境。当初宅主人选择这样八个字浮雕于山墙之上永恒流传，其心境和思想或可见一斑（图6-4-1i）。

另外，韩家宅虽遵循了文昌传统住宅的格局与形制，但对于现代建筑材料及建造技术的运用也颇值得关注。除使用当时新兴的钢筋混凝土结构建造东侧三座门楼和冲凉房（图6-4-1j）外，韩家宅还广泛使用了多种水泥预制品和彩色花阶砖。正屋与横屋的所有檐柱均为混凝土预制柱，共23根，其样式尺寸完全一致，均为八边形仿石柱，每面均有纹饰，柱脚为宝瓶状，柱头为仰覆莲花造型，柱高约4米，径约0.2米。房屋内所有空花漏窗也都为水泥制品，主要有两种图案纹样与尺寸规格，单用或组合使用并存。

此外，韩家宅在建筑排水与换气通风等方面也运用了不少巧思，如各院落坡降明显，排水明沟沿横屋而设，气窗与亮瓦的运用也显著改善了室内通风与采光环境。

总的来讲，韩家宅规模宏大，布局规整且保存基本完好，建筑装饰丰富多样，既继承了传统住宅的格局形制，又融合吸收了近现代南洋传来的建筑材料和建造技术，具有较高的文化艺术及历史价值。韩家宅在2004年被公布为文昌市文物保护单位，2009年被公布为海南省文物保护单位，2013年被国务院公布为第七批全国重点文物保护单位。

第五节
文教镇

　　文教镇，地处文昌东部，东邻龙楼镇，南接东郊镇，西连东阁镇，北靠昌洒镇，行政区域面积 76.84 平方千米。清初建圩，取"文治教化"之意命名；民国时期，为文教乡，1986 年改为文教镇。截至2020 年 11 月，文教镇下辖 1 个社区、16 个行政村。

　　文教镇地势西北高，东南低，局部属丘陵地，但起伏不大。境内有文教河自北向南蜿蜒而过，往西南方向注入八门湾。文教河，别名"平昌江""分水江"，又因上游有黑溪、白溪两条源流，所以古时又称为"黑白溪"。文教河绵延 100 余千米，有支流 30 余条，中下游水深河宽，常年通航。旧时，可从文教埠顺流直至八门湾，南可至清澜港，西可达县城。

图 6-5-1a　鸟瞰图

一、邢定安宅及楼

邢定安宅，位于水吼村委会水吼一村 17 号。水吼村距离海岸线近 9 千米，村中的住宅主要有东、西两种朝向，形成两大住宅组团。邢定安宅位于村中的西北部，建在南高北低的土坡上，建成于 1920 年，坐东南朝西北（北偏西 12°），其一进院落的占地面积约 130 平方米，建筑面积为 88.6 平方米。住宅的建造者邢定安（1881—1951）为新加坡华侨。

邢定安宅所在的大宅院属于家族共有。这里所说的邢定安宅只是这一大宅院里的第一进院落。邢氏大宅院是单轴五进单横屋的布局，宅院的地面顺应坡势前低后高。邢

氏大宅院前三进为单侧榉头，后两进为双侧榉头（图 6-5-1a）。邢定安宅是大宅院中最后建成的，由于宅基地的限制，估计当初没有规划建设横屋，双层门楼位于第一进院落东侧（图 6-5-1b）。

邢定安宅面阔 10.4 米，进深 4.4 米。路门为双层门楼，位于宅院东北角，二层的层高相对于一层略低，可通过院落西侧榉头的二层平台，再绕过北面照壁上架设的通道抵达（图 6-5-1c、图 6-5-1d）。

邢定安宅正屋与宅院面阔相同，也是 10.4 米，占 41 路瓦坑，进深 7.9 米、13 檩（12 架）。正屋采用一厅四室的格局，明间

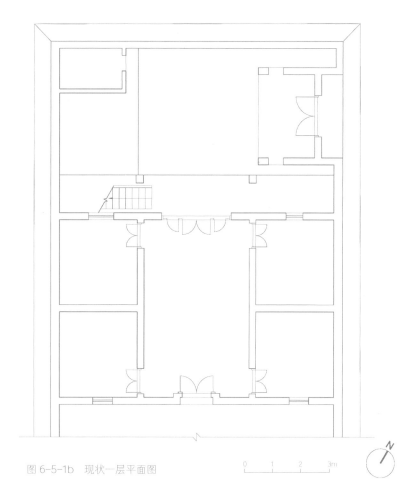

图 6-5-1b 现状一层平面图

0 1 2 3m

图 6-5-1c 邢定安宅路门

厅堂未设神庵,次间卧室采光是靠前后窗以及屋顶上的亮瓦等措施实现。正屋前出两架檐廊,宽约1.3米,设有两根钢筋混凝土结构的檐柱,檐下西侧设有"L"形折跑楼梯

通向榉头二层。二层实际上是邢定安宅唯一的屋顶露台,其上放置盆栽,种植花卉。门楼的二层可用于晾晒衣物,其内原本设置了六扇槅扇门,目前尚存三扇,槅扇门外还设有宝瓶状的防护栏杆。

正屋和门楼均为传统的砖木结构,采用横墙承檩做法。榉头则为钢筋混凝土结构。正屋西侧的檐柱承前廊的双步梁,同时也是榉头的角柱。

邢定安宅的装饰以木雕和灰塑浮雕为主。木雕可见于正屋厅堂的门楣处,灰塑则分布于窗套以及正屋和门楼的屋脊上,题材以花卉卷草纹样为主。

离邢定安宅不远,是一栋二层的砖木与钢筋混凝土混合结构的现代风格建筑,它也是邢定安当年建造的(图6-5-1e、图6-5-1f)。此楼朝向西南,面阔三间,明间稍阔,平面呈横长方形。上下两层都设有前廊,楼梯设在屋身左侧前廊上,主体为单跑的木质楼梯坡度较大。二层廊子外侧是一排拱券柱廊装饰,每开间又分成三个拱券,明间外廊上三个拱券尺寸较大,尤其是中间拱券呈椭圆弧形,其余八个拱券尺寸基本接近。二层采用木结构三角屋架,进深方向不设柱,整个室内形成一个大空间。此楼采用硬山式双坡顶两侧有高高的山墙。

邢定安楼是将西方建筑文化与本土营造相结合创造出的新式建筑,它与民国时期的办公建筑非常近似。这样风格的建筑在文昌还存有几例,它们的存在,也证明了民国风格的办公建筑极可能源自近现代的早期住宅。

图 6-5-1d 邢定安宅露台

图 6-5-1e 邢定安楼正立面

图 6-5-1f 邢定安楼上的鱼形排水口

图 6-5-2a　鸟瞰图

二、林树柏、林树松宅

林树柏、林树松宅，位于加美村委会加美村 5 队 17 号，由林氏兄弟共同建造。兄长林树柏终身在家务农，弟弟林树松早年曾在柬埔寨工作。加美村在文教镇西部，距镇区约 3 千米，是全国文明村镇和国家首批森林乡村，也是海南省美丽乡村的示范村。

林氏兄弟宅与前文所述的邢定安宅类似，它位于林氏家族宅院中的第一进院落。整个林氏家族宅院前后共有四进院落，为单轴四进单横屋式布局。林氏兄弟宅坐西北朝东南，建成于民国七年（1918），它是林氏家族宅院中最晚建成的，但其正屋、路门、横屋规模都远超于先前建成的三进院落（图

6-5-2a）。

正屋面阔与后几进基本相同，占 41 路瓦坑，为 9.1 米，进深约 9.7 米、13 檩（12 架）。正屋明间为厅堂，面阔为 15 路瓦坑，厅堂上设有神庵。正屋相较于传统平面布局有所不同，却与会文镇张运琚宅的一进正屋非常相似，采用"凸"字形布局，在横墙前端设置槅扇门，根据使用需要划分空间。类似的案例还有翁田镇张学标宅、铺前镇吴乾佩宅与吴乾璋宅。林氏兄弟宅次间被横墙一分为二，前半部分空间较小，划作偏厅用来作为明间厅堂的扩展空间；后半部分空间较大，沿袭了传统的"一堂二内（室）"布局。偏厅面向明间厅堂

图 6-5-2b 现状平面图

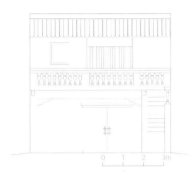

图 6-5-2c 路门西立面图（局部复原）

图 6-5-2d 正屋前门及其门楣

图 6-5-2e 正屋前檐墙楣壁画

开口，其前部安装有折叠门，门全部打开时可与明间厅堂连通，扩大形成"凸"字形的空间（图6-5-2b）。正屋空间高大，为横墙承檩结构，横墙上采用了拱券门和折叠门的形式，具有南洋建筑的风格特征。

路门为两层门楼，其一层最初没有西侧的房间，可能因为在后期可使用的房间数量不足，才做隔断形成目前格局。门楼的东端设置单跑楼梯直达二层，二层前部空间作卧室使用，后部为储藏空间。二层朝内院一侧设有挑廊，其外侧设置了一道用绿色琉璃宝瓶构成的防护栏杆。相较于正屋，门楼在结构上有明显突破，整体采用钢筋混凝土框架结构，二层楼板通过铺设双向梁实现承重。从门楼立面来看，其呈现出较强的内向性，在结构和装饰上都以向内的立面为主要观赏和使用面。相较于传统门楼的二层，其空间高度已能满足日常活动的基本需要（图6-5-2c）。

正对着门楼的横屋原本也是两层楼房，楼梯设置在东端靠外墙的部位。二层屋盖结构已不复存在，仅存山墙两侧的梁头残迹，根据现存墙体上的开窗推测，其在当初也用于居住。

林氏兄弟宅的建筑装饰有着鲜明的特色，主要集中在正屋的正立面上。正屋门楣上有丰富的木雕，可分为上、中、下三部分，分别对应三种雕刻类型（图6-5-2d）。最上层采用浮雕，中间采用透雕，下层采用常见的连续排列的木雕宝瓶栏杆装饰。木雕题材丰富，有二龙戏珠、喜上眉梢、暗八仙等，富有传统审美意趣和吉祥寓意。正门的墙楣和山墙饰有彩绘，题材有异域风格的建筑、山水、花鸟、虫鱼（图6-5-2e）。门两侧还有双喜字造型的高窗，主要用作通风换气，还兼具装饰作用。正屋的前檐设有两根通长的石柱，柱头有莲花装饰。此外，正屋前墙上有火焰尖券的窗套，显然是受到南洋建筑装饰艺术的影响。

第六节
东郊镇

　　东郊镇，位于文昌市东南部，从地形上看，它实际上是一个伸入海中的半岛，南面和东南面邻南海，北面邻八门湾，东边与文教镇、龙楼镇相连，西面与文昌城区隔海相望。截至 2020 年 6 月，东郊镇下辖 1 个社区、15 个行政村。

　　总体来看，东郊镇的地势中间高，南北低，平均海拔大约 10 米。其盛产椰子，素有"椰海"之称。它也是海南岛旅游胜地之一——东郊椰林风景区所在地。

图 6-6-1a　鸟瞰图

符企周宅

　　符企周宅，位于码头村委会下东村 54 号，建成于民国二十一年（1932）。符企周（1884—1947）早年毕业于两广优级师范学堂，曾任职于国民政府民政司，后弃政从商，并获益颇丰，他在海口置地建造商铺并逐步扩大经营规模，之后被推举为香港琼崖商会会董。商业成功以后，符企周遂在其旧居附近购地营造新的住宅。

　　符企周宅坐西南朝东北（北偏东 33°），其基地是长宽分别为 45.3 米、28 米的矩形地块，占地面积约 1268 平方米。宅院紧邻清澜湾，四周椰林环绕，静谧怡人（图 6-6-1a）。从住宅形制看，符宅为单轴三进双横屋布局，建筑基本沿中轴线对称，路门——住

宅的正门也位于这条中轴线上（图 6-6-1b）。宅院的东西两侧以横屋外墙为界，前后院则用院墙围合。一进院落进深 9.8 米，三进正屋之间距离 3.4 米，门楼进深较大，与一进正屋的距离为 3.9 米。全宅共设三个出入口，除路门为礼仪上最为重要的出入口外，东西两侧横屋分别在对应二进和三进院落处各设置了一个"凹"字形出入口，在布局上较为均衡（图 6-6-1c）。路门服务于家族各种仪式所需，家人日常的进出主要依赖于两侧横屋的出入口。

　　三进正屋的规模相当，面阔均为三开间，进深 15 檩（14 架）（图 6-6-1d）。明间皆为厅堂、后部都设有神庵，次间内不设隔断，

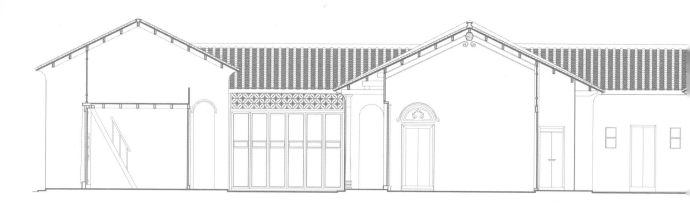

图6-6-1c 二进庭院

对明间前后开门。一进正屋与横屋之间设有分隔前后院的隔墙,其上开有门洞并设置板门,将符宅一分为二,前院为半私密半公共空间,其主要功能为接待宾客之用;后院则完全属于私密空间,主要解决家眷内部的起居及就寝之需。

东西两侧横屋面阔各为13间,进深为13檩(12架),其中与前院相连的有5间,正对着院落的为正厅,为"一厅二室"的布局,两侧各有一间辅助用房(图6-6-1e)。横

屋内的客厅是屋主人接待生意伙伴以及宾客之用,除了空间高敞之外,也是装饰的重点。客厅两榀梁架沿用文昌传统住宅中的通檐做法,一根大梁(九架梁)直接跨越前金柱与后檐柱,五架梁之上与坡屋面形成的三角区被繁复的木刻雕饰填充:两条对称的蛟龙拱卫着一只花瓶,瓶口之上是一朵盛开的硕大牡丹,花瓶贯穿了三角区的中心位置——在结构上实际是起着童柱的作用;蛟龙的身子和尾部都是卷草造型,正好填满了三角区

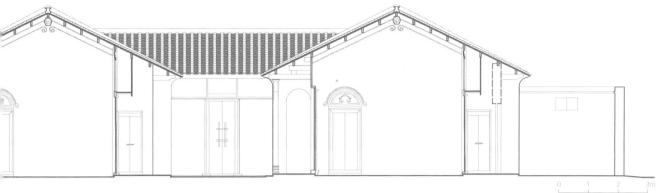

图 6-6-1b 中轴剖面图

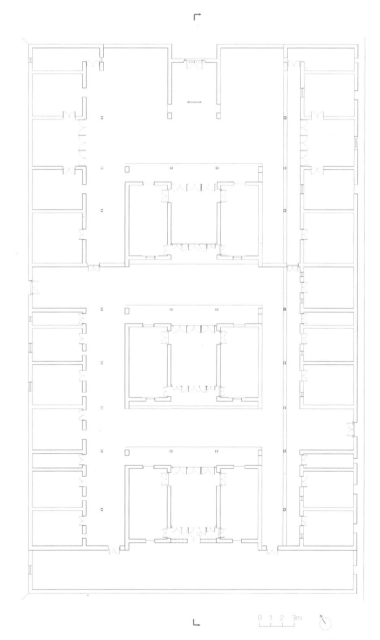

的两个底角（图6-6-1f、6-6-1g），这是文昌传统住宅中典型的木雕题材和做法。

　　路门为传统风格的双层门楼，凹斗门形制，面阔与正屋明间等宽，进深为11檩（10架），二层空间深7檩（6架），前后檐各深3檩（2架）（图6-6-1h）。它是我们调研所见的文昌华侨住宅中规模最大的传统式路门，面阔和进深尺寸都接近于普通正屋的明间厅堂。路门大致坐落在住宅的中轴线上，与之情况相类似的有东阁镇富宅村的韩钦准宅[1]。

　　三进正屋均为砖木结构（图6-6-1i），明间为横墙承檩。正屋前廊设两根檐柱，其下为石质柱础，柱身由石柱和木柱组成。为了避免雨淋，檐柱采用"上木下石"的构造做法，木柱柱身长0.33米，仅占整个柱身通长的一成多，木柱之上承三步梁。山墙面上，三进正屋的前廊和门楼的后廊均开有拱形门洞。横屋也设有前檐廊，并设檐柱，檐柱位置与横屋内隔墙位置相对应。符宅内装饰较为简单，明间横墙上有描绘的砖缝来模仿清水砖。神庵仍是文昌传统形式，其上木雕主要以植物为题材。

　　总体而言，符企周宅是文昌地区规模较大的、具有传统建筑形制与装饰风格的近现

图 6-6-1d 现状平面图

1　对于路门处在住宅中轴线上成因的探讨，详见本书第一章第二节。

图 6-6-1e 一进横屋厅堂

图 6-6-1f 梁架木雕装饰一

图 6-6-1g 梁架木雕装饰二

图 6-6-1h 路门外立面

代华侨住宅。它的建筑平面形制既体现了源自大陆传统府邸的对称、高大与庄严，又体现了商人住宅的装饰特点，是文昌华侨住宅中难能可贵的一种独特建筑类型。可惜的是，符宅年久失修，残砖断瓦比比皆是，横屋屋面大面积坍塌，符宅几乎沦为危房，其惨状令人触目惊心。很难想象，一处市级文物保护单位的保存状况会糟糕到如此地步！

图 6-6-1i 砖木结构正屋

第七节
龙楼镇

　　龙楼镇，位于文昌市东部偏南，距文昌市区33千米。其东、南、北三面临海，西与文教镇相连，北与昌洒镇接壤，西南与东郊镇毗邻，行政区域面积98平方千米。龙楼镇属半丘陵地，平均海拔20米，其东部海滨有铜鼓岭，海拔338.2米，北有笔架岭，海拔约63米。龙楼镇境内的北水溪发源于昌洒镇的唐教，流经吉水、龙新、山海等地后注入宝陵港。

　　据传，清初有三位粤商渡海来琼，途中遭遇狂风致使木船偏离航线，漂流至铜鼓岭南尖一带，求神祷告后幸运抓住了一根漂来的圆木而获救。获救后的客商将此圆木塑成神像祀之，名曰"龙流公"。后来人们渐渐至此聚居，形成圩市，久而久之"龙流"也被众人讹传为"龙楼"（在粤语中"龙流"的发音与"龙楼"完全一致），此即龙楼镇名称的由来。龙楼在民国时期设乡，20世纪80年代中期建镇，截至2020年6月，龙楼镇下辖2个社区、9个行政村。

图 6-7-1a　鸟瞰图

林树杰宅

　　林树杰宅，位于春桃村委会春桃一队 1 号，建成于民国二十一年（1932），坐东南朝西北。宅院坐落于长宽分别为 38 米和 28 米的基地上，占地面积 1064 平方米，建筑面积 615 平方米。春桃村位于龙楼镇南部沿海地区，北距镇区约 2 千米，南距海岸线仅数百米，由三个自然村组成，各村住居规模不大，但相对集中。村落周围椰林密布，一定程度上起到了蔽日防风的作用（图 6-7-1a）。

　　林树杰（？—1943）为旅泰华侨，在南洋经商发迹后，于 20 世纪 30 年代初返乡择地兴建宅院，同时还出资捐建了龙楼小学的教学楼。20 世纪 80 年代末，其孙林文蔚又承续祖德，代表家族出资重建教学楼，命

名为"林树杰楼"。如今林氏后人多居海外，心系桑梓，时常出资修缮祖宅。因此，林宅常修常新，历经 90 余年风雨仍然保存完好。

　　林宅为单轴两进双横屋式布局，正屋居中，横屋分居东西两侧（图 6-7-1b）。路门位于一进正屋东次间前方，正对东侧横屋与正屋间窄窄的侧院，并与横屋相连。两进正屋的形制和规模相近，均为面阔三间的"一堂二内"格局。正屋面阔 12.6 米，其中明间为 4.6 米（图 6-7-1c），次间为 4.0 米；进深 9.6 米，前有两柱三间的檐廊，深约 1.6 米。正屋采用砖木与钢筋混凝土混合结构，其中包含屋身的砖砌承重墙、檐廊的钢筋混凝土梁柱以及屋架的木檩椽等。正屋为硬山顶，双

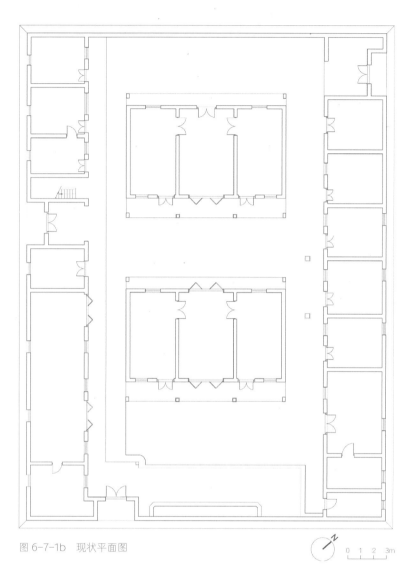

图 6-7-1b　现状平面图

0 1 2 3m

室的套间，其最南端地势较低，设有卫生间。东横屋主要布置客厅、厨房与储藏等功能性房间，客厅作为林家日常的就餐空间，靠近北面的路门。除路门外，宅院还有两个侧门，分别位于西横屋的北端及东横屋中部。

比较特别的是，林宅正屋明间的厅堂高敞，前后设四扇折叠门，纵墙接近屋面处设有气窗。次间的卧室设前后两道平开门，一道开向明间厅堂，一道开向前廊。二进正屋厅堂内设有神庵，但其形式比较简洁而无传统的繁复。正屋和横屋的檐廊和挑檐虽为现代结构，但仍沿用传统木构架形式，用钢筋混凝土浇筑出双步梁、单步梁、瓜柱等构件，在现存的华侨住宅中仅此一例[1]。此外，林宅没有独立设置门楼，现存路门为单层平顶并与横屋相连，更像一座朴素的门亭（图 6-7-1d）。

林宅有前中后三个院落，前院较为宽敞，辟有大型花池一座，长约 8 米，保存相对完整（图 6-7-1e）。后院较为窄狭，深 3 米余，种有数棵乔木。高大的院墙上设有黄色琉璃宝瓶作为漏窗。宅院排水是依靠自然坡度散排为主，但总体趋势是由后院往前院汇流，并经"之"字形或者"S"形排水沟穿过院墙排至宅外。

林宅用地规整，布局合理，总体上体现了传统与现代交替的时代特征，其在路门的设置以及功能空间的组织上也进行了大胆的尝试，使其建筑风格在当时独树一帜。

层瓦屋面，前后设内檐沟，雨水经汇集分流至两端，再由山墙中排水暗管排至地面。

东西横屋的规模也基本相近，但屋顶形式却不尽相同。西横屋前部为平屋顶，中后部则为坡屋顶；东横屋中前部为平屋顶，仅在后部有局部坡屋顶并设置了楼梯间。与之相对应，横屋建筑结构也略有差异，西横屋以砖木结构为主，东横屋则以砖混结构为主。西横屋的前部布置了一个含起居室和卧

1　或有观点认为，这是在近二三十年内重修住宅时新添加的构件。

图 6-7-1c 一进正屋厅堂

图 6-7-1d 路门外立面

图 6-7-1e 花池

第八节
昌洒镇

　　昌洒镇，位于文昌市东部，距文城镇 32 千米。其东临南海，西接东阁与公坡两镇，南连龙楼与文教两镇，北邻翁田镇，行政区域面积为 197 平方千米，平均海拔约 10 米。截至 2020 年 6 月，昌洒镇下辖 1 个社区与 12 个行政村。

　　昌洒，有"昌盛洒脱"之意。相传，明朝时期昌洒始建于旧市村，名曰"市"。清朝时，由昌述村和昌吉村人建铺于"下市"后，取各个自然村名字中共有的 "昌"字，命名为昌洒圩。民国时期设乡，20 世纪 50 年代末设昌洒乡，80 年代末始为昌洒镇。

图 6-8-1a　鸟瞰图

韩纪丰宅

韩纪丰宅，位于宝堆村委会凤鸣一村32号，建成于民国十九年（1930）。凤鸣村位于昌洒镇的西北部，其东面就是文教河的支流——白溪，溪水从北往南淌过，然后经清澜湾注入南海。韩纪丰宅位于凤鸣村的西南端，周围植被茂盛，自然环境良好（图6-8-1a）。

韩纪丰宅坐西北朝东南，原为单轴多进单横屋格局，但其中仅二进正屋建成于民国十九年（1930），其余均为近年复建或改建（图6-8-1b）。韩纪丰（1892—1951），字文修，曾于民国七年（1918）创办文昌最早的汽车运输公司——琼文汽车公司，次年又创办了琼文车路公司，并以官督民办的形式

建成连接琼山至文昌的琼文公路。他还参与了文昌文东中学、凤鸣小学的创建工作。

正屋总建筑面积260平方米，为面阔三间带前后廊的两层楼房，采用砖木与钢筋混凝土框架的混合结构。其中，中间主体结构为砖木结构，包含砖墙、木楼面和木屋面等。前后廊则为钢筋混凝土结构，包含混凝土梁、柱和楼板等。正屋面阔12.20米，占47路瓦坑，其中明间面阔4.41米，次间面阔3.89米，占15路瓦坑。进深10.67米，其中室内进深7.40米、11檩（10架），前廊进深1.94米，后廊进深1.33米。

正屋上下两层的平面布置基本相同，大致按照"一堂二内"的传统布局。其中，一

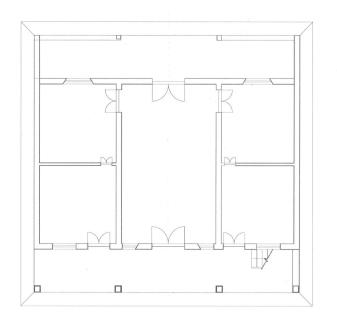
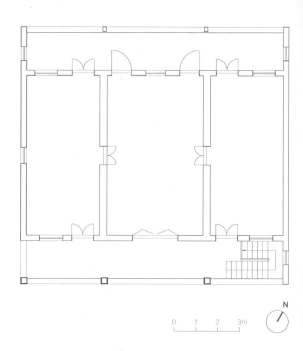

图 6-8-1b 现状平面图（左：一层；右：二层）

0 1 2 3m

图 6-8-1c 正立面图

0 1 2 3m

图 6-8-1d　正屋南立面　　　　　　　　　　　　　　　　　　图 6-8-1e　正屋弓形山墙和后廊

层明间厅堂前后开门，前宽后窄且均为板门（图6-8-1c、图6-8-1d）。二层厅堂前门居中，为铰链式槅扇折叠门，其上横窗镶嵌五彩玻璃。厅堂后墙设有两扇板门，位居后墙两侧，后墙中间开窗，上方则设一座简单的方形神庵，内奉祖宗牌位。

次间卧室均向外廊或厅堂开设门窗，上下房间朝向厅堂的开门位置略有不同，一层房间在厅堂后部开门，二层房间则在厅堂中部开门。二层为木质楼面，木板条顺进深方向铺设。上下楼梯位于前廊东侧，原设的简易木楼梯已不复存在，现在替换成钢制楼梯。正屋主体为传统双坡屋顶，双层瓦屋面；前后檐廊则为平屋顶，从而形成了平坡组合式屋顶，屋顶两端的山墙为弓形（图6-8-1e）。屋面采用无组织排水，雨水经檐沟汇集后由柱间的排水暗管排出。

正屋的立面造型及装饰呈现出中西融合的风格，与文教镇邢定安楼的整体风格及建造时间大致相同。除混凝土梁柱上的装饰线脚外，建筑师还在二层明间前廊栏杆之上添加了两根装饰圆柱。二层明间前廊采用混凝土预制几何纹样的栏杆，次间则为砖砌实心栏板，后檐立面则与之相反，明间为栏板而次间为栏杆，整体虚实相间，错落有致。此外，屋面护栏也是如此，正立面明间的砖砌山花墙上还存当初所题的"厚德载福"四个大字。

韩宅的建筑设计对遮阳和采光两方面都有巧思。正屋前后设檐廊，有效地减少了室内阳光照射的时间和面积，这是顺应低纬度地区人们对住居遮阳的普遍诉求；一层卧室朝向西北的窗洞按喇叭形开口设计，可以增加一定的采光。韩纪丰宅无论是建筑设计手法还是建筑材料运用都体现了时代特征，它以传统建筑的空间格局为主体，同时运用西方现代的建筑材料与技术，通过现代设计方法显著地提升了室内空间环境品质，并巧妙地糅合了中西装饰艺术，形成独特的建筑风格。韩宅历经90余年风雨，至今仍相对保存完好。

第九节
翁田镇

翁田镇地处文昌市东北部，南邻昌洒镇，西与锦山、抱罗、公坡三镇接壤，东面与北面临海，海岸线绵长，有大小港口七个。清代即设翁田圩、翁田市，民国初期改称新市，1952年镇区中心迁于现址，截至2020年6月，翁田镇下辖2个社区、15个行政村。

镇区内地势东北高西南低，东北属高丘陵地，平均海拔40米；中部属小丘陵缓坡地，平均海拔30米；西南部属平原地，海拔约为20米。翁田地域广阔，风景名胜地较多，如抱虎岭、景心角、银象石、抱虎滩天然浴场和七洲列岛等。

图 6-9-1a　鸟瞰图

一、韩锦元宅

　　韩锦元宅，位于汪洋村委会秋山村 1 号，建成于清光绪二十九年（1903），坐南朝北。现存宅院占地面积约 445 平方米，建筑面积约 265 平方米（图 6-9-1a）。

　　韩锦元（1869—1914），年轻时在印度尼西亚从事制鞋生意，发迹后返乡修缮祖宅并增建了部分宅院。扩建后的韩宅原有四进，如今仅存末进和后院，含正屋、西横屋、后横屋和后院门等建筑单元（图 6-9-1b、图 6-9-1c）。韩宅正屋的三进院落中，前两进正屋及部分横屋毁于 20 世纪 70 年代。

　　韩宅现存的两进院落中，宅院的整体面阔为 17 米，前后院落进深皆为 6.5 米，每进院落独立设置一座路门，院落之间设有隔墙，墙上开门以供交通（图 6-9-1d）。现存唯

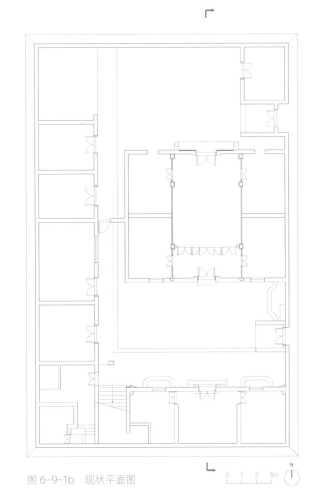

图 6-9-1b　现状平面图

0 1 2 3m

N

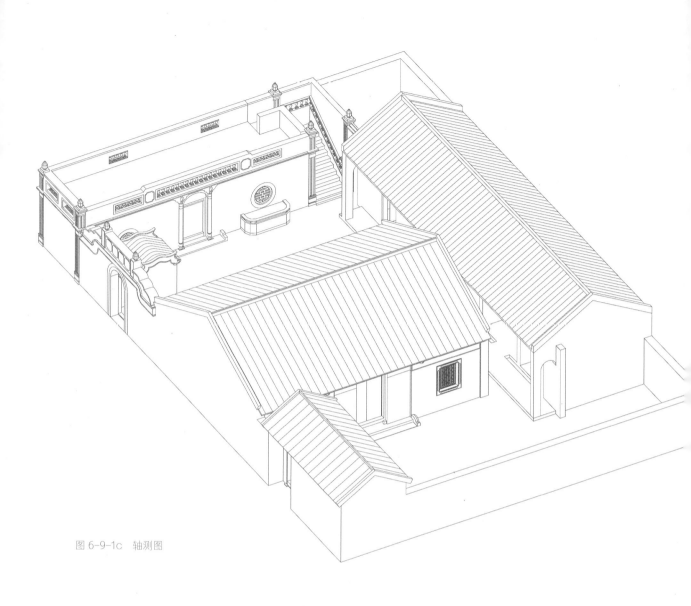

图 6-9-1c 轴测图

图 6-9-1d 现状中轴剖面图

一的正屋位于原宅院中的第三进，面阔三间，明间为厅堂并设置神庵，次间为卧室。卧室中间设隔墙，前后朝明间开门。据韩锦元后人回忆，原先次间不设隔墙，女眷皆自中楦后开设的小门进出卧室，这反映了传统社会的礼制要求。

正屋面阔 39 路瓦坑，其中明间占 17 路，次间占 11 路。正屋次间都设有前窗，屋面设有两片亮瓦用以采光（图6-9-1e）。正屋为砖木结构，明间两楦木构架采用圆作柱瓜承檩形式，两侧山墙用砖砌筑；进深为 13 檩（12 架），主体为六架梁，前后金柱各出三步梁，出檐较浅。金柱的截面形状比较特别，其面向明间一侧的截面为半圆形，面向次间一侧的截面为矩形。这样同一构件的截面被一分为二，各自以适宜的形状对应空间里的其他木构件，形成样式与风格的统一，同时也体现出经济、适用和美观的营造三原则。

与其他传统住宅不太一样的是，韩宅一共有西侧和北侧两栋横屋，两者呈"L"形布置。其中南横屋，也称后横屋，为平屋顶，屋顶是一个全家合用的大露台；西横屋内设

厨房和储藏间，其长度原本与宅院的进深保持一致，由于前两进院落已毁，只剩下对应末进正屋与后院的一段。后横屋内部三个开间原本作为客房套间，目前用作杂物间。

两栋横屋的连接处，也就是"L"形的转折处则布置小便所、淋浴间以及上二层露台的楼梯间。"小便所"三个灰塑字样采用别出心裁的仿篆体。小便所以砖砌结构为主，面积约 18 平方米。尽管韩宅自身的建筑规模并不很大，这个集中的卫生与洗浴空间则是文昌华侨住宅中规模最大、功能最为齐备的。由此可见，韩锦元积极地引进南洋一带先进的生活观念，在住宅中单独开辟集小便、大便和洗浴功能于一体的场所，这是文昌华侨住宅中的唯一实例（图4-50）。

整座宅院的装饰重点都集中在后院（图6-9-1f）。后横屋门前用灰塑浮雕出两根仿西方柱式的壁柱，其柱础仍采用中国传统形式，具有中西结合之美。在两次间外墙的中心部位，各设一个寿字纹的圆形漏窗，窗下还设置了两个砖砌的须弥座造型花池，用水泥抹面（图6-9-1g）。后横屋的西侧设有"L"形楼

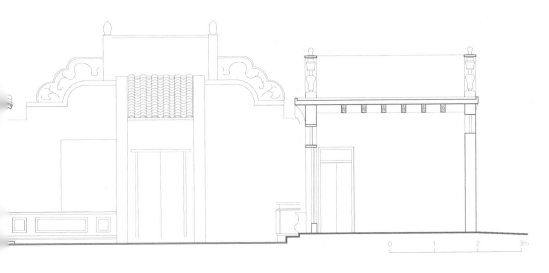

图 6-9-1e　正屋屋面

6-9-1f　后横屋女儿墙灰塑装饰

图 6-9-1g　后横屋立面

图 6-9-1h　灰塑鲤鱼装饰

图 6-9-1i　后院门坊壁灰塑

人瞩目的是后横屋露台落水管出水口的细节处理。通过运用灰塑形式，排水口被塑造成了一对近三尺长的大鲤鱼，头部从墙上探出，生动地呈现在明间门口两侧的花池外，点缀在后横屋的左右两端。鲤鱼脊背两侧突出的白色大鱼眼、竖起的背鳍、张开的两鳃及腹鳍，还有一片片清晰的鱼鳞，使得鲤鱼的形象栩栩如生（图 6-9-1h）。下雨天，雨水从鱼嘴里如泉水般喷涌而出，雨色朦胧中仿佛有一只充满生命力的大鲤鱼正奋力跃出水面——这不正是老百姓愿景当中的"鲤鱼跃龙门"的情景吗？生动的鲤鱼雕饰结合了排水口的实用功能，也让这座位于村落偏僻一隅的住宅充满了生机，这便是建筑艺术带

梯通向屋顶露台，楼梯下方为辅助用房，其装饰特色也是文昌华侨住宅中别具一格的。

在韩宅众多形式各异的灰塑中，尤为令

图 6-9-1j　后院门"紫气东来"灰塑

来的无穷魅力。

　　此外,后横屋西侧的"L"形楼梯运用水泥灰塑的技法进行装饰,线脚丰富、造型灵动,它极可能是现存的文昌近现代华侨住宅中最奢华,最舒适的室外楼梯了(图1-16a)。楼梯西侧的山墙是岭南地区特有的画卷造型,其上灰塑有牡丹、荷花、鸳鸯和仙鹤。荷花与一对鸳鸯在画卷的中心,画卷的两边各是一对仙鹤和含苞待放的牡丹花,不知是否是在暗示屋主人"只羡鸳鸯不羡仙"的洒脱气质?这幅山墙上的卷轴画被灰塑衬托得丰硕饱满,曲线流畅,颇得巴洛克艺术风格的意趣。横屋顶上的露台并不是钢筋混凝土框架结构,而是运用中国传统的搁栅架设木构楼盖,其上再敷设防水材料,表面用了石灰和水泥的防护层。露台呈矩形平面,四周是齐腰高的砖砌栏杆,栏杆四角出望柱,望柱头上用即将绽放的莲花做装饰。

　　韩锦元宅后院门的装饰也颇具特色,整体风格上呈现出欧洲巴洛克艺术的特征。院门的东立面造型比较简洁,只是一面中间略高两边稍低的拱券门形式的三间式牌坊,门洞顶部为半圆形拱券。坊壁顶端施灰塑装饰,形成一个彩塑条带,左右两边稍低,并向中间逐渐隆起过渡(图6-9-1i),其上浮雕有"喜上眉梢"的传统题材,中间高起的部分为坊心,也用灰塑刻出四个墨色大字"紫气东来"(图6-9-1j),山花线条流畅,牌坊上方还立有两个短柱,用两朵莲花形的柱头装饰。院内的一侧设有一间小门屋,上施卷棚屋顶,屋面造型也是舒展的曲面,与外侧牌坊壁的曲线造型相呼应,既展现了中西结合的交融之美,又表现出院门造型的表里一致,不能不说是匠心独运。

　　韩锦元宅有明确的屋面和地面有组织排水系统。完善的排水系统和卫生洗浴设施的设置反映出华侨在引进西方建筑形式的同时,也着意引进新的生活方式和卫生理念,这是文昌华侨从传统生活方式进入由南洋传来的现代生活方式的重要开端。

图 6-9-2a　鸟瞰图

二、张学标宅

张学标宅，又名"张英故居"，位于博文村委会北坑东村 9 号，距东部海岸线大约 4.6 千米。宅院坐落在一个土坡之上，总长 48.6 米，总宽 37 米，占地面积约 1800 平方米，由张氏四兄弟合族居住。

张学标宅建成于清宣统二年（1910），坐西南朝东北（北偏东 40°），为双轴三进双横屋格局，处于双轴线上的两列正屋之间以巷弄相隔，将张宅分为东西两部分（图6-9-2a、图6-9-2b）。其中，东部宅院是由张学标及其子女独用，西部宅院由其他三兄弟共用。历经百余年风雨，张宅目前已破败不堪，东部宅院基本废弃。2014 年的超强台风"威马逊"又直接摧毁了住宅的前半部，残垣断壁的惨象至今犹存。

张学标（1873—1959），字锦轩，原博文乡北坑村人，于 19 世纪末赴泰国谋生，之后创办商行主营各地特产及进出口贸易，拥有旅馆、批局、火锯厂、牛皮厂等产业，其贸易涉及地域除泰国外，还逐渐拓展至寮国（今老挝）、广州湾（今广东省湛江市一带）以及香港等地。张学标热心公益，关爱桑梓，自 20 世纪 20 年代起捐资建造了家乡的北山高级小学、博文小学和翁田区立小学。

同时，他还联合泰国侨界在当地创办专门传授中华传统文化的泰京育民中文学校，并积极参与倡建泰国海南会馆、泰国海南张氏宗亲会等。此外，张学标还曾资助其堂侄张英（1906—1950）赴日本陆军骑兵学校学习。张英学成归国后曾任中央军校第四分校（广州分校）骑科教官，后任国民革命军第三十二军独立旅第七七〇团少将团长，这也是张宅又名"张英故居"的原因。

与文昌绝大多数华侨住宅布局不同，张学标宅呈现出少见的双轴三进双横屋格局，类似的情形仅文教镇美竹村郑兰芳宅一例。东西两部分宅院被中部狭长的通道隔开（图6-9-2c），通道两侧以正屋的山墙和山墙之间的隔墙为界，二、三进庭院的隔墙上设有月亮门连接东西宅院，使得庭院空间既相互独立又彼此连通（图6-9-2d），这是为了适应家族聚居而做的处理。

张宅现存五个出入口，除东西门楼各一外，西横屋设有两个，东横屋设有一个。张宅的平面形制比较特殊，现存六栋正屋按东西两列排布。一进的两座建筑位于住宅最初的门楼位置，现存东部宅院的一进建筑内还保存原初格局和家具装饰。最初的门楼为双层，规模较大，横跨东西两院，面阔至少五间。中间的三个开间为倒座厅堂的特殊布局，两次间是会客厅，明间则设有一处通向二层的室内楼梯。二层空间设置了与一层类似的客厅空间，并增加了宽敞的阳台。上下二层的主要厅堂铺装了华美的花阶砖。这种复合了厅堂功能的双层门楼在文昌近现代华侨住宅中仅存此例。从残存的门楼来看，其具有

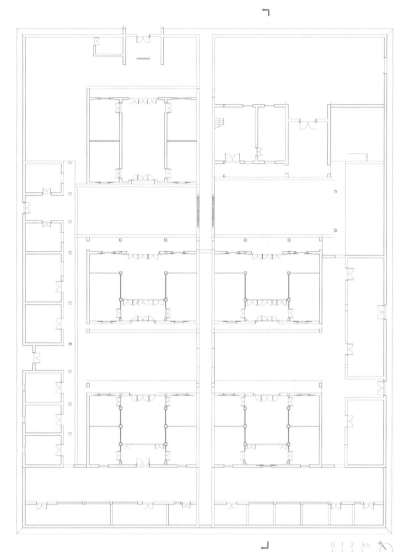

图 6-9-2b　现状平面图

图 6-9-2c　东西宅院之间的通道

图 6-9-2d　庭院与月亮门

从传统建筑向南洋建筑转型的过渡风格（图 6-9-2e）。

遗憾的是，原本高大华丽的门屋如今仅剩东部的一半，已成断壁残垣的废墟，实在令人扼腕！尽管如此，坚实耐腐的黑盐木构架、光亮如新的水泥花阶砖、细致入微的梁柱雕刻、栩栩如生的灰塑彩画以及宝瓶、漏窗等西式装饰元素，无不彰显着往昔的繁华。

张宅的现状除了东部残存的一进双层门屋外，还存正屋五进，即西部三进，东部两进，各进正屋形制规模均相接近（图 6-9-2f）。其中，东部宅院内一进正屋面阔三间，进深 15 檩（14 架），平面作一厅四房格局，出前挑檐（图 6-9-2g），明间厅堂和左右次间皆横墙承檩。1972 年，席卷海南的超强台风摧毁了原初华美门屋的西半部分，后来在此重建门屋，与东侧残损的门屋位置并不对位。

第二进的两栋正屋占 43 路瓦坑，面阔

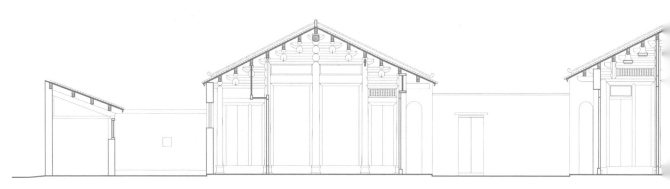

图 6-9-2f　现状剖面图

图 6-9-2e 双层门楼

11.3 米；进深 9.4 米，15 檩（14 架），前后均设檐廊，前檐廊设有檐柱，后檐廊靠挑梁支承屋檐，其室内还是传统的明间厅堂，次间卧室的格局，厅堂内不设神庵（图 6-9-2h）。比较有特点的是，明间厅堂空间扩展到两次间前部，形成"凸"字形平面，次间的后部则仍作卧室。这说明如今的二进正屋

（图 6-9-2i），亦即原初的一进正屋，其厅堂是用作对外交流的客厅，而非家族的祭祀空间。厅堂两榀梁架为"柱瓜承檩型"木构架，中央部分为五檩四步，中柱不落地。第三进的两栋正屋在形制及规模上与第二进正屋略有不同，占 43 路瓦坑，面阔 11.3 米；进深 8.3 米，13 檩（12 架）。厅堂的两榀木

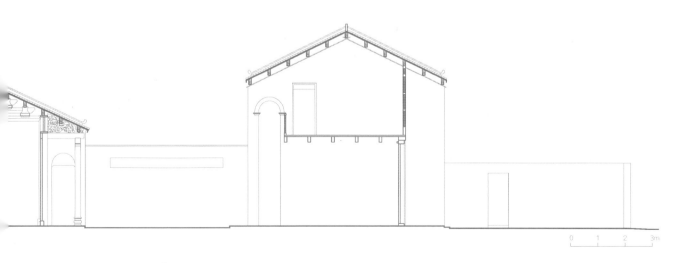

图 6-9-2g　东侧第二进正屋前廊挑檐

图 6-9-2h　东侧第二进正屋厅堂木构架

构架中柱落地,其主体为七檩六步,并设有神庵(图6-9-2j)。

用于建造住宅的黑盐木、水泥和花阶砖都从泰国进口,建筑式样和部分装饰设计均源于泰国建筑师,由文昌本地工匠建造。张学标宅全宅上下木刻雕饰丰富,大门和梁架上都有镂空雕刻的亮子和气窗,梁头、柱头以及檐廊上部和脊檩处的三角区也是木刻装饰的重点,雕刻的题材以花卉和蛟龙为主,十分精美。合宅的山墙和外墙都采用空斗墙砌筑。

张学标宅是文昌近现代华侨住宅中平面布局极富特色的一个案例,也是本地区出现的几乎与整座宅院面阔通长的双层豪华门楼形制的唯一住宅。对比闽粤一带的传统住宅平面布局,福建省莆田市仙游县榜头镇大约建于明代中期的"仙水大厅"与此宅最为接近,住宅的第一进建筑也是通长面阔的门屋形式,每列正屋之间也设有接近两米宽的弄巷。不过,"仙水大厅"双横屋之间排列的是三列正屋,比张宅多出一列,且不设后横屋。福建传统建筑研究学者戴志坚将此类平面形制称为"并列型排屋式"[1]。

由于文昌与莆田之间有着密切的文化关联,如从建筑文化的渊源角度将张宅与"仙水大厅"进行比较,可以发现张宅在继承传统院落布局的基础上,产生了与文昌当地社会条件相适应的变化。随着历史进程的推进,在文昌近现代华侨住宅自传统向现代的演进过程中,门楼的演进是最先出现的。

1　戴志坚:《闽台民居建筑的渊源与形态》,福州:福建人民出版社,2003年,第95—96页。

图 6-9-2i 东侧第二进正屋背面

图 6-9-2j 东侧第三进正屋厅堂木构架

第十节
锦山镇

　　锦山镇，位于文昌市东北部，东邻冯坡，南至抱罗，北壤铺前，行政区域总面积 226.9 平方千米。锦山镇地势平坦，海拔在 5 至 10 米之间，局部是低丘陵地。锦山镇的水系主要有注入铺前湾的珠溪河的北、西两条支流以及排港溪。

　　锦山镇在明崇祯年间建圩，据传圩市始建于排港溪与珠溪河的交汇处，后迁至排港村集市。因集市四周全是茂密的树林，地方狭小，为了扩建市场而不得不砍伐山林，当地百姓为了保护植被而制定了"禁止砍山"的禁令。于是，附近的人们就把这集市称为"禁山市"，后谐其音取"锦绣河山"之意而改名。清顺治年间，锦山市迁至跑马坡。20 世纪 50 年代初建乡，80 年代中后期建锦山镇。截至 2020 年 6 月，锦山镇辖 3 个社区和 27 个行政村。

图 6-10-1a 鸟瞰图

潘先伟宅

潘先伟宅，位于南坑村委会南坑村，建成于民国二十年（1931）。潘宅坐西北朝东南，宅院在一块长宽分别为 20 米和 18 米的基地上，占地面积约 360 平方米，建筑面积约 300 平方米。潘宅由泰国华侨潘先伟出资建造，其平面为单轴单进单横屋式格局。横屋位于正屋东北侧，路门位于正屋西南侧，正屋西北侧还设有一榉头（图 6-10-1a、6-10-1b）。

潘宅正屋、横屋、榉头均为传统砖木结构。正屋面阔三间约 11 米，进深约 8 米，其平面按传统的"一堂二内（室）"形式布置。正屋为硬山式屋顶，屋面设隔热的双层瓦构

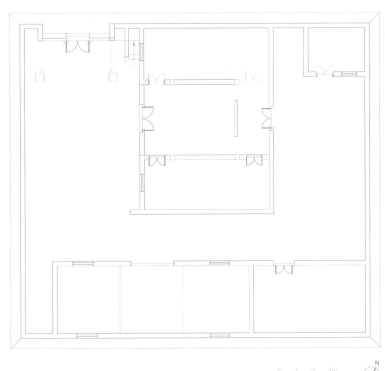

图 6-10-1b 平面图

0 1 2 3m

N

图 6-10-1c　正屋厅堂梁架

图 6-10-1d　横屋梁架

造。明间厅堂左右两侧为柱瓜承檩的扁作梁架，四柱十三檩，两金柱间为七檩六架。因梁架为扁作构造，梁柱构件均为矩形截面（图6-10-1c）。

相较于传统住宅的厅堂空间，潘宅正屋厅堂更加高大敞亮，净宽约4.3米，脊檩距地面高达5.4米。厅堂后部设神庵，深一架，其上木构件雕刻精美，但已有残损。正屋与横屋的平面呈"T"形，宅院因此被正屋分为前后两院，前院进深7.0米，后院进深5.4米。

横屋面阔五间，通长19.7米，进深9檩（8架），4.7米，前檐出双步廊（图6-10-1d）。横屋内部被划分为客厅、卧室、储藏间等功能空间，客厅里的木构架采用扁作柱瓜承檩形式，脊檩距地面高5.0米，后墙楣开设连续的十字形格栅气窗。

图 6-10-1e 门楼与照壁   图 6-10-1f 门楼上拱形门内远眺

潘宅路门为西式的双层门楼，钢筋混凝土框架结构，面阔进深均为一间，平屋顶，凹斗门，入户大门为趟栊门与板门的组合形式（图1-31）。正屋与门楼之间设双跑楼梯，由于空间受限，梯段较为陡狭。门楼一层对内敞开，二层则相对封闭，除外立面外其余三面均设回廊和门窗（图6-10-1e）。门窗为拱形、火焰券形及其组合形式，内设木制门窗，可惜年久失修，如今都残缺不全（图6-10-1f）。门楼二层外墙上灰塑有"薰风南来"四字，保存完好。

门楼装饰细腻丰富，从二层楼面到立面都颇为讲究，上下立柱都用水泥塑成西式的柱式造型，线条圆润流畅。水泥印花地面的纹样内外各异，外为金钱宝相花纹，内为篆体寿字纹。宅院院墙甚高，空斗砖墙上部还设有多个绿色琉璃条带形漏窗。前院院墙现已塌毁过半，与正屋明间相对的照壁部分及其上的圆形"囍"字灰塑却得以幸存。后院院墙前原砌有花坛，今已荒废。

潘先伟宅在平面上延续了文昌传统住宅的基本形制，但在室内空间和装饰风格上仍有不少创新之举。比如通过提高正屋和横屋的建筑高度、增设气窗等措施来改善室内的通风与采光。特别值得关注的是，西式门楼的引入虽与传统住宅构造和装饰等方面并不协调，甚至有些冲突，但是体现了屋主人开拓创新、光耀门楣的精神。文昌近现代华侨住宅遗存中，只在门楼上引入西式建筑的形式并不在少数，建造这一类住宅的华侨既想表达其锐意创新的一面，又保持了"慎终追远"的传统观念，这也是一种折中主义的建筑，如今看来也算独树一帜，饶富趣味。

第十一节
铺前镇

  铺前镇位于文昌北部，与海口市毗邻，岸线资源丰富，有铺前港、木兰湾等著名港湾。铺前港位于铺前镇西侧，是一个历史悠久的自然港和商贸港，同时也是重要的海防港口，明代朝廷曾在此设立巡检司。18 世纪末，铺前港已经开通直航东南亚各国的商船航线；民国时期，铺前港成为海南岛东北部重要的商贸港口和近代华侨往来南洋的重要口岸，铺前骑楼老街也因此久负盛名。

  铺前镇地势西北高，东南低，北部为低缓丘陵地，南部为冲积平原。截至 2021 年，铺前镇下辖 1 个社区和 11 个行政村，辖区内文物资源丰富，有溪北书院、斗柄塔等重要文物保护单位。

图 6-11-1a　鸟瞰图

一、林鸿运宅

　　林鸿运宅，也称"林家大院"，位于美港村委会美兰村 40 号，建成于清光绪二十三年（1897），坐东南朝西北，占地面积约为 1710 平方米，距离海岸线仅二三十米。住宅朝向大海，生活在宅里的人天天能听见波涛有节奏地冲刷海滩的声音，若非有门前茂密的椰林遮挡，站在门屋前就能望见千顷碧波的大海（图 6-11-1a）。

　　林宅现有一进门屋、两进正屋以及两侧的附属建筑，它不同于常见的华侨住宅平面布局，有些像单轴三进双横屋形式的意味（图6-11-1b）。宅院内并没有传统意义上的双横屋，只是在其位置上各建有两间半的附属建

筑，两个完整的开间分别作厨房与存储等后勤空间，剩下的半间是作为住宅的次出入口。两处附属房屋在平面上也并不对称布置，一个设在二进正屋的东北侧，一个设在三进正屋的西南侧，平时进出宅院的大门就设在后者的半间里。由于住宅中两横屋位置上的空间并未被建筑占满，大多数空下来的场地被留作了庭院绿化之用，因此，林宅终年花木扶疏，景色宜人。

　　林宅的建造者林鸿运，也有文献称"林鸿润"，生于美兰村，早年因家境贫寒前往南洋谋生，后辗转至越南经营法国酒业，从此事业兴旺，财富日丰。林鸿运在外颠沛流

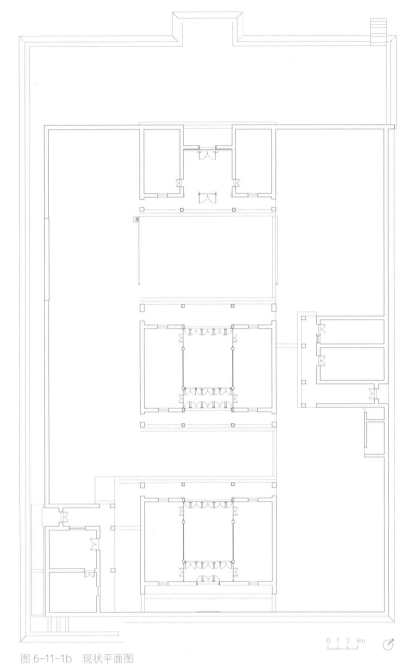

图 6-11-1b　现状平面图

图 6-11-1c　一进正屋立面及屋面陶罐

离，奔波一生，一心想着回到故乡建造大屋，终于在晚年得偿夙愿。他于 19 世纪末返乡斥资兴建住宅，却因积劳成疾未能见到新宅的竣工，耗资巨大的林家大院也因屋主的离世而仓促完工。这或许是住宅整体格局中的双横屋最终没有全部建成的原因。

林宅所在的基地位于一个前低后高的坡地之上，面向大海建宅时将基地抬高并稍做平整，使宅院建于一座高台之上，因此与靠近海岸的坡地之间存在一定高差，需通过数级台阶上下。住宅后倚石砌挡墙，坐落在一个三面皆有依靠，前面开阔面水的地理形势中，后部的石墙起着防洪与拱卫的保护作用。按理说，如此的地理位置当属完美，但风水师似乎对建筑面朝大海并不放心，在林宅一进正屋朝向大海一边的屋面上安置了一只平躺的陶罐，陶罐被石灰砂浆嵌固在屋面的瓦层中，罐口朝着海面，大有收尽风浪之势（图 6-11-1c）。这些举措固然是风水师的杰作，但对屋主或许起到了一定的心理安慰作用。

一进的门屋采用闽浙一带传统住宅中常见的屋宇式。门屋的面阔与后面两进正屋一致，都是三开间，约 13 米。明间设置大门，大门是广东传统住宅中常见的趟栊门形制，具有通风与防卫的功能（图 6-11-1d）。门屋的次间按倒座形式布局，向外不设窗户，朝庭院内部设 1.37 米宽的檐廊。后两进正屋明间面阔约 5 米，均设有神庵（图 6-11-1e）。二进正屋设 2.06 米宽的前檐廊和 1.48 米宽的后檐廊，为使用者提供了遮阳避雨的交通空间。末进正屋的前后檐廊比第二进正屋更

图 6-11-1d　门屋趟栊门　　　　图 6-11-1e　正屋神庵与陈设　　　　图 6-11-1f　照壁

图 6-11-1g　路门门头八卦木雕

窄，分别为 1.52 米与 0.86 米。很显然，二进正屋是住宅的核心建筑空间。

　　林家大院围墙上的灰塑精美生动，屋檐下的壁画灵韵毕现，刻工细腻的木雕（图2-45e、图2-45f），天然彩纹六边形的大理石地砖，无不彰显着主人当年的富贵与豪气（图6-11-1f、图6-11-1g）。据林道芳讲述，林宅所用的石料和木材大多从越南进口，工匠亦多从大陆的广府地区聘来。为建造此栋住宅，

仅泥瓦匠和木匠就邀请了 200 多名，前后耗费了整整三年的时间。

　　站在林家大院门埕上，面对门屋向前端详住宅，还能依稀浮现当年二百多人热火朝天营造新宅的震撼场面，兴许还能想象出屋主人忙上忙下，组织张罗施工的图景。这不仅是兴建住宅、光宗耀祖的一件事，实际上还是华侨们落叶归根、眷恋故土的拳拳赤子之情。

图 6-11-2a　鸟瞰图

二、韩泽丰宅

韩泽丰宅，又称"罗门故居"，位于地太村委会地太村 57 号（图 6-11-2a）。地太村地处铺前湾东岸的平原地带，附近无山丘，村落中大多数住宅都坐北朝南，处在村落边缘的少数住宅也有朝西南或东南的。村里的住宅基本上都是多进院落，路门大多位于东南角。

铺前是文昌的重镇，地太村又靠近铺前湾，村里人口稠密，住宅布局紧凑，其间的巷道多是狭窄的条石路，近年来浇筑了少量水泥路面。

韩泽丰（1891—1949），字春浓，曾为民国文昌县参议员，后定居越南。他主要从事远洋运输与进出口贸易，曾拥有三条大木帆船往来泰国、越南和马来西亚等国。韩泽丰成功经营积累下来的财富，除营造自家住宅外，还在铺前镇骑楼老街购置了店铺。由于所事行业的关系，屋主人在修建住宅时将货物储藏的功能纳入建筑设计之中，因此今天我们还能见到韩宅中较多的存贮空间。

韩泽丰共育有十一子四女，三子韩仁存（1928—2017），又名罗门，中国台湾著名诗人，著有诗集《曙光》《第九日的底流》

《死亡之塔》等。韩泽丰的父亲韩廷献曾是清末贡生，韩氏祖宅即位于韩宅的东侧。

韩泽丰宅建成于民国二十二年（1933），坐北朝南，占地面积约350平方米，建筑面积约为320平方米。宅基地前宽后窄，分前后两进院落，无横屋，两进正屋前设置左右榉头，与正屋形成三合院（图6-11-2b）。路门结合榉头设置，为钢筋混凝土结构的门楼，位于第一进正屋东侧，大门朝东。除路门外，第二进院落东侧也设有一出入口，院后还开一小门。韩宅前后两进正屋的形制与规模基本一致，面阔约11米左右，进深约8米左右，均为三开间的"一堂两内（室）"的布局，明间厅堂均设有神庵。不同的是，一进正屋厅堂向前后院落开敞，两旁卧室设前后门，二进正屋两旁卧室仅设后门（图6-11-2c）。

由于没有独立的横屋，再加上东榉头一半的空间用作住宅主出入口，因此住宅中用于后勤服务的功能空间就极度缺乏。在此情形下，建筑师做了一个突破常规的平面安排，将韩宅两进院落的东榉头均向外拓展数米，并与正屋相连，形成暗室，用作储藏货物或其他特殊用途。二进东榉头的暗室从位置上看非常隐秘，其结构极其类似古代住宅中的复壁，既可以在平时存储体积不大的贵重物品，也可以在战乱或特殊状况下让屋主人躲避灾祸。

一进院落的东西榉头均为钢筋混凝土结构的两层楼阁，东边为"望月楼"，西边为"读书厅"（图6-11-2d）。两座楼阁都有可上人的平屋顶，与二层回廊一样，屋顶四周

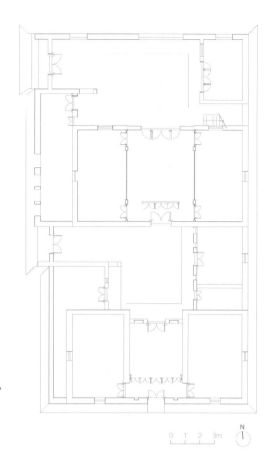

图 6-11-2b　现状平面图

均环以钢筋混凝土预制的栏杆（图6-11-2e）。楼阁的名称也镌刻在二层回廊的栏板上——"读书厅"和"望月楼"。其中，望月楼题额的左右两侧还有住宅建造具体时间的文字题记——右侧为"民国二十二年"六字，左侧为"夏月建造"四字，均用颜体楷书。"望月楼"设在路门二层，体量几乎比"读书厅"大一倍。上二层楼梯设置在一进正屋与西榉头之间。

一座住宅独拥二层楼的情形在地太村仅此一例，在村里非常引人注目。两座楼阁的建造，既体现出屋主人继承祖上文脉的愿望，又有对子弟未来事业的殷切期待。或因如此，韩宅当之无愧成为诸多调研案例中人文气息最为浓厚的华侨住宅。每日在"读

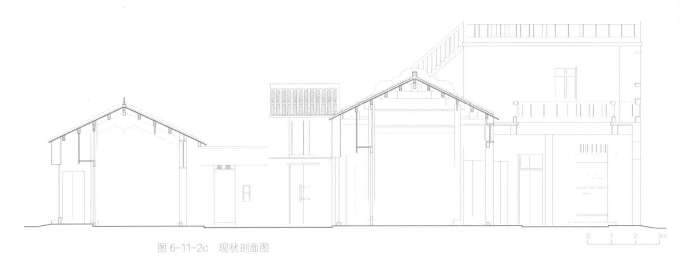

图 6-11-2c　现状剖面图

0 1 2 3m

图 6-11-2d　读书厅与望月楼

书""望月"两座楼阁里生活成长的韩仁存，最终成为一代著名诗人——罗门，这也就让人不难理解了。

此外，韩宅正屋前照壁上还有一副对联："瑞气环绕天以北，文星多聚海之南"（图 6-11-2f）。此联词意明白晓畅又含义丰富，既包含了"海南"的地名，又表达了当地文林荟萃的文化风气，还将传统祥瑞吉庆的内

涵寄寓其中，可谓言简意赅，颇具匠心。这也进一步凸显了韩宅中"瑞气环绕，文星汇聚"的美好寄寓，成为流芳至今的人文景观。

韩泽丰宅的两进正屋均为砖木结构。一进正屋明间采用柱瓜承檩的木构架，其上装饰简略，仅在梁头有少许雕刻。二进正屋明间采用横墙承檩，山尖有灰塑和彩绘装饰带。两进正屋都采用硬山式双坡顶，屋面用双层

374

图 6-11-2e　二层回廊

图 6-11-2f　正屋前照壁上对联

陶瓦构造，有利正屋的隔热。

韩泽丰宅布局紧凑，虽未设置独立的横屋，但各功能空间相互贯通，空间的整体性强，使用非常方便（图 6-11-2g）。这种设计思路一方面体现了对宅基地的集约利用，另一方面也体现了屋主人对既有建设条件的巧妙权衡。除樉头等部位做现代化处理外，韩宅的正屋空间延续了传统布局，家具陈设及神庵都得到保留，但其装饰已大大简化（图 6-11-2h）。别具一格的是，一进正屋、路门和樉头的门窗亮子都镶嵌了色彩鲜艳的压花玻璃。宅内地面排水多依地势，平屋顶屋面采用有组织排水，雨水经暗管排至地面。

据屋主后人介绍，韩泽丰宅是由法国建筑师设计的，它是一栋典型的中西合璧风格的住宅，体现出从传统设计风格和建造手段向现代过渡的特征：其一，从建筑材料来看，韩泽丰宅主要采用了砖瓦、木材、石材等传统材料，与此同时也使用了钢筋混凝土和玻璃等现代建筑材料；其二，"读书厅"和"望月楼"的设置本是中国传统文人雅士之举，却用源自西方的现代建筑技术予以实现；其三，一进院落中正对正屋的照壁同样也反映出中西融合的特征，照壁将中国传统建筑元素与欧洲巴洛克风格的山花装饰糅合在一起，产生了相得益彰的效果。

究其实质，文昌住宅现代化的历程就是西方和南洋住宅文化在文昌的适应性演进过程。

图 6-11-2g　正屋前庭院

图 6-11-2h　正屋神庵与陈设

图 6-11-3a 鸟瞰图

三、韩日衍宅

韩日衍宅,坐落于地太村委会地太村 67 号,位于韩泽丰宅的东南,与其仅一巷之隔,建成于民国七年(1918),坐北朝南(南偏西 8°),为单轴三进双横屋式布局。住宅距铺前湾约 2 千米。村子地势北高南低,坡度大约在 3.3% 左右,住宅选址时,重点考察了地形与地势,此外也着重考虑了风水术的影响(图 6-11-3a)。

住宅基地南阔北窄,呈倒梯形布局,占地面积 759 平方米,建筑面积 416 平方米。韩日衍宅原有三进院落和三进正屋。可惜的是,第三进正屋及其西侧横屋早已不存。双

横屋的南端不再延续后部的双坡式屋顶,而是改建成可上人的平屋顶。门楼位于东侧横屋南端,向南开门(图 6-11-3b)。

韩日衍宅共三进院落,通面阔 21.5 米,通进深 36.2 米。一进院落进深约 5 米,后两进院落进深均 4 米。前两进院落之间砌有略矮于正屋檐口的隔墙,其上原开有中门,现因兄弟分爨,门洞已被填堵,两进院落从而分隔成了两套住宅,二进院落在东西两侧各设出入口。

现存两进正屋均为三开间,一间厅堂两间卧室。明间厅堂设有神庵,次间卧室不设

隔断。一进正屋面阔占 41 路瓦坑，为 11.05 米，其中明间面阔占 15 路瓦坑，为 4.05 米；进深约 7.4 米，11 檩（10 架）（图 6-11-3c）；二进正屋面阔占 45 路瓦坑，为 12.45 米，其中明间占 17 路瓦坑，为 4.65 米；进深约 7.6 米，13 檩（12 架）（图 6-11-3d）。正屋山墙接近脊檩的位置开有气窗，以保持梁架和屋面干燥，同时也引导卧室内的空气对流。卧室内还通过前窗与屋面上的数片亮瓦来解决采光问题。

　　一进院落的两侧横屋南端为一层平屋顶建筑，屋顶之上设置露台。庭院内对称设有"L"形楼梯，楼梯平台下设小便所兼冲凉房。两进正屋和横屋的其余部分仍采用传统双坡式屋顶，这一格局也反映出文昌华侨住宅在现代化演进的初始阶段，存在着一个中西建筑文化共存的时期。

　　出现上述情形的主要原因大致有三点：其一，西方建筑文明的引入已势不可挡，它代表着当时的营造时尚；其二，中国传统的礼制观念与建筑典章制度在文昌百姓中仍有较大影响；其三，由于水泥和钢筋等建筑材料基本都从域外进口，价格相对昂贵，正因如此，华侨们在有限的经济条件下选择了当时整个社会中奉行的"中学为体，西学为用"的方针。这样既不违背祖制，又能追求时尚并享受到现代建筑带来的舒适与方便，从而迈出了文昌住宅现代化尝试的第一步。

　　韩日衍宅的路门设置较为特殊，与一般横屋位置的门楼东向开门不同，韩宅门楼向南开门，采用凹斗门的形式。门斗之内有一个十余平方米的门厅，门厅往西向庭院完全

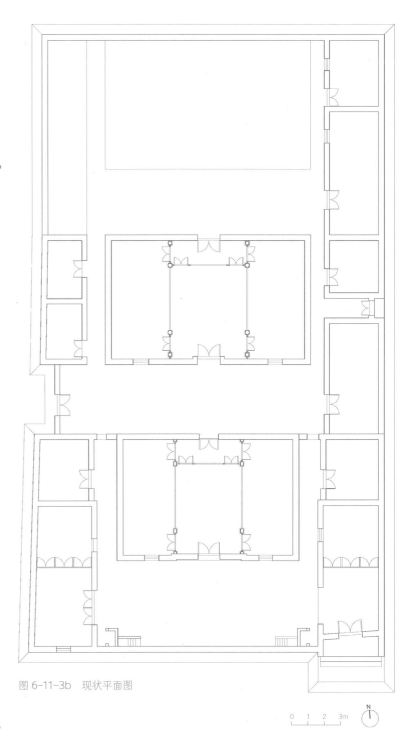

图 6-11-3b　现状平面图

0　1　2　3m

N

开敞，行进路线在此要左转 90°才能步入宅院。这种空间轴向的转折，既可能有现代建筑设计中的空间转换手法，也可能是传统风水术影响下的结果。

　　门厅的北面还套着一个客厅，普通的客

图 6-11-3c 一进正屋厅堂梁架

图 6-11-3d 二进正屋厅堂梁架

人基本不需进入宅院，只在门厅与客厅两个相对更具公共性质的空间里活动，这较之传统住宅在私密性保护方面有了很大的改观。更为关键的是，这一变化基本是在两间较小的横屋空间里完全实现的，其反映的高明设计手法和高效的空间利用方式在文昌华侨住宅中并不多见。实际上，这样的空间处理方式已完全具备现代住宅的特征。

门楼的大门与两侧山墙并非完全垂直，大约有 8°的转角，这一偏转将大门的朝向最终指向正南，这应该是出于风水术的考量（图 6-11-3e）。韩日衍宅的门楼、门厅和客厅的空间组合，其实质就是传统与现代、浪漫与理性交织的结果。

韩日衍宅现存两进正屋的明间均为"柱瓜承檩型"构架，其主体为七架梁，前后各出双步梁形成檐廊。正屋前后出檐都较浅，前后挑檐檩搁在横墙上，两侧山墙则用硬山搁檩。两进厅堂明间的梁架分别采用扁作与

圆作的形式，二进厅堂后金柱间还设有神庵。从两进厅堂的梁架也可看出，两座正屋并不是运用同一工艺与材料建造的，二进的建设时间明显早于一进。从现状来看，韩宅正屋地面铺设了岭南地区常见的红陶"大阶砖"大多已经破碎。所用木材多是进口自泰国的硬木，材质坚硬，经久耐用。

东西两侧横屋前部都采用了钢筋混凝土结构，东横屋为路门和客厅，西横屋为客厅和卧室。在东西横屋南端靠南照壁处，还设有钢筋混凝土结构的楼梯，局部水泥保护层已经剥落，钢筋也已暴露（图 6-11-3f）。相对于现代的楼梯而言，韩宅的梯段陡峭狭窄，但相较于传统的木爬梯而言，则又舒缓了很多。

住宅内多用自由排水方式，正屋山墙与院墙的墙根设有明沟，向前向外导引生活污水排出。

图 6-11-3e　路门外立面

图 6-11-3f　西侧横屋楼梯

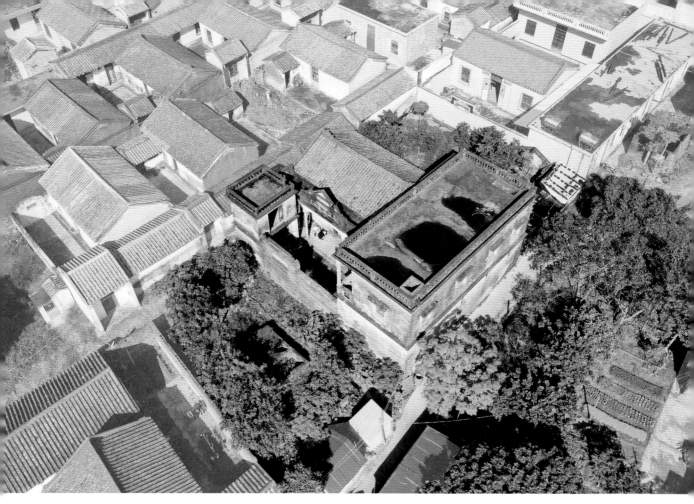

图 6-11-4a 鸟瞰图

四、邓焕芳宅

邓焕芳宅，位于隆丰村委会蛟塘村 43 号。蛟塘村位于铺前镇的西南部，距铺前湾 4 千米，在村子东南角有一约 12 公顷大小的水塘，水塘原名"蛟龙塘"，村子因而唤作"蛟龙塘村"，村民们后来渐渐沿用简称"蛟塘村"。蛟塘村的传统风貌保存较为完好，水塘的东、西、北三面有自然的缓坡，平均坡度在 3.7% 左右（东侧坡度较缓约 3%，西侧次之约在 4.8%，北侧最大为 6.1% 左右）。整个村落的地形就像一个比较平坦的漏斗，水塘就处在漏斗的底部，是由天然雨水汇集形成。据村里老人讲，蛟塘村的形势就像一把"交椅"，面对着蛟龙塘。这个水塘既是村民们日常生活用水的来源，又是台风暴雨天气下排洪防汛的水利设施。蛟塘村内的建筑基本是沿着水塘的东、北、西三面顺坡建置，所有建筑都朝向水塘中央，因此整个村落的住宅都呈扇形分布（图 1-6）。从空中俯瞰，整个村落的布局呈现出向心性的构图，煞是好看！

邓焕芳（？—1936），越南槟椥省知名华侨，其胞弟邓焕苹（1900—1991）是越南著名侨领，曾为越南革命事业做出特殊贡献；胞弟邓焕香（1906—1975）也是越南知名将领。邓宅建成于民国十七年（1928），坐北朝南，占地面积 280 平方米，建筑面积

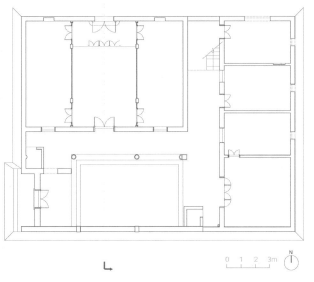
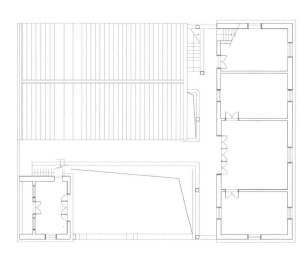

0 1 2 3m

N

图 6-11-4b 现状平面图（左：一层；右：二层）

图 6-11-4c 现状西立面图

0 1 2 3m

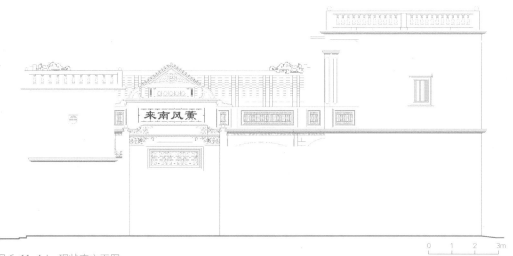

薰风南来

图 6-11-4d 现状南立面图

0 1 2 3m

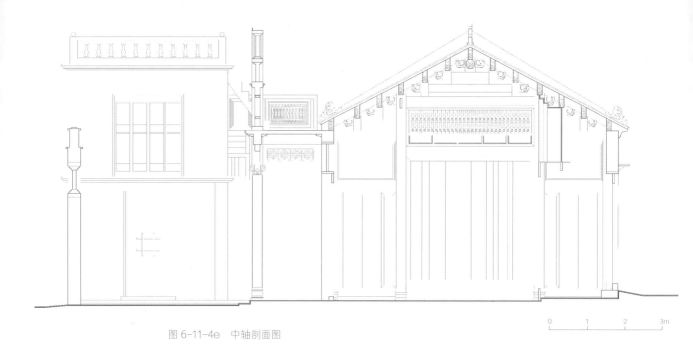

图 6-11-4e 中轴剖面图

0 1 2 3m

357 平方米。

邓宅仅有一进院落，采用一正一横式布局（图 6-11-4a、图 6-11-4b）。两层门楼形制的路门设置在住宅的西南角，正对门楼的是两层横屋，路门北侧设有小便所。路门、正屋和横屋围合成一个小巧而精致的庭院空间。其中，横屋和路门皆为两层，其屋顶为可上人的平屋顶。正屋则保留了传统双坡屋顶的形式，但其前廊采用平屋顶，连接着横屋与路门的二层空间，形成了一个三边围合的游廊（图 6-11-4c、图 6-11-4d）。

邓宅正屋共三间，面阔 12 米，占 43 路瓦坑，进深 8 米；明间厅堂面阔占 17 路瓦坑，设有神庵，且保留得较为完整，其色彩和木雕依旧鲜艳如初。次间均为卧室，不设隔断，并在厅堂横墙上设置前后门。卧室在前墙上开窗，山墙上方开设气孔用以通风，屋面上还设有两片亮瓦以增加室内光线。

正屋为砖木结构，明间采用扁作柱瓜承檩的木构架，进深 13 檩（12 架），主体为

六架梁，前后出三步梁，无挑檐，取而代之的是钢筋混凝土檐廊（图 6-11-4e、图 6-11-4f）。

邓宅的横屋是文昌近现代华侨住宅中采用双层形制的最早实例，一方面，它的出现标志着华侨住宅在建筑空间上取得了重大突破。住宿和辅助功能空间垂直向上发展，表明在建造华侨住宅时，对钢筋混凝土结构技术的运用已有更多尝试。另一方面，除横屋和路门采用钢筋混凝土结构外，邓宅的正屋仍沿用传统建筑形制，这又体现出文昌华侨对礼制的尊崇，对于用来祭祀和家族议事的正屋的改变仍持谨慎态度。

横屋为四开间，主要用作客厅、卧室、厨房以及储藏间。横屋上下两层空间并未完全对齐，一层客厅布置在南端，面阔比其他房间大了近一倍；二层客厅位置北移，设在横屋中部，比一层客厅还要大一些，地面还铺设了精美的花阶砖。从空间和建筑装饰来看，二层客厅比一层客厅更加宽敞精致。由此可以想象当时邓宅门庭若市的场景：一层

图 6-11-4f　正屋厅堂梁架

客厅用作接待普通客人和商务谈判，二层客厅主要接待贵宾和举行重要的社交活动。

邓宅特别值得关注的是楼梯间的设计。中国传统住宅中较少用到楼居，即使设有二层或更高楼层，也并非主要的功能空间，为到达这些较高位置的空间，基本都采用陡峭的木爬梯。因此，专门辟出较大的空间来设置安全舒适的楼梯，用以解决垂直交通的问题，是建筑现代性的表现之一。邓宅上下横屋以及二层游廊的楼梯设置在正屋和横屋北端之间的空当处，用双跑楼梯，梯段宽近一米，踏面宽240毫米，踏步高度在170毫米左右；上到二楼后，在横屋北端还增设了单跑楼梯，可上达横屋的屋顶，坡度相对较大，平时使用较少。

遗憾的是，由于受传统礼制的约束，邓宅没能打破正屋和横屋的基本空间格局，在设计上拘于陈规，表现得相对保守。此外，横屋的上下层框架结构并未完全对齐，因此邓宅在结构的设计上并不合理。由此可见，在20世纪20年代，文昌当地对于钢筋混凝土框架结构的设计与运用尚未成熟。

住宅的立面设计最能体现主人的审美品位并反映南洋风格的建筑特征。在整栋住宅中，最精彩之处就是正屋和横屋钢筋混凝土框架结构的前廊，它们都采用了连续的拱券，与混凝土柱结合，形成了极富韵律感的立面（图6-11-4g）。相比其他文昌华侨住宅，邓焕芳宅对于西方建筑风格的学习与借鉴，从局部装饰的模仿转向了整体结构和立面造型的学习，呈现出更接近现代建筑风格的特征。

邓宅正屋面朝正南方，在正屋明间前的走廊上方，也就是二层游廊的栏杆中央，塑造了一面巴洛克风格的山花墙。山花墙的正下方是一块中式匾额，上面用水泥塑有"薰风南来"隶书风格的大字，如此隆重的装饰强调出正屋的重要地位以及明间厅堂的入口空间。一方面，西式山花墙为邓宅的建筑形象增光添彩，也提升了邓宅的辨识度。另一方面，邓宅中仍保留大量的传统装饰元素，比如正屋华丽的脊饰（图6-11-4h）、山墙面的灰塑、神庵上精美的木刻雕饰等（图6-11-4i）。

邓宅横屋屋顶实际上是一个大露台，夕

图 6-11-4g　庭院

阳西下时，屋主人既可在上面休憩纳凉，也可在三层的楼面上俯瞰蛟龙塘静谧的水面以及周边被阳光镶上金边的婆娑椰影，无比惬意！在收获的季节，屋面上还可以晾晒谷物和其他农作物。

此外，露台上还砌筑有一个约两平方米的蓄水池（图4-45），据调查，其设计初衷是为收集雨水。这个屋顶蓄水池的设计非常重要，在没有电力和自来水的时代，二层以上取水不便，但蓄水池的存在就解决了部分屋面用水的难题。

平屋顶的四周设计了一圈镂空的女儿墙，在屋面楼板的边缘浅浅地挑出了一圈檐沟，其作用是对屋面进行有组织排水。建筑师将檐沟巧妙地隐藏于屋顶女儿墙的线脚之中，横屋四角设落水管连通檐沟与地面，落水管或隐于墙体，或露于外墙。室外落水管为陶制的方形管，外观上做成竹节的造型，颇为生动可爱。由此可以看出，邓宅已经有了较为先进的屋面排水理念。与现代舒适性楼梯间的设置和钢筋混凝土框架结构技术一样，系统化排水的理念也体现了文昌华侨住宅在技术上的进步。总的来说，邓焕芳宅是文昌华侨住宅现代化演进过程中一个阶段性的代表。

图 6-11-4h　正屋屋脊灰塑

图 6-11-4i　正屋厅堂神庵与陈设

图 6-11-5a　鸟瞰图

五、邓焕玠宅

邓焕玠宅，位于隆丰村委会蛟塘村 13 号，建成于民国二十年（1931），坐北朝南，占地面积为 234 平方米，建筑面积为 314 平方米。目前的屋主是邓焕玠的孙子邓章柏，他长期居于新加坡，只在祭祀日和重要节日才返乡居住。

邓焕玠（1889—1942），1925 年赴马来西亚谋生，后定居新加坡。1931 年，他邀请南洋建筑师为其设计新宅并斥资一万银圆建造，所用水泥、木材、钢筋等主要建材也从南洋舶来。

邓焕玠宅现存一进院落，采用新技术和新材料建成，但在平面布局上仍保留了传统

住宅的正屋、横屋、路门和榉头等基本建筑单元，并围合成院落（图6-11-5a）。宅院整体面宽 16.7 米，进深 16.3 米，宅基地近乎一个正方形。正屋面阔 10.8 米，进深 11.7 米，其中前檐廊深 1.8 米。其面阔与占 41 路瓦坑的传统正屋相当，而进深更大一些，几乎为传统正屋的 1.5 倍（图6-11-5b）。

正屋为一层平顶式建筑，在形式上仍然保留了传统的三开间，明间为厅堂并设神庵（图6-11-5c），邓宅的神庵相比其他住宅，在色彩和雕刻上都简化了许多。两次间为卧室，中间砌筑隔墙将空间一分为二，形成四间卧室。正屋的前廊由四根混凝土檐柱支

386

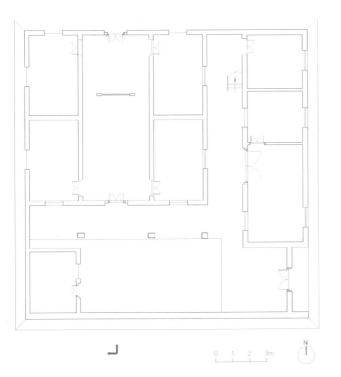
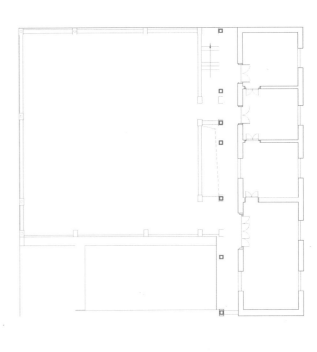

图 6-11-5b 现状平面图（左：一层；右：二层）

图 6-11-5c 正屋厅堂神庵与陈设

承，宽阔的檐廊为住宅带来了更多遮阳避雨的交通空间。横屋为两层平顶式，均设檐廊，一层檐廊不设檐柱，二层檐廊由六根方形的构造柱支承，柱子与栏杆融为一体（图 6-11-5d）。

由于邓焕玠延聘的是南洋建筑师，因

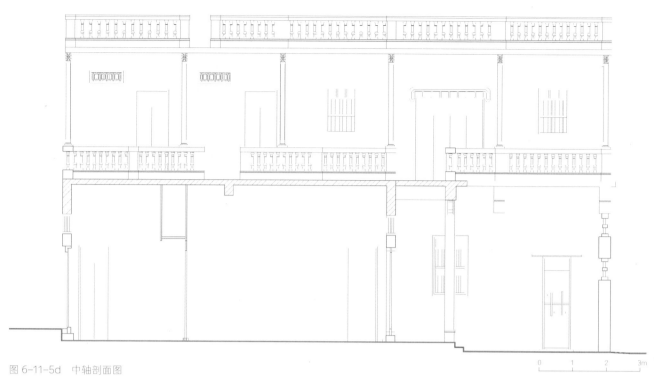

图 6-11-5d　中轴剖面图

0　　1　　2　　3m

此在建筑设计方案上，邓宅没有完全继承文昌传统路门的形制，而是在宅院东南角占据了横屋底层的一间位置，如同镶嵌在横屋里，这反映出新华侨住宅更加注重建筑功能与基地关系。在此意义上讲，邓宅的出现亦即宣告了传统路门的"死亡"；从另一角度看，邓宅的产生又宣告了现代住宅入口大门的诞生。主出入口位于住宅的东南角，实际上是横屋一层最南面的一间，朝东开门（图6-11-5e）。正屋与横屋之间有近一米的空间，其北端正好布置一部双跑楼梯（图1-56），踏步的尺度较为适宜，行走起来也比较舒适。楼梯第一跑结束后的休息平台恰好位于北端横屋的二层檐廊正下方，檐廊在此处又多挑出了大小与一跑梯段完全相同的面积，罩在楼梯的正上方，替经此上下的行人遮阳挡雨，这个设计细节不能不说是建筑师对屋主人的关怀。这样处理从形式上看似乎并不和谐，但其更注重功能的设计理念恰恰体现出早期现代主义的建筑思想。

邓焕玠宅正屋目前仍可用于日常起居及祭祀，正对出入口的樨头则用作厨房。横屋两层各有五间，入口门厅占一间，其后为占据三间的客房套间，最后一间是储藏室。横屋的二层设有两个卧室和一个客房套间。上下两层套间的形制几乎完全一样。横屋的框架结构形成了上下两层一一对应的空间。具体而言，由于横屋采用了五开间等距的框架结构，只需按照结构框架就可对上下两层空间进行自由组合与划分，可根据功能需求组合成不同的空间形式。与早几年建成的邓焕芳宅相比，邓焕玠宅横屋的空间组合和结构技术要更成熟一些。

正屋和横屋主体采用砖与钢筋混凝土混合结构。由于采用现代建筑的形式，住宅内部装饰相对简化，更多突出了建筑构件的功能。比如用一些平面的彩绘线脚来装饰天花板；正屋厅堂的门楣上则用漂亮的混凝土预制花窗来通风换气；别具特色的还有横屋外墙上的混凝土预制板百叶窗，此窗可以避免阳光直射进入室内，在其内侧安装有可竖向滑动的木板窗扇来调节室内光线的强弱，这是建筑师对炎热潮湿气候做出的适应性设计。

正屋檐柱的柱头模仿西式风格，横屋二层檐柱的柱头则运用传统的仰覆莲纹饰。正对着正屋明间的是具有巴洛克风格的照壁，照壁上涂有鲜艳的红蓝色彩，其上再用灰塑做成卷草纹环绕中间花瓶的图案（图3-28）。邓焕玠宅的正屋、横屋都是平屋顶形式，但均做了有组织的排水设计，并利用檐口和柱身设置了隐藏式的落水管。横屋二层的屋顶四周做了一圈檐沟，只在正屋一侧留出了一个一米多的豁口，是为安放移动爬梯时所用（图6-11-5f）。屋面上的雨水汇聚至西南角，通过柱子内置的排水管道排至屋外。正屋屋面在南北栏杆基座处共设置了四个排水孔，其下连接了排水管，也是有组织的排水设计。

图 6-11-5e　庭院

图 6-11-5f　横屋二层

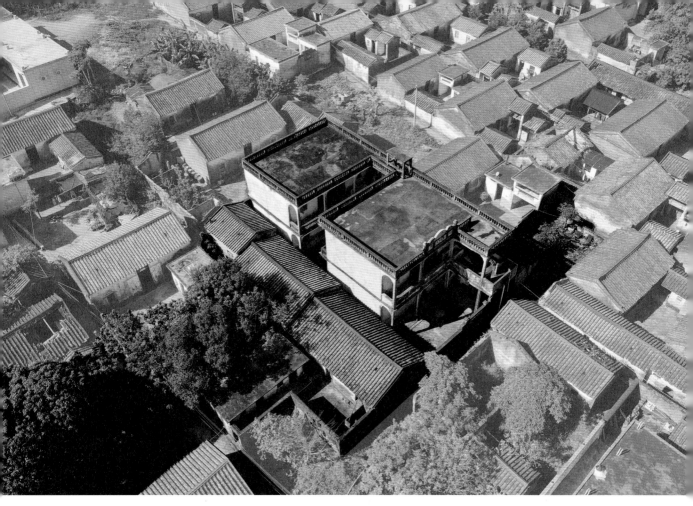

图 6-11-6a　鸟瞰图

六、邓焕江、邓焕湖宅

邓焕江、邓焕湖宅，简称"邓氏兄弟宅"，位于隆丰村委会蛟塘村 113 号，建成于民国十七年（1928），坐西朝东（东偏南 9°）。住宅地处蛟塘村西侧的自然坡地上，顺应着前低后高的坡势而建，朝向蛟龙塘。邓氏兄弟宅为单轴两进单横屋的布局，占地面积 441 平方米，建筑面积 633 平方米。一进院落是哥哥邓焕江居住，二进则归弟弟邓焕湖居住（图 6-11-6a）。

事实上，邓焕江、邓焕湖兄弟并不是华侨，二人于 20 世纪初在海口经商，受海口、文昌等地的华侨影响较大，遂聘请了从南洋留学归来的三江籍（今海口市琼山区三江社

区）建筑师主持设计并建造其新宅。换句话说，这座邓氏兄弟宅是由学成归来的华侨按南洋流行的现代建筑风格设计并督造完成的。因此，按本书绪论中对华侨住宅的定义，邓宅理应归入此类。

邓宅基地大致呈东西略长、南北稍窄的矩形，在横屋东南侧还附加有一个"L"形的小院，西侧布置两间房，东侧为不规则的庭院；小院从横屋东首第一间进出，此部分可能是后期为适应居住人口的增长而加建的。除此院落外，建筑仍保持文昌传统住宅格局（图 6-11-6b）。

住宅共设两个出入口，都位于两进院落

的北侧，由兄弟二人的小家庭使用。住宅主体院落面阔18.7米，进深28.2米。一进院进深约6米，二进院进深约4米。两进正屋只设前廊，面阔均为11.2米，一进正屋进深9.3米，其中前廊深1.9米；二进正屋进深8.3米，其中前廊深1.3米（图6-11-6c）。两进正屋前廊北侧靠近路门的位置上均设有通往二层的楼梯，楼梯踏步宽度和高度都偏小。此外，在建筑二层连通一、二进正屋的走廊上有楼梯可以通往屋顶，梯段尺度也偏小。垂直交通空间的局促几乎是早期华侨住宅的共同特征。

　　两进正屋均为两层，面阔也都为三开间，上下层的明间设厅堂，神庵设置在二层厅堂上。二层的明间与次间起初是连通的，后用木隔断将次间分出作为卧室（图6-11-6d）。一层明间厅堂在梁下用了传统挂落的装修形式，主要用作日常起居，次间仍作为卧室。在正屋的装饰上，二层比一层更华丽和隆重，这也体现出邓氏兄弟对传统礼制的尊崇，但正屋形制的变化也体现出所受西方文化的

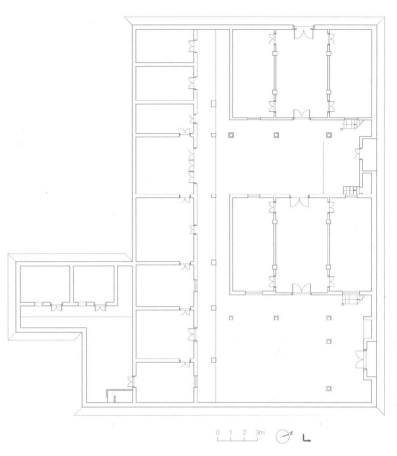

图 6-11-6b　现状一层平面图

影响。

　　由于住宅的主轴线为东西向，两进正屋皆朝东，所以，建筑师在一进正屋二层屋顶的女儿墙中部，设计了一座融合中西艺术风格的山花墙，其造型主体带有巴洛克风格，

图 6-11-6c　中轴剖面图

391

图 6-11-6d 二层厅堂

图 6-11-6e 一进正屋山花墙

可惜山花已遭损坏,残缺不全。山花下部嵌有三幅中文墨书题额。中间一幅为题额的主体,体型较大呈长方形,墨书四个楷体大字:"紫气东来";两边各一个方形匾,所题文字较中间小,其内容皆是说明住宅建设的具体时间。北面五字为"民国十七年",南面五字为"孟夏月建造"。文字布局皆以中间四字对称,与西式山花墙完全融合,造型皆用灰塑形成(图6-11-6e)。

南侧横屋仍保留传统双坡屋顶形式,由客厅以及辅助用房构成。客厅套着卧室或书房,两进院落分别对应两个客厅,这也是文

昌传统住宅中的"男人厅"遗制。在邓氏兄弟宅中,兄长焕江所居住的一进院落比弟弟焕湖的二进院落规模相对更大,装饰也更加华丽,这也体现出文昌家族观念中敬重长兄的传统(图6-11-6f)。

邓宅的建筑装饰主要集中表现在柱子、天花、铺地、门窗、栏杆、滴水、楼梯等建筑构件中,其中相当部分体现在混凝土的预制构件上。二进正屋的二层明间大门亮子上镶嵌有彩色玻璃;楼梯栏杆由水泥预制宝瓶连续有韵律地排列形成;楼梯上精美的铺地是由三种花纹在水泥地面上拓印形成;窗套上的装饰为简洁的几何形的灰塑线脚。邓宅中传统的装饰元素相对较少,南洋舶来的现代装饰元素较多,并突显出建筑师的装饰性与功能性相结合的设计理念,例如用彩色玻璃作为门窗亮子既漂亮又能兼具采光,楼梯踏步上的印纹铺地既美观又可以增大行进间的摩擦力,有防滑作用,窗套上的线脚仅保留窗户上方的部分用于减少雨水渗入窗框。

屋面采用无组织排水方式,主要靠排水口往外直接排出,排水口等距设置于平台栏杆基座与屋面的连接处,地面则借地势由后至前将积水排出屋外。

邓宅最大的建筑特色是在两进正屋之间的二层露台上,建筑师用钢筋混凝土结构出挑的方式在二进院落上空创造出一个走马廊,便利地联系着两进二层正屋,并与二进院落北侧路门的屋顶平台连通,与路门一侧的楼梯间共同形成了一个立体交通体系。这种在二层正屋之间设置的环形交通空

间，在文昌近现代华侨住宅实例中还是非常罕见的（图1-55、图6-11-6g）。

此外，住宅中装饰风格比较多元，中西杂糅，建筑预制构件种类和样式繁多，似乎是本土模仿外来建筑文化的一个试验地。据调查，邓宅应当是南洋学成归来的华侨建筑师在文昌本地的早期作品。根据我们在村里访谈中得到的信息推测，这位回乡执业不久的建筑师极可能说服了邓氏兄弟，将此新宅作为其在住宅设计方面的样板房，尤其是在装饰方面呈现了更多的可能。如此一来，邓氏兄弟将新宅作为地方上现代住宅的一个标杆，扩大兄弟二人在商界的影响；此外，建筑师也在其住宅设计领域有机会创造出一个"时尚样板"，为招揽设计业务起到广告的作用。事实上，邓氏兄弟宅竣工以后，确实常有来自文昌乃自海口各地，欲设计新宅的业主上门来参观考察。由此看来，建筑师和邓氏兄弟当初的目的都已实现，大概这就是今天人们常说的双赢吧！

图 6-11-6f 一进院落

图 6-11-6g 二进院落二层回廊

图 6-11-7a　鸟瞰图

七、吴乾佩宅与吴乾璋宅

　　吴乾佩宅与吴乾璋宅，位于东坡村委会美宝村43号和44号。两宅左右相邻，朝向、规模、形制都极其相似，由泰国华侨吴乾佩、吴乾璋兄弟于民国六年（1917）左右建成。村落所在地是较为明显的东北至西南走向的土坡，海拔高约7米，南北向坡度约4%。美宝村选址充分考虑了地形因素，后靠土丘，前临水塘，是传统风水术中典型的坐山望水的格局。吴氏兄弟宅正是处于"山南水北"的阳面，体现出中国传统住宅的选址特征。美宝村的整体风貌和传统建筑保存较好，于2018年12月被列为国家第五批传统村落。

　　两宅均为一进院落，在村子中央偏南的位置并排而建，前面是一个小型广场，建筑按中轴线对称布局，为"一明两暗式"布局（图6-11-7a、图6-11-7b）。正屋与门屋之间有两座榉头，不设横屋。门屋与榉头均为平屋顶，正屋则为传统的三开间坡屋顶。两栋吴宅均采用了传统与现代结合、中式与西式融合的建筑形制。

　　两栋吴宅的门屋都设有典型的"五脚基"外廊，且具西式立面的造型艺术风格（图6-11-7c、图6-11-7d）。其中，吴乾佩宅外廊进深1.5米，吴乾璋宅外廊进深略大，为1.8米。门屋的屋顶均为可上人的露台（图6-11-

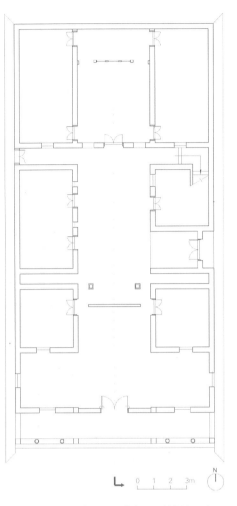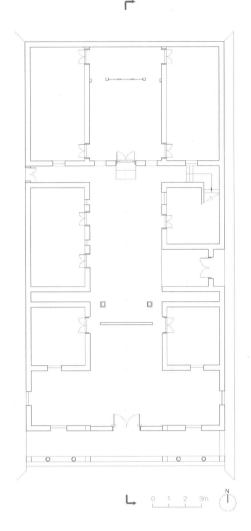

图 6-11-7b　现状平面图（左：吴乾佩宅；右：吴乾璋宅）

7e）。梯间设在东侧榉头与正屋之间，沿着平面呈"L"形的两跑楼梯可以轻松抵达二层的露台，梯段的宽度和踏步的尺度相较传统爬梯要舒适很多。门屋略高于东西两侧的榉头，两者屋顶通过两级踏步相衔接。正屋沿用传统形制，面阔三间，明间厅堂设有神庵（图6-11-7f），次间为卧室。

吴乾璋宅正屋面阔占43路瓦坑，明间占15路，次间占13路，进深11檩（10架）。住宅共设有三个出入口，门屋明间设主出入口，东侧榉头有一凹斗门作为次出入口，西侧榉头与正屋的空档处还设有一处小门。门屋的外廊和门厅兼作商业空间，门厅明间与庭院之间还设一道屏门；门屋的左右两次间与明间原是一个完整的商业空间，现已无商

业活动，于是用木板简单隔为卧室，由吴氏后人居住。

宅院没有传统形制的会客厅，门屋和正屋的厅堂就分担了会客的功能，门屋屏门前的空间摆放香案、八仙桌以及条凳和椅子，主人闲暇时会坐在门厅休息或与人闲谈。两侧榉头布置了厨房和杂物间等附属用房。

门屋和两侧榉头均采用砖与钢筋混凝土混合结构，正屋采用传统的横墙承檩砖木结构。正屋、庭院和门屋的进深都在7至8米之间，空间分配均衡有致（图6-11-7g）。在高度关系上，正屋檐口与榉头屋顶等高，增加了宅院的围合感与整体感；但正屋既无檐廊，檐口下又未设置檐沟等排水设施，导致下雨天出入正屋时多有不便。对此，表面上

395

图 6-11-7c 　树荫下的吴氏兄弟宅

似乎是建筑师在细节处理上的疏忽，实际上是华侨在学习现代建筑初期，未能将建筑形式、功能与当地气候特点融合消化的结果。

两栋吴宅在建筑装饰上最具特色的两部分都反映在具有商业功能的门屋上：一是"五脚基"的外廊形式；二是类似帕拉第奥母题的立面构图。从文化源流的关系来看，"五脚基"形式的外廊源自海峡殖民地一带，是当地广为流行的商住混合型建筑的常用形式；而帕拉第奥母题由文艺复兴时期的著名建筑师帕拉第奥创造，采用类似形式的立面构图，是否便意味着其与具有商业性质的建筑有着直接的联系？对此尚无直接的材料能够证明这一点。实际上，文昌华侨住宅中运用类似帕拉第奥母题的实例非常罕见，而在18世纪中叶至19世纪20年代

期间，广州十三行商馆中则对此立面构图有着广泛的运用。十三行富商的生活方式与建筑形式应当在闽粤一带产生了重要影响（相关论述详见本书第五章第二节）。对此，两栋吴宅的门屋采用类似帕拉第奥母题的立面构图，或许存在着一定的历史渊源或线索。当初吴氏兄弟引入这样一个经典的西方建筑立面构图，大概是希望可以吸引更多的村民来到他们经营的商业场所里进行消费。

上述两种形式的使用，使得门屋成为两栋吴宅中最具南洋风格特征的建筑，在村中的辨识度极高。具体而言，门屋檐廊的四根檐柱在支承起屋顶的同时，也相应地将整幅立面划分为三个部分——也是传统意义上的三个开间。檐廊左右两次间接近地面的部分还砌筑了一段矮墙，矮墙上竖起两根兼具

图 6-11-7d　树荫下的吴乾璋宅

结构和装饰作用的小柱，柱头之上再向中央起券，如此这一装饰主题才得以完成。最后呈现出来的形象便与帕拉第奥母题十分相似：两根小柱之间形成一个较大的半圆形券洞，小柱与两边的檐柱之间又各有一个狭窄的矩形洞，形成了一个崭新的三开间立面构图。两栋吴宅的立面构图采用类似帕拉第奥母题的形式，显得极为"惹眼"，这也是两座吴宅在建筑形式上的最大特色。

　　之所以将两栋吴宅门屋的立面称为与帕拉第奥母题相类似的装饰形式，实际上表现在一些细节上。吴乾璋宅外廊的四根小柱断面呈八角形，而吴乾佩宅的小柱则用方形断面的讹角造型，两者都非古典的罗马柱式；在外廊券洞的上方，吴乾璋宅用抽象的

卷草纹线脚装饰，吴乾佩宅则用回纹线脚和卷草纹装饰，从形式到装饰都极具南洋风格；外廊上部还用巴洛克艺术风格的山花墙装饰，山花墙被四根短柱分为左、中、右三段，其中央主体用灰塑浮雕花瓶、卷草、石榴以及菠萝等植物造型。左右两段的装饰则略有差别，吴乾璋宅为两端弧形的栏杆造型，吴乾佩宅则在方形栏板上用灰塑浮雕宝象花（详见第三章第三节）。

　　两侧榉头的屋顶栏杆设有排水口将水排向院内，门屋屋面的雨水则通过南侧栏杆的四个排水口向屋前排出；而院内的地面排水则借助地势先汇集到门屋后檐下，再从宅院侧面排出。

图 6-11-7e　屋顶平台看村落面貌

图 6-11-7f　吴乾佩宅正屋厅堂

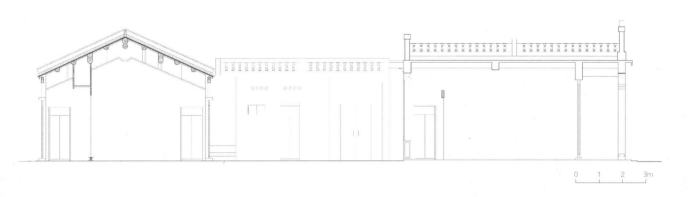

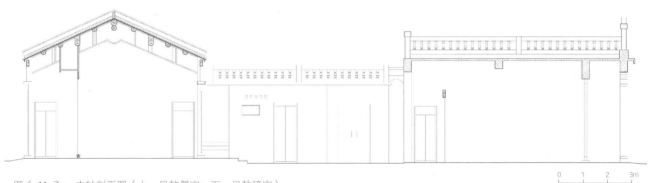

图 6-11-7g 中轴剖面图（上：吴乾佩宅；下：吴乾璋宅）

图 6-11-8a　吴乾芬宅鸟瞰图

八、吴乾芬宅

吴乾芬宅,位于东坡村委会美宝村,三进院落的门牌分别为 15 号、16 号、17 号,建成于民国九年(1920),坐西北朝东南。它属于传统的文昌住宅形式,共有三进院落,皆有独立朝外的路门(图6-11-8a)。由于道路在宅院的东侧,因此三个路门都朝东。住宅大致在东西宽 18.4 米、南北长 45.7 米所围合成的矩形地块内,总占地面积 840 平方米,建筑面积 645 平方米。

吴乾芬(1883—1922)是泰国华侨,16 岁时便下南洋谋生,经十余年的艰苦打拼,终于有所成就,遂于 1917 年从南洋购置木材,从广东南海聘请工匠(文昌人称"南海仔")建设了这座大宅。他还不忘乡梓,曾多次出资捐建家乡小学。

吴乾芬宅为单轴三进单横屋的平面布局,东侧为路门,西侧为横屋,每进院落都有一座路门直接对外(图6-11-8b),路门都是传统的双层门楼,凹斗门形式。门楼一侧设有榉头一间,与门楼成为一个整体。穿过照壁牌坊两次间的门洞即可进入西侧横屋的窄院中,横屋也严格按照正屋的北墙为界划分为三个部分,分别对应三进院落;每个部分之间砌筑隔墙,其上开有小门,形成三

图 6-11-8b　吴乾芬宅三座路门

个既独立又联系的院落空间（图 6-11-8c）。

　　三进正屋的规模和形制基本相同，面阔占 43 路瓦坑，11.5 米，进深 7 米。明间占 17 路瓦坑，作为厅堂并设置神庵；次间占 13 路瓦坑，室内通深不设隔断。正屋次间前墙上所开的窗洞较传统为大，后墙设有高窗，屋面还有两片亮瓦采光。空间开阔明亮是吴宅的最大特色，随处可见的高窗显著地改善了室内通风和采光。此外，三进院落均较为宽敞，这也提高了空间舒适度。宅院主体建筑均为砖木结构，正屋明间为横墙承檩，前檐出一步挑梁（图 6-11-8d），形成遮阳避雨的檐下空间。横屋明间采用扁作柱瓜承檩的木构架，主体为六架梁，前檐出两步挑梁。建筑木构架上的装饰较少，只留下梁头少量的雕刻，柱子也更加细长，柱头与柱础的装

饰也相对简化。

　　吴宅每一进院落中，正屋西前侧都设有朝向路门的牌坊式三开间影壁，但它并非与路门在同一轴线上，与大陆传统风格住宅中的影壁一样，它起到遮挡视线和分隔空间的作用。具体而言，它连接前后两进正屋的山墙，将正屋所在的院落分隔成两个空间，一个是正屋面对的庭院，另一个是横屋面对的窄院部分。这三处影壁整体形式沿袭了传统的"三间四柱"式牌坊形制，但在一些装饰细节上添加了南洋风格

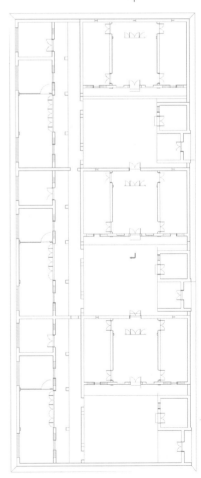

图 6-11-8c　现状平面图　　0 1 2 3m

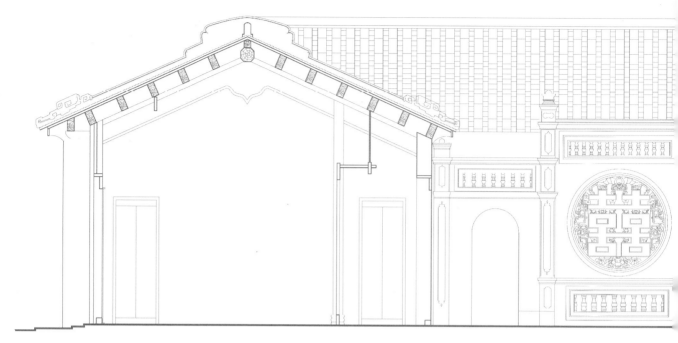

图 6-11-8d　第三、四进中轴剖面图

图 6-11-8e　第三进院落照壁的蝙蝠灰塑

图 6-11-8f　第三进院落的照壁与灰塑

的元素，左右两间各开一券洞。

　　牌坊式影壁是吴宅中最大的装饰亮点，以第三进的影壁最为华丽，其采用镂空的雕刻技法，影壁中间以红色双喜字为核心，四周点缀花卉、卷草以及动物形象的灰塑，尤其是朝向横屋一侧的双喜字上下各匍匐着一只惟妙惟肖、寓意幸福长寿的蝙蝠雕塑，煞是可爱（图6-11-8e）！影壁上的灰塑装饰细腻，层次丰富，艺术效果与隔断功能相得益

彰，其上下都有文昌住宅常见的混凝土预制宝瓶装饰（图6-11-8f）。影壁也呈现出中西交融的装饰特征，体现了文昌华侨住宅开放包容的文化特点。

　　此外，吴宅正屋山墙上的灰塑也十分丰富，三进正屋的山墙形状与装饰各不相同，山墙最顶端的灰塑采用花果、瑞兽等形象，表达了福来运至的美好寓意（图6-11-8g）。

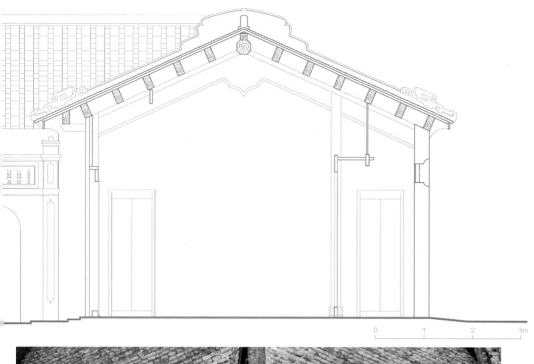

a 一进正屋山墙

b 二进正屋山墙

c 三进正屋山墙

图 6-11-8g 各异的正屋山墙及灰塑

图 6-11-9a　吴乾诚宅鸟瞰图

九、吴乾诚宅

吴乾诚宅，位于东坡村委会美宝村 57 号。建筑占地面积约 270 平方米，建成于民国九年（1920）。美宝村整体建筑布局紧凑，村前主道和纵横交错的窄巷组织起村中的交通网。吴乾诚宅和村中多数建筑朝向一致，坐西北朝东南，前临村中宽阔主道，与村中水塘相望，西侧与吴乾璋宅隔一条窄巷毗邻（图 6-11-9a）。

吴乾诚（1881—1969）为旅泰华侨，于 1897 年下南洋，赴泰国经营侨批局，为当地华侨提供通信和汇款等业务。吴乾诚也是调研案例中为数不多从事侨批业务的华侨，他归国后曾捐款建设家乡美宝小学，为文昌乡

村现代化事业做出了贡献。

吴宅为前后两进院落布局，前庭后院，平面呈规整矩形（图 6-11-b）。两座正屋规模和形制相同，为当地常见的"一堂二内（室）"格局，厅堂是举行家祭，主人会客之所，内设神庵（图 6-11-c、图 6-11-9d）；东西两侧为卧室，朝向厅堂前后各开一门，南北各设一窗，以利通风。宅院东部由通长的横屋和路门组成，路门位于东南角，朝东开门；横屋为客人居寝之处，面阔七间，朝向正屋山墙，中间相隔约 1.2 米宽的长廊。一进正屋西次间前方建有一座钢筋混凝土结构的平屋顶榉头，面阔两间；二进正屋西次

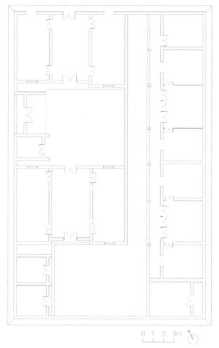

图 6-11-9b 平面图

图 6-11-9c 一进正屋立面

间前方则各有一间传统双坡顶的榉头和路门。为了保障正屋西次间卧室的通风，特地在其前侧与榉头和路门之间留出 0.8 米的间隔。

一进院落的平屋顶榉头，是全宅唯一采用现代建材和样式的建筑单元（图 6-11-9e），其余部分都采用当地惯用的大木构架或横墙承檩结构。在中小规模的文昌华侨住宅中，仅对榉头进行现代化演进尝试的做法并不多见，在调查实例中还有文教镇水吼一村邢定安宅。

从宅中的铜钱灰塑装饰和榉头屋顶的鱼形落水口来看，两者都有着象征财源广进的寓意，推测吴宅的榉头可能是吴家从事侨批业务的场所。与此同时，吴乾诚宅与西侧"前店后宅"模式的吴乾佩宅和吴乾璋宅，共同构成了村落的商业中心。由此看来，20 世纪 20 年代左右的美宝村经济相当繁荣。一个自然村中还遗存有如此数量的商业与金融场所，这是调查过的 80 处住宅中的唯一实例。

图 6-11-9d 一进正屋神庵与陈设

此外，吴宅在建筑装饰上也值得关注。广泛运用于各建筑部位的木雕、灰塑（图 6-11-9f、图 6-11-9g）、彩绘，题材丰富，工艺细腻。位于路门和一进正屋前檐凹斗两壁上方的两处铜钱题材灰塑更是引人注目，

图 6-11-9e　一进榉头

图 6-11-9f　一进正屋墙楣上的灰塑

图 6-11-9g　一进正屋的大幅水式山墙

图 6-11-9h　路门凹斗灰塑"福禄寿三星送财"

图 6-11-9i　一进正屋灰塑"金蟾含圣花送宝"

路门灰塑主题为"福禄寿三星送财"，以三只狮子寓意三星（图 6-11-9h）；正屋灰塑主题则为"金蟾含圣花送宝"（图 6-11-9i），这两处铜钱题材表现出鲜明的行业特征，与吴家所从事的侨批业务高度相关，屋主人借此表达对生意蒸蒸日上的期许，也反映出华侨们丰富的内心世界和务实的生活态度。

图 6-11-10a　潘于月宅鸟瞰图

十、潘于月宅

　　潘于月宅，位于林梧村委会泉口村 46 号，建成于民国二十四年（1935），坐东南朝西北（西偏北16°），占地面积约640平方米，建筑面积约330平方米。潘于月为越南华侨，其后人移居美国。

　　潘于月宅所在的泉口村地处铺前镇中部，北侧紧邻木兰湾滨海大道。村子规模较小，地势平坦，分布着林地、草场和水田。村里的主要道路呈西南—东北走向，住宅主要分布在道路两侧，大多数坐东南朝西北。泉

口村大部分住宅的路门有两种朝向：一种是开在院落西墙，偏于正屋轴线一侧，朝西；另一种则与正屋朝向垂直，朝南。由于村中住宅在纵深方向排列严整，形成广府地区传统村落常见的"梳式布局"。

　　潘宅现有一进宅院，前庭后院，由正屋、横屋、路门和榉头等建筑单元组成，整体呈"一正一横"的"T"型布局。正屋朝向西北，占据宅基地中央的位置，前后分布两个院落，住宅在前后院东北侧设置横屋，路门

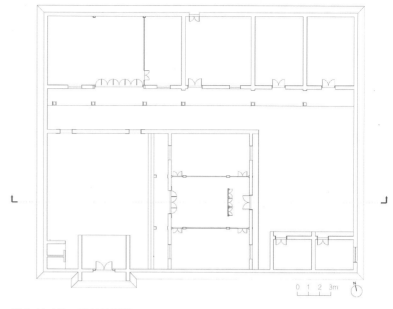

图 6-11-10b　现状平面图

和榉头分别位于正屋南次间的前后两侧（图6-11-10a、图6-11-10b）。

在前院和横屋前廊的空地之间，有一段高约0.95米的混凝土栏杆，其间用了蓝色琉璃宝瓶装饰。栏杆一端与正屋山墙相连，另一端与前院围墙衔接，平行于横屋并开设两处出入口，用以界定主体院落和横屋前廊空间的主次关系，这种空间分隔方式在调研的其他文昌华侨住宅中并不多见。同时，琉璃宝瓶栏杆正对路门，自然成为进入宅院内的视觉焦点，它的存在为庭院增添了空间层次感，具有良好的观瞻效果。

正屋前廊处设有三级踏步，屋身面阔三间，进深15檩（14架），正面设有开敞的前廊，深约1.3米。前檐采用双步梁，廊步构架用花瓶形瓜柱作装饰，别具一格。室内梁架则为扁作柱瓜承檩型。次间前后各开木制百叶窗，两侧山墙封闭，屋顶为传统的硬山双坡顶。

对比当地其他传统住宅，潘于月宅正屋的体量颇为高大，屋脊高约6米，室内空间极为高敞。明间两榀构架采用扁作柱瓜承檩，方柱笔挺，板壁平直，梁架非常规整，由此限定出的厅堂空间，结合雕刻精美的神庵

和室内家具，极富"华堂厦屋"的气质（图6-11-10c）。

横屋面阔七间，进深13檩（12架）。其中客厅面阔三间，与前院门楼隔着宝瓶栏杆相望，即是传统住宅中的"男人厅"（图6-11-10d）。厅堂通过两榀扁作柱瓜承檩型木构架用以支承屋面系统并分隔空间，其中明间与西次间连通开敞，作为宴会之所；东次间饰以板壁，作为客房。客厅东侧的一间横屋同样以一榀木构架划分，正面设一门一窗，背面开有一扇小门，作为次出入口通往东北侧街巷；横屋最东头的房间用以堆放杂物。

路门在宅院的西端，面阔约4.5米，进深7檩（6架），为横墙承檩式的双层凹斗式硬山顶门楼。在路门与西北侧院墙围合的

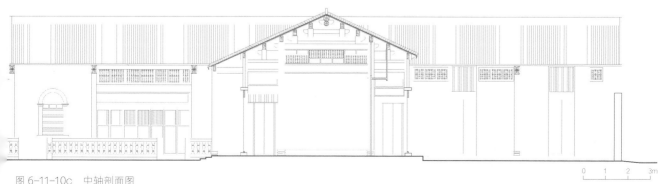

图 6-11-10c　中轴剖面图

图 6-11-10d　横屋立面装饰

图 6-11-10e　横屋的山花灰塑

一隅，还设有厕所。榉头位于宅院南端，面阔两间，用作厨房和柴房。

整体看来，以正屋为中心的前后宅院划分出公共和私密的两大领域和主辅功能，具有合理的功能分区和空间规划。

潘于月宅的建筑装饰，无论从表现题材还是工艺水平来论都表现出极高的艺术价值，是调查的 80 处华侨住宅中最为精彩的实例。这些装饰手段主要包含灰塑、木雕等传统装饰技艺，以及琉璃、彩色玻璃等现代装饰技艺。灰塑多用在山墙、檐廊、圆形窗洞及拱券等部位（图 6-11-10e、图 6-11-10f、图 6-11-10g）。山花顺应山墙曲线，塑以花篮、卷草、荷花、狮子、蛟龙和蝙蝠等题材，构图流畅，与建筑浑然一体，其中，尤以正屋两侧山墙上的蝙蝠灰塑最是瞩目：蝙蝠栩栩如生立于墙头之上，张开巨大双翅，口中衔有卷草，形成一幅舒展优美的图像，是文昌华侨住宅中的上乘灰塑作品（图 3-20、图 3-21）。正屋和横屋的高窗采用漏窗形式，漏窗上用花篮花卉、寿字纹等传统纹样装饰，充满吉祥美好的寓意。

木刻雕饰主要集中于建筑出檐处的柱梁头和博古板（图 6-11-10h）、正屋神庵（图 6-11-10i）、槅扇门腰板等处。正屋前廊出双步梁，梁头镌刻成鳌鱼头，檐柱柱头和花瓶形瓜柱向明间一侧刻浅浮雕，雕有花卉猛禽等图案纹饰。横屋挑檐处的博古板雕刻当地常见的"英雄（鹰熊）会"题材。会客厅的八扇槅扇门绦环板，四角留边，如同画框，板芯浮雕有松、菊、梅、荷等象征吉祥如意的植物图案，以及虾、鹿、鹰、雀等飞禽瑞兽的动物形象，极富生活情趣和装饰效果（图 3-31）。正屋厅堂神庵的木雕装饰繁复、色彩艳丽，庵壁处装有三层雕花板，其上同样雕刻着各种花卉鸟兽，四周饰以卷草纹花板，形成层次丰富的景深效果。神庵枋上还镌刻着"居安处和"四个苍劲潇洒的行楷大字，其上着墨，非常醒目，传为清代著名书家潘存之孙所题。潘于月宅神庵是文昌传统住宅中极具价值的小木作遗存，也是调查实例中规模较大、工艺精湛的罕见珍品。

除了上述木刻，潘于月宅的窗套样式

a

b

图 6-11-10f　横屋墙壁灰塑

图 6-11-10g　丰富的灰塑装饰

图 6-11-10h　梁架木雕

图 6-11-10i　正屋神庵

也值得关注，它们显然受到了南洋装饰风格的影响（图6-11-10j）。拱形窗套装饰多见于正屋和横屋的木制百叶窗周围，其样式有半圆拱和三叶拱两种，外圈装饰多层线脚和浮雕柱式，拱形部分则雕刻麒麟、钱串、花篮、卷草等传统纹饰，有的施以蓝、绿、黄等艳丽色彩，线条细腻。在正屋前的照壁上，工匠对照壁顶端进行了重点装饰，形成五段叠落式的造型，错落有致，从侧面看有些类似五花山墙；中央部分塑以传统钱串灰塑，下饰以五块镂空的琉璃窗花，成为正屋的对景。此外，横屋会客厅的百叶窗上方还用了彩色玻璃装饰。

图 6-11-10j　横屋窗套

图 6-11-11a　吴乾刚宅鸟瞰图

十一、吴乾刚宅

吴乾刚宅，位于仕后村委会轩头村6号，建成于民国二十六年（1937），东南朝向，占地面积约315平方米，建筑面积约370平方米。吴乾刚（1890—1960），字廷献，早年在越南从事药材生意，发起募捐二千两黄金用于支援国民革命军第十九路军，抗战爆发后兼任越南华侨抗日救国后援会主席。吴乾刚育有六子，分别为坤声、坤壁、坤焕、坤干、坤茂、坤强。

吴乾刚宅基地形状不太规整，为单轴两进单横屋式布局（图6-11-11a、图6-11-11b、图6-11-11c）。其中，一进院落由于用地限制而略显促狭，平面呈梯形；从一进院落的路门进入住宅，首先看到的是用作厨房的榉头，路门右侧是正对着一进正屋的照壁，其上书有一个大大的红色"福"字（图6-11-11d）。福字上方，也就是在用灰塑浮雕有卷草纹的跌落式照壁顶端（图6-11-11e）之下，嵌着一排狭长的花漏窗，漏窗用五枚绿色琉璃花窗并排组成。整栋住宅共有三个出入口，一进

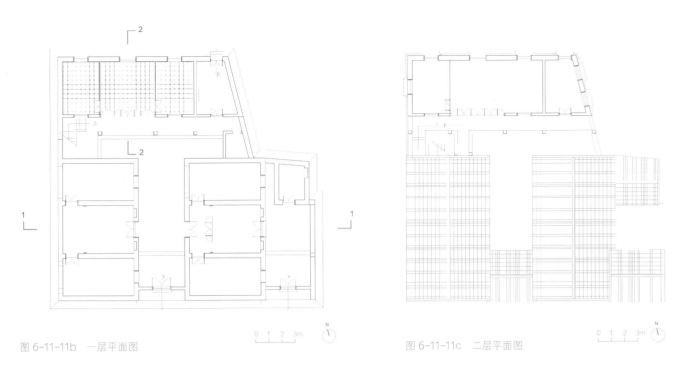

图 6-11-11b　一层平面图

图 6-11-11c　二层平面图

图 6-11-11d　一进庭院

院落和二进院落各设一个路门，在横屋最北侧还设有一个用于后勤服务的出入口。

　　横屋为两层钢筋混凝土结构的平顶楼房，路门、正屋和榉头则采用传统的砖木混合结构（图6-11-11f）。尽管运用了现代结构形式，但横屋仍然还在文昌传统住宅的位置上。

吴宅正屋面阔10.5米，占39路瓦坑，进深6米；明间厅堂占15路瓦坑，设有神庵（图6-11-11g）；次间卧室占12路瓦坑，通深不设隔断，前墙设有槛窗，后墙设置高窗，屋顶上还铺设两片亮瓦用以增加室内采光。据屋主人回忆，住宅在建成初期并未开设前窗，

415

只在后墙上留有气窗用以通风。

吴宅横屋一层主要为接待客人的套间，为"一厅二室"格局；二层客厅为"一厅一室"格局，二层最北端还有一间小房间。一层套间为红色的水泥地面，印有正方形与圆形组合图案；其余均为素水泥地面，多用斜方网格图案。横屋无论从结构形式、平面布局、装饰设计都呈现出较强的现代性特征。

正屋与路门为砖木结构，正屋明间采用横墙承檩，前后均无挑檐。厅堂内总体已无复杂的装饰，只在明间横墙上饰有八字形彩绘。横屋为二层的钢筋混凝土结构，屋顶为可上人的平屋顶，楼梯尺度适宜，首层和二层柱位对齐，结构合理。可见当时对于钢筋混凝土结构的运用已日趋成熟（图6-11-11h）。除横屋一层西侧的窗户外，其余窗户均设有雨棚。西侧次出入口雨棚下的挑梁构件，其形制有着显著的南洋特征。

横屋的檐柱为钢筋混凝土方柱，比例细长，柱头和柱础的装饰十分简单，柱身上描画出砖缝，用来模拟砖柱的形式；在每一个栏杆上都有文昌住宅常见的绿色琉璃宝瓶装饰，富有韵律感。建筑整体风格简洁，栏杆和屋顶有层次丰富的线脚（图6-11-11i）。

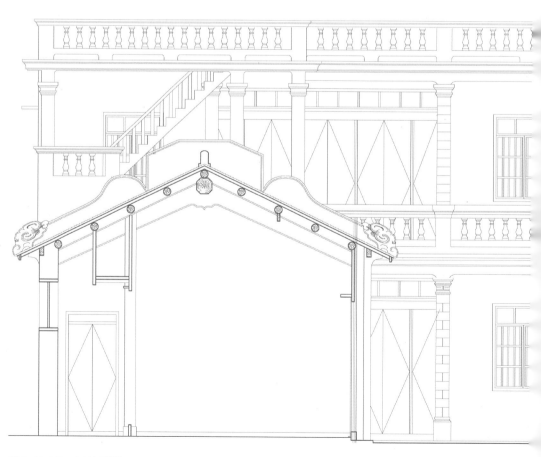

图 6-11-11f 中轴剖面图

图 6-11-11e　照壁灰塑装饰细节

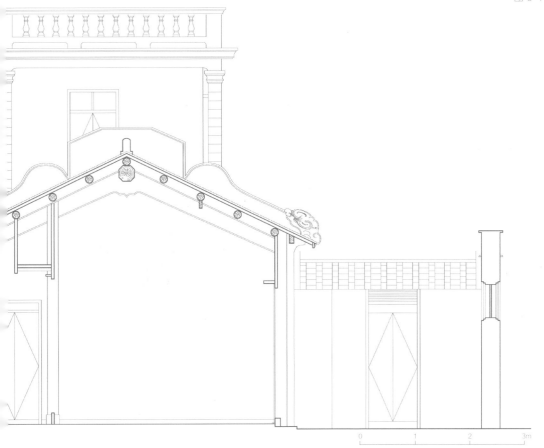

图6-11-11g　正屋厅堂神庵与陈设

从整体来看，建筑中的传统装饰元素相对在减少，现代装饰元素则逐渐增多；传统的装饰风格主要集中在正屋的山墙、窗套、神庵。正屋山墙上的灰塑虽然保留了传统的形式，但描绘的形象却是花瓶，为南洋元素与中式设计手法的结合。

横屋屋顶采用檐沟外排水系统，在屋顶栏杆外有一圈檐沟，地漏之上还安装有防止落叶堵塞排水管的铸铁算子。雨水沿屋面汇集到檐沟，沿外墙设置的铁制落水管，形成了有组织的外排水系统，围绕建筑还设有明沟排水。

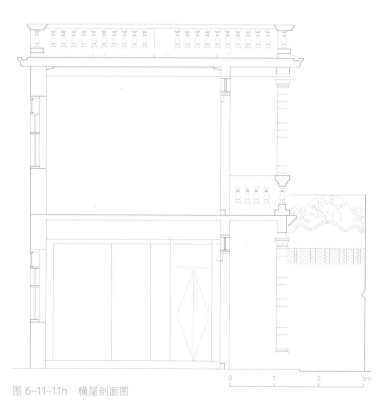

图6-11-11h　横屋剖面图

图6-11-11i　横屋的楼梯设计

附录

附录1
文昌传统住宅名词术语解释

（按拼音首字母排序）

A

【凹斗】路门前檐下方的内凹空间，是岭南传统民居门楼中常见的一种特色空间形式。

B

【扁作】柱、梁等断面为矩形的构件加工做法。

【博古承檩】采用富有装饰性的博古纹饰木构件，在梁和檩的缝隙之间拼合成"金"字形透雕博古板材以承檩的做法[1]。

【步架】简称"步"，又称"椽架"，传统建筑纵深方向的尺度单位，为相邻两檩（桁）条之间的水平距离。

C

【侧脚】将建筑檐柱的柱脚向外踢出，柱头向内收进的做法，起到增加木构架内聚力，防止构架歪闪或倾覆的作用。参见《营造法式·大木作制度》卷二"柱"条："凡立柱，并令柱首微收向内，柱脚微出向外，谓之侧脚。"[2]

【插梁式】我国传统建筑木架方式之一，是以梁与柱的"插"法为特征的木构体系。梁的一端或两端插入柱身，瓜柱"骑"于梁背，以瓜柱或落地柱承檩形成整体构架。区别于抬梁式梁搁置于柱顶，也不同于穿斗式穿枋只作拉结的做法[3]。

【穿斗式】传统建筑木构架的一种方式，以柱头直接承檩为特点。在建筑进深方向，用水平方向的梁、枋串联各柱，形成一榀屋架，在各屋架间，再用纵向的水平构件（如斗枋）拉联形成整体构架[4]。

【穿榫造】在柱身处开卯口，梁头自内而外"穿"过卯口进行榫结的构造做法。

【椽间距】相邻两根椽条之间的中心轴线距离。

1　陆元鼎提到广东民居中"廊檐是柱廊梁架的出檐部分，在民居中是艺术处理重要部位之一……如有用单栱、正屋（即挑檐枋）出檐者、有用博古木代替正屋出檐者……"用"博古木"出檐的做法，应是学界最早对博古承檩特征的关注。本书沿用该名称，将这种承檩方式命名为"博古承檩"。陆元鼎、魏彦钧：《广东民居》，北京：中国建筑工业出版社，1990年，第191页。

2　梁思成：《梁思成全集（第七卷）》，北京：中国建筑工业出版社，2001年，第137页。

3　孙大章：《民居建筑的插梁架浅论》，《小城镇建设》2001年第9期，第26—29页。

4　"穿斗"和"抬梁"定义的研究成果，学界主要集中于刘敦桢、刘致平、陈明达、傅熹年、潘谷西等前辈学者。在学术史发展过程中，对穿斗架术语的形成及内涵的变迁，已有许多学者进行梳理和论述，见乔迅翔：《穿斗架的发现与定义》，《建筑史》2018年第2期，第1—9页；赵潇欣：《抬梁？穿斗？中国传统木构架分类辨析——中国传统木构架发展规律研究（上）》，《华中建筑》2018年第6期，第121—126页；白颖、孙迎喆：《术语与中国建筑史研究——"穿斗"与"抬梁"的史学史考察》，《建筑学报》2019年第12期，第68—72页。

【次间】传统建筑位于明间两侧的开间。

D

【大板门】用一块或数块厚实的木板拼合而成，是正屋厅堂的大门。

【地脚枋】用以拉结传统建筑柱脚间的水平构件。

E

【额首】位于路门前檐，大门正上方位置的墙面。

F

【副檩】又称"加檩""子孙檩""子孙桁等"。安装于两榀木构架脊瓜柱间的水平顺身构件，位于脊檩正下方并与之脱开一段距离，不起结构作用。亦即上梁仪式中的"梁"，具有重要的民俗意义。

G

【供案】太师壁前放置的长条形高桌，用于放置贡品和烛台。

【瓜柱】下端立于梁、枋之上，上端开卯口用以承托短梁或檩条的短柱。

【褂厅】位于正屋明间太师壁前方的空间。

H

【横墙】沿建筑短轴、进深方向布置的墙。

【横墙承檩】使用横墙来直接承托檩条荷载，以形成屋面或楼面支撑结构体的做法。

【横屋】文昌华侨住宅中的辅助空间，位于正屋山墙外，与正屋垂直的建筑。

【后轩】位于正屋明间太师壁后方的空间。

【灰塑】以石灰为主要材料的传统雕塑艺术。

【镬耳】镬耳山墙的简称，建筑山墙形如镬耳，以岭南传统广府民居为代表。

J

【金柱】传统建筑中位于檐柱以内，除顺身方向中轴线处柱位（称"中柱"）的内柱。

【进深】传统建筑纵深方向的长度。

【榉头】文昌华侨住宅中的辅助空间，位于正屋次间前后，与正屋垂直。

【卷杀】传统建筑中，将构件或部位的端部加工成柔和的曲线或折线使其显得和缓、优美的做法。

K

【开间】传统建筑相邻两个横向定位柱体或墙体间的距离。

【堪舆】风水的别称，传统文化中临场校察地理、相宅相墓的方法，是研究环境与宇宙规律的学问。

【空斗砖墙】用砖侧砌（斗砖）或平（眠砖）、侧（斗砖）交替砌筑而成的空心墙体。有无眠空斗、一斗一眠、二斗一眠、三斗一眠等砌法。

L

【檩条】亦称檩子、桁条，垂直于屋架和椽子的水平木构件，用以支撑椽子和屋面材料。

【鲁班尺】有广义和狭义之分。本书讨论的鲁班尺为狭义的工匠用以度量门扇吉凶的用尺，又称"门尺""门光尺"等[1]。

1　国庆华：《鲁班尺与鲁班尺法的起源和用法及其门尺、门诀和门类问题》，《建筑史学刊》2020 年第 1 期，第 53—66 页。

【路门】文昌华侨住宅中主要的出入口。

【露台】住宅中的屋顶平台。

【落榫造】在柱头处开卯口，梁头自上而下"落"入卯口进行榫结的构造做法。

M

【明间】传统建筑中央四根檐柱形成的空间，又叫当心间。

【磨砻】亦作"磨垄"，磨石。

【木作】以木为材料的制作营造活动，有大木作（主要为房屋构架的营造）和小木作（主要为家具、门窗等装修装饰活动）之分。

P

【平顶式】特指完全用钢筋混凝土建造的正屋的屋顶形式，是文昌华侨住宅近代化演进过程中较为成熟的一种形式。

【屏风门】大门最外一层的半截矮门。两扇对开，形如屏风，可阻挡院外路人的视线。

【坡水】指屋顶的垂直高度与前后檐檩的水平距离之比，即直角三角形的正切值，如其值为 0.5，则为五分水。

Q

【墙垛】建筑中凸出外墙的柱状构造，起到加强墙体稳定性的作用，也可做局部承重构件。

【清水砖墙】砖墙面砌筑而成之后，只作勾缝，不用抹灰装饰的墙体，相对"混水砖墙"而言。

【雀替】位于柱头端部与柱子共同承托上部荷载的构件，除具有一定的承重作用外，还可以减少梁、枋的跨距或是增加梁头的抗剪能力。

S

【神庵】文昌民间用于放置神佛塑像和祖宗牌位的小阁，与太师壁结合布置在正屋厅堂中。

【石臼】古称"碓"。以各种石材制造的，用以砸捣研磨药材、食品等的生产工具。

【山墙】指建筑开间方向最外侧的两堵外墙。

【升山】将建筑两山墙或木构架的尺寸略作升高，使建筑屋脊和屋面向两端微微起翘的做法，作用类似于《营造法式》中的"生起"做法。区别在于"生起"是对檐柱高度的处理，形成檐口曲线。而"升山"则对建筑两山的高度进行处理，形成屋面整体向两侧升高的趋势[1]。

T

【抬梁式】与"穿斗式"并列的我国传统建筑木构架的主要形式之一。做法为在立柱之上搁梁，梁上搁短柱，短柱上搁短梁，层层累叠直至屋脊，再在各梁头承托檩条布椽，内柱间用额枋拉结形成整体构架。

【抬檐】传统建筑施工时，工匠将檐口的实际施工尺寸比设计时略微抬高的处理，达到视差矫正和预应位移处理的效果。

【太师壁】指正屋厅堂后金柱之间的装饰木板壁，在文昌传统住宅中通常由四扇或六扇雕花门板组成。

【趟栊门】在一个大的木框中，横架起数道平行圆木栏杆，组成可以滑动的大门，具有防盗、通风等优点，常见于岭南广府地区，在文昌传统住宅中亦习见。

【挑檐】用以承托屋檐部分的出挑构造。

【土墼墙】用晾晒、脱模加工制成的土墼（即土坯砖）筑成的墙体。

W

【瓦坑】又称瓦路，亦即椽间距。相邻两椽之间可放置一垄瓦，椽条的中心轴线距离计作一路瓦坑；一般为 27cm 左右。营造时可用于度量建筑的面阔尺寸，如传统正屋面阔一般为 37—45 路瓦坑，其中明

1．《营造法式·大木作制度》卷二"柱"条："至角则随间数生起角柱。若十三间殿堂，则角柱比平柱生高一尺二寸；十一间生高一尺；九间生高八寸；七间生高六寸；五间生高四寸；三间生高二寸。"参见《梁思成全集（第七卷）》，北京：中国建筑工业出版社，2001 年，第 137 页。

间面阔 13、15、17 路瓦坑。

【外廊式】近代外廊式建筑又称为"外廊样式"（veranda style）或"殖民样式"（colonial style），是指 16 世纪以来欧洲殖民者结合殖民地气候产生的一种带有"外廊"的建筑形式，通常具有欧洲本土建筑的风格特点[1]。在文昌华侨住宅中，本书特指在褚厅和卧室主体空间前增加钢筋混凝土外廊的正屋。

【五行山墙】闽南、潮汕、海南文昌等地的传统民居山墙墙头，分为"金、木、水、火、土"五种样式，称为"五行"山墙[2]。

Y

【压白尺法】传统建筑设计中，将建筑尺度与九宫的各星宫结合起来，认为度量的尺寸与白数（即 1、6、8）相合为吉，以及 9（九紫）为小吉，故又称"紫白尺法"，以满足两种吉或吉多凶少为佳[3]。

【圆作】柱、梁等断面为圆形或近似圆形的构件加工做法。

Z

【柱瓜承檩】以落地柱和瓜柱承托檩条和屋面荷载的做法，是文昌传统住宅中最常见的一种木构架类型，有圆作和扁作之别。

【纵墙】沿建筑长轴、顺身方向布置的墙。

1 王珊、杨思声：《近代外廊式建筑在中国的发展线索》，《中外建中》2005 年第 1 期，第 54—56 页。

2 陆元鼎、魏彦钧：《广东民居》，北京：中国建筑工业出版社，1990 年，第 196—197 页。

3 朱宁宁：《〈新编鲁般营造正式〉中的门尺法研究》，《建筑师》2018 年第 2 期，第 46—50 页。

附录 2

本书调研的文昌近现代华侨住宅列表

（本表由刘艳军、丁煜审定）

序号	名称	地址	建房人生平简略	主要侨居国或旅居国	建成时间	文物保护级别	主要建筑特征
1	符永质、符永潮、符永秋宅	文城镇玉山村委会松树下村 35 号	符永质、符永潮、符永秋（1879—1952）为同胞兄弟，主要在马来西亚从事橡胶种植业，其余生平不详。	马来西亚、新加坡	1915 年	全国重点文物保护单位（2019 年，第八批）	西北朝向，三进院落，单轴单横屋布局，砖木结构，中西合璧风格；现有正屋三座，均为两层，一堂二内（室），带前后廊，硬山顶，山墙各异；横屋位于正屋西南侧，单层，面阔十一间，带前檐廊，硬山顶；路门位于正屋东北侧，正对第三进院落，两层，硬山顶；前院院墙原有靠壁坊及台阶，现已残缺不全。
2	陈明星宅	文城镇南海村委会义门二村 37 号	陈明星，生卒及生平不详。	不详	约 1905 年	市级文物保护单位	西北朝向，三进院落，单轴单横屋布局，砖木结构，传统风格；现有正屋三座，单层，一堂四内（室），带前檐廊，硬山顶；横屋位于正屋东北侧，前部已毁，仅存后部七间，带前檐廊，硬山顶；路门位于第一进正屋正前，单层，门额上书"德星第"。
3	王兆松宅	文城镇南海村委会义门二村 30 号	王兆松（1875—1956），主要在马来西亚、新加坡等地从事货运、房地产、种植、采矿业等，发起并成立"琼崖实业股份有限公司"，在海口、文昌等地拥有数间商铺；曾任马来亚雪兰莪州华人参事局议员、太平局绅以及琼崖华侨联合总会救济委员会主任等，曾出资捐建崇本小学、冠南小学、文昌中学、琼海中学、海南医院等；育有九子五女，子孙后代多旅居海外。	马来西亚	1931 年	无	东南朝向，三进院落，单轴布局，主体建筑为砖木与钢筋混凝土混合结构，中西合璧风格；现有正屋三座，均为单层，硬山顶，其中第一、三进正屋面阔五间；第二进正屋面阔三间，一堂四内（室）；正屋之间以廊道相连，未见横屋；路门原位于第一进正屋正前，20 世纪 70 年代被台风摧毁。
4	陈治莲、陈治遂宅	文城镇南海村委会义门三村 5 号	陈治莲、陈治遂为同胞兄弟，生卒不详，主要从事远洋运输贸易，其后代大多居住在美国、中国香港和中国大陆。	越南	1919 年	市级文物保护单位	西北朝向，四进院落，单轴单横屋布局，主体建筑为砖木结构，传统风格；现有正屋四座，均为单层，一堂二内（室），硬山顶，正屋之间以平屋顶钢筋混凝土结构的过亭相连；横屋位于正屋西南侧，单层，面阔十四间，出前挑檐，硬山顶；路门位于第一进正屋北侧，朝向横屋厅堂，两层，硬山顶；正屋正前方的院墙上有双喜字灰塑。
5	陈氏家族宅	文城镇下山村委会下山陈村	陈行佩（1906—1964），致公党员，1934 年毕业于上海复旦大学，后赴新加坡教学；1948 年归国；1957 年，任文昌县副县长。	新加坡	1949 年	无	东北朝向，多纵列式布局，砖木结构，传统风格；现有正屋二十二座，呈四列六行布局，均为单层，硬山顶；三列横屋穿插于正屋之间，面阔十四至十七间不等，均为单层，带前檐廊，硬山顶；路门位于自东向西第三列第一行正屋的西次间前方，两层，硬山顶。
6	李运蛟宅	文城镇大潭村委会官坡村	李运蛟，生卒不详，曾为高级海员。	马来西亚	约 1850 年	无	东北朝向，两进院落，一正一横式布局，砖木结构，传统风格；现有正屋两座，面阔三间，硬山顶；横屋位于正屋东南侧，带前檐廊，硬山顶，檩头一间作侧门，位于第二进正屋西次间前侧；路门一间，位于一进正屋明间正前方，两层，硬山顶。
7	郭巨川、郭镜川宅	文城镇南阳村委会美丹村	郭巨川（1876—1953），原名书淮，又名盛淮；郭镜川（1885—1955），原名书河，又名郭新、郭坚。郭巨川、郭镜川胞兄弟，均是马来西亚、新加坡著名爱国侨领。曾捐资在家乡创办迈众小学、捐建文昌中学教学楼和礼堂、捐建南阳学校（郭云龙楼）等。	马来西亚、新加坡	约 1930 年	无	东南朝向，原为六进院落，现存一间正屋、部分横屋以及一座碉楼式门楼；其中，正屋、横屋均为单层，砖木结构，硬山顶；路门为碉楼式门楼，钢筋混凝土结构，三层，平顶，主体结构基本完整，但围护结构残缺不全。

8	彭正德宅	蓬莱镇高金村委会德保村12-13号	彭正德，生卒及生平不详。	新加坡	1930年	无	东北朝向，两进院落，单轴单横屋布局，中西合璧风格。两进正屋，面阔三间，单层，硬山顶；横屋位于正屋西南侧，分前、后两段：前段为传统式单层横屋，砖木结构，面阔三间，硬山顶，带前廊；后段横屋兼作门屋，为"碉楼式门楼"，砖木与钢筋混凝土混合结构，面阔两间，两层，硬山顶，带前廊。
9	符辉安、符辉定宅	会文镇沙港村委会福坑村3号	符辉安、符辉定，生卒不详，清朝均封为资政大夫、法部郎中。在马来西亚主要从事采矿业、橡胶种植和房地产业。是马来西亚著名的华侨富商和侨领。符辉安的儿子符中章晚清宣统时期任江苏及直奉两省刑部正郎（四品）。符辉定的儿子符宏霁是20世纪40年代南洋抗日侨领，1943年被日军杀害于马来西亚吉隆坡。现子孙大都散居在马来西亚及国内等地。	马来西亚	1915年	无	东北朝向，三进院落，单轴双横屋布局，砖木结构，传统风格；现有正屋两座，面阔三间，一堂二内（室），前出檐廊，单层，硬山顶；横屋位于正屋两侧及后侧，三面环绕正屋，前出檐廊，单层，硬山顶；路门位于一进正屋正前方，左右各一座并列而置，单层，硬山顶。
10	张运琚宅	会文镇冠南村委会山宝村18号	张运琚（1879—1952），字琼初，曾获授清廷中书科中书；其父张德清，官至清布政司理问。张运琚曾在马来西亚从事零售业，创建新锦兴号商行，专营洋酒、罐头、杂货、"猫标"汽水等，任古晋琼侨行长、琼州公会主席、中华总商会执监委员等；共育有七子四女，儿子分别为家富、家宝、家宣、家宽、家汉、家应、家雄，女儿分别为妖嬢、莹、素静、金；四子张家宣曾任国家建设部副总工程师，育有子女五人，次子张小建曾任中华人民共和国人力资源和社会保障部副部长，中国侨联副主席，中国就业促进会会长等职务。	马来西亚	1931年	无	东南朝向，二进院落，单轴单横屋布局，主体建筑为砖木与钢筋混凝土混合结构，中西合璧风格；现有两座正屋，第一进正屋面阔三间，一堂四内（室），两层，前后檐廊，楼梯设于后檐廊两侧，组合式屋顶；第二进正屋同样面阔三间，一堂四内（室），但为单层，出前檐廊；正屋之间以两层过亭相连；横屋位于正屋东北侧，现存后四间，砖木结构，单层，硬山顶；路门位于第一进正屋明间正前，单层，为坊门样式。
11	张运玖宅	会文镇冠南村委会山宝村19号	张运玖（1885—1938），官名颜辉，字佩我，号贻彤，曾获授清廷同知衔，育有七子，分别为家镒、家锭、家铣、家锟、家铨、家钢，其父名德兴曾与其胞弟德显创开锦兴号。	马来西亚	1930年	无	东南朝向，一进院落，一正一横式布局，主体建筑为砖木与钢筋混凝土混合结构，中西合璧风格；现有正屋一座，面阔三间，一堂四内（室），两层，前后檐廊，楼梯分设于前后檐廊，组合式屋顶；横屋位于正屋西南侧，面阔八间，砖木结构，单层，硬山顶；路门位于正屋东北侧次间正前，两层，硬山顶。
12	林尤蕃宅	会文镇冠南村委会欧村村23号	林尤蕃，生卒年不详。育有三子，分别为明湛、明灏、明渭。	澳大利亚	1932年	省级文物保护单位	坐北朝南，两进院落，带前院，单轴双横屋布局，砖木与钢筋混凝土混合结构，中西合璧风格；现有两座正屋，面阔三间，一厅四房，带前檐廊，单层，组合式屋顶；横屋位于正屋两侧，每侧面阔八间，带前檐廊，单层，组合式屋顶；路门位于一进正屋明间正前方，面阔三间，两层，内设左右楼梯，平屋顶上带假歇山顶；路门左右两侧各设一小庭院，对内带喜字形灰塑漏窗隔墙相隔，门前还有一小庭院；正屋、横屋、路门之间均以廊道相连。
13	陶对庭、陶屈庭宅	会文镇李桃村委会宝藏村53号	陶对庭、陶屈庭兄弟，生卒年不详。20世纪二三十年代在越南西贡经营咖啡店、汽水厂和剧院等商贸业。在抗日战争期间尽其所能为国奉献。陶对庭育有二子，长子大昌，二子大国。陶屈庭育有一子二女。现子孙散居在美、法国、越南及国内等地。	越南	1932年	无	东南朝向，一进院落，一正一榉头布局，砖木与钢筋混凝土混合结构，班格路风格；现有正屋一座，面阔三间，一堂四内（室），前后檐廊，三层，歇山顶；榉头位于正屋西北方，与正屋相连，两层，硬山顶；院门位于正屋北次间正前方，为坊门样式。
14	陈文钩宅	会文镇沙港村委会上旗村	陈文钩，生卒年不详，曾侨居新加坡，陈策将军之父，故该宅又称陈策故居。	新加坡	不详	市级文物保护单位	东南朝向，一进院落，一正一横式布局，砖木结构，传统风格，原有两进正屋，现第一进仅留基座，二进正屋面阔三间，带前檐廊，硬山顶；横屋位于正屋东北侧，单层，带前檐廊，硬山顶；路门一间，位于正屋东次间前侧，单层硬山顶。

序号	名称	地址	人物简介	侨居国	年代	文物保护	建筑描述
15	韩钦准宅	东阁镇天伦村委会富宅村二队15-17号	韩钦准（1883—1953），19世纪底到泰国谋生，后在泰国经营火锯厂、木材厂、制冰厂等实业及商贸。曾出资捐建帮助水北小学和乡村道路。育有八子三女，儿子分别为广丰、琼丰、合丰、岭丰、结丰、金丰、银丰、宝丰，女儿分别为金英、金花、金兰。现子孙散居在泰国、美国、英国等世界各国及海南省。	泰国	1938年	全国重点文物保护单位（2013年，第七批）	东南朝向，四进院落，带前埕，单轴单横屋布局；现有正屋四座，均为单层，一堂四内（室），带前廊，硬山顶，砖木结构；横屋位于正屋西侧，单层，带前廊，硬山顶，总面阔十六间，其中前三间为厅堂；路门位于正屋正前，原为两层，硬山顶，土式山墙，第二、三、四进正屋东间前方有双层钢筋混凝土结构平顶门楼；宅内存有数处保存较好的南洋风格壁画。
16	郑兰馥宅	东阁镇新群村委会下水郑村	郑兰馥，生卒不详，清朝布政司理问；育有四子，分别为庭炳、庭炜、庭烽、庭烘；长子庭炳，又名介民，为国民党陆军一级上将，早年下南洋至马来西亚，故该宅又名郑介民故居；三子庭烽为国民党陆军二级上将。	不详	1987年重修	市级文物保护单位	西北朝向，二进院落，单轴布局，主体建筑为砖木结构，传统风格；现有正屋两座，面阔三间，单层硬山顶；路门一间，位于一进正屋东次间前侧，两层，硬山顶；榉头一间，位于一进正屋西次间前侧，单层硬山顶。
17	邢定安宅及楼	文教镇水吼村委会水吼一村17号	邢定安（1881—1951），生平不详。	新加坡	1920年	无	西北朝向，一明两暗式布局，砖木结构，中西合璧风格；现有正屋一座，面阔三间，一堂二内（室），砖木结构，硬山顶；榉头位于正屋西次间前方，单层，钢筋混凝土结构，平屋顶，向内开敞；路门位于正屋东次间前方，两层，砖木结构，硬山顶，与榉头相对并以连廊相连；邢定安楼位于邢定安宅西北侧，西南朝向，双层三间，砖木与钢筋混凝土混合结构，现代风格，硬山顶，带前檐廊，东次间前廊设单跑木质楼梯。
18	郑兰芳宅	文教镇培龙村委会美竹村	郑兰芳（1900—1965），在马来西亚从事种植业、餐饮业等；其长兄兰香，育有四子，分别为庭钧、庭笈、庭笑、庭铭；二子郑庭笈曾任国民党陆军中将、全国政协文史专员、全国政协委员，故该宅又名郑庭笈故居；三子郑庭笈曾任国民党陆军少将。	马来西亚	1937年	无	东北朝向，三进院落，多纵列式布局，砖木、砖混结构，传统风格；现有正屋六座，两两并排成三行，均为单层，一堂二内（室），凹斗门，硬山顶，人字山墙；横屋位于正屋两侧，均为单层，带前廊，硬山顶，人字山墙；路门正对在列正屋的西次间，为三开间坊门样式；宅内存有数处南洋题材的壁画，保存完好。
19	林树柏、林树松宅	文教镇加美村委会加美村五队17号	林树柏、林树松为同胞兄弟，生卒年不详，兄长林树柏终身在家乡务农，弟弟林树松早年曾在柬埔寨工作。	柬埔寨	1918年	无	东南朝向，单进院落，单轴单横屋布局，中西合璧风格；现有正屋一座，面阔三间，砖木结构，一堂二内（室），一层，带前檐廊，硬山顶；横屋位于正屋南侧，面阔四间，砖木结构，带前檐廊，室内原有两层，硬山顶；榉头与路门相连，位于正屋北次间前方，原为单开间，砖木与钢筋混凝土混合结构，两层，硬山顶。
20	林鸿干宅	文教镇加美村委会加美村32号	林鸿干，生卒年及生平不详。	不详	1908年	无	东南朝向，一进院落，单轴布局，砖木结构，传统风格；现有一间正屋，面阔三间，两层，一堂二内（室），带前檐廊，硬山顶。
21	符企周宅	东郊镇码头村委会下东村54号	符企周（1884—1947），早年毕业于两广优级师范学堂，曾任职于国民政府民政司，后弃政从商，在海口置地建造商铺并逐步扩大经营规模，后被推举为香港琼崖商会会董。	新加坡	不详	市级文物保护单位	东北朝向，三进院落，三正两横式布局，砖木结构，传统风格；现有正屋三座，面阔三间，一堂二内（室），前出檐廊，单层，硬山顶；横屋位于正屋两侧，每侧面阔十间，前出檐廊，单层，硬山顶；路门位于一进正屋明间正前方，两层，硬山顶。
22	黄世兰宅	东郊镇建华山村委会邦塘村24号	黄世兰，生卒年不详，字香泉，清朝封蓝翎，同知衔。在新加坡从事南洋运输与进出口贸易，创有"锦和行"商号。其子黄玉书，字君群，清朝花翎，五品衔，补用福建县丞，年少即继承父业，曾参与民国初年清澜港的开发建设，并在文城、清澜、东郊等地建有商铺、仓库等，也曾出资捐助清澜学校、琼海中学、文昌中学等家乡教育事业。	新加坡	1906年	无	东北朝向，三进院落，单轴双横屋布局；现有两座正屋，前正屋已毁，后正屋面阔三间，一堂四内（室），带前檐廊，砖木结构，单层，硬山顶，横屋位于正屋两侧，厅堂开敞，带前檐廊，单层，硬山顶，路门位于正屋明间正前方，单开间，两层，钢筋混凝土结构，平屋顶；路门内左右两侧各设一小花坛。
23	黄大友宅	东郊镇建华山村委会港南村20号	黄大友，约1870年出生，清朝布政司理问，在香港从事远洋运输及贸易，在东郊镇拥有商铺及良田。育有二子，长子循仁，次子循仪。现子孙后代大多居住在香港和中国大陆。	香港	约1900年	无	坐北朝南，三进院落，三正两横式布局，砖木结构，传统风格，正屋为三开间，砖木结构，硬山顶，现二进正屋已损坏无存；路门位于正屋明间正前方，东西二侧横屋各有一侧门，硬山顶，两侧横屋为砖木结构，带前廊，硬山顶，西侧横屋倒数第二间（近第三进院落）下方有一暗格，可用于躲避战乱。

序号	名称	地址	简介	侨居地	建造年代	保护级别	描述
24	黄善贵宅	东郊镇泰山村委会泰山二村20号	黄善贵（1870—1942），生平不详。	不详	约1900年	无	东北朝向，一正一横式布局，砖木结构，传统风格；现有一座正屋，面阔三间，硬山顶；横屋位于正屋西侧，面阔四间，出前挑檐；榉头位于正屋西次间前侧，面阔一间，砖木结构；路门已毁，尚有一院门。
25	黄闻声宅	东郊镇泰山村委会泰山二村18—19号	黄闻声（1895—1971），生平不详。	柬埔寨	1924年	无	东北朝向，三进院落，单轴单横屋布局，砖木结构，传统风格；现有三座正屋，面阔三间，硬山顶，其中一进正屋原为两层，现已塌毁大部，带前后廊，一层正厅两旁带偏厅；横屋位于正屋西侧，带前檐廊，砖木结构，单层，硬山顶；路门位于正屋东侧，与横屋相对，两层，硬山顶。
26	林树杰宅	龙楼镇春桃村委会春桃村一队1号	林树杰（？—1943），曾在民国二十二年（1933）出资捐建龙楼小学教学楼。	泰国	1932年	无	西北朝向，三进院落，单轴双横屋布局，砖木与钢筋混凝土混合结构，现代风格；现有正屋两座，一堂二内（室），带前檐廊，单层，硬山顶；横屋位于正屋两侧，单层，前部为平屋顶，后部为硬山顶；路门位于正屋北侧，正对横屋与正屋间的通道并与东侧横屋相连，单层，平屋顶。
27	韩纪丰宅	昌洒镇宝堆村委会凤鸣一村32号	韩纪丰（1892—1951），字义修，于1918年在海口创办琼文汽车公司，次年创办琼文车路公司，并以官督民办形式修建连接琼山至文昌的琼文公路。	不详	1930年	无	东南朝向，一进院落，单轴单横屋布局，砖木与钢筋混凝土混合结构，现代风格；现有正屋一座，带前后檐廊，面阔三间，一厅两房，两层，双坡顶带前后平屋顶。
28	韩儒循宅	昌洒镇庆龄村委会古路园村	由原中华人民共和国名誉主席宋庆龄的高祖韩儒循建造，韩儒循生卒年和生平均不详。宋庆龄的父亲宋耀如（韩教准）于1863年2月在此出生，故该宅又称宋氏祖居。	不详	始建于清嘉庆年间，1985年重修。	省级文物保护单位	东北朝向，两进院落，单轴单横屋布局，砖木结构，传统风格；正屋面阔三间，一堂二内（室），单层，硬山顶；无横屋，榉头位于正屋正前，分居两侧，单开间，硬山顶；路门与有廊屋相连，单层，硬山顶。
29	韩锦元宅	翁田镇汪洋村委会秋山村1号	韩锦元（1869—1914），在印度尼西亚主要经营鞋业，其他生平不详。	印度尼西亚	1903年	无	坐南朝北，二进院落，一正一横式布局，现有正屋一座，一堂四内（室），凹斗门，前后无廊，砖木结构，硬山顶；后横屋位于正屋南侧，一厅两房，砖木与钢筋混凝土混合结构，平屋顶，可上人；横屋位于正屋西侧，局部坍塌，仅存后四间，前出挑檐，砖木结构；榉头位于正屋东次间前侧，面阔两间，一间作侧门，另一间作厨房；后院门位于正屋后院东侧，坊门题有"紫气东来"墨书，小便所位于横屋尽端，宅院西南角，单坡顶，灰塑"小便所"三字。
30	张学标宅	翁田镇博文村委会北坑东村9号	张学标（1873—1959），字锦轩，于19世纪末赴泰国谋生，创办商行主营各地特产及进出口贸易，从事酒店、侨批、火锯、牛皮等产业，其贸易涉及地域除泰国外，还拓展至寮国（今老挝）、广州湾（今广东省湛江市一带）以及香港等地。育有一儿一女，其侄张英曾任国民党陆军少将，故该宅又称张英故居。	泰国	1910年	无	东北朝向，四进院落，多纵列式布局；现有正屋五座，西路三座、东路两座，均为砖木结构；西路第一进正屋面阔三间、一厅四房，前出挑檐，厅堂左右两壁为砖墙，1972年重建；第二进两座正屋均带前檐廊，一厅两房，明间前部为正厅，次间前部为偏厅，后部为房间，厅堂内不设神庵；横屋位于正屋两侧，现留部分遗存，砖木结构，单层，硬山顶；路门原面阔至少五间，现仅存东部一半，位于东路正屋明间正前方，砖木结构，两层，硬山顶。
31	潘先伟宅	锦山镇南坑村委会南坑村	潘先伟，生卒年及生平不详。	泰国	1931年	无	东南朝向，前庭后院，一正一横式布局，中西合璧风格；现存正屋一座，面阔三间，一堂二内（室），砖木结构，单层，硬山顶；横屋位于正屋东侧，面阔六间，带前挑檐，单层，硬山顶；路门位于正屋西南侧，两层，钢筋混凝土结构，平屋顶；榉头位于正屋西北侧，砖木结构，硬山顶。
32	潘先仕宅	锦山镇南坑村委会南坑村5号	潘先仕，生卒年及生平不详；育有子女三人，分别为正琦、正瑷、正琼，曾出资捐建南坑小学。	泰国	不详	无	东南朝向，前庭后院，一正一横式布局，中西合璧风格；正屋面阔三间，一堂二内（室），单层，硬山顶；横屋位于正屋东侧，面阔六间，带前挑檐，单层，硬山顶；路门位于正屋西南方，两层，钢筋混凝土结构，平屋顶；榉头位于正屋西北方，砖木结构，硬山顶。

33	林鸿运宅	铺前镇美港村委会美兰村 40 号	林鸿运（？—1897），主要在越南从事洋酒销售贸易，其余生平不详。	越南	1897 年	无	西北朝向，三进院落，前有埕，单轴双横屋布局，砖木结构，传统风格；现有门屋、正屋共三座，均为面阔三间，硬山顶；门屋为一堂二内（室），凹斗门，厅堂内敞，出后廊，一进正屋为一堂二内（室），出前后廊，二进正屋为一堂二内（室），出前廊；横屋位于正屋两侧，但均不完整，仅存数间，硬山顶。
34	韩泽丰宅	铺前镇地太村委会地太村 57 号	韩泽丰（1891—1949），字春浓，主要从事洋运输贸易，曾在海口、文昌等地拥有数间商铺；其育有十一子四女；三子韩仁存，又名"罗门"，为中国台湾当代诗人，故该宅又名"罗门故居"。	越南	1933 年	无	坐北朝南，两进院落，一明两暗布局，中西合璧风格；现有正屋两座，面阔三间，一堂二内（室），砖木结构，硬山顶；前院东西两侧榉头均为两层的钢筋混凝土结构，平屋顶，分别命名为"望月楼"和"读书楼"，两楼之间与廊道相连，"望月楼"兼作路门；后院东西两侧设榉头，西侧还设一间侧门，硬山顶，砖木结构。
35	韩日衍宅	铺前镇地太村委会地太村 67 号	韩日衍，生卒年及生平不详。	越南	1918 年	无	坐北朝南，三进院落，三正两横布局，中西合璧风格，正屋原有三座，现存两座，面阔三间，一室二（内），砖木结构，硬山顶；前院两侧横屋为钢筋混凝土结构，平屋顶，东侧横屋兼作路门，大门朝向正南。
36	韩鹬翼宅	铺前镇地太村委会地太村 64 号	韩鹬翼（1835—1911），生平不详；其孙韩绪丰曾参加琼崖抗日独立总队，1945 年在文昌罗豆战斗中牺牲，被追授为烈士，故该宅又名"韩绪丰故居"。	泰国	约 1870 年	无	坐北朝南，一进院落，一正一横式布局，砖木结构，传统风格；现有正屋一座，一厅两房，硬山顶；横屋位于正屋东侧，面阔四间，硬山顶；榉头一间，位于正屋西南侧，与横屋相对，硬山顶；路门位于正屋东次间正前方，两层，硬山顶。
37	韩炯丰宅	铺前镇地太村委会地太村 16 号	韩炯丰，生卒年不详，主要在广州从事贸易，与韩绵丰为兄弟关系。	不详	不详	无	东南朝向，一进院落，一正一横式布局，砖木结构，传统风格；现有正屋一座，前后无廊，一堂二内（室），硬山顶；横屋与路门相连，位于正屋西侧，出前挑檐，面阔三间，硬山顶；榉头位于正屋东次间正前，单开间，硬山顶，与正屋相连并通向东侧院。
38	韩绵丰宅	铺前镇地太村委会地太村 17 号	韩绵丰，生卒年不详，主要在广州从事贸易，与韩炯丰为兄弟关系。	越南	不详	无	东南朝向，一进院落，一正一横式布局，砖木结构，传统风格；现有正屋一座，前后无廊，一堂二内（室），硬山顶；横屋与路门相连，位于正屋西侧，出前挑檐，面阔三间，硬山顶；榉头位于正屋东侧院，单坡顶，与西式屏墙相连。
39	韩纾丰宅	铺前镇地太村委会地太村 65 号	韩纾丰（1844—1909），生平不详。	泰国	1881 年	无	东南朝向，两进院落，带后院，单轴单横屋布局，砖木结构，传统风格；现有正屋两座，一进正屋三开间，带前廊，一堂二内（室），砖木结构，硬山顶；二进正屋三开间，无廊，一堂二内（室），砖木结构，硬山顶；横屋位于正屋西侧，前四间带前廊，砖木结构，硬山顶，北侧正屋已改为钢筋混凝土结构，平屋顶；路门位于一进正屋东次间前侧，单开间，砖木结构，硬山顶，并列设有一间榉头，二进正屋东次间前侧设一间侧门和一间榉头，砖木结构，硬山顶。
40	史贻声宅	铺前镇地太村委会佳港村 8 号	史贻声（1894—1944），生平不详。	马来西亚	1913 年	无	东南朝向，三进院落，最后一进正屋带后院，单轴单横屋布局，砖木结构，传统风格；现有正屋三座，一堂二内（室），前后无廊，硬山顶；横屋与路门相连，位于正屋东北侧，出前挑檐，面阔十一间，硬山顶；四座榉头中，三座位于正屋南次间前侧，一座位于第三进正屋南次间后侧，均为单开间，硬山顶。
41	邓焕芳宅	铺前镇隆丰村委会蛟塘村 43 号	邓焕芳（？—1936），曾受封蓝翎、同知衔，主要在越南从事种植业、商贸业等；胞弟邓焕苯（1900—1991）是越南著名侨领，曾为越南革命事业做出特殊贡献；胞弟邓焕香也是越南著名将领。	越南	1928 年	无	坐北朝南，一进院落，一正一横式布局，现代风格，现存正屋一座，一厅两房，砖木与钢筋混凝土混合结构，硬山顶；横屋位于正屋东侧，面阔四间，两层，钢筋混凝土结构，平屋顶；路门位于正屋西侧，与横屋厅堂相对，两层，钢筋混凝土结构，平屋顶。

42	邓焕玠宅	铺前镇隆丰村委会蛟塘村 13 号	邓焕玠（1889—1942），主要在马来西亚等地从事远洋贸易，并在当地拥有数家商行、种植园等，曾参与创建"琼崖溪北同乡会"；育有二子一女，长子文林、次子文桂、长女梅椿，子孙后代多散居新加坡等地。	马来西亚，新加坡	1931 年	无	坐北朝南，一进院落，一正一横式布局，钢筋混凝土结构，现代风格；现有正屋一座，面阔三间，一堂二内（室），单层，带前廊，平屋顶；横屋与路门相连，位于正屋东侧，两层，出前挑檐，面阔四间，平屋顶；样头位于正屋西侧，与路门相对，单层，单开间，平屋顶。
43	邓焕江、邓焕湖宅	铺前镇隆丰村委会蛟塘村五队 6 号	邓焕江、邓焕湖兄弟，生卒年不详，主要在海口从事远洋贸易。	不详	1928 年	无	坐西朝东，二进院落，单轴单横屋布局，主体建筑为钢筋混凝土结构，现代风格；现有正屋两座，均为两层，面阔三间，一堂二内（室），平屋顶，正屋之间以连廊相连；横屋位于正屋南侧，面阔八间，带前檐廊，砖木结构，硬山顶，两进院落北侧设样头，一正屋北次间前侧的样头兼作路门，两层，平屋顶。
44	吴乾佩宅	铺前镇东坡村委会美宝村 43 号	吴乾佩，生卒年不详，主要从事酒业零售等。	泰国	1917 年	无	东南朝向，二进院落，前有埕，一明两暗式布局，中西合璧风格；门屋位于南侧，面阔三间，为"五脚基"的外廊形式，厅堂向内开敞，钢筋混凝土结构，单层，平屋顶；正屋在北侧，面阔三间，无檐廊，一堂二内（室），砖木结构，单层，硬山顶；无横屋，两座样头位于门屋与正屋之间，东西相对，均为钢筋混凝土结构，单层，平屋顶，东侧廊屋兼作路门。
45	吴乾璋宅	铺前镇东坡村委会美宝村 44 号	吴乾璋（1892—1945），主要从事酒业零售等，曾捐建美宝小学。	泰国	1917 年	无	东南朝向，二进院落，前有埕，一明两暗式布局，中西合璧风格；门屋位于南侧，面阔三间，为"五脚基"的外廊形式，厅堂向内开敞，钢筋混凝土结构，单层，平屋顶；正屋在北侧，面阔三间，无檐廊，一堂二内（室），砖木结构，单层，硬山顶；无横屋，两座样头位于门屋与正屋之间，东西相对，均为钢筋混凝土结构，单层，平屋顶，东侧廊屋兼作路门。
46	吴乾芬宅	铺前镇东坡村委会美宝村 15-17 号	吴乾芬（1883—1922），主要在泰国从事酒店业；育有一子坤奇。	泰国	1920 年	无	东南朝向，三进院落，单轴单横屋布局，砖木结构，传统风格；现有正屋三座，均为单层，面阔三间，一堂二内（室），硬山顶；横屋位于正屋西侧，面阔十二间，硬山顶；样头与路门相连，位于三座正屋东次间前侧，硬山顶。
47	吴乾诚宅	铺前镇东坡村委会美宝村 57 号	吴乾诚（1881—1969），于 1897 年下南洋，赴泰国经营侨批局，为当地华侨提供通信及汇款等业务。	泰国	1920 年	无	东南朝向，二进院落，单轴单横屋布局，主体建筑为砖木结构；现有正屋两座，均为单层，面阔三间，一堂二内（室），硬山顶；横屋位于正屋东侧，面阔七间，硬山顶；路门位于横屋南侧，一进正屋西次间前侧为一间现代风格的样头，钢筋混凝土结构，平屋顶；二进正屋西次间前侧为传统风格的样头和侧门各一间，砖木结构，硬山顶。
48	吴盛祥宅	铺前镇东坡村委会美宝村 35 号	吴盛祥（1863—1927），字瑞云，国学生，主要从事远洋运输贸易；育有二子，长子世珊，次子世瑚。	泰国	约 1910 年	无	东南朝向，一进院落，单轴单横屋布局，砖木结构，传统风格；现有正屋一座，单层，一堂二内（室），硬山顶；横屋位于正屋西侧，面阔四间，硬山顶；样头与路门相连，位于正屋之间，硬山顶。
49	吴世珊宅	铺前镇东坡村委会美宝村 36 号	吴世珊（1886—1932），字玉川，主要从事远洋运输贸易，其余生平不详。	泰国	约 1928 年	无	东南朝向，一进院落，单轴单横屋布局，砖木结构，传统风格；现有正屋一座，单层，一堂二内（室），硬山顶；横屋位于正屋西侧，面阔四间，硬山顶；廊屋与路门相连，位于正屋之间，硬山顶。
50	吴安宇宅	铺前镇东坡村委会美宝村 40 号	吴安宇（1814—1871），生平不详。	越南	约 19 世纪中期	无	东南朝向，一进院落，一明两暗式布局，砖木结构，传统风格；现有正屋一座，单层，一堂二内（室），硬山顶；无横屋，两侧样头，东侧廊屋与路门相连，位于正屋东次间正前方，硬山顶。
51	吴世泰宅	铺前镇东坡村委会美宝村 58 号	吴世泰，生卒及生平不详。	泰国	不详	无	东南朝向，二进院落，单轴单横屋布局，中西合璧风格；现有门屋、正屋各一座，门屋位于南侧，面阔三间，带前檐廊，厅堂向内开敞，钢筋混凝土结构，单层，平屋顶；正屋在后，面阔三间，无檐廊，一堂二内（室），砖木结构，单层，硬山顶；横屋位于门屋与正屋的西侧，钢筋混凝土结构，单层，平屋顶，兼作路门。

52	潘于月宅	铺前镇林梧村委会泉口村	潘于月，生卒及生平不详，其后人移居美国。	越南	1935 年	无	西北朝向，前庭后院，一正一横式布局，砖木结构，传统风格；现有正屋一座，面阔三间，一堂二内（室），带前檐廊，单层，硬山顶；横屋位于正屋北侧，面阔六间，单层，带前檐廊，硬山顶；路门位于正屋南次间前侧，与横屋厅堂相对，两层，硬山顶；樵头位于正屋南次间后侧，面阔两间，单层，硬山顶。
53	吴乾刚宅	铺前镇仕后村委会轩头村 6 号	吴乾刚（1890—1960），主要在越南从事药材经营并创办有"天元大药店"，后在海口创办"南强药房"，曾任越南华侨抗日救国后援会主席，并发起募捐 2000 两黄金支援国民革命军第十九路军；育有六子，分别为坤声、坤壁、坤焕、坤干、坤茂、坤强；四子坤干（又名吴杰）曾为中国人民公安大学教授、法律系主任；其子孙后代大多散居中国大陆。	越南	1937 年	无	东南朝向，二进院落，单轴单横屋布局；现有正屋两座，面阔三间，一堂二内（室），砖木结构，单层，硬山顶；横屋位于正屋北侧，面阔四间，钢筋混凝土结构，两层，平屋顶；前院樵头位于第一进正屋北次间前侧，砖木结构，硬山顶；后院樵头位于第二进正屋南次间前侧，兼作侧门；路门位于第一进正屋南次间前侧，与樵屋相对，两层，硬山顶。
54	韩岳准、韩嵋准等宅	铺前镇东坡村委会白石村 61~63 号	韩岳准（1875—1940），又名耀南；韩嵋准（1889—1937），又名芸轩；兄弟二人均在泰国行医，其子孙也多侨居海外；该宅又名"韩家大院"。	泰国	约 1931 年	无	东南朝向，现分为前、中、后三个部分，前部为三进院落，中、后部均为一进院落，前部与中、后部以巷道相隔，中、后部相毗邻，三部分均为一正一横式布局，主要建筑为砖木结构。前部现有正屋三座，均为单层，一堂四内（室），带前后廊，硬山顶；横屋位于正屋西南侧，大部已坍塌，仅余后段两间；院门正对正屋，为三开间坊门，中开圆洞门；中部现有门屋、正屋各一座，均为单层，门屋为一堂四内（室），凹斗门，厅堂内敞，出后廊，硬山顶；正屋为一堂四内（室），不出廊，硬山顶；横屋位于正屋西南侧，面阔五间，明间为厅堂，出前廊，硬山顶；樵头位于正屋东次间前侧，面阔一间，钢筋混凝土结构，平顶，可上人；后部现有正屋一间，凹斗门，一堂四内（室），硬山顶；横屋位于正屋西南侧，面阔四间，出前廊，硬山顶；路门位于正屋东次间前侧，硬山顶。
55	韩而准宅	铺前镇林梧村委会青龙村 34 号	韩而准，生卒年不详，曾受封资政大夫、度支部主事，主要在越南从事商贸业；育有四子，分别为万丰、定丰、盈丰、琼丰，现子孙后代多散居美国等地。	越南	约 1860 年	无	西南朝向，原为三进院落，单轴单横屋布局，砖木结构，传统风格；现存前两进正屋，面阔三间，硬山顶，第三进正屋已毁；横屋位于正屋北侧，前段已毁，后段无廊，砖木结构，硬山顶；路门位于一进正屋南次间前侧，单开间，硬山顶，门额书"资政第"；两座樵头位于二、三进正屋南次间前侧，单开间，硬山顶。
56	韩亦准宅	铺前镇林梧村委会青龙村 36 号	韩亦准（1860—？），曾受封中宪大夫、法部主事，主要在越南从事商贸业；育有一子金丰，现子孙后代多散居在中国香港等地。	越南	约 1880 年	无	西南朝向，两进院落，带后院，一明两暗式布局，砖木结构，传统风格；现存正屋两座，面阔三间，硬山顶；路门位于一进正屋南次间前侧，单开间，硬山顶，门额书"资政第"；四座樵头分别位于一进正屋北次间前侧和二进正屋两次间前侧，以及二进正屋南次间后侧，砖木结构，硬山顶。
57	韩足准宅	铺前镇林梧村委会青龙村 42 号	韩足准（1868—1922），官名凤梧，字儒轩，曾受封中宪大夫、度支部主事，主要在越南从事商贸业；育有四子，分别为年丰、寿丰、绵丰、延丰，现子孙后代多散居在美国等地。	越南	约 1890 年	无	西南朝向，两进院落，带后院，一明两暗式布局，砖木结构，传统风格；现存正屋两座，面阔三间，硬山顶；路门位于一进正屋南次间前侧，单开间，硬山顶，门额书"资政第"；四座樵头分别位于一进正屋北次间前侧和二进正屋两次间前侧，以及二进正屋南次间前侧，砖木结构，硬山顶。
58	叶芪华宅	铺前镇林梧村委会田良村	叶芪华（1838—1895），主要在越南从事商贸业；育有六子，分别为仁基、义基、礼基、智基、信基、顺基；次子义基之长男叶用爱，字剑雄，为国民党陆军中将。	越南	约 19 世纪后期	无	东南朝向，一明两暗式布局，砖木结构，传统风格；共分南北两个部分，七进院落；其中，北部为一组三进并联院落，南部为两组二进并联院落，三组院落之间以巷道相隔；正屋均面阔三间，砖木结构，单层，硬山顶。

附录3

文昌侨领和知名华侨祖宅列表

（建筑信息和照片由团队实地考察取得，其余信息均由文昌市侨务办公室提供）

序号	姓名	出生年份	祖籍地址	侨居国	人物信息	住宅特征	实景照片
1	凌绪光	1945	文城镇南阳村委会福田一村10-11号	老挝	曾任老挝常务副总理、外交部部长	约建于20世纪初期，东南朝向，两进院落，砖木结构。	
2	潘诺	1953	文城镇清群村委会上坑村	法国	曾任中国银行巴黎分行行长、法国中资企业协会会长	约建于20世纪30年代，东南朝向，一进院落，砖木结构；宅后的潘氏祖宅为两进院落，砖木结构。	
3	符喜泉（女）	1950	文城镇玉山村委会松树一村	新加坡	曾任新加坡社会发展、青年及体育部政务部长，新加坡海南商会荣誉顾问	约建于20世纪30年代，西北朝向，三进院落，砖木结构。	
4	赵玉山	1905（2001年去世）	文城镇南阳村委会山城村10号	新加坡	曾任新加坡华人旅业总会会长	重建于1988年，东南朝向，两进院落，砖混结构。	
5	黄循财	1972	会文镇湖丰村委会北山村	新加坡	现任新加坡副总理兼财政部长，曾任教育部长、国家发展部长等	约建于20世纪20年代，2007年修缮，西南朝向，砖木结构。	
6	翁诗杰	1956	会文镇冠南村委会下岚村9-10号	马来西亚	现任马来西亚新亚洲战略研究中心主席，曾任马来西亚交通部长、副议长、马来西亚华人公会会长	现宅约建于20世纪30年代，东南朝向，四进院落，砖木结构；路门上有"六桂第"门额。	
7	林秋雅（女）	1945	会文镇官新村委会宝石村8号	马来西亚	现任马来西亚海南会馆联合会总会长	约建于20世纪30年代，1997年修缮，东北朝向，砖木结构。	
8	符明潮	1951	昌洒镇更新村委会东泰山西村7号	日本	现任日本海南商会会长	约建于20世纪30年代，70年代修缮；东南朝向，三进院落，砖木结构。	

9	韩勉元	1936	昌洒镇昌华村委会昌述下村 27 号	文莱	现任文莱马来奕海南公会主席	约建于 20 世纪 30 年代，70 年代修缮，2014 年再次修缮；西南朝向，两进院落，砖木结构。	
10	邢伟福	1947	昌洒镇庆龄村委会宝兔七村 1 号	柬埔寨	曾任柬埔寨国家灾害管委员会	约建于 20 世纪 20 年代，70 年代修缮；西北朝向，两进院落，砖木结构。	
11	林明利	1956	东阁镇新群村委会鳌头村三村	泰国	曾任泰国副总理兼商业部部长	一进院落，砖木结构。	
12	邢诒喜	1960	东阁镇红星村委会流坑村二队 7-8 号	泰国	曾任泰国海南会馆理事长	2009 年修缮，三进院落，砖木结构。	
13	苏运连	1951	冯坡镇凤尾村委会田界村 18 号	泰国	曾任泰国文化部部长	约建于 20 世纪 20 年代，西南朝向，一进院落，砖木结构；路门门额上有"薰风南来"四字。	
14	吕诗澄	1941	锦山镇下溪坡村委会溪梅坡村 12 号	美国	现任美国海南商会会长，曾任美国南加州海南会馆馆长	2006 年重修，一进院落，砖木结构。	
15	谢自力	1944	锦山镇福坡村委会林兰一村	美国	现任美国海南总商会会长	2010 年新建，独栋四层楼房，砖混结构；谢氏祖屋位于村内，一进院落，砖木结构。	
16	潘家海	1963	公坡镇五一村委会锦山头村 12 号	新加坡	现任新加坡海南会馆会长	2006 年修缮，一进院落，砖木结构。	

（续表）

17	邢福正	1968	文教镇水吼村委会五队村 5 号	澳大利亚	现任澳大利亚海南总商会常务副会长	2017 年修缮，两进院落，砖木结构。
18	蔡邬泰	1938	文教镇后田村委会后田村 40 号	泰国	曾任泰国国会主席	2014 年修缮，一进院落，砖木结构。
19	梁定华	1925	潭牛镇潭牛村委会大好上村	新加坡	曾任新加坡海南协会理事长	1995 年新建，独栋两层楼房，砖混结构；梁氏祖屋位于村内，20 世纪 90 年代修缮，西南朝向，一进院落，砖木结构。
20	齐必光	1925	铺前镇铺前村委会后港村 31 号	泰国	曾任泰国海南会馆荣誉顾问	1998 年新建，独栋两层洋楼，砖混结构，齐氏祖屋位于新宅后，20 世纪 80 年代修缮，两进院落，砖木结构；路门门额上有‘爽风西来’四字。
21	史振顺	1954	铺前镇铺前村委会云楼九村 61 号	美国	曾任美国南加州海南会馆会长	20 世纪 90 年代修缮，正南朝向，一进院落，砖木结构；路门上有‘紫气东来’四字。
22	陈群川	1940	东郊镇豹山村委会良山四村 31 号	马来西亚	曾任马来西亚国会议员、马来西亚华人公会会长	2013 年重建，东南朝向，一进院落，砖混结构；路门门额上有‘德里第’三字。
23	郭巨川	1876（1953 年去世）	文城镇南阳村委会美丹村	新加坡	著名爱国侨领	约建成于 1930 年，之后屡遭破坏，东南朝向，现仅存一间正屋、部分横屋及一座碉楼式门楼，其中正屋、横屋为砖木结构，门楼为钢筋混凝土结构。
	郭镜川	1885（1955 年去世）				
24	黄闻波	1925	抱罗镇抱民村委会乌石下村	泰国	曾任泰国政务院副总理	已于 2010 年倒塌。 无

附录 4

文昌近代华侨住宅壁画集锦

图版一

东阁镇富宅村韩钦准宅壁画（横屋内墙矩形壁画二）

图版二

文教镇美竹村郑兰芳宅壁画

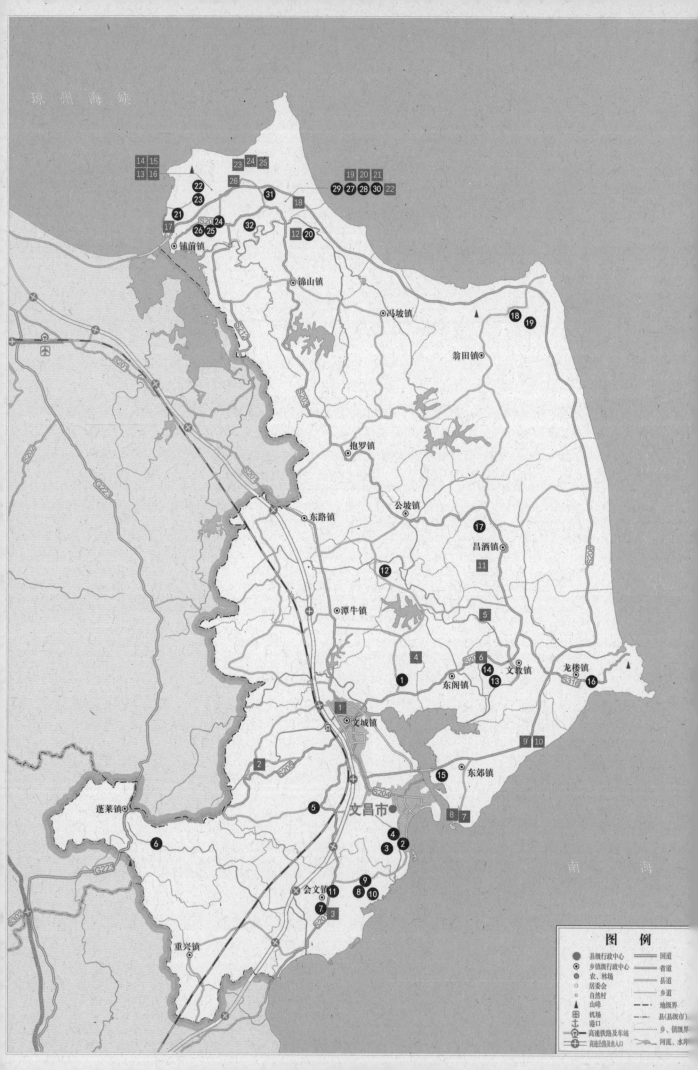

琼 州 海 峡

南 海

铺前镇

锦山镇

冯坡镇

翁田镇

抱罗镇

公坡镇

东路镇

昌洒镇

潭牛镇

东阁镇

文教镇

龙楼镇

文城镇

东郊镇

蓬莱镇

文昌市

会文镇

重兴镇

图　例

● 县级行政中心　　　　　国道
◎ 乡镇级行政中心　　　　省道
● 农、林场　　　　　　　县道
○ 居委会　　　　　　　　乡道
∘ 自然村　　　　　　　　地级界
▲ 山峰　　　　　　　　　县(县级市)界
✈ 机场　　　　　　　　　乡、镇级界
⚓ 港口　　　　　　　　　河流、水库
⊕ 高速铁路及车站
⊕ 高速公路及出口

附录 5

本书调研的文昌近现代华侨住宅分布图

图例

● 华侨住宅典型案例

■ 其他华侨住宅案例

① 符永质、符永潮、符永秩宅

② 陈明星宅

③ 王兆松宅

④ 陈治莲、陈治遂宅

⑤ 陈氏家族宅

⑥ 彭正德宅

⑦ 符辉安、符辉定宅

⑧ 张运琚宅

⑨ 张运玖宅

⑩ 林尤蕃宅

⑪ 陶对庭、陶屈庭宅

⑫ 韩钦准宅

⑬ 邢定安宅及楼

⑭ 林树柏、林树松宅

⑮ 符企周宅

⑯ 林树杰宅

⑰ 韩纪丰宅

⑱ 韩锦元宅

⑲ 张学标宅

⑳ 潘先伟宅

㉑ 林鸿运宅

㉒ 韩泽丰宅

㉓ 韩日衍宅

㉔ 邓焕芳宅

㉕ 邓焕玠宅

㉖ 邓焕江、邓焕湖宅

㉗ 吴乾佩宅

㉘ 吴乾璋宅

㉙ 吴乾芬宅

㉚ 吴乾诚宅

㉛ 潘于月宅

㉜ 吴乾刚宅

1 李运蛟宅

2 郭巨川、郭镜川宅

3 陈文钩宅（陈策故居）

4 郑兰馤宅（郑介民故居）

5 郑兰芳宅

6 林鸿干宅

7 黄世兰宅

8 黄大友宅

9 黄善贵宅

10 黄闻声宅

11 韩儒循宅（宋氏祖居）

12 潘先仕宅

13 韩鹬翼宅

14 韩炯丰宅

15 韩绵丰宅

16 韩纡丰宅

17 史贻声宅

18 韩岳准、韩嶓准等宅

19 吴盛祥宅

20 吴世珊宅

21 吴安宇宅

22 吴世泰宅

23 韩而准宅

24 韩亦准宅

25 韩足准宅

26 叶苋华宅

参考文献

一、历史文献

[1][宋]祝穆编,祝洙补订《宋本方舆胜览》,上海:上海古籍出版社,2012年。

[2][明]唐胄《正德琼台志》,海口:海南出版社,2006年。

[3][明]邢宥等《湄丘集等六种》,海口:海南出版社,2006年。

[4][明]计成著,陈植注释《园冶注释》,北京:中国建筑工业出版社,1988年。

[5][明]佚名《明鲁般营造正式》,上海:上海科学技术出版社,1988年。

[6][清]张廷玉等《明史》,北京:中华书局,1974年。

[7][清]马日炳纂修,赖青寿、颜艳红点校《康熙文昌县志》,海口:海南出版社,2003年。

[8][清]明谊修,张岳崧纂《道光琼州府志》,海口:海南出版社,2006年。

[9][清]张霈等监修,林燕典纂《咸丰文昌县志》,海口:海南出版社,2003年。

[10][清]金鉷等修,钱元昌、陆纶纂《广西通志》,南宁:广西人民出版社,2009年。

[11][清]郑观应《盛世危言》,上海:上海古籍出版社,2008年。

[12][清]庾岭劳人《蜃楼志》,太原:山西人民出版社,1993年。

[13][清]屈大均《广东新语》,北京:中华书局,1985年。

[14][清]朱采《清芬阁集》,上海:商务印书馆,1908年。

[15]陈铭枢总纂,曾蹇主编《海南岛志》,上海:神州国光社,1933年。

[16]陈植编著《海南岛新志》,海口:海南出版社,2004年。

[17]廖国器修,刘润纲、许瑞棠纂《民国合浦县志》,南京:凤凰出版社,2014年。

[18]李钟岳监修,吕书萍、王海云点校《民国文昌县志》,海口:海南出版社,2003年。

[19]张锳绪《建筑新法》,上海:商务印书馆,1910年。

二、中文著作

[1]文昌市地方志编纂委员会编《文昌县志》,北京:方志出版社,2000年。

[2]朱运彩主编《文昌县文物志》,文昌:文昌县政协文史资料研究委员会,1988年。

[3]冯承钧《中国南洋交通史》,北京:商务印书馆,2011年。

[4]周伟民、唐玲玲《海南通史》,北京:人民出版社,2017年。

[5]广东省地方史志编纂委员会编《广东省志·华侨志》,广州:广东人民出版社,1996年。

[6]苏云峰《海南历史论文集》,海口:海南出版社,2002年。

[7]陈达《南洋华侨与闽粤社会》,北京:商务印书馆,2011年。

[8]林明仁《文昌华侨文化》,海口:南方出版社,2010年。

[9]符国存《文昌文化研究》,海口:南海出版公司,2016年。

[10]林明江主编《古镇春秋:中国历史文化名镇铺前》,北京:中国华侨出版社,2015年。

[11]林明仁《文昌文化大全·华侨卷·文昌华侨文化》,海口:南方出版社,2010年。

[12]张兴吉《民国时期的海南(1912—1949)》,海口:南方出版社,2008年。

[13]唐若玲《宋耀如与海南华侨》,海口:海南出版社,2012年。

[14]唐若玲《东南亚琼属华侨华人》,广州:暨南大学出版社,2012年。

[15]庄国土《中国封建政府的华侨政策》,厦门:厦门大学出版社,1989年。

[16]庄国土《华侨华人与中国的关系》,广州:广东高等教育出版社,2001年。

[17]蔡葩等《海南华侨与东南亚》,海口:海南出版社;海口:南方出版社,2008年。

[18]闫广林《海南岛文化根性研究》,北京:社会科学文献出版社,2013年。

[19]沙永杰《"西化"的历程——中日建筑近代化过程比较研究》,上海:上海科学技术出版社,2001年。

[20]许倬云《万古江河:中国历史文化的转折与开展》,上海:上海文艺出版社,2006年。

[21]李亦园《学苑英华:人类的视野》,上海:上海文艺出版社,1996年。

[22]姚承祖著,张至刚增编《营造法原》,北京:中国建筑工业出版社,1986年。

[23] 陆元鼎《中国民居建筑》，广州：华南理工大学出版社，2003年。

[24] 陆元鼎《南方民系民居的形成发展与特征》，广州：华南理工大学出版社，2019年。

[25] 陆元鼎、陆琦编著《中国民居装饰装修艺术》，上海：上海科学技术出版社，1992年。

[26] 陆琦《广东民居》，北京：中国建筑工业出版社，2008年。

[27] 戴志坚《闽海民系民居》，广州：华南理工大学出版社，2019年。

[28] 陈从周《中国厅堂·江南篇》，上海：上海画报出版社，1994年。

[29] 楼庆西《中国传统建筑装饰》，北京：中国建筑工业出版，1999年。

[30] 彭长歆《现代性·地方性——岭南城市与建筑的近代转型》，上海：同济大学出版社，2012年。

[31] 程建军《开平碉楼：中西合璧的侨乡文化景观》，北京：中国建筑工业出版社，2007年。

[32] 程建军《岭南古代大式殿堂建筑构架研究》，北京：中国建筑工业出版社，2002年。

[33] 陈志宏《闽南近代建筑》，北京：中国建筑工业出版社，2012年。

[34] 陈志宏《马来西亚槟城华侨建筑》，北京：中国建筑工业出版社，2019年。

[35] 曹春平《闽南传统建筑》，厦门：厦门大学出版社，2016年。

[36] 李哲扬《潮州传统建筑大木构架》，广州：广东人民出版社，2009年。

[37] 潘莹《潮汕民居》，广州：华南理工大学出版社，2013年。

[38] 王鲁民、乔迅翔《营造的智慧——深圳大鹏半岛滨海传统村落研究》，南京：东南大学出版社，2008年。

[39] 林广臻《海南历史建筑》，北京：中国建筑工业出版社，2019年。

[40] 闫根齐《海南建筑发展史》，北京：海洋出版社，2019年。

[41] 闫根齐《海南古代建筑研究》，海口：海南出版社、南方出版社，2008年。

[42] 黄志健《文昌文物概略》，海口：南方出版社，2019年。

[43] 刘小师《中国近代建筑史概论》，北京：商务印书馆，2019年。

[44] 同济大学、清华大学、南京工学院、天津大学编《外国近现代建筑史》，北京：中国建筑工业出版社，1982年。

[45] 刘森林《中华陈设：传统居民室内设计》，上海：上海大学出版社，2006年。

[46] 刘定邦《海南传统木雕艺术赏析》，海口：海南出版社，2008年。

[47] 朱广宇《中国传统建筑：门窗、格扇装饰艺术》，北京：机械工业出版社，2008年。

[48] 梅青《中国建筑文化向南洋的传播：为纪念郑和下西洋伟大壮举六百周年献礼》，北京：中国建筑工业出版社，2005年。

[49] 范若兰、李婉珺、[马]廖朝骥《马来西亚史纲》，广州：世界图书出版广东有限公司，2018年。

[50] 广东省档案馆、广州华侨志编委会、广州华侨研究会等编《华侨与侨务史料选编》，广州：广东人民出版社，1991年。

[51] 林金枝、庄为玑编著《近代华侨投资国内企业史资料选辑（广东卷）》，福州：福州人民出版社，1989年。

[52] 林远辉、张应龙《新加坡马来西亚华侨史》，广州：广东高等教育出版社，2008年。

[53] 张复合主编《中国近代建筑研究与保护（七）》，北京：清华大学出版社，2010年。

[54] 梁启超《欧游心影录》，北京：商务印书馆，2014年。

[55] 李国荣主编，覃波、李炳编著《清朝洋商秘档》，北京：九州出版社，2010年。

[56] 陈文新译注《日记四种》，武汉：湖北辞书出版社，1997年。

三、译著

[1][法]萨维纳《海南岛志》，辛世彪译注，桂林：漓江出版社，2012年。

[2][日]小叶田淳《海南岛史》，张兴吉译，海口：海南出版社，2017年。

[3][美]孟言嘉《椰岛海南》，辛世彪译，海口：海南出版社，2016年。

[4][美]罗兹·墨菲（Rhoads Murphey）《亚洲史》，黄磷译，海口：三环出版社；海口：海南出版社，2004年。

[5][日]藤森照信《日本近代建筑》，黄俊铭译，台北：博雅书屋有限公司，2011年。

[6][美]孔飞力《他者中的华人：中国近现代移民史》，李明欢译，黄鸣奋校，南京：江苏人民出版社，2016年。

[7][美]薛爱华《朱雀：唐代的南方意象》，程章灿、叶蕾蕾译，北京：生活·读书·新知三联书店，2014年。

[8][美]薛爱华《珠崖：12世纪之前的海南岛》，程章灿、陈灿彬译，北京：九州出版社，2020年。

[9][英]查尔斯·辛格等主编《技术史》，辛元欧、刘兵主译，上海：上海科技教育出版社，2004年。

[10][英]班国瑞、刘宏《亲爱的中国：移民书信与侨汇（1820—1980）》，贾俊英译，上海：东方出版中心，2022年。

[11][英]书蠹（Bookworm）《槟榔屿开辟史》，顾因明、王旦华译，台北：台湾商务印书馆，1970年。

[12] 柯玫瑰、孟露夏《中国外销瓷》，张淳淳译，上海：上海书画出版社，2014年。

四、外文文献

[1]Ronald G.Knapp. *Chinese Houses of Southeast Asia*, Tuttle Publishing, 2010.

[2]Heritage of Malaysia Trust. *Malaysian Architecture Heritage Survey: A Handbook*, Kuala Lumpur: Badan Warisan Malaysia,1990.

[3]Guan,Kwa Chong. *Penang: The Fourth Presidency of India 1805–1830* Vol. 2: *Fire,Spice and Edifice*, Penang: Areca Books,2013.

[4]Baba,Zawiyah.*The planter's Bungalow: A Journey Down the Malay Peninsula*, Singapore: Editions Didier Millet Pte Ltd, 2008,Vol.81.

五、期刊文献

[1][日] 藤森照信、张复合《外廊样式—中国近代建筑的原点》,《建筑学报》1993 年第 5 期。

[2] 孙大章《民居建筑的插梁架浅论》,《小城镇建设》2001 年第 9 期。

[3] 吴松弟、杨敬敏《近代中国开埠通商的时空考察》,《史林》2013 年第 3 期。

[4] 乔迅翔《基于演化视角的穿斗架分类研究》,《建筑史》2019 年第 2 期。

[5] 国庆华《鲁班尺与鲁班尺法的起源和用法及其门尺、门诀和门类问题》,《建筑史学刊》2020 年第 1 期。

[6] 王红银《试论殖民主义对东南亚现代化发展的影响》,《黑龙江史志》2009 年第 7 期。

[7] 王和平《康熙朝御用玻璃厂考述》,《西南民族大学学报（人文社会科学版）》2008 年第 10 期。

[8] 杨乃济《玻璃窗引进清宫的小史》,《紫禁城》1986 年第 4 期。

六、学位论文

[1] 江柏炜《 "洋楼" ：闽粤侨乡的社会变迁与空间营造（1840s—1960s）》,台湾大学博士学位论文, 2000 年。

[2] 梅青《中西建筑艺术比较研究报告》,同济大学博士后出站报告, 2005 年。

[3] 熊绎《琼北传统民居营造技艺及传承研究》,华中科技大学硕士学位论文, 2011 年。

[4] 陈小斗《广东徐闻珊瑚石乡土材料建构艺术研究》,华南理工大学硕士学位论文, 2011 年。

[5] 杨梓杰《澧州地区传统民居木构架营造技艺研究》,深圳大学硕士学位论文, 2019 年。

[6] 周自清《近代受南洋文化影响的琼北民居空间形态特征研究》,华中科技大学硕士学位论文, 2011 年。

[7] 毕小芳《粤北明清木构建筑营造技艺研究》,华南理工大学博士学位论文, 2016 年。

[8] 徐琛《基于文化地理学的琼北地区传统村落及民居研究》,华南理工大学硕士学位论文, 2016 年。

[9] 陈伟《雷州地区传统民居门楼研究》,华南理工大学硕士学位论文, 2017 年。

[10] 陈琳《明清琼雷地区祭祀建筑研究》,华南理工大学博士学位论文, 2017 年。

[11] 王平《岭南广府传统大木构架研究》,华南理工大学博士学位论文, 2018 年。

[12] 王均杰《马来西亚槟城近代骑楼建筑初论》,华侨大学硕士学位论文, 2020 年。

图片目录

摄影：李燕兵、刘艳军、刘杰、丁煜、王方宁、朱艳琪、李焕阳、高艳华、曹晨、蔡艳华、樊轶伦。

绘图与制表：丁煜、王方宁、左艳霞、朱弘毅、朱艳琪、李焕阳、吴冰沁、吴杰一、吴媛媛、沈思瑜、翁怡馨、曹晨、谢祺旸、蔡艳华、樊轶伦。

后记

　　2020 年的春节，是我记忆以来最难挨的一个节日。在过去的数年中一直在肆虐全球的新冠疫情当时在湖北武汉暴发，病毒的威力也波及正在成都岳父母家度假的我。我所居住的小区有人刚刚从疫区返回，且被查出感染了病毒，于是，我们居住的小区被禁足了。原本可以轻松地去到宽阔的小区做些户外运动的我，平时只能待在家里，一户一天只能派出一人外出（也仅仅可以走到小区的大门）采购日常生活用品。我和家人只能待在 100 多个平方米的几间房里，日常除了看书就是看电视。电视里还时不时传来各地疫情频发的充满负能量的新闻，2020 年从它降临之初就充满了迷茫、困惑和不确定⋯⋯

　　就在这时，远在海南的李燕兵博士给我打来电话，先是节日里的寒暄，然后谈到了海南岛上的一些建筑遗存方面的事。李博士是我的老大哥，他本是海南当初建省的功臣，是他们一大批人在上个世纪 80 年代从全国各地抽调到海南，充实了各个职能部门，建立起海南省——中国这个最年轻的省级行政区。现在的他已经赋闲在家过上了悠闲的退休生活，不过，他早已把海南当成了自己的第二故乡，对她充满了拳拳的赤子情。我们相识于对建筑文化遗产热爱与保护的共同事业与兴趣中，曾经有过多次的促膝长谈和在四川等地考察古代建筑遗物和遗迹的经历。因此，一年之中偶尔也会聊聊这方面的事。李大哥的来电让我在新冠疫情笼罩下的沉闷氛围里看到了未来的一点亮色。

　　疫情下的时光过得比往常要慢。三个多月后，大概是 2020 年的 4、5 月份，李大哥又来电说，那段时间，他和刘大姐总开着车在海口附近的县市里转，发现文昌近代以来的华侨住宅比较有意思，遗存相对也比较多，大多数还有人居住，少数已经被废弃了，但从保存下来的建筑情况看，当初的建设质量还是非常高的。大哥话锋一转，直接发问，你有没有可能带着团队来考察一下，有可能的话做点研究，主题就是文昌近现代华侨住宅。

当时我没有正面回答。我脑海里快速地回顾了一下自己与海南岛的渊源。第一次去海南岛是在1993年，那时我还在广州佘畯南建筑事务所从事设计工作。当时，我曾随老师佘畯南院士在一年时间里从广州十下海南，当年的任务是替一家总部设在海口的港资公司在三亚鹿回头公园里设计一座五星级酒店。当初三亚凤凰机场还没有建成，只有一个简易军用小机场，我们到海南出差通常会选择先从广州飞往海口，如果要到建设现场踏勘或者开会，就必须改乘汽车再从海口往三亚。那时候的海南，环岛公路还没有建成，从海口到三亚一共有三条公路可走，分别是西、中、东三条线。其中，西线是从海口出发，经过澄迈、临高、儋州、昌江、东方、乐东到三亚，沿途多是滨海的风光大道，但路程相对较远；中线是从海口出发后，经过定安、屯昌、琼中、五指山和保亭等县市抵达三亚，路程较短但得翻山越岭；东线是从海口出发，经过文昌、琼海、万宁、陵水而至三亚的滨海路线，路程适中，路况也较为平坦。我在数次从海口向三亚进发的旅程中，虽然有为了兑现从小受芭蕾舞剧《红色娘子军》（后来也拍摄有同名电影）的影响而对五指山、万泉河的无限向往，尝试走过中线翻越风光旖旎的五指山的经历，但多数情况下还是选择走路况良好、路程较近的东线，自然而然就多次穿越了文昌县境的一角。如此算来，我第一次踏上文昌的土地竟然是在接近三十年之前！

宋庆龄、宋霭龄和宋美龄三姐妹对近现代中国的影响力，让许多人对其生父宋耀如的家乡——海南文昌产生了浓厚兴趣。我第一次知道文昌这个地方，也是出于这个原因。尽管，我知道宋氏三姐妹出生和接受初级教育的地方还是在当时远东的第一大都市、也是我居住了近三十年的城市——上海，但我还是对她们远在天涯海角的祖籍产生了亲近的情缘。这一次面对来自我所敬重的兄长最诚挚的邀请，使得我在学术版图上与向往的文昌离得如此之近。但冷静下来的思考还是让我犹豫不决。毕竟，海南岛不是我所熟悉的研究地区，近现代建筑也不是我惯常的研究领域，尽管会有好友倾力相助，但对于研究者而言，远赴一块相对陌生的土地，还要担负起开辟一个新研究基地的责任，谈何容易？

李大哥明白了我的心思，他开导我说，你的专业就是做建筑历史，二十多年来基本上就是在浙江、福建和广东一带做地域建筑考察与研究，这些地方都是沿海地区，它们在自然地理与历史文化方面与海南有相似的情形；此外，你的研究思路和方法比较开放，尽管以前做古代建筑史的研究工作多些，但近现代的住宅是与古代住宅一脉相承，虽然在地域上有了较大的拓展，不过文昌的移民与福建、广东等地区有着千丝万缕的联系，文昌人至今只承认他们是来自福建的莆田人。总之，李大哥认为我在过去的闽浙粤地域建筑研究基础上，抽出些时间、人力和精力来做一点传统研究基地之外、又与之相关联的研究，总体上来说对我以往专注的研究领域和体系是有积极意义的。李大哥在海南做过高校的负责人，也深谙人文学术研究的规律，他发自肺腑的话打动了我。

确实如此，我过去做惯了古代建筑的研究，现在还真想尝试探索一下近现代建筑；也很想从一个局部的地区——甚至是一个较小范围的地方入手，将之置入较为特殊的历史大背景之下——比如晚清沿海城市的开埠，面对西方来势汹涌的现代思潮和文化侵入，来审视传统的住宅建筑是如何在西方文化与传统文化之间摇摆、选择以至融合、创新的过程，也即是当传统文化在面对强大外力和新国民精神双重刺激下所做出的改变，以及这种改变投射到那个时代的住宅建筑中使其经历的发展和演变进程。这正是承蒙杨鸿勋、路秉杰二位恩师多年来的谆谆教诲，我一直想在传统住宅的研究领域里做些研究探索的初心。个人以往的研究偏向古代建筑的空间形态和木结构建筑技术史方面，而文昌华侨住宅的研究除了有建筑形态和技术史层面的问题外，更有价值的可能还是在社会史层面的研究上。当然，我也清醒地认识到，这并不是我熟悉的研究领域，我本人并不擅长建筑社会学的研究。但是，作为一名建筑史学领域的学者，我觉得还是有责任和义务在几个学科的交叉领域里做些探索性的工作，哪怕在其中走得跌跌撞撞，甚至摔跤碰头！

先前中国近现代建筑的研究，最早是从城市建筑的视角展开的，尤其是从开埠较早的沿海和沿江城市。之后，学界大致也是沿着这个思路，或者是以城市为核心向城市周边辐射的视角进行拓展和深入。从近现代建筑遗存的质量和数量的角度而言，这本无大的问题。但久而久之，这种情形的无限制延展就往往会给人造成一个错觉，那就是在中国的农村并没有近现代建筑发展的自觉或者契机，它们顶多是城市建筑文明的一个外溢或扩散。事实上，在农村地区或者是城乡接合部，造成建筑现代化的原因和背景相当复杂。比如，就以海南文昌乡村里遗存的华侨住宅建筑来看，即是如此。我们在文昌一带的研究表明，不在少数的住宅设计、建造技术和建筑材料都是直接从海外输入，也有一部分是由接受了西方设计思想和教育的建筑师在当地的建筑实践。文昌近现代住宅建筑文化对岛内住宅发展演变的影响也是客观存在的。进一步思考，众多分布在闽粤甚至江浙沪一带沿海的乡村，尤其是侨乡的建筑发展演变，应该也存在着类似的现象。因此，系统地梳理与研究中国沿海地区农村近现代建筑的发展与演变状况，将是对中国近现代建筑史研究的很好补充。此外，在此领域深入研究所取得的成果，将不仅仅对建筑史研究大有裨益，即使对乡村社会史和近现代史的建构也将增加丰富的建筑学材料。我想这或许就是此项研究的价值和意义吧！

此项研究由我领导的上海交通大学设计学院木建筑研究与设计中心所承担。我们团队及合作成员共计三十余人先后参加了这个项目，其中部分成员全程参与了考察与研究工作，部分同志只参与了阶段性的工作。严格意义上讲，此项研究是集体完成的，我个人只是一位领导者，组织和负责考察、研究以及本书文字的撰写及修订工作。其间，大规模的现场考察和研究活动共有四批次。2020 年 7 月 26 日至 8 月 9 日，由我带队，杨健、蔡艳华、李尉铭、高艳华、曹晨、樊轶伦、王方宁、李焕阳、朱艳琪、Karina Rakhmatullina（俄罗斯籍研究生）、金礼鹏、胡骥骜等帅生参与了第一次考察和建筑测绘工作，此次考察的基地设在龙楼镇，是以东阁、文城、文教、东郊、会文、铺前、翁田、蓬莱、昌洒等九个建制镇遗存的近现代华侨住宅为考察对象；2020 年 10 月 3 日至 13 日，我带领第二批次队员，包括高艳华、蔡艳华、吴洪德、曹晨、樊轶伦、王方宁、朱艳琪、曹婷等师生，利用国庆假期，赴文昌进行第二次考察和建筑测绘工作。此次考察基地设在海口，主要是在铺前、会文、东郊、文教、龙楼等建制镇进行田野工作；2021 年元月 11 日至 24 日，我率领曹晨、丁煜、樊轶伦、王方宁、李焕阳、朱艳琪、蔡艳华、左艳霞、吴媛媛等师生，在文昌境内的文城、铺前、蓬莱、翁田、文教等建制镇，针对第一、二次系统考察遗漏和新发现的华侨住宅进行详细考察与建筑测绘工作；2021 年 3 月 26 日至 3 月 29 日，我又带领曹晨、蔡艳华、丁煜等人四赴文昌，一方面是向编委会全体委员、特邀学术界知名专家以及海南和文昌当地的建筑专家进行书稿（初稿）的汇报，另外也对个别华侨住宅建筑进行实地调查和资料收集。

除了参加了考察和测绘工作之外，王方宁、丁煜、曹晨分别参与了第一章、第二章和第四章的部分文稿编辑和整理工作，访问学者蔡艳华和硕士研究生樊轶伦也参与了部分章节最初的资料收集和整理工作；大部分建筑的航拍工作由樊轶伦完成，上海交通大学创新设计研究院高艳华老师参与了部分建筑的摄影工作，所有测绘图后期绘制工作由硕士研究生朱艳琪负责，曹晨与硕士研究生王方宁、陶豫媛、樊轶伦，环艺专业学生李焕阳以及建筑学专业学生朱弘毅、杜博、胡晨、谢祺旸等参与了绘图工作。在最后的统稿阶段，博士研究生丁煜和吴杰一分别协助我做了文字和图片的修订工作，复旦大学中文系薄艺博士对文稿的文法修辞进行了整体润色。在此，对以上参与和做出重要贡献的各位老师、工作人员以及在校同学表示衷心感谢！尤其要感谢在我们木建筑研究与设计中心做过教育部高级访问学者的湖南科技大学建筑系杨健教授及其硕士研究生胡骥骜，绍兴文理学院设计系蔡艳华副教授及其硕士研究生陈书铭以及环境设计系本科生沈思瑜、吴冰沁、翁怡馨、叶海鹏、徐明静等同学。前者参与了第一次考察与部分建筑测绘工作，后者对本书稿第三章的手绘图做出了贡献。上海交通大学木建筑研究与设计中心的蒋音成为本书序言的翻译者，丁煜做了校译。上海交通大学设计学院博士研究生 Abraham Moses Zamcheck（美国籍，中文名东鸿）为本书目录完成了英文翻译。

写到这里，我必须对策划、支持本项研究的所有人表示衷心的感谢！

首先，我要感谢李大哥——也就是本书的主编李燕兵先生和他的夫人——本书策划刘艳军女士！如果不是他们对海南岛文昌近现代华侨住宅的慧眼相识，也绝不可能有我们今天完成的这份成果；如果不是他们将海南岛视为故乡的拳拳赤子之情，也绝不会倾其全力玉成和支持此项艰苦而极具价值的研究；如果不是他们对海南岛和文昌地域历史文化和传统建筑如此熟悉，我们的考察和研究恐怕不会如此顺利；如果不是他们对文昌华侨的深入了解和前期充分的准备工作，此项研究恐怕还会遭遇更多的困难和需要更漫长的时间……总之，李燕兵先生和刘艳军女士对本项研究以及本书的贡献恐非短短几句感谢所能言表的。在此，我要向上海程青松先生、海南张华女士对研究团队在海南工作期间给予的支持表示感谢！同时，我还要向邢益斌先生致敬！在我们团队几乎所有的考察工作中，是他代表文昌市旅游和文化广电体育局承担了几乎所有的诸如带路以及联络村镇各级政府部门的日常事务，没有他的坚持与努力，我们的工作不可能如此顺利和高效。

我还要对莅临海口参加本项研究中期评审会议的专家组组长，同时也是会文镇侨属、原国家人力资源和社会保障部副部长张小建先生表示由衷的感谢！数次的文昌考察与研究工作期间，张先生对我们团队的研究工作给予了细致的指导与大力的支持，他还向我们提供其祖父张运琚和其父张家宣的文字材料，以及其祖宅维修和修缮的图纸资料。我还要感谢为本书撰写序言的美国纽约州立大学（纽帕兹分校）杰出教授、世界著名的人文地理学者、东方建筑文化研究大家 Ronald G. Knapp（那仲良）教授！是他和我超越了二十年的共同学术兴趣和深厚情谊不断鼓励着我在这条充满艰辛而又乐趣满满的学术之路上前行。同时，也是他的努力研究与不断创作才使我有机会阅读和了解精彩纷呈的东南亚华侨建筑。也许本书就是十年前我阅读他著作时所种下的华侨住宅研究种子在今日的开花结果！

我还要对 2021 年 3 月份莅临海口参加本项研究中期成果评审的两位评委、资深的民居研究专家——华南理工大学陆琦教授和厦门大学戴志坚教授，以及中国建筑工业出版社资深编辑吴宇江先生表示衷心的感谢，是他们的专业性意见让本项研究更趋完善。此外，我还要感谢海南师范大学张兴吉教授，是他将其译著——日本学者小叶田淳的《海南岛史》见赠，并提供了相关历史信息，使我受益匪浅。我还得感谢策划并提供本项研究所有田野调查工作保障的海南采艺文化传播有限公司全体职员，没有他们非常给力的后勤保障工作，我们在海南热带丛林中的田野调查将会是一项不可能完成的任务！

最后，我不能不感谢北京三联书店的叶彤先生、本书的责任编辑张龙先生以及本书的装帧设计师田之友先生。不是叶彤兄的古道热肠，这部书就不可能遇到张龙编辑来担纲。本书从一块顽石被精心打磨成器，这些都凝聚了本书主编李燕兵先生和张龙兄的心血和巧思！本书能够以如此精致而又富有历史厚度的面貌呈现，那自然是田之友先生及其所在的雅昌文化集团的设计团队所做出的贡献，在此我谨代表全体研究成员向他们表示最诚挚的敬意！

书稿虽然完成并得以正式出版，但研究工作并未因此结束，甚至可以说才刚刚拉开了海南华侨建筑研究的序幕，期待后续的研究以及后来者。书写至此，夏日漫长的上海气温骤降，气象意义的秋天来临，满城的桂花竞相怒放，暗香袭人，我在满城芬芳的氤氲里似乎看到了华侨建筑研究的未来……

2021 年 10 月 25 日初稿
同年 12 月 31 日补记于国峰大厦建筑史研究室
2023 年 2 月 20 日再次修订于武夷花园

图书在版编目（CIP）数据

文昌近现代华侨住宅／刘杰著 . —— 北京：生活·读
书·新知三联书店，2023.10
ISBN 978-7-108-07697-7

Ⅰ.①文… Ⅱ.①刘… Ⅲ.①华侨 – 建筑 – 文化遗产
– 研究 – 文昌 – 近现代 Ⅳ.① TU-862.664

中国国家版本馆 CIP 数据核字（2023）第 164703 号

1890-1949

文昌
近现代华侨
住宅

主　　编　李燕兵
著　　者　刘 杰
责任编辑　张 龙
装帧设计　北京雅昌设计中心·田之友
责任印制　宋 家
出版发行　生活·讀書·新知 三联书店
（北京市东城区美术馆东街 22 号 100010）
网　　址　www.sdxjpc.com
经　　销　新华书店
印　　刷　北京雅昌艺术印刷有限公司
版　　次　2023 年 10 月北京第 1 版
　　　　　2023 年 10 月北京第 1 次印刷
开　　本　787 毫米 × 1092 毫米　1/16　印张 31
字　　数　276 千字　图 754 幅
印　　数　0,001-3,000 册
定　　价　360.00 元

印装查询:01064002715; 邮购查询:01084010542

特别鸣谢
本书研究与出版得到了下列单位的资助

海南采艺文化传播有限公司
海南省宁波商会
海南天江建设工程集团有限公司
上海交通大学设计学院